L'ANATOMIE
DE
L'HOMME.

L'ANATOMIE
DE
L'HOMME,
SUIVANT LA CIRCULATION du sang, & les dernieres découvertes,
DE'MONTRE'E AU JARDIN ROYAL.

Par Mr DIONIS, premier Chirurgien de Madame la Dauphine, Chirurgien ordinaire de la feuë Reine, & Iuré à Paris.

A PARIS,
Chez LAURENT D'HOURY, ruë saint Jacques, devant la Fontaine saint Severin, au S. Esprit.

M. DC. XC.

Avec Approbations & Privilege du Roy.

PETRUS DIONIS CHIRURGUS SERENISSIMÆ DELPHINÆ PRIMARIUS
Boulogne pinxit
S. Thomassin sc. Graveur du Roy 1689

AU ROY,

IRE,

L'application continuelle que VÔTRE MAJESTÉ *donne à la grandeur de ſes Etats, ne l'empêche pas de penſer inceſſamment à tout ce qui peut contribuer au bien particulier de ses sujets. Vôtre regne, SIRE, éternellement memorable par de si glorieuses conquêtes, ne le sera pas moins par la perfection où il a porté les Sciences & les Arts; Ces illustres Academies protegées & fondées par* VÔTRE MAJESTÉ, *en seront des monumens aussi durables que la memoire de ses Triomphes, & s'il faut décendre à des choses de moindre éclat, quoyque peut-être plus utiles, ces Ecoles d'Anatomie ouvertes si liberalement à tout le monde, contribueront encore à faire passer jusqu'aux siecles les plus reculez, les soins paternels dont* VÔTRE MAJESTÉ *est occupée. C'est à cet établissement, SIRE, que la Medecine & la Chirurgie doivent leurs lumieres les plus parfaites: C'est là que la Circulation du sang & les nouvelles Découvertes nous ont heureusement desabusez de ces erreurs dont nous n'osions presque sortir, & où l'autorité des Anciens nous avoit si long-tems retenus. Monsieur Daquin vôtre premier Medecin m'ayant choisi pour démontrer à vôtre Jardin Royal les Veritez Anatomiques, je m'acquitay de cet employ avec toute l'ardeur & toute l'exactitude qui sont dûës aux ordres de* VÔTRE MAJESTÉ; *mais j'ay crû,* SIRE, *que pour répondre entierement à vôtre intention, je devois rendre publiques par l'impression mes Démonstrations d'Anatomie, afin qu'elles pussent devenir utiles à ceux même à qui l'éloignement des lieux n'a pas permis d'y assister.* VÔTRE MAJESTÉ *a parû approuver ce dessein, elle a bien voulu m'accorder la permission de mettre son Nom auguste à la tête de cet Ouvrage; j'ose donc,* SIRE, *le luy presenter, trop heureux que mon foible talent m'ait donné une occasion de luy marquer le zele ardent, & le profond respect avec lequel je suis,*

SIRE,

DE VÔTRE MAJESTÉ,

Le tres-humble, tres-obeïssant, & tres-fidel serviteur & sujet;
DIONIS.

PREFACE.

SI les Anciens Philoſophes ont donné à l'Anatomie, toute imparfaite qu'elle étoit, le premier rang entre les Sciences naturelles, à cauſe de l'excellence de ſon objet; quelle conſideration ne merite-t-elle pas aujourd'huy qu'elle eſt devenuë la plus certaine de toutes les parties de la Medecine, par le grand nombre des Découvertes que l'on y a faites, & que l'on y fait encore tous les jours.

Ceux qui ſe ſont heureuſement défaits de la prévention qu'ils avoient pour les Anciens, & qui ſuivent des principes fondez ſur l'experience & la raiſon, nous donnent des explications claires & mécaniques de tout ce qui a paru juſqu'icy de plus obſcur & de plus caché dans l'Anatomie.

Je dis heureuſement, parce que les Anciens ignorant le cours du ſang, & croyant que le foye l'envoyoit par les vénes à toutes les parties du corps pour leur nourriture ; il étoit impossible qu'ils ne fussent pas dans l'erreur, & que les consequences qu'ils tiroient, fussent justes, puisque le principe dont ils étoient si persuadez, n'est pas veritable, & qu'il se trouve au contraire détruit par un autre, qui est la Circulation du sang.

Je ne prétends pas vous la prouver dans cette Preface ; la disposition des parties que je vous feray voir dans cette Anatomie, vous en convaincra beaucoup mieux que tout ce que je pourrois vous en dire ; je veux seulement vous avertir, que c'est la Circulation du sang que nous établissons pour principe dans tout le cours de ces Démonstrations, tant pour confirmer les sentimens des Modernes, que pour détruire les erreurs des Anciens.

C'est par son moyen que nous découvrons les fonctions les plus cachées du corps humain, & que nous connoissons que les facultez que les Anciens attribuoient à differentes parties, comme aux mammelles de faire le laict, & aux testicules la semence, ne sont simplement que des separations de ces liqueurs, lesquelles étant mêlées avec le sang se filtrent dans les mammelles ou dans les testicules.

Il ne faut aussi que concevoir que cette circulation se fait du centre à la circonference par les arteres, & de la circonference au centre par les vénes, pour croire que non seulement ces deux liqueurs, mais même toutes les autres, sont separées du sang par la seule disposition des parties, qui sont figurées d'une maniere à laisser échapper une liqueur plûtôt qu'une autre; C'est ainsi que le suc animal est separé par les glandes du cerveau; que la salive est separée par les parotides & les maxillaires; la bile par les glandules du foye; l'urine par les reins; le suc pancreatique par le pancreas, & ainsi des autres.

Ce qui fait voir encore que toutes ces liqueurs se separent de la masse du sang par le moyen de la Circulation, c'est qu'il est certain que ce que nous appellons sang, n'est qu'un mêlange de plusieurs liqueurs differentes, qui étant portées par les arteres à toutes les parties du corps, s'échappent aux endroits où elles trouvent des porositez figurées d'une maniere à les laisser passer ; que cette separation est une suite de la structure des parties ; & qu'ainsi elles n'ont pas besoin de ces facultez *attractrices*, *retentrices*, & *expultrices*, que les Anciens admettoient si inutilement.

On a esté plusieurs siecles dans une soûmission tellement aveugle pour ces premiers Anatomistes, qu'il n'étoit pas permis de s'éloigner de leurs sentimens: & l'on admettoit pour vray, que ce qui se trouvoit dans leurs écrits, & principalement dans ceux de Galien, pour lequel on avoit une estime & une veneration toute particuliere. Mais il s'est trouvé dans ce siecle des Anatomistes plus curieux & plus hardis, qui se sont affranchis d'une loy si dure & si opposée à la raison, & au progrés des Sciences: Ils ont publié leurs découvertes, & les ont démontrées malgré les entêtemens & les oppositions des Partisans de l'Antiquité, qui les traitoient de novateurs & de temeraires.

Quoyque je vienne de vous entretenir de quelques erreurs des Anciens, je ne prétends pas pourtant qu'on leur ait moins d'obligation qu'aux Modernes; au contraire j'avouë que ce ſont eux qui nous ont donné les premieres connoiſſances de l'Anatomie: En effet peut-on nier que Galien n'y ait eſté plus ſçavant que qui que ce ſoit avant luy, & que s'il n'a pas tout trouvé, c'eſt qu'un ſeul homme ne le pouvoit faire?

Il en eſt de même des découvertes des Modernes; car il eſt certain que quelques nombreuſes qu'elles ſoient, il reſte encore tant de choſes à connoître, que nous devons faire de nouveaux efforts pour étendre nos lumieres: D'ailleurs la difficulté qu'il y a de bien diſtinguer tous les reſſorts de nôtre machine eſt ſi grande, qu'elle laiſſera toûjours aſſez de matiere à l'eſprit & à la main de ceux qui viendront aprés nous, s'ils veulent expliquer mécaniquement toutes les actions qui en dépendent.

Il ne faut pas croire que les nouvelles Découvertes que l'on a faites ayent rien changé à la compoſition de l'homme, ni que les Modernes y ayent, rien ajoûté de nouveau: Il eſt tel qu'il a toûjours eſté; ils y ont ſeulement trouvé nouvellement ce que l'on n'avoit pas encore découvert : Il en eſt arrivé de même qu'à ces terres que l'on a découvertes depuis quelques ſiecles dans l'Amerique ; l'on ſçait qu'elles ne ſont pas produites depuis peu, mais de tout tems, comme le reſte du monde ; elles étoient ſeulement inconnuës aux autres hommes, de même que ces parties l'étoient aux premiers Anatomiſtes.

Les Partiſans des anciennes opinions alleguent contre les découvertes de Modernes, qu'il eſt inutile de ſçavoir, ſi le chile eſt porté au foye par les vénes meſaraïques, ou au cœur par les vénes lactées & le canal thorachique, puiſque cela ne change rien dans la pratique, & que les Medecins ſaignent & purgent comme auparavant ; mais quand il ſeroit vray que ces connoiſſances ne changeroient pas la cure de quelques maladies, il eſt toûjours conſtant qu'elles nous empêchent de nous tromper ſur beaucoup d'autres ; & qu'elles font que nos raiſonnemens ſont plus juſtes, puiſqu'ils ſont appuyez ſur des fondemens plus certains & plus ſolides que ceux des Anciens.

Si l'Anatomie a beaucoup d'obligation à Harvée qui a découvert la Circulation ; à Virſungus qui a trouvé le canal Pancreatique ; à Aſellius qui a fait voir les vénes lactées ; à Pecquet qui le premier a démontré le canal thorachique , & à pluſieurs Modernes qui y ont travaillé avec ſuccés ; elle n'en a pas moins à Monſieur Daquin premier Medecin du Roy , par le rétabliſſement qu'il fit des *Démonſtrations publiques au Iardin Royal* , où il a voulu que l'Anatomie fut démontrée ſuivant la Circulation du ſang , & les dernieres découvertes.

Ce fut en l'année 1672. que le Roy choiſit Monſieur Daquin pour ſon premier Medecin , & dés cette même année les exercices du Jardin Royal , qui regardent l'Anatomie , ayant eſté interrompus pendant pluſieurs années , recommencerent : Monſieur de la Chambre , qui en étoit le Profeſſeur , ne pouvant exercer ſa Charge , à cauſe qu'il étoit premier Medecin de la Reine , commit Monſieur Creſſé Medecin de la Faculté de Paris , pour faire les Diſcours Anatomiques , & je fus nommé pour en faire les Diſſections & les Démonſtrations.

Cet établiſſement, quoy que des plus utiles pour le public, ne laiſſa pas de trouver des oppoſitions qui furent formées de la part de ceux qui prétendoient qu'il n'appartenoit qu'à eux ſeuls d'enſeigner & de démontrer l'Anatomie : Mais le Roy par une Declaration particuliere qu'il fit verifier & enregiſtrer en Parlement, Sa Majeſté preſente, dans le mois de Mars de l'année 1673. ordonna que les Demonſtrations de l'Anatomie & des Operations de Chirurgie ſe feroient au Jardin Royal à portes ouvertes, & gratuitement, dans un Amphitheatre qu'elle y avoit fait conſtruire à cet effet ; & que les ſujets qui ſeroient neceſſaires pour faire ces Démonſtrations, ſeroient délivrez à ſes Profeſſeurs par préference à tous autres.

C'eſt en execution des ordres de Sa Majeſté, & de ceux de Monſieur Daquin le premier Medecin, que j'en ay fait les Démonſtrations publiques pendant huit années conſecutives ; ſçavoir depuis le commencement de l'année

1673,

1673. jusqu'en 1680. que j'eus l'honneur d'estre choisi par le Roy pour estre premier Chirurgien de Madame la Dauphine : Alors je fus obligé de les finir , parce que la Charge dont je venois d'estre honoré , ne me permettoit plus de les continuer.

Le nombre des spectateurs, qui montoit toûjours à quatre ou cinq cens personnes , étoit une preuve qu'elles ne déplaisoient pas , & qu'elles se faisoient avec utilité pour le Public. Ce qui m'embarrassoit davantage dans ce grand nombre d'Ecoliers , étoit que la plûpart me demandoient quel Auteur ils suivroient pour y apprendre les nouvelles Découvertes , & y voir les parties que je leur démontrois : mais comme elles ne sont point decrites avec ordre dans aucun de nos Livres (que je sçache ,) j'avouë que j'avois peine à décider lequel ils devoient prendre ; car bien que Riolan & Bartholin semblent convenir de la Circulation du sang , neanmoins il leur reste un vieux levain des anciennes opinions qui paroît dans tous leurs écrits. Ainsi ne pouvant leur donner de guide assuré pour les conduire

é

dans les routes que je leur avois ouvertes, ils me prierent de faire imprimer mes Démonstrations Anatomiques, à quoy j'aurois satisfait dés-lors, si je n'eusse esté appellé à la Cour.

Depuis ce tems un des plus celebres Anatomistes ayant remply la place que je venois de quitter, & ses lumieres étant infiniment au dessus des miennes; j'ay crû que je devois me reposer de ce travail sur les promesses qu'il faisoit de surpasser dans ses Démonstrations tous ceux qui l'avoient precedé, & de donner au public une Anatomie tellement parfaite, & si differente de celles qu'on a euës jusqu'à present, qu'on avouëroit que personne n'étoit plus capable que luy de travailler à un ouvrage de cette importance.

Ses grandes & continuelles occupations dans l'Academie des Sciences luy ont sans doute dérobé le loisir de mettre en execution les projets qu'il a faits sur une si vaste matiere, puisque plus de dix années se sont écoulées, pendant lesquelles le Public se voit frustré des grandes esperances qu'il luy avoit données; & comme il pourroit encore attendre long-tems, je me ſuis déterminé à faire imprimer mes Démonſtrations, afin de faciliter aux Etudians en Medecine & en Chirurgie les connoiſſances qu'ils doivent acquerir dans l'Anatomie.

Je ſuis perſuadé qu'un autre ſe ſeroit mieux acquité de cet employ, & j'avouë franchement que c'eſt la principale raiſon qui m'a fait tant differer. D'ailleurs la qualité d'Auteur me paroît ſi dangereuſe, que je ne la prends qu'avec repugnance; mais enfin l'intereſt public, & le beſoin qu'on a d'un Livre où l'on trouve de ſuite tout ce qui ſe voit dans les Démonſtrations publiques, font que je luy donne celuy-ci au hazard de toutes les cenſures.

Je commence d'abord par l'Oſteologie, parce que c'eſt par elle que nous ouvrons nos Exercices au Jardin Royal, & que c'eſt la connoiſſance des Os qui doit preceder celle de toutes les autres parties: J'en fais huit Démonſtrations, deux des os en general, deux des os de la tête, deux de ceux du tronc, & deux de ceux des extremitez.

Je continuë par dix Démonſtrations

Anatomiques; j'en fais quatre des parties contenuës dans le bas ventre; deux de celles de la poitrine; deux de celles de la tête; & deux des extremitez.

Au commencement de chacune de ces Démonſtrations, il y a une planche qui repreſente les parties que l'on y fait voir; & les mêmes lettres alphabetiques qui y ſont gravées, ſe trouvent à la marge de l'endroit du diſcours qui explique ces parties, pour y avoir recours.

Je conviens avec quelques-uns qu'il eſt plus avantageux de connoître une partie par l'inſpection des corps, que par celle des planches; mais outre que celles-ci ſont tres-juſtes, & des plus correctes qu'il y en ait, c'eſt que les Anatomies ſe font ſi rarement dans la plûpart des Provinces, qu'à peine les Chirurgiens qui s'y trouvent, en peuvent-ils voir une en toute leur vie: C'eſt particulierement en leur faveur que j'ay fait graver ces planches, a fin qu'elles puiſſent ſuppléer au defaut des Anatomies. Elles n'excedent pas la grandeur du Livre, & quoy qu'elles ſoient petites, elles ne ſont pas moins utiles, parce qu'on a apporté toute l'exactitude poſſible pour placer dans une petite étenduë toutes les parties que renferme chaque Démonstration.

Je n'ay point divisé mes Démonstrations par Chapitres ; elles contiennent de suite toutes les parties que l'on fait voir dans le même jour, & dont les noms se trouvent à la marge. J'ay crû que cette maniere seroit plus commode pour les Etudians, afin qu'ils n'eussent pas la peine d'aller chercher en differens Chapitres les parties qui appartiennent à la même Démonstration ; & ainsi ils verront en dix journées toutes les parties qui composent l'Homme, & par ce moyen ils découvriront facilement tout ce que l'Anatomie a de plus curieux.

Si j'apprends que cette façon de démontrer soit favorablement receuë, je pourray dans quelque tems donner encore au Public les Operations de Chirurgie en dix journées, de la même maniere que je les ay démontrées au Jardin Royal.

APPROBATION

De Messire Antoine Daquin Conseiller du Roy en tous ses Conseils, & premier Medecin de Sa Majesté.

NOus soussigné Conseiller du Roy en tous ses Conseils, & premier Medecin de Sa Majesté, certifions avoir lû & examiné avec soin *les Démonstrations Anatomiques faites publiquement au Jardin Royal*, suivant nos ordres durant huit années, par Monsieur DIONIS premier Chirurgien de Madame la Dauphine; & les avons trouvez si pleines de bons principes & instructions pour l'utilité du Public, que nous les avons jugées dignes d'estre imprimées. Fait à Versailles le dixiéme Decembre 1689.

DAQUIN.

APPROBATION

De Monsieur Bourdelot Conseiller du Roy, Medecin de Monseigneur le Chancelier, & Docteur de la Faculté de Medecine de Paris.

JE soussigné Conseiller du Roy, Docteur en Medecine de la Faculté Paris, Medecin ordinaire de la feuë Reine & de la Chancellerie, certifie avoir lû & examiné avec beaucoup de soin, par l'ordre de Monseigneur le Chancelier, *les Démonstrations Anatomiques faites au Jardin du Roy par Monsieur Dionis premier Chirurgien de Madame la Dauphine*; dans lesquelles je n'ay rien trouvé qui en pût empêcher l'impression, & qui ne fût au contraire tres-utile pour tous ceux qui veulent étudier en Medecine & en Chirurgie. Fait à Paris ce huitiéme Janvier 1690.

BOURDELOT.

APPROBATION
De la Faculté de Medecine de Paris.

LA Faculté de Medecine de Paris, aprés avoir oüy le rapport de Monsieur Poirier , & de Monsieur Dodart le jeune, commis pour examiner *les Démonstrations Anatomiques faites par Monsieur Dionis premier Chirurgien de Madame la Dauphine*, a jugé que ce Livre étoit tres-utile & tres-digne d'estre imprimé. A Paris le trentiéme jour de Janvier 1690.

LEGIER.

Professeur du Roy, & Doyen de la Faculté de Medecine de Paris

APPROBATION
De la Compagnie des Maîtres Chirurgiens Jurez de Paris.

NOus Prevosts, Jurez & Gardes de la Compagnie des Maîtres Chirurgiens Jurez à Paris, certifions avoir lû un manuscrit qui nous a esté mis és mains par Monsieur Dionis premier Chirurgien de Madame la Dauphine, qui contient *les Démonstrations Anatomiques qu'il a faites au Jardin Royal pendant plusieurs années*; dans lesquelles, aprés les avoir soigneusement examinées, nous avons trouvez que la structure de toutes les parties qui composent le corps humain est décrite avec beaucoup d'exactitude suivant les découvertes des Anatomistes Modernes, & que ses conjectures sur l'usage de tous ses organes sont déduites de tous les meilleurs sistêmes que nous ayons jusques ici sur la Physique, & sur la Medecine: En foy dequoy nous avons signez la presente Approbation en nôtre maison de Saint Cosme, ce 22. Fevrier 1690.

Devaux. Chevalier.

Poignant. Dalibour.

DEMONST.

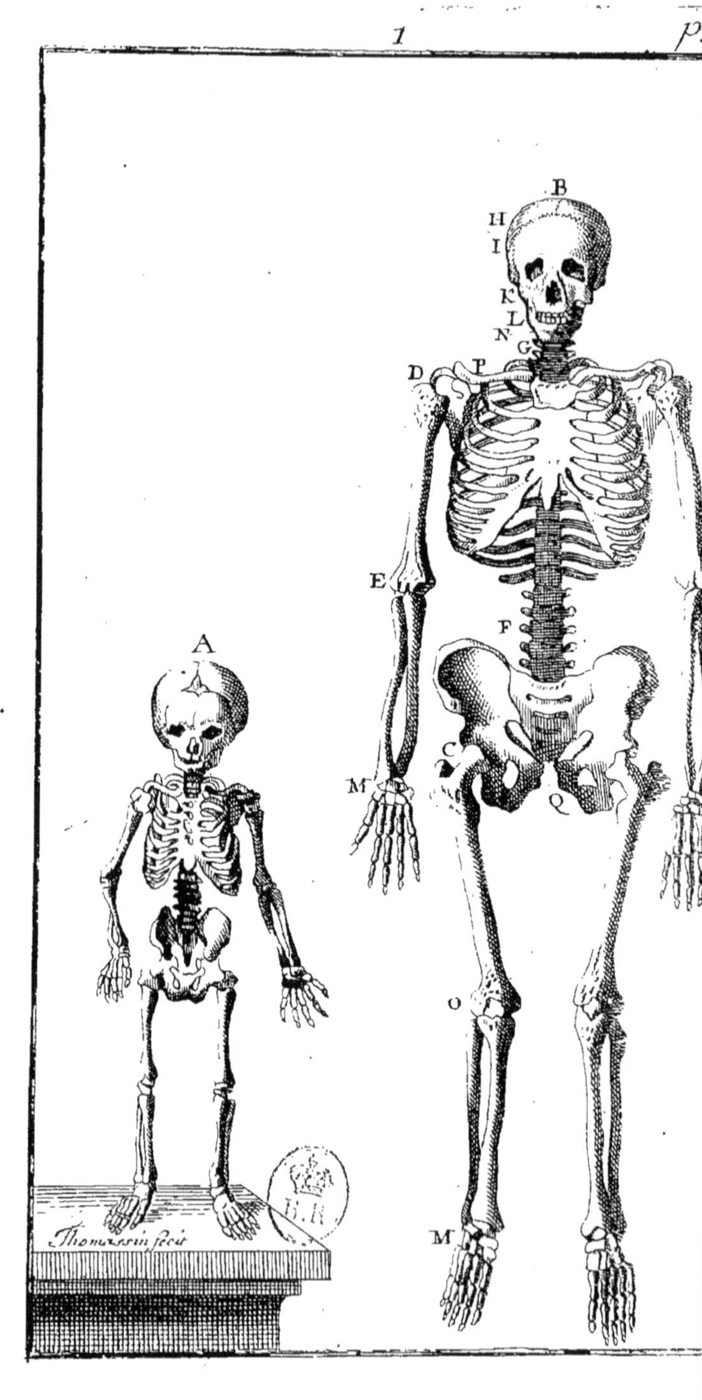
1
p.
B
H
I
K
L
N
G
D
P
E
F
A
C
M
Q
O
M
Thomassin fecit

DEMONSTRATIONS ANATOMIQUES FAITES AU JARDIN DU ROY.

DES OS EN GENERAL.

Premiere Démonstration.

VOus sçavez, Messieurs, que la Chirurgie est un Art qui enseigne à guerir les maladies externes par une methodique application de la main. On la peut encore mieux définir, une Operation de l'entendement qui connoît les maux du corps de l'homme, & en même tems une Operation de la main qui y porte les remedes; puisque pour bien executer ce qu'elle demande, il faut que la connoissance de ce qui est sain, precede celle de ce qui est malade; & comme on doit connoître le droit avant l'oblique, il faut aussi que le Chirurgien connoisse l'homme dans une parfaite santé, & qu'il sçache la bonne conformation de toutes ses parties, afin qu'il puisse la rétablir quand elle aura esté alterée ou détruite par quelque maladie, ou quelque accident fâcheux. C'est par l'Anatomie, Messieurs, qu'il peut acquerir cette connoissance; c'est par elle que dévelopant & dissequant jusqu'aux moindres parties, dont ce Tout si admirable est composé, il en démêle tout les ressors & les mouvemens, & penetre dans tout ce que la Nature a de plus beau & de plus caché.

Eloge de l'Anatomie.

Necessité de commencer par les os.

Galien raporte quatre raisons essentielles qui marquent toutes, que pour parvenir à la connoissance de l'homme, il faut commencer par celle des os.

Ils sont le fondement des autres parties.

La premiere, parce qu'ils servent de fondement & d'appuy à tout le reste du corps, & que d'ailleurs dans tous les Edifices, & dans toutes les Sciences, on commence par les fondemens & par les principes.

Ils donnent la figure droite au corps.

La seconde, parce qu'ils donnent la rectitude au corps de l'homme, qui a cette figure droite par excellence & par preference à tous les autres Animaux.

Ils donnent origine & insertion aux muscles.

La troisiéme, parce que ce sont les os qui donnent origine & insertion aux muscles; ainsi il est necessaire de les connoître, Car, par exemple, si le Chirurgien ignore ce que c'est que l'humerus, l'omoplate, & la clavicule, il aura peine à comprendre que le muscle Deltoïde, qui est un de ceux qui levent le bras en haut, prend son origine de la moitié de la clavicule, de l'Acromion, & de toute l'épine de l'omoplate, & qu'il va s'inserer à la partie moyenne de l'humerus.

Ils donnent passage à plusieurs vaisseaux.

La quatriéme & derniere raison, est que les os étant percez en beaucoup d'endroits pour donner passage à des nerfs, des arteres, & des vénes, on ne peut expliquer les chemins de ces vaisseaux, qu'on ne connoisse auparavant la structure & la disposition des os par où ils passent.

Pourquoi on propose aux Etudians un squelete.

Du Laurens ajoûte aux raisons de Galien, que dans l'Ecole d'Alexandrie on proposoit d'abord un Squelete aux étudians en Medecine & en Chirurgie, comme le seul moyen de parvenir non seulement à la connoissance de la structure de l'homme; mais encore pour pouvoir pratiquer la Chirurgie dans toutes ses operations. En effet le Chirurgien peut-il faire aucune reduction tant des fractures que des luxations, s'il ne connoît la nature de l'os rompu, & la maniere de l'os disloqué? Peut-il faire aucun prognostique assuré, s'il ne sçait que les os de la jambe ou du bras étant fracturez, sont quarante jours avant que le cal en soit fait, qu'il en faut trente pour la clavicule, & vingt pour les côtes; & qu'aux enfans il se fait plûtôt qu'aux personnes avancées en âge, parce que les os sont plus mols, & par consequent plus humides? Peut-il enfin guerir aucune playe où l'os sera découvert ou alteré, s'il ne connoît la substance des os, & s'il ne sçait que les uns l'ont plus molle, & s'exfolient plûtôt, les autres plus dure, & s'exfolient plus tard, & que l'exfoliation qui arrive aux extremitez d'un os, se fait en moins de tems, que celle qui se fait en la partie moyenne, parce qu'elle est plus solide.

La raison pourquoy nous cómençons par le squelete.

Toutes ces raisons doivent nous persuader qu'il faut commencer par la démonstration du squelete, avant que de faire celle de l'Anatomie.

Qu'est-ce qu'un squelete ?

On appelle squelete, un corps desseché ; il est défini un assemblage & une composition de tous les os d'un corps, tel qu'est celui que vous voyez representé sur la premiere de ces Tables.

A Un squelete naturel.

Il y a deux sortes de squelete, l'un naturel, qui est assemblé par ses propres ligamens, & dont les os n'ont jamais été separez ; tel qu'est ce petit que vous voyez. L'autre artificiel, dont les os sont assemblez & joints ensemble avec du fil de leton. Pour les mieux conserver, on les fait boüillir, & on les nettoye, comme on a fait ce grand, sur lequel nous continuërons la démonstration de nôtre Osteologie.

B Un squelete artificiel.

Etimologie d'Osteologie.

La science qui traite des os est appellée Osteologie, à cause d'*Osteos*, qui signifie os, & de *logos*, qui veut dire discours.

Deux choses à examiner aux os.

Tout ce que cette science renferme, se reduit à examiner ce que les os ont de commun ensemble, & ce qu'ils ont de particulier.

Ce qu'ils ont de commun.

Nous connoîtrons tout ce que les os ont de commun entre-eux, aprés que nous aurons examiné six choses, qui sont, leur définition, leurs differences, leurs articulations, leurs causes, leurs parties & leur nombre.

Ce qu'ils ont de

Je vous feray aussi remarquer ce qu'ils ont

de particulier, en vous démontrant chaque os ſeparément.

particulier.

Je me ſuis propoſé de faire deux demonſtrations des Os en general ; dans la premiere je ne vous parleray que de leur définition, de leurs differences & de leurs articulations ; & dans l'autre je vous entretiendray de leurs cauſes, de leurs parties & de leur nombre.

Deux demonſtrations des Os en general.

L'os eſt définy par Ariſtote la partie principale entre les parties neceſſaires à l'animal, pour le ſoûtenir & contre-garder. Par Galien, la partie la plus dure, la plus ſeche, & la plus terreſtre de tout le corps. Du Laurens ajoûte à cette définition, *engendrée par la faculté formatrice, au moyen d'une grande chaleur, de la portion la plus craſſe & la plus terreſtre de la ſemence, pour ſervir de fondement à tout le corps, & lui donner la rectitude & la figure.*

Qu'eſt-ce qu'un os?

Nous ne pouvons pas convenir de cette derniere définition, parce qu'elle comprend beaucoup de choſes qui nous paroiſſent inutiles, & que ce mot de *faculté* qui s'y trouve, & dont on ſe ſervoit autrefois dans toutes les définitions, ſera retranché de celles que nous vous donnerons.

Cette derniere définition ne convient pas aux os.

Le mot de *faculté*, qui ſemble exprimer beaucoup, ne fait rien entendre ; neanmoins les anciens Auteurs s'en ſervoient pour expliquer toutes les actions qui ſe font dans le corps : lorſqu'on leur demandoit comment ſe faiſoit le chile, ou le ſang, comment ſe formoient les os ou les cartilages, comment ſe faiſoit la veuë

Nous ne nous ſervirons point de ce mot de *faculté*.

& l'ouïe ? ils répondoient que l'estomac avoit une faculté chilifique, & le foye une sanguifique ; que les os se formoient par une faculté ossifique, & les cartilages par une cartilaginifique ; que l'œil voyoit par la faculté visive, & l'oreille entendoit par l'auditive, & ainsi de toutes les autres ; c'étoit une réponse generale aprés laquelle les Ecoliers n'en sçavoient pas plus qu'auparavant : Mais aujourd'hui que l'on explique toutes ces mêmes actions par une maniere purement mécanique, je vous ferai voir, en vous démontrant chaque partie avec exactitude, que l'action qu'elle fait dépend absolument de sa structure, étant une suite necessaire de sa disposition naturelle, & ne pouvant faire autre chose que ce qu'elle fait.

Nous dirons donc que l'os est une partie tres-dure, faite de la portion la plus épaisse de la semence, qui sert de fondement au corps, & lui donne la rectitude. Nous nous en tiendrons à cette définition.

Les differences des os se tirent de neuf choses.

Les differences qui se remarquent aux os se tirent de neuf choses ; sçavoir de leur substance, quantité, figure, situation, usages, mouvement, sentiment, generation, & cavitez.

De leur substance.

La premiere difference qui se tire de leur substance, est parce qu'il y a des os qui l'ont tres-dure, comme le tibia ; d'autres moins dure, comme les vertebres ; & enfin d'autres qui l'ont plus molle & spongieuse, comme les os du sternum.

La ſeconde, ſe prend de leur quantité, parce que tous les os ne ſont pas égaux. Il y en a de grands, comme ceux des bras & des jambes; il y en a de moyens, comme ceux de la tête; & enfin il y en a de petits, comme ceux des doigts.

De leur quantité.

La troiſiéme ſe tire de leur figure, qui eſt autant differente qu'il y a d'os au corps; les uns ſont longs comme le femur ou le tibia; les autres courts comme les os du carpe & du tarſe; les uns ronds, comme la rotule; les autres plats, comme les os du palais; les uns quarrez, comme les parietaux; & les autres triangulaires, comme le premier os du ſternum.

De leur figure.

La quatriéme eſt marquée par leur ſituation, parce qu'il y a des os qui ſont ſituez plus profondement, comme les trois oſſelets de l'ouïe, & d'autres plus ſuperficiellement, comme ceux du crane; d'ailleurs il y a des os placez à la tête, d'autres au tronc, & enfin d'autres aux extremitez.

De leur ſituation.

La cinquiéme vient de leurs uſages, en ce que les uns ſervent à ſoûtenir le corps, comme les os des cuiſſes & des jambes; d'autres à contenir des parties, comme les côtes qui renferment le cœur & les poûmons; & d'autres à contenir & défendre, comme font les os du crane à l'égard du cerveau.

De leurs uſages.

La ſixiéme ſe connoît par leur mouvement, parce que les uns ont un mouvement manifeſte, comme les grands os des extremitez; les autres en ont un caché, comme ceux du carpe & du tarſe; & les autres n'en ont point

De leurs mouvemens.

du tout, comme les os de la tête.

De leur sentimēt. La septiéme difference est aisée à remarquer, parce que tous les os generalement n'ont point de sentiment, excepté les dents.

De leur generation. La huitiéme se prend du tems de leur generation & de leur perfection, parce qu'il y a des os qui sont parfaits dés le ventre de la mere, comme les trois petits os que nous trouvons dans les cavitez de l'oreille, & d'autres qui n'acquierent leur perfection qu'à mesure que l'on avance en âge, comme tous les os du corps : de ceux-ci les uns s'ossifient plûtôt, comme les os de la mâchoire inferieure, & d'autres plus tard, comme ceux de la fontaine de la tête.

De leurs cavitez. La neuviéme & derniere difference se tire de leurs cavitez ; il y a des os qui en ont de grandes qui contiennent de la moëlle, comme ceux des extremitez ; & il y en a d'autres qui n'ont que des porositez qui renferment seulement un suc medullaire, comme le calcaneum. De plus, les uns ont des trous par où passent des vaisseaux, comme les os de la base du crane & les vertebres ; d'autres ont des fosses seulement, comme les os du sternum ; d'autres ont des sinus, comme les os frontaux & petreux ; enfin l'on en voit quelques-uns de percez par plusieurs petits trous, en maniere de crible, comme est l'etmoïde.

Les articulations des os sont admirables. Il y a tant d'art & d'industrie dans les articulations & conjonctions des os, qu'elles ont servi de modele à une infinité d'artisans, qui ont reconnu qu'ils ne pouvoient mieux faire que de copier la nature en cette occaſion, comme ils font en pluſieurs autres. Il y a preſque autant de differentes articulations que vous voyez d'os joints enſemble: Elles étoient neceſſaires, parce que ſi tous les os euſſent été articulez de la même maniere, l'homme n'auroit pû ſe mouvoir commodement. Nous allons examiner toutes ces articulations.

Les os sōt joints ou par *artron*, ou par *ſimphiſe*.

Galien nous dit que tous les os ſont articulez en deux manieres, ou par *artron*, ou par *ſimphiſe* ; la premiere eſt une naturelle compoſition d'os, comme lorſque deux os s'entretouchent par les bouts : la ſeconde, une naturelle union d'os, comme lorſque les os, quoique diviſez, ſemblent continus.

Deux ſortes d'artron.

L'Artron contient ſous elle deux eſpeces d'articulations, dont l'une s'appelle *diartroſe*, & l'autre *ſinartroſe*.

Les noms de l'Anatomie sōt derivez du Grec.

Je ne doute point que ces mots ne vous paroiſſent rudes & barbares ; mais parce que l'Anatomie & la Chirurgie empruntent la plûpart de ces termes du Grec, & qu'il ſeroit difficile d'en trouver dans nôtre Langue qui fuſſent plus propres pour ſignifier la même choſe, nous ſommes obligez de nous en ſervir ; je les retrancherai neanmoins le plus que je pourrai, quoiqu'il y ait cependant moins de difficulté à les retenir, qu'à les entendre prononcer : Vous en conviendrez avec moi pour peu que vous vous donniez de peine à les étudier.

Qu'eſt-ce que Diartroſe.

La Diartroſe eſt une eſpece d'articulation, dans laquelle le mouvement eſt manifeſte ;

Elle a trois eſpeces, qui ſont, l'*Enartroſe*, l'*Artrodie*, & le *Ginglime*.

C Enartroſe. L'Enartroſe eſt une eſpece d'emboëttement, ou articulation, dans laquelle une profonde cavité reçoit une groſſe & longue tête, comme la cavité qui reçoit la tête du femur dans les os innominez.

D Artrodie. L'Artrodie eſt une autre eſpece d'articulation, en laquelle une cavité ſuperficielle reçoit une tête platte, comme vous voyez que la tête de l'humerus eſt receuë par la cavité glenoïde de l'omoplate, ou que les têtes des os du metacarpe ou du metatarſe ſont receuës dans les cavitez qui ſont aux os de la premiere phalange des doigts.

E Ginglime. Le Ginglime eſt une troiſiéme eſpece d'articulation, en laquelle deux os ſe reçoivent mutuellement, de maniere qu'un même os reçoit & eſt receu, comme l'os du coude, qui eſt receu par celui du bras, en même tems que celui du bras eſt receu dans celui du coude. Suivant les Auteurs, il y à trois ſortes de Ginglime; la premiere, eſt lorſque le même os eſt receu par un ſeul os qu'il reçoit reciproquement, comme nous venons de le remarquer dans les deux os du bras & du coude; la ſeconde eſt, lors qu'un os en reçoit un autre par une de ſes extremitez, & qu'il eſt receu dans un autre os par ſon autre extremité; comme vous pouvez remarquer aux vertebres, dont l'une reçoit celle qui lui eſt ſuperieure, & eſt receuë par celle qui lui eſt inferieure. La troiſiéme eſpece de Ginglime eſt celle où un os eſt receu en forme de rouë,

F Autre Ginglime.

G Troiſiéme Ginglime.

ou d'aissieu, comme la seconde vertebre est receuë par la premiere.

La Sinartrose est une sorte d'articulation si ferme & si étroite qu'il n'y a point de mouvement. Elle a aussi trois especes, qui sont la *suture*, *l'harmonie*, & la *gomphose*. Qu'est-ce que Sinartrose.

La Suture est une articulation où deux os sont joints ensemble comme par une coûture: Elle est de deux sortes, ou vraye, ou fausse; la suture vraye, est quand deux os sont joints en forme de deux scies, dont les dents s'engagent les unes dans les autres, comme sont les parietaux avec le coronal: La suture fausse ou bâtarde est, lorsque deux os sont articulez en forme d'ongles, ou d'écailles posées les unes sur les autres, comme sont les parietaux avec les os petreux. Je me reserve à vous expliquer plus au long les autres especes de Sutures dans la Démonstration suivante, en vous parlant des os qui composent le crane. Qu'est-ce que Suture. H Suture vraye. I Suture fausse.

L'Harmonie est une articulation où les os sont joints par une simple ligne droite ou circulaire, comme les os de la face, du nez, & du palais. Si l'on démonte les os de la machoire superieure, on trouvera de petites dentelures qui en font la jonction: mais parce qu'elles sont tres-petites, & qu'elles ne paroissent point au dehors, comme celles des sutures, c'est ce qui fait que nous distinguons l'harmonie d'avec la suture, & que nous en faisons la seconde espece de sinartrose. K Harmonie.

La Gomphose est un emboëttement ou articulation serrée, qui se fait quand un os est L Gomphose.

enfoncé dans un autre, comme un cloud dans un morceau de bois, ou plûtôt comme les dents sont dans leurs alveoles.

MM Articulation douteuse. On ajoûte une troisiéme espece d'articulation, que l'on appelle neutre, ou douteuse, parce qu'elle n'est pas tout-à-fait diartrose, n'ayant pas un mouvement manifeste ; ni tout-à-fait sinartrose, parce qu'elle n'en est pas absolument privée. Telle est l'articulation des côtes avec les vertebres, & celle des os du carpe & du tarse entre-eux, laquelle tenant de l'une & l'autre, est appellée *amphiartrose*, & par quelques-uns *diartrose sinartrodialle.*

De la simphise. La Simphise, que nous avons dit être une naturelle union d'os, est de deux sortes, ou sans moyen, ou avec moyen.

N Simphise sans moyen. Celle que nous appellons sans moyen, est lorsque nous ne voyons rien qui fasse l'union de deux os, comme de l'épiphise avec l'os principal, ou tels que sont les os de la machoire inferieure. Cette union se fait à peu prés comme celle de la greffe & de l'arbre, qui s'unissent tellement ensemble qu'ils ne font plus qu'un corps ; de même la nature endurcissant les os de la mâchoire inferieure, & les épiphises, les joint d'une maniere qu'ils ne sont plus qu'un os continu.

La simphise avec moyen. La simphise qui se fait avec moyen est de trois sortes, qui sont, *sinevrose*, *sisarcose*, & *sincondrose*.

O Sinevrose. La sinevrose est une espece de simphise qui unit des os par le moyen des ligamens ; telle est l'articulation de la rotule avec les os de la jambe.

La ſiſarcoſe eſt une ſeconde eſpece de ſimphiſe qui joint les os par le moyen des chairs, comme le ſont l'os hyoïde & l'omoplate. P Siſarcoſe.

La ſincondroſe eſt une troiſiéme eſpece de ſimphiſe qui unit deux os enſemble par le moyen d'un cartilage, comme le ſont les deux os du penil; ce qui rend cette articulation ſi forte, qu'il eſt impoſſible que ces deux os ſe ſeparent dans l'accouchement, comme quelques-uns l'ont crû. Q Sincondroſe.

Sentiment de Bartholin.

Bartholin n'admet point de ſinartroſe, il dit ſeulement que la ſimphiſe eſt de deux ſortes; ou ſans moyen, dont il en fait de trois eſpeces, qui ſont, ſuture, harmonie, & gomphoſe; ou avec moyen, qui ſont auſſi trois, ſçavoir, ſinevroſe, ſiſarcoſe, & ſincondroſe, comme nous avons dit; ainſi il differe peu du ſentiment des autres.

Vous remarquerez, Meſſieurs, en finiſſant cette Demonſtration, que la ſimphiſe ſe rencontre en toutes les trois eſpeces de diartroſe, & qu'elle ne ſe trouve dans aucune des eſpeces du ſinartroſe.

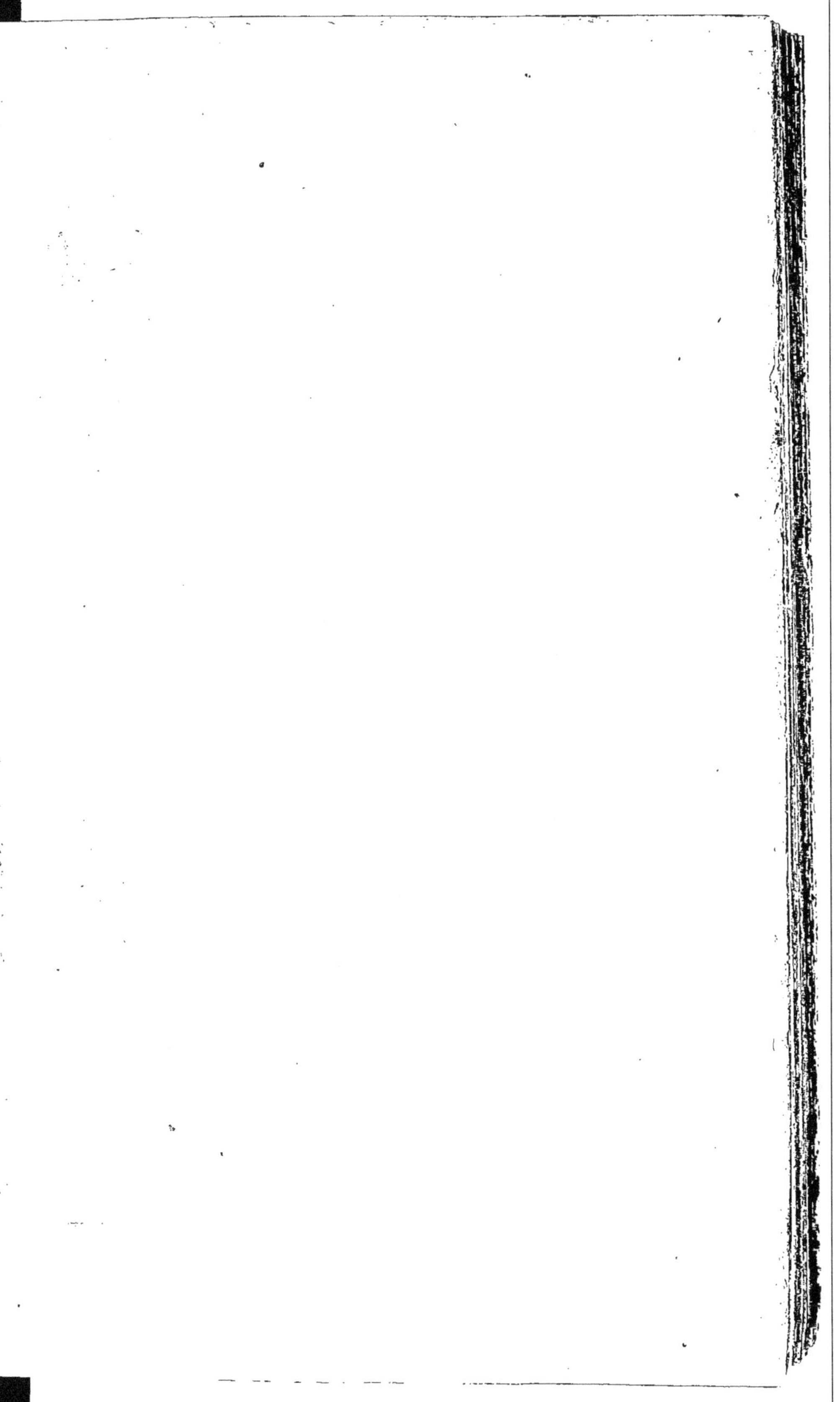

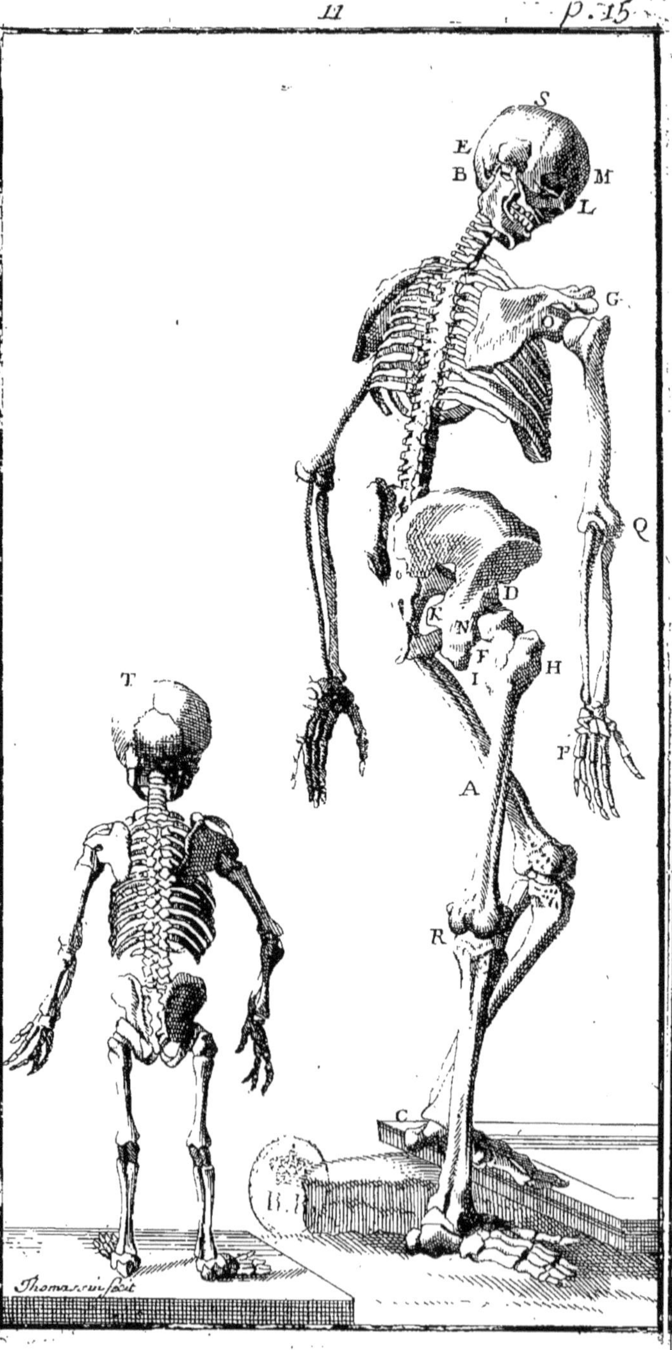
II
p. 15
S
E
B
M
L
G
O
Q
D
K
N
F
I
H
P
A
R
C
T
Thomassin fecit

DES OS
EN GENERAL.

Seconde Démonstration.

E que j'ai, Messieurs, à vous démontrer aujourd'hui n'est pas de moindre consequence que ce que je vous ay fait voir, puisqu'on ne peut reduire aucune luxation, ni guerir aucune fracture, que l'on ne sçache comment l'os est articulé, & quelles sont les parties qui le composent.

Faut connoître les parties des os.

Lorsqu'il arrive des playes à ces parties, soit qu'elles soient causées ou par des boulets, des grenades, & autres instrumens à feu, ou par des chutes & des coups épouvantables qui en changent l'œconomie naturelle par le grand fracas qu'elles y causent ; il est de l'adresse & de la prudence du Chirurgien de rétablir, tout autant que faire se peut, ces parties dans leur premiere conformation, & de corriger par la connoissance qu'il a de son art, & des parties dont l'os est composé, les desordres que de pareils malheurs y ont apportez.

Je vous dis hier que les causes, les parties, & le nombre des os seroient le sujet de la démonstration d'aujourd'hui ; j'ai trouvé à propos d'y joindre aussi le general des cartilages

Sujet de la demonſtration d'aujourd'hui.

& des ligamens, parce qu'ils ſont inſéparables des os, & qu'ils n'en different que du plus ou du moins, puiſque les uns en forment ſouvent la plus grande partie, & que les autres les lient, & les tiennent joints enſemble.

Il y a quatre cauſes des os.

Je commence donc par les cauſes des os, que du Laurens a toutes compriſes dans la définition qu'il nous en a donnée : Elle ſont quatre, ſçavoir la materielle, l'efficiente, la formelle, & la finale.

La materielle.

La cauſe materielle eſt, ſelon lui, de deux ſortes ; ou de generation, qui eſt la partie la plus craſſe & la plus terreſtre de la ſemence ; ou de nutrition, qu'il fait auſſi de deux ſortes ; l'une mediate, qui eſt ce qu'il y a de plus épais dans le ſang ; & l'autre immediate, qu'il dit être la moëlle & le ſuc moëlleux.

L'efficiente.

L'efficiente eſt encore double ; ou propre, qu'il appelle l'idole & l'idée de celui qui engendre, (que Bartholin dit être une vertu oſſifique, ou une puiſſance naturelle qui agit par l'aſſiſtance de la chaleur ;) ou impropre, qui eſt la chaleur dont la nature ſe ſert comme d'inſtrument.

La formelle.

La formelle eſt auſſi de deux ſortes ; ſelon les Philoſophes c'eſt l'ame qui eſt toute en tout, & toute en chaque partie ; ſelon les Medecins, elle eſt eſſentielle, ou accidentelle ; pour la premiere ils admettent la temperature, qu'ils appellent la forme des parties exprimées par la ſechereſſe & la fragilité, leſquelles qualitez ſont accompagnées de dureté, de peſanteur & de blancheur ; la forme accidentelle eſt

est la figure diverse des parties, comme ronde, quarrée, ou triangulaire.

La finale est encore double; ou elle est commune à tous les os, comme de donner la rectitude, la fermeté & la figure au corps; ou elle est particuliere, comme aux côtes de former la capacité de la poitrine, & au crane de contenir & défendre le cerveau.

La finale.

Quoique la maniere dont du Laurens vient d'expliquer les causes des os soit tout-à-fait ingenieuse, cependant il est plus vrai de dire qu'il n'y a que deux choses qui contribuent à les former, sçavoir la semence & la chaleur: En effet, supposé que la portion la plus épaisse de la semence serve de matiere aux os, il vous sera beaucoup plus facile à concevoir qu'il ne faut que de la chaleur pour les perfectionner, que de vous aller embarasser à chercher une idée ou vertu ossifique; autrement il faudroit multiplier ces vertus, & en faire d'autant de manieres, qu'il y a de differentes parties au corps.

Veritables causes des os.

Il faut remarquer que ce ne sont pas seulement les os qui sont faits de la semence, mais encore toutes les parties qui composent l'homme; ce qui arrive parce que la chaleur seule agissant sur cette même semence, en développe & separe chaque particule, qui prenant la figure qu'elle doit avoir par la disposition de la matiere, en forme un animal.

Une même cause sert à former toutes les parties.

Mais si l'on m'objecte qu'il est difficile de comprendre comment tant de differentes parties peuvent être faites par une même cause;

je réponds que le Soleil, qui est un principe de chaleur, produit bien differens effets, suivant les differentes matieres qu'il échauffe; ainsi nous voyons qu'il fait fondre la cire, & qu'il desseche la terre; ces differens effets ne viennent pourtant que de la disposition de la matiere sur laquelle il agit; de même on doit concevoir que la chaleur naturelle agissant sur la semence, met en mouvement les particules qui font le sang, en même tems qu'elle seche & endurcit celles qui font les os.

Experience qui le prouve.

Pour détruire cette opinion *d'idole & d'idée de celui qui engendre*, & faire voir qu'elles n'ont point de part à ce qui se passe dans la generation, il n'y a qu'à faire reflexion sur ce qui arrive lors que l'on met des œufs de differens animaux couver sous une même poule; si vous y en mettez de poules, de cannes, & de perdrix, vous verrez que la même chaleur de la poule produira des poulets, des canars, & des perdreaux. Si l'on pouvoit penetrer dans l'idée de cette poule, on verroit qu'elle n'avoit dessein que de produire des poulets; mais la matiere qui est renfermée dans ces œufs est le principe d'où dépendent les differens effets qui le suivent.

Sentimens differens sur la cause finale.

La cause finale est aujourd'hui le sujet d'une dispute entre deux Medecins de la Faculté de Paris, tous deux fort habiles & tres-bons Anatomistes. L'un dit que l'on doit en parlant de quelque partie, lui donner une fin, parce qu'il est certain qu'elles en ont toutes, & que Dieu n'ayant rien creé d'inutile, il faut en démontrant quelque partie, dire qu'elle a été faite pour telle ou telle action, puis qu'elle l'a fait; par exemple, que l'on peut dire assurément que l'œil a été fait pour voir, la main pour prendre, le pied pour marcher, & ainsi des autres. L'autre pretend au contraire, que ce n'est point à nous à déterminer la fin pour laquelle une partie a esté faite; qu'il est bien vrai que l'Auteur de la Nature n'a rien fait en vain, & qu'il a donné une fin à tout ce qui compose l'homme; mais que lorsque nous voulons nous mesler de la marquer, nous nous mettons au hazard de nous tromper; qu'il peut s'en estre proposé une autre que celle que nous dirions; & qu'ainsi l'on ne doit jamais dire, cette partie a esté faite pour cela, mais que cette partie fait cela: il demeure d'accord que l'on voit avec l'œil, que l'on prend avec la main, que l'on marche avec le pied; mais il soûtient que ce n'est point à l'homme à vouloir penetrer dans les secrets ni les intentions de Dieu; qu'il doit seulement admirer ses ouvrages, n'étant pas impossible que Dieu se soit proposé d'autres fins dans ce qu'il a fait, que celles que nous voyons; & il ajoûte, que pour bien connoître une partie, il n'est pas necessaire d'avancer qu'elle a esté faite pour tels usages, qu'il n'y a qu'à la bien examiner, & travailler à déveloper toutes les particules qui la composent; qu'alors on verra que l'action qu'elle fait, sera une suite de sa disposition, & que par consequent l'on ne doit point dire que l'œil est fait pour voir, mais bien que l'on voit avec l'œil : Voilà le sujet de leur dispute, c'est à vous à decider lequel des deux a raison, & à suivre celui que vous trouverez le plus de vôtre goût ; car, à dire vrai, ce ne sont que manieres de parler, & jeux d'esprit qui sont indifferens, puisque parlant d'une façon ou d'une autre, elles tendent à nôtre but, qui est de bien connoître l'homme.

Les parties des os.

Les os sont composez de plusieurs parties, dont les unes sont élevées, & les autres caves. Les premieres sont de trois sortes, sçavoir la partie principale, la partie éminente, & la partie ajoûtée : Il y a aussi trois especes de parties caves, que l'on nomme, trous, fosses, & sinus : je vais presentement vous démontrer toutes ces parties.

La partie principale de l'os est facile à voir ; elle compose presque l'os tout entier, & même elle en retient le nom, n'en ayant point de particulier ; par exemple, c'est elle qui fait la

A Le femur.

plus grande partie de ce femur que vous pouvez voir, & qui en occupe tout le milieu jusqu'aux extremitez, lesquelles sont des apophises & des epiphises qu'il faut examiner.

Ce que c'est qu'apophise.

La partie éminente, est ce que nous appellons apophise, qui est définie une partie vraye & legitime de l'os, sortant dehors, & s'élevant en forme de bosse sur la superficie du même os ; telle est cette éminence que vous voyez à l'os

B L'apophise mastoïde.

petreux, que l'on nomme apophise mastoïde. Les inégalitez des os servent à rendre leur articulation plus commode, à donner origine

& insertion à plusieurs muscles, & même à défendre quelques parties, comme celles des omoplates & des vertebres.

La partie ajoûtée se nomme Epiphise, elle est définie un os adherant à un autre os par une simple & immediate contiguité; telle est cette éminence que vous voyez à l'os du talon. Les Auteurs ont donné trois usages aux Epiphises; le premier, est de fortifier les articulations, parce que celles qui sont aux extremitez des os, étant plus larges que l'os même, elles leur servent de base, & ainsi l'articulation s'en fait mieux: le second, de donner, aussi bien que les apophises, origine & insertion à plusieurs muscles; & le troisiéme, de donner naissance aux ligamens, parce qu'étant d'une substance moins solide que les os, & plus dure que celle des ligamens, elles tiennent le milieu entre les unes & les autres, & par consequent facilitent l'attachement du ligament; car vous sçavez qu'il n'y a point d'articulations, où il n'y ait des ligamens, & que ces mêmes ligamens s'attachent plus facilement aux Epiphises qui sont d'une substance molle, qu'aux os qui sont fort durs.

C
Epiphise de l'os du coude.

Toutes les Epiphises ne sont pas semblables les unes aux autres, & l'on remarque qu'elles different entr'elles en quatre manieres, en figure, en quantité, en nombre & en situation.

Differences des Epiphises.

Elles sont tellement differentes en figure, que la veuë même les distingue aisément. On les reduit toutes sous trois especes, que l'on appelle teste, col, & pointe.

D Teste. La teste est quand l'os s'éleve en bosse ronde; si elle est grosse, on la nomme veritablement teste, comme celle du femur; & si elle est petite, on l'appelle condile, comme celle de la machoire inferieure, qui entre dans les cavitez de l'os petreux pour les articuler ensemble.

E Condile.

Le col est la partie la plus étroite de l'os, qui d'étroit qu'il est dans son commencement, se dilate peu à peu. Il est toûjours placé sous une teste. En voila un sous la teste du femur. Il est à remarquer que le col & la teste different entr'eux en ce que la teste est presque toûjours Epiphise, & le col Apophise.

F

La pointe est quand l'os fait une éminence pointuë, que l'on appelle corone. Ces pointes ont plusieurs figures; on leur a donné les noms des choses ausquelles elles ressemblent le plus; il y en a une à l'os petreux, que l'on appelle stiloïde, parce qu'elle est faite comme un stilet; une autre mastoïde, parce qu'elle ressemble à un mammelon; une autre qui est à l'omoplate, qu'on appelle coracoïde, à cause qu'elle ressemble au bec d'un corbeau; & enfin celles de l'os sphenoïde, se nomment pterigoïdes, parce qu'elles ont la veritable figure des aîles de chauve-souris.

G Coroné ou Coracoïde.

La grandeur des Epiphises n'est pas égale dans tous les os; le tibia, par exemple, qui est un gros os, en a de grosses, & les petits os, comme ceux des doigts, en ont de fort petites. On voit aussi qu'un même os en a de differente grosseur, comme le femur qui en a une grande, que l'on nomme le grand trocanter, & une autre plus petite, aussi de même figure, appellée le petit Trocanter.

H Le grand Trocanter.

I Le petit Trocanter.

Nombre des Epiphises.

Le nombre des Epiphises n'est pas reglé pour chaque os, il y en a même qui n'en ont point, comme les os de la machoire inferieure, & d'autres qui en ont plusieurs. Les côtes en ont chacune une, les os de la jambe & des bras en ont deux, ceux des iles trois, ceux de la cuisse quatre, & chaque vertebre en a cinq; ce sont les os ausquels nous en trouvons le plus.

Situation des Epiphises.

La situation des Epiphises est differente, en ce qu'elles ne sont pas toutes placées aux extremitez des os, puisque l'on en trouve dans leur partie moyenne.

Substance des Epiphises.

Outre ces quatre differences essentielles que nous avons remarquées aux Epiphises, il en est encore une que l'âge leur donne, en rendant leur substance plus ou moins dure; aux enfans elle est cartilagineuse; mais elle s'endurcit à mesure que l'on avance en âge, & elle ne devient tout-à-fait ossifiée qu'aprés la vingtiéme année; ce que j'ai remarqué en faisant la squelete d'un garçon de dix-huit ans, dont toutes les Epiphises se separerent par l'ébullition.

Cartilages des Epiphises.

Il faut encore remarquer que les Epiphises sont couvertes par leur extremitez d'un cartilage qui facilite le mouvement des articulations, & qu'outre ce cartilage qui étoit necessaire pour empêcher que les os ne se frotassent les uns contre les autres, la nature a encore mis dans toutes les jointures une humeur glaireuse, qui faisant le même effet que le vieux oing aux roues des carosses, empêche conjointement avec le cartilage, que les extremitez des os ne s'usent & ne s'échauffent dans leurs mouvements continuels.

Cavitez des os. Les parties caves des os sont, comme je vous ay dit, de trois sortes, trous, fosses & sinus. Le trou est une cavité qui a entrée & sortie; ce qu'on peut voir dans les cavitez qui sont à la base du crane, dont il y en a quelques-unes qui donnent entrée à des arteres, & d'autres qui laissent sortir des nerfs & des veines.

K Trou. On nomme aussi trou cette grande cavité que vous voyez à l'os ischion. La fosse est une cavité qui a une entrée, & qui n'a point de sortie, & dont les bords sont élevez par de

L Fosse. petites éminences comme montagneuses; ces cavitez servent pour donner quelque figure, ou pour contenir quelque partie; telle est la cavité de l'orbite qui contient l'œil.

Le sinus est une espece de cavité en l'os dont l'orifice ou entrée est fort étroite, & le fonds large; il se trouve de ces sinus dans la base de

M Sinus. l'os coronal, où les Anciens leur ont attribué la faculté de rendre ces os plus legers, ce que je ne croi pas; je me reserve à vous en dire ma pensée en vous les démontrant.

Outre ces trois sortes de cavitez que je viens de vous expliquer, il y en a encore d'autres que l'on divise en internes & en externes.

Causes internes. Les internes sont de deux manieres; ou grandes & apparentes, comme celles qui sont le long des gros os qui renferment la moëlle ; ou petites & poreuses, comme celles qui sont aux corps des vertebres & des epiphises, qui contiennent un suc medullaire.

Les externes sont de trois sortes ; ou grandes & environnées de bords épais, & se nomment cotiles ou cotiloïdes, du nom d'une mesure des Anciens, comme celle de l'ischion qui reçoit la teste du femur ; ou moyennes & moins profondes, & s'appellent glenes ou glenoïdes, comme celles de l'omoplate, qui reçoivent la teste de l'humerus ; ou petites & plates, comme celles qui sont aux bouts des os de la premiere phalange des doigts, lesquelles reçoivent les testes des os du metacarpe.

Cavitez externes.

N Cavitez cotiloïdes.

O Cavitez glenoïdes.

P Petites cavitez.

Ces cavitez sont simples ou doubles : les premieres ne reçoivent qu'une teste, comme celle du bout du radius ; & les doubles en reçoivent deux, comme le bout d'enhaut du tibia, & ceux des os des deux dernieres phalanges des doigts. Il y en a encore de differente figure, les unes sont faites en forme de poulie, comme celles de l'extremité d'enbas de l'humerus, qui reçoivent les cubitus ; les autres en maniere de croissant, ou de sigma, comme celles de la partie superieure des cubitus, & ainsi de plusieurs autres.

Q Cavité simple.

R Cavité double.

Toutes ces cavitez externes qui servent aux articulations ont chacune à leur circonference une éminence, que l'on appelle lévre ou sourcil, à laquelle est attaché un ligament circulaire, qui en embrassant la teste de l'os qu'elles reçoivent, sert à fortifier l'articulation, &

Utilitez des os ligamenteux.

à empêcher que les luxations n'arrivent auſſi ſouvent qu'elles feroient, s'il n'y étoit pas.

Quatre choſes à examiner aux os.

Il me reſte à vous faire voir le dénombrement des os pour en finir le general ; mais auparavant je trouve à propos de vous faire obſerver quatre choſes, qui ſont la grandeur, la couleur, la nourriture, & le ſentiment des os.

Grandeur des os.

Tous les os ne ſont pas de même groſſeur, je ne dis pas ſeulement dans les hommes qui ſont de differentes tailles, mais encore dans les perſonnes qui ſont d'égale grandeur ; il arrive même ſouvent que parmi ces derniers, quelques-uns ont les os plus petits que les autres ; & ſi la beauté dépend de la délicateſſe des os, on peut dire que ceux-là ſont de plus belle taille & mieux faits. En effet, c'eſt une des raiſons pourquoi les femmes ſont ordinairement plus belles que les hommes, parce qu'elles ont les os du viſage plus fins que ne ſont ceux des hommes ; c'eſt ce qui fait auſſi que l'on diſtingue facilement le ſquelete d'une femme d'avec celui d'un homme. Il y a encore entre l'un & l'autre une fort grande difference, en ce que dans l'homme les os des iles ſont plus petits & plus ſerrez l'un prés de l'autre, & que dans la femme ils ſont plus écartez, afin de former le baſſinet plus grand pour y mieux contenir l'enfant ; de là vient auſſi que les femmes ayant les os des iles plus en dehors, & l'os ſacrum plus en derriere, elles ont les hanches & les feſſes plus groſſes que les hommes.

L'on doit encore obſerver la groſſeur des os dans les differens âges ; car ils groſſiſſent depuis la naiſſance juſqu'à vingt ans, & depuis vingt ans juſqu'à ſoixante ils ſubſiſtent dans une même groſſeur ; mais aprés ſoixante ans, ils vont toûjours en diminuant ; ce qui arrive parce qu'en ſe deſſechant, les fibres oſſeuſes s'approchent plus les unes des autres.

Couleur des os.

La couleur des os n'eſt pas égale en tous, il y en a qui les ont fort blancs, d'autres moins blancs, & d'autres qui les ont d'une couleur griſâtre ; il eſt ſi vrai que la diverſité de ces couleurs dépend de la premiere matiere dont les os ſont formez, que quoique l'on prenne les mêmes ſoins pour blanchir deux ou trois ſqueletes, il y en a toûjours quelqu'un qui ne le devient pas tant que les autres.

Nourriture des os.

L'on a crû pendant long-tems que la moëlle étoit la matiere qui ſervoit de nourriture aux os, mais les découvertes que l'on a faites de ſes autres uſages, ont prouvé qu'ils ſe nourriſſoient des parties du ſang, comme le reſte du corps. Il eſt vrai que la moëlle peut bien les entretenir en les humectant, de même que la graiſſe fait les parties molles, mais elle n'en eſt pas le veritable ſuc alimentaire ; il ne ſe trouve que dans le ſang, qui circulant dans la ſubſtance des os, y porte des particules propres à les nourrir, comme il fait dans toutes les autres parties ; ce qui marque qu'ils ne ſont pas nourris pas appoſition de matiere ſur matiere comme les pierres, mais par une liqueur qui s'insinuant &, entrant dans leurs porositez, & coulant le long de leurs fibres, en augmente le volume; car il y a une infinité de canaux dans les corps des os, (semblables à ceux des troncs des arbres qui y conduisent le suc) dans lesquels la nourriture est portée par les arteres, & dont le superflu sortant par les extremitez de ces canaux, est reçû par des vénules qui le reportent à la masse. D'ailleurs il est aisé de voir en trépanant qu'il y a du sang entre les deux tables du crane, & que si vous cassez l'os d'un animal nouvellement tué, il en sort des goutteletes de sang; ce qui ne permet pas de douter qu'il n'entre du sang dans les os.

Sentiment des os.

Il est vrai que les os n'ont point de sentiment, mais ils sont couverts & envelopez du Perioste, qui est une petite membrane fort déliée, & d'un sentiment exquis. Ceux qui sont sujets à la goutte, ou à qui l'on a fait quelque operation sur les os, nous en peuvent rendre un témoignage assuré, puisque les douleurs que l'on ressent dans ces Operations sont tres-grandes, principalement lorsque l'on touche cette membrane.

Nombre des os.
S Un grãd squelete vû de côté.
T Un petit squelete.

Le nombre des os, qui est la sixiéme & derniere chose que nous avons à considerer aux os en general, est fort grand. Dans la premiere Démonstration je vous ay fait voir le squelete de face, & dans celle-ci je vous presente ce grand de côté, & ce petit par derriere, afin que vous le puissiez voir de toutes les manieres ; il ne faut pas vous étonner s'il est composé de tant d'os, & s'il y en a jusques au nombre de deux cens quarante-neuf ; par exemple, on en compte soixante à la teste, soixante & sept au tronc, soixante & deux aux bras & aux mains, & soixante aux jambes. Si l'Auteur de la Nature en avoit mis moins à la main, auroit-elle pû prendre comme elle fait ? Si l'épine n'étoit pas composée d'autant de vertebres qu'elle est, auroit-elle pû se fléchir comme elle a besoin de faire ? Enfin si la jambe & la cuisse n'eussent esté faites que d'un os, auroit-on pû marcher aussi commodément que l'on fait ? Il étoit donc necessaire pour la perfection de l'homme, & des actions qu'il fait, que le nombre des os fut aussi grand qu'il est.

vû par derriere.

Des soixante de la teste il y en a quatorze au crane, & quarante-six à la face, y comptant l'os hyoïde ; les quatorze du crane sont le coronal, l'occipital, deux parietaux, deux temporaux, l'etmoïde, le sphenoïde, & les six os de l'ouïe, qui sont les enclumes, les estriers & les marteaux. Des quarante-six de la face, il y en a ving-sept à la machoire superieure, qui sont l'os de la pomette, l'os unguis, le maxillaire, l'os du nez, l'os du palais, & autant de l'autre côté ; le onziéme, qui est impair, est le vomer, avec seize dents superieures, & dixhuit à la machoire inferieure ; sçavoir deux os & seize dents, ausquels ajoûtant l'os hyoïde, cela fait le nombre de soixante à la teste.

Soixante os à la teste.

Des soixante-sept au tronc, il y en a trente-

Soixante-sept au tronc.

deux à l'épine , & vingt-neuf à la poitrine; ceux de l'épine sont sept au col, douze au dos, cinq aux lombes, cinq à l'os sacrum, & trois au coccix; ceux de la poitrine sont vingt-quatre côtes, deux clavicules, & trois au sternum; Il y a encore six os innominés , qui sont deux ileon, deux ischion, & deux pubis; ce qui fait le nombre de soixante-sept au tronc.

Soixante-deux aux bras.

Des soixante-deux des extremitez superieures, il y en a trente & un à chacune, qui sont l'omoplate, l'humerus, le cubitus, le radius, huit au corps, quatre au metacarpe; & quinze aux doigts, & autant à l'autre extremité; cela fait soixante & deux.

Soixante aux pieds.

Des soixante des extremitez inferieures, il y en a trente à chacune; sçavoir le femur, la rotule, le tibia, le peroné, sept au tarse, cinq au metatarse, & quatorze aux doigts, & autant à l'autre extremité; c'est en tout soixante.

Deux cens quarante-neuf os en tout.

Ce nombre des os se pourroit augmenter par ceux qui en feroient plusieurs de l'os hyoïde, ou qui y ajoûteroient les sesamoïdes; il pourroit aussi estre diminué par ceux qui n'en feroient qu'un des deux de la machoire inferieure, & qui reduiroient les cinq de l'os sacrum à un seul: Mais comme il faut s'en tenir à un nombre fixe, je vous conseille d'en demeurer à celui de deux cens quarante-neuf, qui est le plus universellement reçû par tous les Auteurs.

Faut connoître les cartilages.

Quoique les cartilages & les ligamens soient separez du squelete par l'ébullition, neanmoins nôtre Osteologie seroit imparfaite si nous les passions sous silence, & si nous ne vous instruisions pas de ce qu'il en faut sçavoir en general.

Des cartilages.

Les cartilages sont les parties les plus dures aprés les os ; ils sont presque de même nature, & n'en different que du plus au moins. L'on en fait de trois sortes, les uns sont durs & deviennent osseux avec le tems, comme ceux qui font le sternum, & ceux qui lient les epiphises avec l'os principal ; les autres l'ont plus mols, & composent même des parties, comme ceux du nez, des oreilles, du xiphoïde, & du coccix ; & enfin d'autres sont tres-mols & tiennent de la nature du ligament ; ce qui les a fait appeller cartilages ligamenteux.

Figure des cartilages.

Il est des cartilages de plusieurs figures, à qui l'on a donné le nom des choses ausquelles ils ressemblent, l'un est appellé annullaire, parce qu'il est fait comme un anneau ; un autre xiphoïde, à cause qu'il a la figure de la pointe d'un poignard ; & un autre scutiforme, qui est fait comme un bouclier ; & ainsi de plusieurs autres.

Les cartilages accompagnent ordinairement les os, on en trouve neanmoins qui ne les touchent pas, comme ceux du larinx & des paupieres.

Les cartilages sont insensibles.

Les cartilages n'ont point de sentiment, n'ayant ni membranes ni nerfs ; ce qui est d'autant plus avantageux à l'homme, qu'il a assez d'autres parties sujettes à la douleur, sans avoir encore celles-ci qui lui en causeroient de continuelles dans les mouvemens qu'il est obligé de faire ; ils n'ont point de cavitez, & par consequent point de moëlle ; mais à son defaut ils ont une mucosité d'une substance gluante & flexible, qui les environne, & qui les conserve.

Usages des cartilages.

Les cartilages ont plusieurs usages, ils empêchent que les os ne soient blessez par un frayëment mutuel, ils les joignent en plusieurs endroits par sincondrose, & sont d'une grande utilité à plusieurs parties pour les bien former, comme au nez, aux oreilles, à la trachée artere, aux paupieres, & à quelques autres.

Les ligamens ne sont plus à ce squelete.

Tous les os que vous voyez ne pourroient point tenir ensemble, s'ils n'étoieut joints par des ligamens qui ne sont plus à ce squelete, en ayant, comme je l'ay dit, esté separez par l'ébullition ; mais il y a du fil de leton qui tient leur place, & du liege qui remplit celle des cartilages du sternum ; il ne seroit pas impossible de conserver un squelete avec les cartilages & les ligamens, il n'y auroit qu'à le décharner ; mais quelque soin que l'on prît, les vers s'y mettroient, & l'on ne pourroit pas le conserver aussi bien & aussi long-tems que l'on fait celui-ci.

Des ligamens.

Le ligament est d'une substance solide & blanche ; il est plus mol que le cartilage, & plus dur que le nerf & la membrane ; il n'a ni cavité, ni sentiment, ni mouvement ; ce qui fait qu'il ne souffre pas plus que le cartilage.

Matiere des ligamens.

Les ligamens sont faits de la portion la plus

plus visqueuse de la semence ; il y en a de tres-forts, qui sont interieurement entre les os ; les uns sont épais & ronds, que l'on appelle cartilagineux, & les autres déliez & membraneux, qui couvrent exterieurement les os.

Il y en a de plusieurs figures, les uns sont larges, que l'on appelle membraneux ; les autres ronds que l'on nomme nerveux ; ces noms ne leur sont donnez que par la ressemblance qu'ils ont avec des membranes, ou des nerfs, & non pas parce que le ligament est effectivement membraneux ou nerveux. Figure des ligamens.

Le seul & veritable usage que l'on donne aux ligamens, est de lier, comme feroit une corde, les parties du corps, & sur tout les os, qu'ils conservent joints & unis ensemble, afin qu'ils ne puissent sortir de leur place. Usages des ligamens.

Voila, Messieurs, ce que j'avois à vous démontrer aujourd'hui ; demain nous entrerons dans le détail de tous les os, en commençant par ceux de la teste.

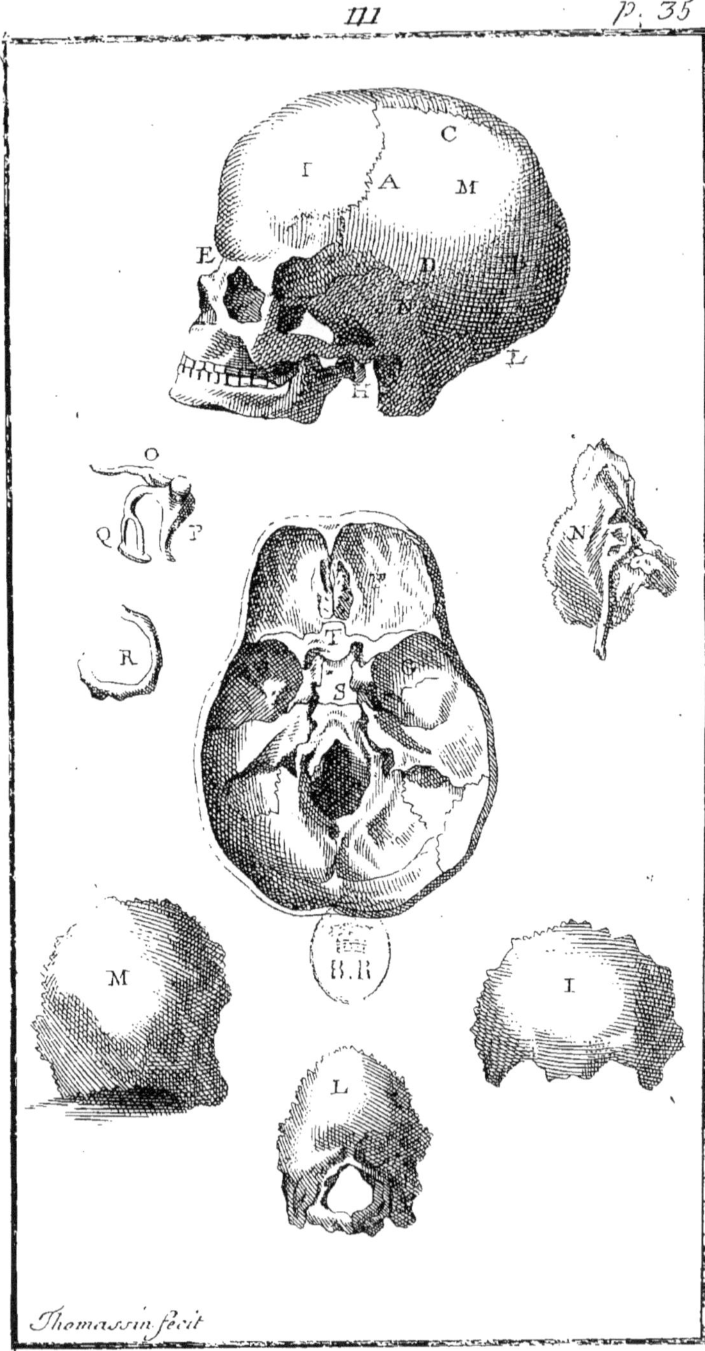
III
p. 35
C
I
A
M
E
D
N
L
H
O
Q
P
N
R
T
S
B.R
M
I
L
Thomassin fecit

DES OS
DE LA TESTE,
ET PREMIEREMENT DE CEUX du Crane.

Troisiéme Démonstration.

OUR faire avec ordre le détail des Os, comme je vous l'ai promis, Messieurs, il faut auparavant diviser le squelete, en teste, en tronc, & en extremitez.

Quoique les Auteurs ne conviennent pas entr'eux par quelle partie du squelete il faut commencer, pourvû qu'on les connoisse toutes; je suis neanmoins persuadé que l'on doit commencer par la teste, non seulement parce qu'elle se présente la premiere, & qu'elle est formée avant toutes les autres parties, mais encore parce qu'elle est le siege de l'ame, & la partie la plus noble & la plus considerable du corps. Faut commencer par la teste.

Je ne pretens pas faire ici l'éloge du cerveau, nous vous en entretiendrons dans le cours de ces Démonstrations Anatomiques; je veux seulement vous faire observer que les os qui forment la teste ne sont pas de si petite consequence au cerveau qu'ils n'en tire des utilitez considerables, puisque ce sont eux qui lui forment Structure admirable de la teste.

un domicile, & qui lui servent de rempart contre toutes les injures externes.

Définition de la teste.

Nous entendons par ce mot de teste tout ce qui est depuis le vertex jusqu'à la premiere vertebre du col, y comprenant le crane & la face. Hippocrate la considerant comme le domicile du cerveau, dit que c'est une partie osseuse composée de deux tables entre-tissuës du diploé, couverte par dehors du pericrane, & par dedans de la duremere.

Substance de la teste.

Vous remarquerez que la substance de la teste est toute osseuse, en quoi elle differe de la poitrine & du bas ventre, l'une étant en partie osseuse, & en partie charnuë; & l'autre tout-à-fait charnu. Cette substance toute solide lui est d'un grand secours; car non seulement elle contient le cerveau qui a besoin d'être enfermé dans une boëte aussi forte, mais encore elle le défend contre tout ce qui pourroit lui nuire.

Situation de la tête.

La teste est située à la partie la plus éminente du corps; la raison que plusieurs Auteurs en donnent ne me paroît pas la veritable; ils disent que c'est à cause des yeux qui y sont placez, & que leur action étant de voir & de découvrir toutes choses, il falloit qu'il fussent au plus haut lieu du corps; mais la meilleure raison est, que le cerveau ayant à envoyer le suc animal par les nerfs à toutes les parties du corps pour le mouvement & le sentiment, il ne pouvoit le faire plus aisément que de haut en bas, l'impulsion en étant facile de cette maniere, au lieu qu'elle lui auroit esté impossible de bas en haut, étant d'une substance aussi molle qu'il eſt. On peut ici comparer le cerveau à un reſervoir qui fournit de l'eau à pluſieurs fontaines ; il eſt toûjours placé au plus haut lieu du jardin, afin d'en pouvoir envoyer plus commodement, ce qu'il ne pourroit faire, s'il étoit ſitué plus bas que les fontaines.

La grandeur de la teſte.

La grandeur de la teſte doit être proportionnée à celle du cerveau, puiſqu'elle eſt faite pour lui : Il y en a de groſſes & de petites, & les unes & les autres marquent également un vice de conformation. Les groſſes ſont ſujettes à une infinité de fluxions & d'incommoditez, & les petites tendent beaucoup à la folie, le cerveau étant gêné dans ſes fonctions ; neanmoins il eſt à ſouhaiter que la teſte peche plûtôt en groſſeur, qu'en petiteſſe ; car l'on remarque que ceux qui ont beaucoup d'eſprit, l'ont plus groſſe que petite.

Figure de la teſte.

La figure naturelle de la teſte eſt ronde, & un peu applatie des deux côtez, tant pour mieux contenir le cerveau, que pour en faciliter le mouvement : Elle eſt oblongue dans ſa partie anterieure, pour laiſſer un grand eſpace au cerveau ; Elle l'eſt auſſi dans ſa partie poſterieure pour le cervelet ; ſi elle n'étoit pas platte par les côtez, & qu'elle fût abſolument ronde, les tempes auroient eſté trop avancées, & elle n'auroit pas eſté ſi bien dans l'équilibre qu'elle y eſt.

Il y a des teſtes qui ſont de figure non naturelle & dépravée, aux unes la tuberoſité anterieure manque, aux autres c'eſt la poſterieure, & à d'autres l'une & l'autre ne s'y trouvent point. Il y en a qui sont d'une figure pointuë, comme un pain de sucre ; ceux qui ont le malheur de l'avoir de cette maniere, n'ont pas le cerveau trop bien reglé dans ses fonctions.

Usages de la tête.

Les usages de la teste sont considerables, car outre ses particuliers, qui sont de contenir & de défendre le cerveau, elle a encore l'usage commun de tous les os, qui est de donner origine & insertion à plusieurs muscles.

Division de la tête.

La teste se divise en deux parties, dont l'une est couverte de cheveux, que l'on appelle le crane; & l'autre est sans cheveux, que l'on nomme la face.

Les os qui composent ces deux parties sont en assez grand nombre & assez considerables, pour nous occuper pendant deux Démonstrations ; c'est pourquoi nous commencerons par ceux du crane, & finirons par ceux de la face.

Du crane.

Le crane est l'assemblage des os qui contiennent le cerveau & le cervelet; il se divise en deux tables, qui sont comme deux lames appliquées l'une sur l'autre, entre lesquelles il y a le diploé, qui est une substance rare, spongieuse, & pleine de cellules de differente grandeur, qui reçoivent plusieurs arterioles du cerveau, & qui donnent issuë à des vénules qui vont se rendre dans les sinus de la dure-mere; C'est entre ces deux tables que se porte le sang qui nourrit le crane, où il circule comme par tout ailleurs ; & c'est ce même sang que l'on voit sortir dans l'Operation du trépan, lorsque l'on a coupé la premiere table de l'os.

Le dehors du crane.

La superficie exterieure & superieure du crane

eſt unie & polie, mais l'inferieure eſt fort raboteuſe & inégale, à cauſe des diverſes productions & appendices qui s'y rencontrent.

Sa ſuperficie interieure & ſuperieure eſt pareillement unie & égale, à la reſerve de quelques canelures qui y ſont faites par les vaiſſeaux qui rampent ſur la dure-mere, lorſque le crane eſt encore mol & cartilagineux; mais il a ſa ſuperficie interieure & inferieure inégale, à cauſe des productions & des cavitez qui s'y trouvent. Le dedans du crane.

Le crane a pluſieurs trous qui ſont de differente grandeur, ils donnent paſſage à la moëlle de l'épine, aux nerfs, aux arteres & aux veines qui rempliſſent ces trous, & qui les bouchent ſi exactement, qu'il n'y a ni vapeurs, ni fumées qui puiſſent y entrer, ni en ſortir, ſi ce n'eſt par les vaiſſeaux. Nous ferons voir tous ces trous en démontrant chaque os en ſon particulier. Trous du crane.

Dans le doute où l'on eſt de ſçavoir ſi c'eſt le crane qui donne la grandeur au cerveau, ou ſi c'eſt le cerveau qui fait celle du crane, il eſt aiſé de conclure que la grandeur du crane dépend de celle du cerveau, pour deux raiſons; la premiere eſt que la matiere qui environne le cerveau, & qui doit former le crane, s'étend plus ou moins, que le cerveau eſt plus ou moins grand; & la ſeconde eſt que le crane n'eſt formé qu'aprés le cerveau; ce qui eſt ſi vrai que nous voyons dans l'enfant qui vient de naître, que le cerveau eſt dans ſa perfection, lorſque le crane n'eſt encore que cartilagineux, & à demi oſſeux aux endroits des ſutures, & en la region moyenne & ſuperieure de la teſte, que l'on C'eſt le cerveau qui fait la grandeur de la tête.

appelle la fontaine, laquelle ne s'offifie que quelques années aprés : De là vient que dans les accouchemens ces os n'étans pas encors durs, ils preftent & cedent un peu à la compreffion pour aider à la fortie de l'enfant.

Les os du crane. Le crane eft compofé de plufieurs os, diftinguez par des jointures que l'on appelle futures.

Des futures. Aprés avoir donné la définition des futures, & de quelques-unes de fes efpeces, en parlant de la finartrofe *page treiziéme*; il fuffit de les divifer ici en propres, & en communes. Les propres font celles qui fervent à divifer les feuls os du crane : elles font vrayes ou fauffes.

Sutures vrayes. Les vrayes font celles qui s'uniffent en maniere de dents de fcie. Il faut remarquer qu'il y a de petites pieces d'os qui entrent les unes dans les autres, lefquelles ne font pas pointuës comme les dents de fcie, mais faites comme des queuës d'hirondelle ; ce qui les enchaffe les unes dans les autres, & empêche qu'elles ne puiffent s'écarter & fe feparer : Elles font trois, la coronale, la lambdoïde, & la fagittale.

A Suture coronale. La coronale eft celle du devant de la tefte ; elle eft ainfi nommée, ou parce qu'elle eft à l'endroit où l'on portoit autrefois les couronnes ; ou bien parce qu'elle a la figure orbiculaire ; Elle s'étend depuis une tempe jufques à l'autre, & joint l'os du front avec les deux parietaux.

B Suture lambdoïde. La lambdoïde eft ainfi appellée, parce qu'elle eft faite comme un Λ Grec ; elle eft oppofée à la precedente ; elle unit l'os occipital avec les deux parietaux par leur partie pofterieure.

La sagittale est ainsi nommée, parce qu'elle est droite comme une flêche, que l'on nomme en Latin *sagitta:* Elle est placée à la partie superieure de la teste. Elle va de la coronale jusqu'à la lambdoïde, & joint les deux parietaux par leurs parties superieures. Cette suture décend quelquefois jusqu'à la racine du nez, & alors elle divise l'os frontal en deux : ce qu'elle fait aussi en quelques sujets à l'os occipital. Ces trois sutures sont quelquefois si bien unies à des cranes de vieillards, qu'ils paroissent n'être faits que d'une seule piece.

C Suture Sagittale.

Les sutures fausses sont celles qui se joignent en forme d'écailles de poisson; c'est pour cela qu'on les appelle écailleuses, ou squammeuses: Elles sont deux, une de chaque côté; elles joignent les parties superieures & plus minces des os petreux avec les parietaux.

Sutures fausses.

D Sutures squammeuses.

On appelle sutures communes celles qui separent les os du crane d'avec ceux de la face; Elles sont quatre, la transversale, l'etmoïdale, la sphenoïdale, & la zigomatique.

La Transversale est ainsi nommée, parce qu'elle traverse la face d'un côté à l'autre; elle commence à un des petits angles de l'œil, & passant par le fonds des orbites, & par la racine du nez, elle va finir à l'autre petit angle; c'est elle qui separe l'os coronal d'avec ceux de la face.

E Suture Transversale.

L'Etmoïdale prend son nom de ce qu'elle tourne tout autour de l'os Etmoïde; c'est elle qui le separe des os qui le touchent.

F Suture Etmoïdale.

La Sphenoïdale est ainsi appellée, parce qu'elle environne tout l'os sphenoïde; elle le separe

G Suture Sphenoïdale.

de l'os coronal, des os petreux & de l'occipital.

H Suture Zigomatique.

La Zigomatique se nomme ainsi, parce qu'elle est toute dans le Zigoma; elle est fort petite, & elle separe l'os petreux par son apophise d'avec l'os de la pomette. Ces sutures ne sont pas si apparentes que les premieres, car il les faut regarder de prés pour voir les petites pieces d'os qui entrent dans les espaces des unes & des autres.

Usages des sutures.

Les usages des sutures se reduisent à trois principaux, qui sont de donner attache à plusieurs petits filets ligamenteux qui suspendent la duremere; de permettre le passage aux vaisseaux qui entrent & qui sortent du diploé; & d'aider à la transpiration; car il n'y a pas apparence de croire que ces sutures ayent esté faites pour empêcher que la fracture d'un des os du crane ne passât à une autre: il est bien vrai qu'elles le font, mais que ç'ait esté le dessein de la nature en les faisant, cela ne se peut pas soûtenir, non plus que de dire, que les epiphises ayent esté faites pour empêcher que les fractures des os n'allassent jusques dans les articles.

Huit os au crane.

Les os du crane sont propres, ou communs; les propres sont ainsi nommez, parce qu'ils ne servent qu'au crane: Ils sont six, sçavoir le coronal, l'occipital, les deux parietaux, & les deux temporaux. Les communs sont ceux qui servent au crane & à la face: Ils sont deux, sçavoir le Sphenoïde & l'Etmoïde. Tous ces os feront le sujet de la Démonstration d'aujourd'hui, aprés que je vous aurai fait remarquer que tous les cranes ne sont pas également épais en toutes leurs parties, & dans tous les sujets : c'est à quoi le Chirurgien doit principalement s'attacher, de peur qu'il ne se trompe dans les trépans, & dans les autres Operations qu'il a à faire à la teste ; car il y a des personnes dans lesquelles le crane n'est épais que d'un écu ; & d'autres où il l'est de deux & de trois ; & même vous verrez que les six os du crane sont tous de differente épaisseur.

II. L'os coronal.

Le premier de ces os est le coronal, ou frontal, il est le plus dur des os de la teste aprés l'occipital ; sa figure est demi-circulaire, particulierement en sa partie superieure & laterale ; il est uni par dehors, & inégal au dedans ; Il est situé en la partie superieure de la face, & anterieure du crane, d'où il forme le front ; ce qui lui a fait donner le nom de frontal.

Circonscription de l'os coronal.

Cet os est borné en haut par la suture coronale, & en bas par la transversale ; la premiere le joint aux os parietaux & aux petreux ; & la seconde aux os du nez, à cause de la pomette : Il y a encore la suture sphenoïdale, qui le joint à l'os sphenoïde.

Parties de l'os coronal.

Les parties de cet os sont solides ou caves ; les solides sont quatre apophises, dont il y en a deux aux grands angles des yeux, & deux aux petits, qui servent à former les cavitez des orbites : Les parties caves sont de trois sortes, trous, fosses, & sinus ; les trous sont deux, un de chaque côté à la partie superieure de l'orbite, par où passe une partie du nerf de la troisiéme paire ; Les fosses sont quatre, sçavoir deux externes qui font la partie superieure de chaque orbite, & deux internes qui forment les petites cavitez anterieures du crane. Les sinus sont deux, appellez surciliers, parce qu'ils sont placez à la partie inferieure de cet os proche les sourcils: On a donné plusieurs usages à ces sinus, les uns disent qu'ils servent à la voix; d'autres veulent qu'ils contiennent un air qui sert de vehicule aux odeurs; d'autres qu'ils servent de reservoir tant aux humeurs aqueuses qui forment les larmes, qu'à une humeur moëlleuse qui rend l'œil glissant; d'autres, qu'ils sont les magasins d'une humeur mucilagineuse, qui est proprement la morve qui découle par le nez; & enfin d'autres, qu'ils ne sont faits que pour rendre cet os plus leger.

Ce qui forme ces deux sinus.

Mais quelques usages que l'on donne à ces sinus, je ne sçaurois croire que la structure mécanique de l'os coronal n'ait plus de part à leur formation, qu'aucune de ces utilitez; car si on le remarque bien, on verra qu'ils sont faits par l'éloignement des deux tables du coronal, dont l'externe s'avance en dehors pour former le sourcil superieur de l'orbite, & l'interne se retire en dedans pour faire la rondeur des cavitez anterieures du crane, autrement il y auroit un angle qui incommoderoit le cerveau.

L L L'os occipital.

Le second des os du crane est l'occipital, qui est opposé à l'os coronal; quelques-uns l'appellent l'os de la prouë ou de la memoire; C'est le plus dur de tous les os du crane: la raison que les Auteurs en donnent est que n'y ayant point d'yeux au derriere de la teste, la nature la fait plus fort, afin qu'il resistât mieux aux coups qu'il pourroit recevoir.

Figure de l'os occipital

Cet os est moins grand que le precedent, il est d'une figure oblongue, approchante de celle d'un turbot, ayant cinq côtez ou deux lignes circulaires qui se terminent en pointe ; il est situé à la partie posterieure de la teste qu'il occupe toute ; il est borné par la suture lambdoïde, & & par la sphenoïdale ; l'une le joint aux parietaux, & l'autre l'attache à l'os sphenoïde.

Parties de l'os occipital.

Les parties de cet os sont solides ou caves ; les solides sont deux apophises, appellées coronées, qui sont receuës dans les cavitez glenoïdes de la premiere vertebre ; elles joignent la teste avec l'épine par artrodie : Les parties caves sont de deux sortes, ou trous, ou fosses.

Les trous sont ou communs, ou propres ; les communs sont deux, un de chaque côté avec les os petreux ; ils donnent passage à la sixiéme paire de nerfs, & à la veine jugulaire interne. Les propres sont cinq, le premier est impair, & fort grand, c'est par lui que sort la moëlle de l'épine : Deux autres donnent issuë à la septiéme paire de nerfs, & les deux dernieres donnent entrée aux arteres cervicales.

Les fosses sont deux, & toutes deux internes & fort grandes, pour contenir le petit cerveau.

MM Les os parietaux.

Le troisiéme & quatriéme des os du crane, sont les parietaux, ainsi nommez, parce qu'ils forment les parois de la teste : Ils sont d'une substance plus déliée, plus mince, & moins dure que ceux que je viens de vous faire voir.

La figure des parietaux est quarrée, leur grandeur surpasse celle des autres os de la teste ; leur situation est aux parties laterales qu'ils occupent toutes : la suture sagittale les joint ensemble par leur partie superieure ; la coronale les unit par leur partie anterieure à l'os du front ; la lambdoide les joint par leur partie posterieure à l'os occipital ; & enfin la suture squammeuse les unit par leur partie interieure aux os petreux.

Figure des parietaux.

Les os ont leur superficie externe fort polie, mais l'interne est inégale, à cause des impressions que les arteres de la dure-mere y ont faites par leur battement continuel, dans le tems qu'ils n'étoient pas encore ossifiez.

N N Les os petreux.

Le cinquiéme & sixiéme des os qui composent le crane, sont ceux des tempes, que l'on appelle ainsi, à cause qu'ils montrent l'âge de l'homme, & que les cheveux qui sont sur les tempes blanchissent les premiers ; leur partie superieure est appellée squammeuse, ou écailleuse, parce qu'elle est fort mince ; & leur inferieure est nommée petreuse ou pierreuse, à cause qu'elle est fort dure.

Grandeur & figure des os petreux.

Ce sont les plus petits des os propres du crane ; & pour bien remarquer leur figure, il faut les diviser en partie superieure, qui est demi-circulaire, & en partie inferieure, qui ressemble à un rocher ; ils sont situez aux parties laterales & inferieures de la teste, & bornez en haut par la suture fausse, qui les unit aux parietaux ; par derriere par la lambdoïde, qui les unit à l'occipital ; & par devant & en bas par la sphenoïdale, qui les attache à l'os ſphenoïde.

Il y a pluſieurs parties à vous faire voir à ces os ; elles ſont éminentes ou caves.

Les parties éminentes des os petreux ſont les apophiſes internes ou externes ; les internes ſont deux, une de chaque côté qui eſt comme un gros rocher, dans lequel ſont les cavitez de l'ouïe, & les trois oſſelets qui y ſervent : Les externes ſont trois, la maſtoïde, ainſi appellée parce qu'elle reſſemble à un mammelon; la ſtiloïde, parce qu'elle a la figure d'un ſtilet, & la zigomatique qui s'avançant en dehors & ſe joignant à une éminence qui eſt à l'os malùm, forme le zigoma. Les éminences des os petreux.

Les parties caves de ces os ſont de trois ſortes, trous, foſſes, & ſinus. Cavitez des os petreux.

Les trous ſont internes ou externes : les internes ſont trois, ſçavoir deux communs, un avec l'os ſphenoïde, & l'autre avec l'occipital ; & un propre par où paſſe le nerf auditif : Les externes ſont deux, dont il y en a un commun avec la face, qui eſt celui par où paſſe le muſcle crotaphite ; & l'autre propre, qui eſt le trou de l'oreille.

Les foſſes ſont auſſi internes ou externes ; les internes ſont deux, elles font les cavitez moyennes de la baſe du cerveau : les externes, qui ſont auſſi deux, ſervent à l'articulatian de la mâchoire inferieure.

Les ſinus ſont deux, il y en a un dans chacune des apophiſes maſtoïdes.

Je vous ai dit que dans ce rocher qui forme l'os petreux, il y avoit trois oſſelets, dont l'un Les os de l'ouïe.

eſt appellé le marteau, l'autre l'enclume, & le troiſiéme l'eſtrieu. On leur a donné ces noms à cauſe de la reſſemblance qu'ils ont avec ces trois inſtrumens. Ces os ſont auſſi grands & auſſi durs dés la premiere conformation qu'ils le ſont pendant toute la vie.

Quatre cavitez dans les os.

Il y a dans ce rocher quatre cavitez, dont la premiere eſt tortueuſe, montant en haut; la ſeconde, eſt celle où eſt le tambour; la troiſiéme, eſt le labirinthe; & la quatriéme eſt la coquille. C'eſt dans la ſeconde de ces cavitez où ſont placez ces trois oſſelets qui ſont joints & articulez de maniere, que l'apophiſe du marteau eſt attaché au tambour, & articulée par ſa teſte dans la cavité de l'enclume. Vous remarquerez à cette enclume deux jambes, dont la plus courte eſt poſée ſur le tambour, & la plus longue ſur l'eſtrieu. Enfin l'eſtrieu enfoncé par ſa baſe la plus large dans la feneſtre ovale reçoit le petit tubercule de l'enclume par ſa partie ſuperieure & pointuë.

O Le marteau. P L'enclume. Q L'eſtrieu.

R Le circulaire.

L'on trouve aux enfans un quatriéme os que l'on appelle circulaire, il eſt fait comme un anneau ſur lequel cette membrane, que nous appellons tambour, eſt tenduë de même que la peau d'un tambour eſt tenduë ſur une quaiſſe, & c'eſt ce qui lui en a fait donner le nom. A tous ces os l'on en ajoûte un cinquiéme tres-petit, que Silvius a découvert le premier. Il eſt attaché par un petit ligament à la partie ſuperieure & laterale de l'eſtrieu.

Articulations des os de l'ouye.

Ces oſſelets ainſi articulez ſont attachez au tambour par une corde tres-déliée qui ſert à les

bander,

bander, & à les lâcher ensuite avec le secours des petits muscles qui y sont : Ces parties étant ainsi disposées & frapées par l'impulsion de l'air qui y entre, representent au cerveau par leurs petits mouvemens les sons tels qu'ils y ont esté portez.

Le premier des deux os communs est le sphenoïde. On lui donne differens noms, tant à cause de ses differentes figures, que de sa situation. Il est appellé par quelques-uns poliforme, ou multiforme; d'autres le nomment cuneïforme, parce qu'il est enfoncé dans les autres, comme un coing dans du bois ; ou basilaire, parce qu'il est à la base du cerveau ; & d'autres, l'os colatoire, à cause que la glande pituitaire est posée sur lui, & qu'il sert à faire écouler la pituite du cerveau. Il est épais dans sa base, & fort mince à la cavité des tempes : il est assez grand & dur : l'on n'en fait qu'un os, quoi qu'aux enfans il se puisse diviser en quatre. Il est d'une telle étenduë qu'il touche quasi à tous les os de la teste, & à plusieurs de la mâchoire superieure, avec lesquels il est uni par la suture sphenoïdale

S. L'Os sphenoïde.

Cet os a des apophises internes & externes. Les internes sont trois, appellées clinoïdes, parce qu'elles forment une scelle à cheval, ou qu'elles ressemblent aux piliers des lits des Anciens. Il y en a deux anterieures, & une posterieure, qui font ensemble une petite cavité, dans laquelle est placée la glande pituitaire. Les apophises externes sont deux, appellées pterigoïdes,

Les apophises de l'os sphenoïde.

parce qu'elles sont faites comme des aîles de chauvesouris.

Cavitez de ces os. Les parties caves du sphenoïde sont de trois sortes ; car il a des trous, des fosses, & des sinus.

Leurs trous. Les trous sont ou communs avec les deux os petreux, que l'on appelle jugulaires; ou propres, qui sont douze, sçavoir six de chaque côté. Le premier est le transcolatoire, qui sert de décharge à la glande pituitaire; le second est l'optique, par où passe le nerf du même nom ; le troisiéme est le motif par où sort le nerf qui fait mouvoir l'œil ; le quatriéme est le crotaphite ; le cinquiéme, le gustatif ; & le sixiéme, le carotide par où entre l'artere carotide.

Leurs fosses. Les fosses sont trois ; une interne, qui est sur la scelle du sphenoïde, & qui sert de base à la glande pituitaire; & deux externes, qui sont dans les apophises pterigoïdes.

Leurs sinus. Les sinus sont deux, placez dans la partie moyenne du corps, qui represente la scelle à cheval : les usages de ces sinus, aussi bien que ceux des apophises mastoïdes, sont incertains ; quoique Bartholin dise qu'il y entre de l'air par plusieurs petits trous, que cet air y est élabouré, & qui sert pour la nutrition de l'esprit animal.

T L'Os Etmoïde. Le second & dernier des os communs au crane & à la face, est l'etmoïde, appellé par quelques-uns os cribleux, parce qu'il est percé dans sa partie superieure, comme un crible ; & par d'autres, os spongieux, à cause que sa partie inferieure est toute spongieuse : Il est situé au milieu de la base du front, & remplit la cavité des narines.

Cet os est le plus petit de tous ceux qui composent le crane; il est joint à l'os coronal dans sa partie superieure par une suture commune, que l'on appelle etmoïdale; & à l'os sphenoïde par la sphenoïdale.

Grandeur de cet os.

L'on divise l'os etmoïde en trois parties, en superieure, que l'on nomme cribleuse, qui est percée d'une infinité de petits trous; en inferieure, qui est spongieuse, & qui separe la cavité des narines en deux; & en parties laterales, qui sont pleines & plates, & qui font partie de l'orbite.

Sa division.

Vous voyez à cet os une éminence qui avance dans la cavité du crane, & à cause qu'elle a de la ressemblance avec la creste d'un coq, on lui en a donné le nom; elle est fort dure, & c'est à cet endroit que s'attache la partie de la dure-mere, qui separe le cerveau en deux, & que l'on nomme la faulx.

Apophise *crista galli*.

L'on donne deux usages aux trous cribtiformes; l'un pour donner passage à plusieurs petites fibres, qui venans des productions mammillaires, vont se répandre dans les tuniques qui tapissent les cavitez des narines; & l'autre pour filtrer les serositez abondantes du cerveau, lesquelles coulans le long de ces mêmes fibres, tombent dans les narines.

Usages des trous de l'os etmoïde.

Voila, Messieurs, tous les os que j'avois à vous démontrer aujourd'hui, demain nous verrons ceux de la face.

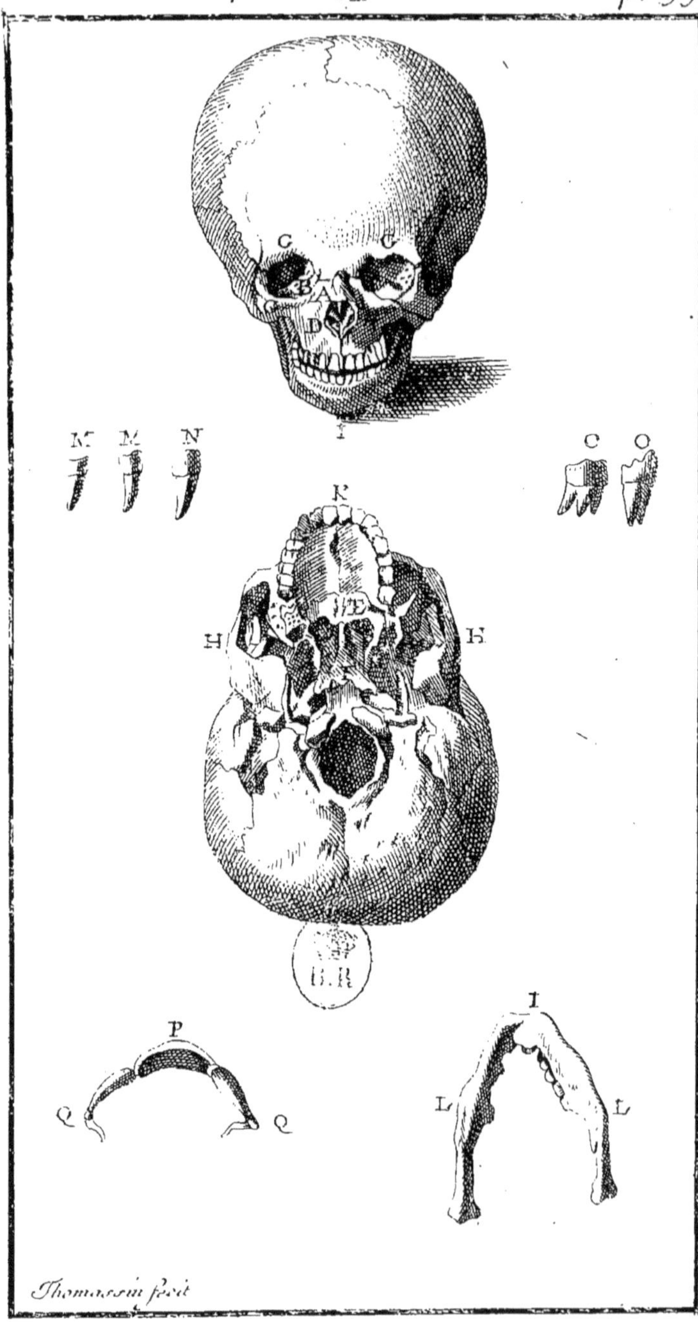
C C
B A
D
M M N
C O
K
E
H H
P
Q Q
I
L L
Thomassin fecit

DES OS DE LA FACE.

Quatriéme Démonstration.

SI vous avez trouvé, Messieurs, dans la composition du Crane une structure digne de vôtre admiration, vous ne serez pas moins surpris de celle des os de la Face; & si le crane merite des loüanges à cause qu'il renferme le cerveau, qui est la partie la plus noble du corps, je suis persuadé que la Face n'en merite guere moins, puisqu'elle contient tous les sens, qui la font appeller avec juste raison l'image de l'ame. Eloge de la Face.

C'est elle aussi qui nous en represente toutes les passions par des caracteres si infaillibles, qu'elle nous fait paroître genereux ou timides, joyeux ou tristes, & enfin tels au dehors que nous sommes au dedans: Et comme elle est le siege de la beauté, & qu'elle attire par ses charmes les yeux de tous les hommes, dont elle captive aussi les cœurs, on doit sçavoir que rien ne contribuë davantage à sa beauté, que les os dont elle est composée, puisque c'est de leur juste proportion que dépend celle des parties de la face; car, par exemple, si le coronal gâte le front, si les os du nez le rendent difforme, & que les os de la mâchoire inferieure fassent le menton pointu, il est certain que le visage ne sera jamais beau, quoi qu'on ait d'ailleurs des lévres vermeilles, une petite bouche, un teint de lis & de roses, & une peau blanche & fine.

Les os font la taille.

Ce que je dis en faveur des os de la face, se doit aussi entendre de ceux de tout le corps; car une clavicule trop avancée rend la gorge desagreable, & un os de la jambe trop gros, ou courbé, la rend mal faite; de maniere que les os ne font pas seulement la beauté, mais encore la belle taille.

Division des os de la face.

La face est composée de deux mâchoires, sçavoir une superieure, qui comprend depuis l'œil jusqu'à l'extremité de la lévre superieure; & une inferieure qui s'étend depuis le bord de la lévre inferieure jusqu'à la pointe du menton.

Il n'y a que la mâchoire inferieure qui ait du mouvement.

La mâchoire superieure est immobile, l'inferieure au contraire est tout-à-fait mobile, puisque la mastication, qui est une action si necessaire à la vie, ne la fait que par elle, & qu'elle suffit pour bien broyer les alimens; de même qu'il suffit à un moulin pour bien moudre le bled, qu'une seule des deux meules ait du mouvement; avec cette difference neanmoins que c'est la meule de dessus qui appuyant sur celle de dessous, brise facilement les grains de bled, & les rend en farine; & que c'est au contraire la mâchoire de dessous, qui se serrant par le moyen de plusieurs muscles contre celle d'enhaut, mâche & broye les alimens; c'est en quoi nous devons admirer la ſageſſe du Tres-haut, qui n'a pas jugé à propos de donner du mouvement à la mâchoire ſuperieure, parce qu'étant fortement attachée au crane, elle l'auroit obligé de faire autant de mouvemens qu'elle : ce qui auroit d'autant plus incommodé le cerveau, qu'il a beſoin de repos pour faire ſes fonctions ; D'ailleurs, ſi Dieu avoit donné du mouvement à cette mâchoire ſuperieure de l'homme, comme il a fait à celle des Perroquets, il auroit fallu qu'il l'eut ſeparée des os du crane, & qu'elle eût avancé en dehors, comme elle fait aux Perroquets : Mais comme cette difformité eût eſté tres-grande, l'Auteur de la Nature y a remedié, en donnant tout le mouvement à l'inferieure.

Onze os à la mâchoire ſuperieure.

Il y a onze os qui compoſent la mâchoire ſuperieure, ſçavoir cinq de chaque côté, & un dans le milieu ; le premier eſt celui du nez, le ſecond eſt l'os unguis, le troiſiéme l'os de la pomette, le quatriéme l'os maxillaire, le cinquiéme l'os du palais, & le onziéme, qui eſt impair, eſt le vomer. Ces os ſont ſeparez du crane par les ſutures communes, & joints enſemble par harmonie ou engrainure, qui eſt une eſpece de ſinartroſe ; ce qui fait qu'ils n'ont point de mouvement : il faut les examiner les uns aprés les autres.

A Les os du nez.

Les os du nez qui ſe preſentent les premiers à vous démontrer ſont d'une ſubſtance ſolide, quoi qu'ils ſoient minces ; ils ſont aſſez petits, & ont une figure piramidale ; ils ſont ſituez, comme vous voyez, à la partie ſuperieure du nez, dont ils en composent ce que nous appellons le dos du nez ; car les aîles qui en sont la partie inferieure étans cartilagineux, s'en sont separez par l'ébullition.

Les bornes des os du nez. Ces os sont bornez en haut par la suture transversale, qui les joint par leur partie superieure à l'os coronal, & par les côtez par deux sutures harmonieuses; sçavoir l'une qui les articule ensemble, qui est au milieu du nez, & l'autre qui les unit avec les deux os maxillaires. Il faut remarquer que ces os sont plus polis au dehors qu'ils ne le sont au dedans, & que leur partie inferieure est inégale & découpée, afin que les cartilages s'y attachent mieux.

B Les os unguis. Les deux os qui suivent sont appellez unguis, parce qu'ils ont la grandeur & la figure d'un ongle ; ils sont d'une substance mince comme une écaille : ce sont les plus petits os de la mâchoire superieure ; leur situation est au grand angle de l'œil sur le trou lacrimal ; ce qui les a fait appeller par quelques-uns lacrimaux, & par d'autres orbitaires.

Ces os se perdent facilement. Ces os ne tiennent pas beaucoup aux autres, d'où vient qu'ils se perdent facilement, & que l'on ne les trouve point à beaucoup de squeletes : Ils touchent à quatre os ; sçavoir au coronal, à celui du nez, au maxillaire, & à la partie de l'os etmoïde qui forme l'orbite.

C Les os de la pomette. Le cinquiéme & sixiéme sont les os de la pomette ; ils sont assez grands & d'une substance dure & solide ; ils ont une figure triangulaire ; leur partie moyenne est un peu avancée en dehors, & ronde comme une pomme. Je croi que cette figure & les couleurs vermeilles qui ſont à ces endroits aux belles perſonnes, les ont fait appeller les os de la pomette.

Trois apophiſes à l'os *malum*.

Ce ſont ces os qui forment la jouë, & qui font la partie inferieure de l'orbite ; ils ſont attachez à quatre autres, qui ſont le coronal, le ſphenoïde, le maxillaire, & l'os petreux : L'on remarque à chacun trois apophiſes, l'une qui forme une éminence qui montant en haut, fait le petit angle de l'œil ; l'autre qui s'avançant vers le nez, fait la plus grande partie du ſourcil inferieur de l'orbite ; & la troiſiéme qui ſe joignant avec une éminence de l'os petreux, fait une grande partie du zigoma.

D Les os maxillaires.

Le ſeptiéme & huitiéme ſont les os propres de la mâchoire, appellez maxillaires ; ce ſont les os les plus ſpongieux & les plus grands de la face ; ce ſont eux qui font une partie de la jouë, qui contribuent à former l'orbite par ſa partie inferieure, qui compoſent la plus grande partie du palais, & qui articulent toutes les dents d'enhaut.

Figure de ces os.

Il eſt difficile de leur preſcrire une figure, parce qu'ils en ont une extraordinaire : ils ſont ſituez à côté & au deſſous de l'os de la pomette, occupant la partie inferieure de la mâchoire. On remarque qu'ils touchent à quatre os differens, à ceux du nez, du palais, de la pomette, & aux orbitaires.

Cavitez de ces os.

On trouve à ces trois ſortes de cavitez, des trous, des foſſes, & des ſinus.

Les trous ſont internes, ou externes ; les internes ſont quatre, ſçavoir deux que l'on appelle incisifs, parce qu'ils sont directement sous les dents incisives; & deux autres aux parties laterales & posterieures ; ceux-ci sont communs avec les os du palais : Les externes sont deux, on les appelle trous orbitaires, parce qu'ils sont situez à la partie superieure & moyenne de ces os proche l'orbite.

Les fosses sont au nombre de seize à chaque mâchoire, ce sont des alveoles dans lesquelles sont emboëttées seize dents.

Les sinus sont deux, un dans chaque os qui est le long des extremitez des racines des dents.

E Les os du palais. Le neuviéme & dixiéme os de la mâchoire superieure sont ceux du palais, qui sont fort durs, mais si petits qu'ils n'en font que la moindre partie, la plus grande partie de la voûte étant formée par les os maxillaires, qui vont jusqu'à la ligne qui les separe les uns des autres.

Figure des os du palais. Ces os étant un peu plus larges que longs, ont leur figure presque quarrée : leur situation est au fond du palais; ils en forment même la partie la plus enfoncée de la voûte; ils sont joints ensemble par la suture du palais, qui s'avançant proche les dents incisives, unit aussi les deux os maxillaires. Ils sont encore attachez aux apophises pterigoïdes par la suture sphenoïdale : ils sont appuyez sur le vomer, & sont percez chacun d'un trou, que l'on appelle gustatif.

F Le vomer. Le onziéme os de la mâchoire superieure est le vomer; il est ainsi appellé, parce qu'il ressemble au soc d'une charuë : cet os est impair, n'ayant point de compagnon, il est placé dans le milieu au dessus du palais; il est dur & petit;

il eſt joint avec les os ſphenoïde & etmoïde, qui qui ont tous deux de petites éminences qui entrent dans les cavitez de cet os, & qui par ce moyen l'affermiſſent dans ſa place ; c'eſt lui qui ſepare la partie interieure des narines en deux.

Les orbites ſont ces deux grandes cavitez qui ſont ſituées à la partie inferieure du front, qui ſervent de domicile aux yeux, & qui les défendent contre tout ce qui leur pourroit nuire : leur figure eſt piramidale, ayant au dehors une grande ouverture, qui ſe rétreciſſant à meſure qu'elle s'enfonce, forme le point de perſpective; elles ſont percées dans leur fond pour donner paſſage aux nerfs optiques. GG' Les orbites.

Ces cavitez ſont compoſées de ſix os differens, qui tous enſemble en forment la grandeur & la profondeur : de ces ſix os il y en a un propre & cinq communs ; le propre eſt l'orbitaire, qui ne ſert qu'à l'orbite : il eſt ſitué au grand angle de l'œil. Des communs, il y en a trois du crane, & deux de la face ; le premier de ceux du crane eſt le coronal, qui en forme la partie ſuperieure, & qui ſert de voûte à l'orbite : le ſecond eſt l'etmoïde, qui fait la partie laterale du côté du nez ; & le troiſiéme eſt le ſphenoïde qui en forme la partie la plus enfoncée : les deux os de la face en font la partie inferieure, dont l'os de la pomette fait celle qui eſt proche le petit angle de l'œil, & le maxillaire celle qui approche du grand angle. Six os composét ces cavitez.

Avant que de paſſer aux os de la mâchoire inferieure, je veux vous faire voir ce que c'eſt que le Zigoma, appellé par quelques-uns os H Les Zigoma.

Jugal ; ce n'eſt point un os particulier, mais une union de deux éminences d'os, dont l'un vient de l'os temporal, & l'autre de l'os de la pomette : Ces deux éminences ou apophiſes ſont jointes par une petite ſuture oblique, que j'ai appellée zigomatique, lorſque je vous l'ai démontrée.

Uſages du Zigoma. Il faut remarquer que ces deux os font enſemble une arcade ou avance qui a deux uſages conſiderables ; l'un eſt pour donner paſſage au muſcle crotaphite, & lui ſervir de rempart ; & l'autre eſt pour donner origine au muſcle maſſeter, dont l'action avec le crotaphite eſt de mâcher les alimens.

II La mâchoire inferieure. La mâchoire inferieure eſt compoſée juſqu'à la ſeptiéme année de deux os, qui par la ſuite ne deviennent qu'un, ſe joignans enſemble dans leur partie anterieure & moyenne par ſimphiſe ſans moyen, comme font les epiphiſes, qui de cartilages deviennent os par ſucceſſion de tems.

IL Les deux os de la mâchoire inferieuse. Ces deux os ſont aſſez grands, & autant qu'il le faut, pour ſervir de baſe à ſeize dents qui y ſont articulez ; leur ſubſtance eſt ſolide & tres-dure, afin qu'ils ſoient aſſez forts pour mordre & pour mâcher : Ils font enſemble une plus belle figure dans l'homme que dans tout autre animal ; car elle eſt demi-circulaire & reſſemblante à un arc : ils ſont unis & polis par dehors, & un peu raboteux par dedans & à leur partie inferieure, afin de faciliter l'origine & l'inſertion des muſcles. Ce qui eſt arrondi en devant ſe nomme la baſe, & les bords en ſont appellez lévres, dont il y en a une interne, & l'autre externe ; ils ſont attachez en haut aux os petreux, avec leſquels ils ſont articulez par artrodie, & bornez en bas par le menton, qui fait leur partie inferieure & anterieure.

Pour bien examiner ces os il en faut remarquer les parties, qui ſont ſolides, ou caves.

Les éminences de la mâchoire inferieure.

Les parties ſolides ſont ſuperieures, ou inferieures ; les ſuperieures ſont quatre, ſçavoir deux apophiſes ou teſtes ſituées ſur un petit col, appellées condiloïdes, qui en font l'articulation avec les os petreux : & deux autres apophiſes ou pointes, nommées coronoïdes, qui ſervent à attacher les muſcles crotaphites. Les inferieures ſont trois, une anterieure, appellée le menton, & deux poſterieures, qui ſe nomment les angles, dont l'un eſt à droite, & l'autre à gauche, où s'attachent exterieurement le muſcle maſſeter, & interieurement le pterigoïdien, qui ſervent à la maſtication.

Les cavitez de la mâchoire inferieure.

Les parties caves ſont trous, foſſes, & ſinus ; les trous ſont internes ou externes ; les internes ſont deux, ſituez aux angles qui donnent entrée à un nerf de la cinquiéme paire, & à une artere qui vont à toutes les racines des dents inferieures : Ils permettent auſſi la ſortie à une veine qui en rapporte le ſang. Les externes, qui ſont auſſi deux, ſont placez vers la partie anterieure & moyenne de la mâchoire inferieure ; c'eſt par eux que ſort une portion du nerf qui eſt entré par les internes, dont les rameaux vont ſe diſtribuer dans les parties externes du menton.

Les foſſes ſont au nombre de ſeize, comme

dans la mâchoire superieure, ce sont des cavitez ou alveoles dans lesquelles sont enchassées seize dents : Il y a des alveoles qui n'ont qu'une fosse, d'autres deux, d'autres trois, & d'autres quatre, selon que les dents ont plus ou moins de racines.

Les sinus sont deux, un de chaque côté ; ce sont des cavitez internes qui sont le long de la mâchoire, & qui contiennent la matiere dont les dents sont formées.

Usages de la mâchoire inferieure.

La mâchoire inferieure a plusieurs usages, le premier, qui est pour l'ornement & la beauté, lui est commun avec les autres parties de la face, puisqu'elles y contribuent toutes ; le second est pour la mastication ; & le troisiéme est pour la formation de la voix.

K Les dents.

On ne fait pas ordinairement sur un squelete la démonstration de toutes les dents tant de la mâchoire superieure que de l'inferieure, parce qu'il y a peu de sujets à qui il n'en manque quelqu'une : D'ailleurs il faut observer qu'elles ne sortent pas hors des mâchoires dans l'homme vivant comme dans le squelete, parce que dans l'un il y a des gencives qui les tiennent fermes dans leurs alveoles, & que dans tous les squeletes elles en sont toûjours separées par l'ébullition.

Définition des dents.

Les dents sont de petits os durs, blancs & polis, articulez aux mâchoires par gomphose, qui servent à mâcher & à broyer les alimens.

Les dents different des autres os en ce qu'elles n'ont point de perioste ; ce qui fait qu'elles n'ont de sentiment qu'à l'endroit de leur racine où le nerf passe ; car il faut demeurer d'accord que la partie de la dent qui sort dehors en est tout-à-fait privée.

Les dents s'usent & se reparent.

Quoique les dents soient des os tres-durs, & qu'elles supassent même en dureté tous les os du corps, neanmoins elles ne laissent pas de s'user par leur action continuelle, & par le frottement même des unes contre les autres. La preuve en est si évidente, que lors qu'une dent manque, celle qui lui est opposée, ne la rencontrant plus en mâchant, croît, & surpassant la longueur de celles qui sont à côté d'elle, entre dans le creux de celle qui manque ; c'est pourquoi la nature ne pouvant empêcher qu'elles ne s'usent, quelque précaution qu'elle ait prise, leur a donné des vaisseaux qui leur apportent une matiere qui les nourrit & les repare.

Les dents trouvent leur principe dans la semence.

Les dents sont faites de la semence, comme toutes les autres parties, dés la premiere conformation ; on les trouve dans les cavitez des alveoles, même aux fœtus qui n'ont pas encore neuf mois accomplis ; il est bien vrai qu'elles n'y ont pas leur perfection, puisqu'il n'y a que la plus grande partie de la tablette qui soit formée : Mais on remarque dans ces mêmes alveoles une mucosité, qui se dessechant avec le tems, pousse le reste de la dent au dehors à mesure qu'elle se forme. Le tems n'est pas déterminé pour la sortie des dents ; il y a des enfans qui en ont eu dés le ventre de la mere, d'autres dés les premiers mois, d'autres à sept ou huit mois, qui est le terme ordinaire ; & d'autres enfin qui ne commencent à en avoir qu'à un an ou deux.

Les dents croiſſent les unes aprés les autres.

Les dents ne ſortent pas toutes à la fois, ce ſont les inciſives de la mâchoire ſuperieure qui percent les premieres, parce qu'étant les plus petites de toutes, elles ont plûtôt acquis leur perfection ; & qu'ayant leurs tablettes tranchantes, elles ont auſſi plûtôt coupé la gencive. Enſuite ce ſont les inciſives de la mâchoire inferieure qui paroiſſent, puis les canines, & enfin les molaires.

Elles cauſent des douleurs en ſortant.

Comme la ſortie des dents cauſe de grandes douleurs aux enfans, & quelquefois même de tres-fâcheux accidens, la nature les pouſſe les unes aprés les autres, ou tout au plus deux à deux ; parce que ſi elles ſortoient toutes à la fois, les enfans ne pourroient ſupporter les convulſions qui leur arriveroient, ſans en être extrémement malades, ou en mourir ; comme on l'a ſouvent vû dans ceux à qui il en perçoit ſeulement trois ou quatre à la fois.

On ſévre les enfans quand ils ont vingt dents.

Lorſque les dents ſont parvenuës au nombre de vingt, les autres ceſſent de paroître pendant pluſieurs années ; neanmoins on ne laiſſe pas de dire que l'enfant a toutes ſes dents ; ce qui ſe doit entendre de celles qu'il doit avoir à ſon âge, dont le nombre eſt pour l'ordinaire de vingt, à vingt mois ; c'eſt dans ce tems là qu'il faut ſevrer les enfans, & non pas plûtôt, parce que la nourriture du lait eſt propre non ſeulement à la formation des dents, mais encore à humecter les gencives ; principalement lorſque les dernieres dents ſortent ; je dis les dernieres, parce qu'ayant leurs tablettes plus larges, elles percent beaucoup plus difficilement que les premieres.

Lorſque

Lorsque les dents veulent venir aux enfans, on leur attache au col un hochet, tant pour les divertir par le bruit des grelots qui y sont, que pour les exciter à le porter à leur bouche, & à se procurer par ce moyen deux avantages, dont l'un est pour rafraîchir leurs gencives qui sont enflammées par les douleurs que cause la sortie des dents ; ce qui se fait par le froid du cristal qui est au bout du hochet ; & l'autre est pour faciliter la sortie d'une dent qui est preste à percer ; ce qui se fait par l'enfant, qui sentant de la douleur, & pressant le hochet contre ces deux gencives, aide par ce moyen la dent à les couper plûtôt.

Utilité du hochet que l'on donne aux enfans.

Les vingt premieres dents étant sorties, l'enfant demeure en cet état jusqu'à la septiéme année, que quatre autres lui percent derriere les premieres : A quatorze ans il lui en vient encore quatre ; & enfin vers la vingtiéme année il en pousse encore quatre autres, que l'on appelle dents de sagesse, parce qu'elles viennent dans une âge où l'on doit être sage ; ce qui fait en tout le nombre de trente-deux.

Les quatre premieres sont appellées dents de sagesse.

L'on appelle dents de laict les vingt premieres ; elles tombent ordinairement vers la sixiéme ou septiéme année, parce qu'elles sont doubles dés la premiere conformation, & que celles qui sont dessous les alveoles poussent dehors les premieres vers ce tems-là : cela est facile à remarquer, puisqu'il est certain que quand une dent est tombée à un enfant, l'on en trouve une autre dessous qui l'a poussée dehors. Il faut ôter aux enfans ces dents de laict aussi-tôt qu'elles com-

Les nouvelles dents ont leur germe dans les alveoles.

mencent à branler, afin que celles qui viennent dessous, & qui doivent y demeurer pendant la vie soient droites & bien placées. L'on remarque encore que ces premieres dents, quand elles tombent, ne sont pas parfaites, & qu'il leur manque une partie de la racine, parce que les dents de dessous en occupent la place, & qu'en croissant elles obligent les premieres de tomber; & si on a vû venir quelque dent nouvelle à des personnes dans un âge avancé, comme à cinquante ou soixante ans, ou qu'il en soit revenu quelqu'une dans ces âges à la place d'une que l'on auroit arrachée, je dis que ces dents avoient leur principe dés la premiere conformation; car comme l'on n'arrache point de dent parfaite, que l'on ne rompe les vaisseaux qui sont à la racine; je suis persuadé qu'il n'y en peut jamais revenir qu'il n'y ait un second germe dessous, puisqu'il faut aux dents, comme à toutes choses, un premier principe qui dépend de la disposition de la matiere, qui manquant ne se regenere jamais.

Un double rang de dents est incômode.

Toutes les dents sont arrangées aux deux mâchoires, les unes à côté des autres, quoiqu'il arrive assez souvent d'en avoir un double rang; neanmoins on doit le regarder comme un vice de conformation, parce que cela est difforme & incommode, principalement lorsqu'il en vient au dehors; car quand il n'en vient qu'en dedans, on en est moins incommodé.

Quelques enfans naissent avec des dents.

Quelques-uns s'imaginent que le trop grand nombre de dents, ou que leur sortie prématurée, comme lorsqu'on en apporte au monde en naissant, sont des signes de bonheur & de prédestination ; mais c'est une erreur, puisque le plus ou le moins de dents dépend du plus ou du moins de matiere qui se trouve dans les alveoles à la premiere conformation ; je croi seulement qu'on est heureux d'en avoir trente-deux, & de les avoir bonnes, parce que c'est un signe que l'on se porte bien, & que la mastication se fait mieux dans les personnes qui les ont toutes, que lorsqu'il en manque ; car si on ne peut pas bien mâcher les viandes, & qu'on les avale par morceaux, l'estomac ayant de la peine à les bien digerer, la distribution de l'aliment ne se fait pas si bien, que lorsque la preparation s'est bien faite dans la bouche par le moyen de toutes les dents.

Il n'y a point de vers dans les dents.

Lorsque j'ai dit que tous les os avoient des cavitez, je n'ai pas pretendu en excepter les dents, puisqu'elles en ont une dans leur partie moyenne où aboutit le nerf ; c'est dans cet endroit que se porte quelquefois une serosité acre, qui ronge & qui gâte la dent d'une maniere si sensible, qu'on est obligé alors de se la faire arracher, parce que cette serosité ayant commencée à creuser la dent, elle continuë jusqu'à ce qu'elle l'ait fait tomber par morceaux. Il y en a qui ont crû qu'il se formoit de petits vers dans les dents, mais ils se sont trompez, puisque ce n'est qu'une maniere de parler, fondée sur la ressemblance qu'ont les trous de ces dents avec ceux que font de petits vers, lorsqu'ils rongent quelque chose.

Les dents tombent

Il est rare que l'on puisse conserver ses dents

par vieillesse. pendant toute la vie ; car outre qu'il s'en gât souvent, ce qui oblige de les faire arracher, elle tombent encore en vieillissant, parce qu'elles s dessseichent ; & que les gencives se détachent d leurs racines. Il y a des vieillards dont les gencives s'endurcissent tellement qu'elles suppléen au defaut des dents, & qu'elles servent à mâcher les alimens ; ce qui ne se fait pourtant jamais si bien qu'avec les dents mêmes.

Usages des dents. Les dents ont trois usages, dont le premier & le principal est pour la mastication : le second pour l'articulation de la voix ; je ne pretends pa qu'elles soient absolument necessaires pour parler, mais seulement pour bien parler ; d'o vient que les edentez ont de la peine à articuler de certaines lettres, & à prononcer de certaines paroles : le troisiéme enfin est pour l'ornement ; car c'est une grande difformité, lor qu'elles sont noires & gâtées, ou qu'il en manque quelqu'une, & principalement de celles d devant. C'est au contraire un grand agréemen pour une belle personne de les avoir bien taillées, bien arrangées, & fort blanches,

Nombre des dents. Le nombre des dents est ordinairement de trente-deux ; sçavoir seize à chaque mâchoire. Il y en a quelquefois davantage, & quelquefois bien moins, puisqu'on en n'a quelquefois que deux, comme cela s'est vû à quelques personnes, qui n'avoient qu'un os continu à chaque mâchoire, au lieu de dents. On divise ces trente-deux dents en incisives, en canines, & en molaires.

Deux Les incisives sont ainsi appellées, parce qu'elles

tranchent & coupent les viandes comme un coûteau ; d'autres les nomment rieuses, à cause qu'elles paroissent quand l'on rit. Elles sont huit, quatre à chaque mâchoire, situées à la partie anterieure, & au milieu des autres ; leur superficie exterieure est faite en forme de voûte, & l'interieure est cave: Elles sont plus aiguës, plus tranchantes, & plus courtes que les autres ; elles sont plantées dans les alveoles par des racines simples qui se terminent en pointe ; c'est pourquoi elles tombent aisément, sur tout celles d'enhaut.

dents incisives.

Les canines sont ainsi appellées, parce qu'elles servent à rompre & à briser les corps durs ; ce qui fait que l'on porte ordinairement sous ces dents les os qu'on veut ronger. Elles sont quatre, sçavoir deux à chaque mâchoire ; elles sont situées à côté des incisives ; elles sont épaisses, fortes & solides ; elles sont emboëttées dans leurs alveoles par de simples racines, comme les incisives, mais plus profondement & plus fortement, car elles surpassent toutes les autres en longueur. Les dents d'enhaut sont nommées œilleres, à cause qu'une portion du nerf qui fait mouvoir les yeux, se porte vers ces dents ; d'où vient que plusieurs croyent qu'il est dangereux de les arracher.

N
Une dent canine.

Les dents molaires sont ainsi appellées, parce qu'elles servent, comme des meules de moulin, à briser & à broyer toutes sortes d'alimens ; Il y en a vingt, sçavoir dix à chaque mâchoire, qui font cinq de chaque côté ; elles sont dures, grandes & larges ; celle qui est proche la dent canine, est

O O
Dehx dents molaires.

plus petite que les autres, lesquelles deviennent plus grandes, à mesure qu'elles s'enfoncent dans la bouche. Ces dents ont plusieurs racines qui servent à les mieux enchasser dans leurs alveoles. On remarque que celles d'embas n'en ont que deux ou trois, & que celles d'enhaut en ont trois ou quatre; ce qui n'est pas sans raison, car celles-ci étant suspenduës, elles en ont besoin d'une plus grande quantité pour se tenir fermes.

P L'os hioïde. Nous ferons presentement la Démonstration de l'os hioïde pour accomplir le nombre des soixante os de la teste, dans lequel il est compris; il est ainsi appellé à cause de la lettre Grecque Υ qu'il renferme: ce qui fait que l'on le nomme aussi ypsiloïde: Il est situé à la base de la langue sur le larinx; c'est cet os que vous trouvez en mangeant une langue de bœuf.

Il est articulé par sisarcose, y ayant dix muscles qui le tiennent en sa place, comme dix cordes tiennent un mast de Navire élevé; il ne touche à aucun autre os, son articulation ne se faisant que par ces muscles; il est composé de cinq os, dont le plus grand en fait la base, qui est la partie anterieure & moyenne de cet os. Cette base est voûtée en dehors, & cave en dedans; deux autres plus petits os sont attachez à celui-ci, un de chaque côté, & deux tres-petits sont joints aux extremitez de ces derniers: ces quatre petits os font ensemble les parties laterales de l'os hioïde, que l'on appelle les cornes.

A A Les cornes de l'os hioïde.

Usage de l'os hioïde. Le principal usage de cet os n'est pas pour servir d'appui à la langue, comme plusieurs l'ont écrit, car elle seroit appuyée trop foiblement, mais pour faciliter l'entrée de l'air dans la trachée-artere, & celle du boire & du manger dans l'œsophage, en formant la capacité du larinx, ample & large.

Repetition de toutes les cavitez de la tête.

Comme toutes les cavitez de la teste sont en grand nombre, & qu'elles sont fort difficiles à retenir; je croi qu'il n'est pas inutile d'en faire ici une repetition avant que de les finir, & de dire encore une fois qu'elles sont de trois sortes; sçavoir trous, fosses, & sinus.

Vingt-sept trous internes à la tête.

Pour bien examiner les trous de la teste, il faut les diviser en internes, qui sont vingt-sept, & en externes qui sont seize. Des vingt-sept trous internes, il y en a treize de chaque côté; & un impair, qui est au milieu; le premier est l'etmoïdal, qui sert à l'odorat, ne comptant tous ces petits trous que pour un; le second, est l'optique; le troisiéme, est celui par où passe le nerf moteur de l'œil; le quatriéme, est le crotaphite; le cinquiéme, le sphenoïdal; le sixiéme, le carotide; le septiéme, le gustatif; le huitiéme, le jugulaire; le neuviéme, le déchiré, par où passe une partie de l'artere carotide; le dixiéme, l'auditif; l'onziéme, celui par où passe le vague; le douziéme, celui qui donne passage au nerf de la langue; le treiziéme, celui qui donne entrée à l'artere cervicale; & le dernier, qui fait le vingt-septiéme, & qui est le plus grand de tous, est celui par où sort la moëlle de l'épine.

Seize trous externes à la tête.

Les trous externes sont seize, huit de chaque côté, dont le premier est le surcilier; le second, est le lacrimal; le troisiéme, l'etmoïde; le quatriéme, l'orbitaire; le cinquiéme, l'incisif, qui est au palais proche les dents incisives superieures : le sixiéme, le gustatif ; le septiéme est entre les apophises mastoïdes & stiloïdes ; & le huitiéme est une grande fente qui est sous le zigoma.

Six fosses internes. Les fosses sont plus faciles à voir que les trous, elles sont internes & externes. Les internes sont six, que l'on apperçoit aussi-tôt que l'on ouvre un crane ; elles sont situées à sa base ; il y en a deux plus petites que les autres, qui sont dans la partie anterieure du crane, c'est à dire dans l'os coronal ; deux moyennes qui sont dans les os petréux, & deux plus grandes, placées dans l'os occipital.

Quatorze fosses externes. Les fosses externes sont quatorze ; sçavoir sept de chaque côté, dont la premiere reçoit le condile de la mâchoire inferieure pour l'articuler aux os petreux ; la seconde est dans les apophises pterigoïdes ; la troisiéme est vers le trou déchiré, par où passe le vague ; la quatriéme sur le palais ; la cinquiéme fait la voûte du palais ; la sixiéme est sous le zigoma ; & la septiéme est la cavité qui forme l'orbite.

Huit sinus. Les sinus sont huit, deux dans la mâchoire superieure, deux dans la partie inferieure de l'os coronal, deux aux os petreux dans les apophises mastoïdes, & deux dans la scelle de l'os sphenoïde.

Voici, Messieurs, toutes les cavitez du crane & de la face, dans le nombre desquelles je ne comprends pas celles de la mâchoire inferieure, parce qu'elles se separent du reste de la teste. Je parlerai des os du tronc dans la Démonstration suivante.

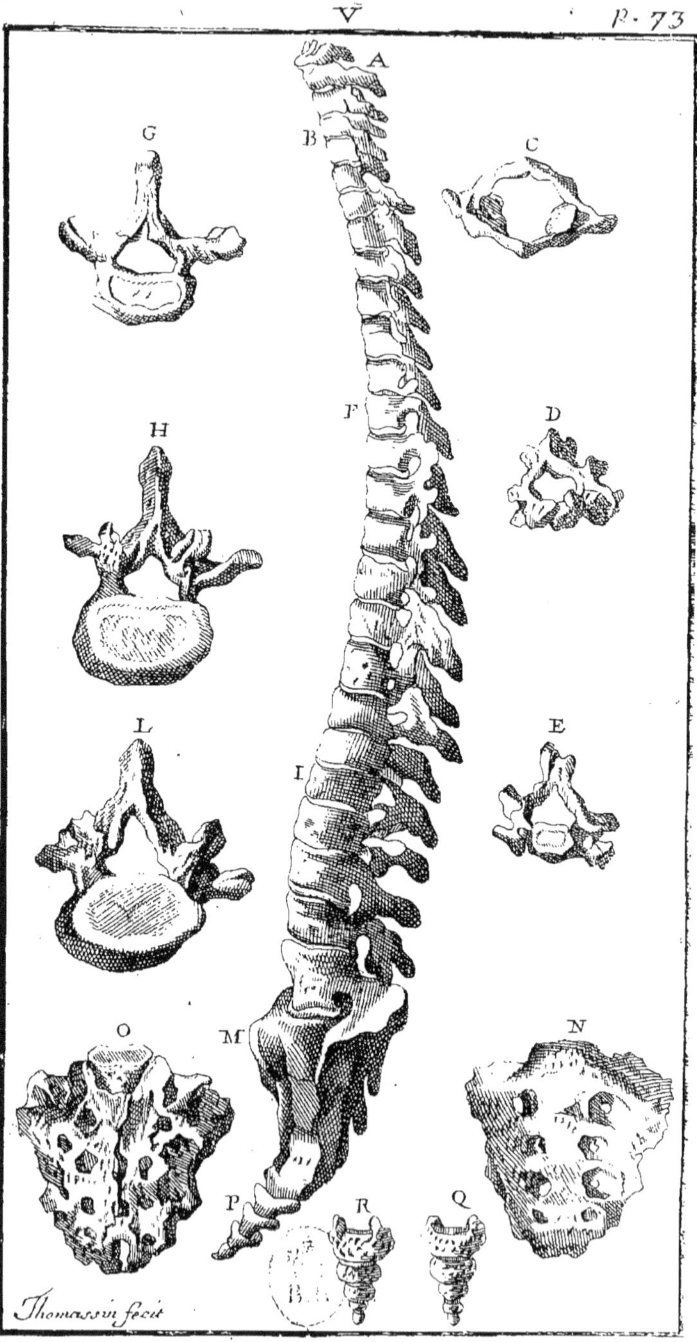
V
p. 73
A
B
C
G
F
D
H
E
L
I
O
M
N
P
R
Q
Thomassin fecit

DES OS DU TRONC,

ET PREMIEREMENT DE CEUX de l'Epine.

Cinquième Démonstration.

APRÈS avoir fait la Démonstration de tous les os qui composent le crane, l'ordre veut que nous fassions celle des os qui forment le Tronc. Il se divise en trois, qui sont les os de l'épine, les os de la poitrine, & ceux des hanches. Je commencerai aujourd'hui par ceux de l'épine, me reservant à faire voir les os de la poitrine & ceux des hanches dans les Démonstrations suivantes. Les os du Tronc se divisent en trois.

La structure admirable de l'épine ne fait pas moins éclater la sagesse de Dieu, que la composition de la teste ; car comme il a fait le crane tout osseux pour contenir & défendre le cerveau, il falloit aussi qu'il fist l'épine toute osseuse, afin que sa moëlle, qui est une continuité du cerveau, pût être conservée & défenduë dans le long chemin qu'elle avoit à faire : Elle est percée à droite & à gauche, comme le crane, de pluſieurs trous qui laiſſent échaper des nerfs qui vont porter le ſuc animal dans toutes les parties : En effet, il ſeroit inutile au cerveau de ſeparer ce ſuc, & d'en être, pour ainſi dire, la ſource, s'il n'y avoit un aqueduc comme l'épine, pour le conduire dans toutes ces parties par le moyen des nerfs.

A L'Epine. Pour connoître exactement la compoſition de l'épine, il la faut conſiderer en general & en particulier. Il y a ſept choſes à examiner en general, ſçavoir ſon nom, ſa définition, ſa diviſion, ſa figure, ſes connexions, ſes uſages & ſes parties.

Le nom de l'Epine. On appelle épine tous les os qui ſont depuis la premiere vertebre du col, juſqu'à l'extremité du coccix ; elle eſt ainſi nommée, parce que ſa partie poſterieure eſt aiguë, ou bien parce que ſi vous ſeparez entierement les vertebres du tronc, elles ont la figure d'une épine.

Définition de l'Epine. Elle eſt définie un aſſemblage de pluſieurs os articulez enſemble, qui ſert de domicile & de rempart à la moëlle, comme le crane fait au cerveau. Elle n'eſt pas d'un ſeul os, parce qu'elle auroit eſté toûjours droite comme une quille, ſans ſe pouvoir fléchir ; & ſi elle n'eût eſté compoſée que de deux, de trois, ou quatre os, il y auroit eu dans les flexions qu'elle auroit faites, des angles aigus aux endroits des articulations, qui auroient preſſé la moëlle, & qui auroient empêché le cours du ſuc animal dans les extremitez des nerfs ; Mais étant faite de pluſieurs os joints & articulez enſemble par de forts ligamens, elle se meut facilement de toutes parts, sans incommoder la moëlle qu'elle contient, ni les parties de la poitrine & du bas ventre qu'elle touche.

Division de l'épine.

On divise l'épine en cinq parties, qui sont le col, le dos, les lombes, l'os sacrum & le coccix.

La figure de l'épine.

La figure de l'épine est une des principales circonstances qu'il y faut observer; si vous la regardez par sa partie anterieure, ou posterieure, elle paroît étroite; mais si vous la considerez par une des parties laterales, vous verrez qu'elle se jette tantôt en dedans & tantôt en dehors, tant pour se mieux soûtenir, que pour s'éloigner ou s'approcher des parties qui sont dans la poitrine, & dans le bas ventre. La pointe de l'épine, à l'endroit, du col entre en dedans; il y en a qui disent que c'est pour appuyer la trachée artere & l'œsophage, ce que je ne croi pas, y ayant bien plus d'apparence de croire que c'est pour mieux porter la teste qui y est placée, comme sur un pivot; car si l'épine eût monté toute droite, elle se seroit jointe à la partie posterieure de la teste, qui n'étant pas bien soûtenuë, tomberoit en devant par son propre poids. Les vertebres du dos au contraire se jettent en dehors pour augmenter la capacité de la poitrine, parce que le cœur & les poûmons qui y sont contenus, étant dans un mouvement continuel, ne doivent pas être pressez. Celles des lombes se portent un peu en dedans, non pas pour servir d'appui à la grosse artere, & à la veine cave, comme quelques-uns l'ont pretendu, mais pour mieux contre-balancer la pesanteur du corps, en ſervant comme d'arboutans aux parties qu'elles ſoûtiennent ; car ſi elles ſe fuſſent jettées en dehors, comme celles du dos, le corps qui n'eſt ſoûtenu que par elles, bien loin de ſe tenir droit, ſeroit tombé continuellement en devant. L'os ſacrum ſort en dehors, pour former la cavité, que l'on appelle le baſſin, plus ample, afin que le rectum, la veſſie & les parties de la generation y fuſſent à leur aiſe, & principalement celles des femmes, qui en ont beſoin dans le tems de la groſſeſſe. Le coccix entre en dedans, afin qu'il ne ſoit pas offenſé, lorſque nous nous aſſeyons, ou que nous montons à cheval.

Connexions de l'épine.

Pour bien examiner les connexions de l'épine, il faut remarquer celles qui lui ſont communes, & celles qui lui ſont particulieres ; les communes ſont celles qu'elle a avec les parties qui y ſont attachées, dont la premiere eſt avec la teſte, à laquelle elle eſt jointe par artrodie, l'os occipital ayant deux éminences qui entrent dans deux cavitez glenoïdes de la premiere vertebre du col ; la ſeconde eſt avec les côtes qui ſont articulées avec les douze vertebres du dos par une double artrodie, l'une au corps de la vertebre, & l'autre à ſon apophiſe tranſverſe ; la troiſiéme, avec l'omoplate par ſiſarcoſe, y ayant des muſcles qui naiſſent des apophiſes épineuſes des vertebres du col, & de celles du dos, qui vont s'inſerer à la baſe de l'omoplate ; la quatriéme, eſt avec les os des hanches qui ſont attachez fortement à l'os ſacrum.

Les connexions particulieres de l'épine ſont celles que les vertebres font enſemble ; elles ſont de deux ou de trois ſortes ; l'une ſe fait par leur corps, qui eſt une ſimphiſe, appellée ſincondroſe, parce qu'elle ſe fait par le moyen d'un cartilage ; l'autre ſe fait par leur apophiſe oblique, qui eſt une artrodie : l'on y en ajoûte une troiſiéme, qui eſt une eſpece de ginglime, parce quen même tems qu'une vertebre eſt receuë par celle qui lui eſt inferieure, elle reçoit celle qui lui eſt ſuperieure.

Les ligamens qui ſont aux articulations des vertebres ſont tres-forts, pour empêcher qu'elle ne ſe luxe dans les mouvemens violens qu'elles font. Ils ſont de deux ſortes ; les uns ſont épais & fibreux faits en forme de croiſſant ; il les lient par haut & par bas ; & les autres qui ſont membraneux, ſervent à les lier avec plus de fermeté. Ils naiſſent des apophiſes tranſverſes & aiguës.

Uſages de l'épine.

L'épine a des uſages communs & particuliers. Les premiers ſont de ſervir de fondement au corps ; comme font tous les autres os, & de donner origine & inſertion à pluſieurs muſcles : les ſeconds ſont de conduire la moëlle, de la défendre contre toutes ſortes d'injures tant internes qu'externes, & de ſervir d'appui à la teſte, à la poitrine, aux côtes, aux jambes, & aux bras ; de maniere qu'on peut dire qu'elle eſt comme le maſt d'un Navire où les cordes, la poupe, la prouë, & tout l'aſſemblage du vaiſſeau eſt attaché.

Les parties de l'épine.

Les parties qui compoſent l'épine ſont appellées *ſpondiloï*, & ordinairement vertebres, d'un mot qui ſignifie tourner, parce que le corps ſe tourne diverſement par leur moyen. Avant que d'examiner ces vertebres en particulier, il faut obſerver cinq choſes qui ſe rencontrent dans toutes les vertebres; la premierè, eſt que chacune a ſon corps dans ſa partie interne; c'eſt l'endroit le plus large ſur lequel elles s'appuyent les unes ſur les autres : la ſeconde, eſt qu'elles ont toutes un grand trou par où paſſe la moëlle de l'épine : la troiſiéme, eſt qu'elles ont toutes trois ſortes d'apóphiſes ; ſçavoir quatre obliques, deux tranſverſes, & une épineuſe : la quatriéme, eſt qu'elles ont toutes chacune cinq epiphiſes; ſçavoir deux à leur corps, deux aux extremitez de leurs apophiſes tranſverſes, & une au bout de l'apophiſe épineuſe : la cinquiéme & la derniere choſe, eſt qu'elles ſont toutes percées par leurs parties laterales pour donner paſſage aux nerfs qui en ſortent; Il faut remarquer qu'elles ne ſont pas percées dans leur partie moyenne, ce qui les affoibliroit trop; mais que deux vertebres contribuent à faire le trou, de ſorte qu'il ne paroît à chacune qu'une échancrure, la plus grande partie du trou ſe prenant dans le cartilage, qui en attache deux enſemble.

Examen particulier de l'épine.

Pour bien examiner les vertebres en particulier, il faut reprendre la diviſion que nous avons faite de l'épine en cinq parties, qui ſont, le col, le dos, les lombes, l'os ſacrum, & le coccix.

B Le col.

Le col eſt composé de ſept vertebres, qui ſont plus ſolides & plus dures que celles du dos, parce qu'elles ont à ſupporter la teſte, qui eſt d'un grand poids ; elles ſont auſſi plus petites, parce que ſi elles étoient auſſi groſſes que celles du dos, & des lombes, le col auroit eſté trop gros, & n'auroit pû ſe mouvoir aiſément.

Cinq choſes que les vertebres du col ont de commun entr'elles.

Deux ou trois de ces vertebres ont quelque choſe de particulier, que je vous démontrerai aprés que je vous aurai fait remarquer ce qu'elles ont de commun entr'elles, que je reduis à cinq choſes : la premiere, eſt qu'outre les ſept apophiſes que nous avons dit ſe rencontrer à toutes les vertebres, celles-ci en ont deux de plus, qui font le nombre de neuf ; elles ſont placées à la partie ſuperieure de leur corps, l'une à droite, & l'autre à gauche ; elles embraſſent le corps de la vertebre ſuperieure, qui eſt aſſez petit, & empêchant qu'il ne s'échappe d'un côté ou de l'autre, elles le tiennent ferme & aſſûré dans les mouvemens du col : La ſeconde, eſt que le corps de ces vertebres eſt plus aplati en devant que celui des autres, afin qu'elles n'incommodent point la trachée-artere, ni l'œſophage. Pluſieurs Auteurs ont crû que les vertebres avancent en devant pour ſoûtenir ces parties ; mais cela n'eſt pas vrai, puiſqu'elles n'ont pas beſoin du voiſinage de ces os, qui leur nuiroient dans leurs actions, en les preſſant de trop prés. La troiſiéme, eſt que leurs apophiſes tranſverſes ſont percées pour donner paſſage aux arteres cervicales, qui ſont conduites par ce chemin juſques dans le cerveau. La quatriéme, eſt que leurs apophiſes, tant tranſverſes qu'épineuſes, ſont fourchuës pour faciliter l'origine & l'inſertion des muſcles. Et la cinquiéme, est que leurs apophises épineuses sont un peu couchées en embas pour la facilité du mouvement.

C Atlas. La premiere de toutes ces vertebres est nommée Atlas, parce qu'elle soûtient immediatement la teste, qui étant d'une figure ronde, ressemble à celle du monde, que l'on a feint être porté par Atlas; Cette vertebre n'a point d'apophise épineuse, parce que les mouvemens de la teste ne se font point sur elle, mais sur la seconde; & étant obligée de se tourner tout autant de fois que la teste se meut circulairement, si elle eût eu une apophise épineuse, elle auroit incommodé le mouvement des muscles dans l'extension de la teste, & principalement des deux petits droits qui naissent de la seconde vertebre, & qui s'inserent à l'occiput. Elle est d'une substance plus déliée & plus dure que les autres vertebres, dont elle differe encore, en ce qu'elles reçoivent d'une part, & sont receuës de l'autre, celle-ci recevant par les deux endroits; car deux éminences de l'occiput entrent dans ses deux cavitez superieures, qui font son articulation avec la teste, & en même tems deux autres éminences de la seconde vertebre entrent dans ses deux cavitez inferieures, qui les articulent ensemble. Il faut remarquer que l'articulation de la teste se fait sur la partie anterieure de cette vertebre, & non pas sur sa posterieure, afin qu'elle soit mieux supportée, étant sur le corps des vertebres, & qu'elle soit aussi plus dans son équilibre; il faut encore observer que l'ouverture qui est dans le milieu de cette vertebre est plus grande que celle de de toutes les autres ; car outre le passage qu'elle donne à la moëlle de l'épine, comme font toutes les autres, elle reçoit de plus la dent de la seconde, qui passant par son ouverture, va s'attacher à l'os occipital.

La seconde des vertebres est appellée tournoyante, parce que c'est sur elle que la teste tourne comme sur un pivot, & que du milieu de son corps s'éleve une apophise longue & oblongue, comme une dent sur laquelle la teste tourne conjointement avec la premiere vertebre ; c'est ce qui a fait donner le nom de dent ou d'odontoïde à cette apophise, dont la superficie est en quelque façon inégale, afin que le ligament qui en sort, & qui la lie avec l'occiput, s'y attache mieux. Elle est aussi environnée par un ligament solide & rond, qui est fait d'une maniere industrieuse, pour empêcher que la moëlle de l'épine ne soit comprimée par cette apophise ; Cette vertebre & la premiere sont jointes à l'occiput, & entre-elles par des ligamens particuliers, qui les attachent fortement à la teste. D La tournoyante ou axis.

La troisiéme est nommée aissieu, parce que c'est elle qui commence à former un corps sur lequel les deux premieres vertebres, & la teste, sont portées comme sur un aissieu ; les trois suivantes n'ont point de nom particulier, non plus que la septiéme, à laquelle on remarque seulement qu'elle n'a point son apophise épineuse fourchuë comme les autres ; & qu'elle commence à prendre la figure de celles du dos. Aissieu. E Une des vertebres du col.

Il y a douze vertebres qui forment le dos, elles F Le dos.

ſont plus groſſes que celles du col, & plus petites que celles des lombes ; il faut remarquer qu'elles ne ſont pas toutes égales, & qu'elles deviennent plus groſſes & plus fortes, à meſure qu'elles deſcendent en bas ; par la raiſon que ce qui porte, doit eſtre plus fort que ce qui eſt porté ; & que formant toutes une figure piramidale, elles en ont plus de force : Elles ont leurs apophiſes épineuſes, ſimples & pointuës, qui ſe couchent en enbas les unes ſur les autres ; & leurs apophiſes tranſverſes ſont fort groſſes pour l'articulation des côtes qui y ſont attachées ; car chaque vertebre du dos articule deux côtes tant par ſon corps, que par ſes apophiſes tranſverſes.

G Une des premieres vertebres du dos.

La premiere de ces vertebres eſt appellée éminente, parce qu'elle l'eſt plus que les autres ; la ſeconde s'appelle axillaire, à cauſe qu'elle eſt la plus proche de l'aiſſelle, les huit qui ſuivent ſe nomment coſtales ou plêvrites, parce qu'elles articulent les côtes qui ſont tapiſſées interieurement de la plevre, qui eſt cette membrane où ſe fait la pleureſie. L'onziéme vertebre du dos eſt appellée la droite, à cauſe que ſon apophiſe épineuſe n'eſt pas couchée comme celle des autres. La douziéme ſe nomme ceignante, à cauſe qu'elle eſt placée à l'endroit où l'on porte ordinairement les ceintures.

H Une des dernieres du dos

I Les lombes.

Les lombes ſont compoſées de cinq vertebres, qui ſont plus épaiſſes & plus grandes que celles du dos, parce qu'elles leur ſervent de baſe ; leurs articulations ne ſont pas auſſi ſi ſerrées que celles du dos, afin que les mouvemens qu'elles sont obligées de faire soient plus libres, & que l'on puisse se courber plus aisément contre terre; elles ont leurs apophises transverses plus longues & plus déliées que celles du dos, afin de leur servir en quelque maniere de côtes, exceptez-en neanmoins la premiere & la cinquiéme, qui les ont plus courtes, pour ne pas nuire aux mouvemens & aux flexions que les lombes font vers les côtez : elles ont neuf apophises, car les ascendantes qui servent à les articuler ensemble sont doubles ; enfin elle ont leurs épines plus épaisses & plus larges, ce qui sert à y mieux attacher les muscles & les ligamens du dos.

L Une de celles des lombes.

La premiere de ces vertebres est nommée nephrites, ou renale, à cause que les reins sont couchez à côté d'elle, & que c'est à cet endroit que commence à se faire sentir la douleur nephretique; les trois qui suivent n'ont point de nom particulier ; & la cinquiéme est considerée comme l'appui & le soûtien de toute l'épine.

M L'os sacrum.

L'os sacrum est un gros os large & immobile qui sert de base & de pied d'estal à l'épine; je ne sçai pourquoi on l'appelle ainsi, car les uns disent que c'est parce que les Anciens l'offroient aux Dieux; les autres à cause qu'il est grand, & d'autres parce qu'il enferme les parparties honteuses. Il est de figure triangulaire; il est cave, poli & égal par dedans pour aider à former cette cavité qui est au bas de l'hipogastre, que l'on nomme le bassin; & pour ne pas blesser les parties qu'il contient. Il est convexe & inégal par ſa partie poſterieure pour l'inſertion des muſcles.

Articulations de l'os ſacrum.

Cet os a trois differentes articulations ; ſa premiere, qui eſt avec la derniere des vertebres des lombes, eſt ſemblable à celle de toutes les vertebres ; ſa ſeconde eſt avec le coccix, elle ſe fait par ſincondroſe ; & ſa troiſiéme avec les os des hanches, elle ſe fait par engrainure ; c'eſt pourquoi il faut remarquer à la partie ſuperieure de cet os deux apophiſes aſcendantes, dont chacune a une cavité glenoïde qui reçoit les deſcendantes de la derniere vertebre des lombes, & qui fait la premiere articulation ; à ſa partie inferieure, deux petites apophiſes deſcendantes qui ſe joignent au coccix, & qui font la ſeconde ; & à ſes parties laterales, pluſieurs ſinuoſitez entre-meſlées d'éminences, qui reçoivent & qui ſont receuës des os des hanches ; ce qui fait la troiſiéme articulation.

N
L'os ſacrum en devant.

Les parties qui compoſent l'os ſacrum ſont miſes au rang des vertebres, non pas à raiſon de leur uſage, mais à cauſe de leur reſſemblance, & qu'elles ſont immobiles. On le diviſe en cinq vertebres de differente groſſeur, dont la ſuperieure eſt la plus grande ; elles diminuent à meſure qu'elles deſcendent ; car la derniere eſt la plus petite de toutes : ces vertebres ſe ſeparent facilement aux enfans, parce que les cartilages qui les joignent n'étant pas oſſifiez, s'en vont par l'ébullition ; mais aux adultes elles ſont ſi fortement unies qu'elles ne font plus qu'un ſeul os, lequel doit eſtre fort ſolide pour ſoûtenir toute l'épine, & pour articuler les os des hanches aussi fortement qu'il fait.

C'est dans l'os sacrum que finit la cavité qui conduit la moëlle de l'épine; il faut remarquer que les trous qui y sont pour la sortie des nerfs, ne sont pas situez lateralement, comme aux autres vertebres, mais en devant & en derriere; ceux de devant sont plus grands que ceux de derriere, parce que les nerfs qui en sortent, & qui vont se distribuer aux parties anterieures des cuisses & des jambes, sont plus gros que les autres : Ses apophises transverses sont fort petites, pour ne pas empêcher son articulation avec les os des hanches.

O L'os sacrum en derriere.

Cet os a quatre usages; le premier est de servir de fondement & d'appui à l'épine; le second est de contenir les parties de l'hipogastre, en leur formant une capacité proportionnée à leur grandeur; le troisiéme, de les défendre; & le quatriéme d'articuler les os des hanches, & de donner origine & insertion à plusieurs muscles.

Le coccix est la partie extréme de l'épine; on l'appelle ainsi, parce qu'il ressemble au bec d'un coucou; il est situé à la pointe de l'os sacrum; il est composé de trois os, dont le plus grand touche l'os sacrum; le second est plus petit; & le troisiéme, qui est tres-petit, est celui au bout duquel est attaché un petit cartilage. Ils sont tous trois joints ensemble par une connexion fort lâche; ce qui fait qu'ils obeïssent & qu'ils se reculent facilement en derriere.

P Le coccix

Aux femmes ces os se portent plus en dehors qu'aux hommes, parce qu'elles ont besoin d'une grande cavité pour renfermer la matrice, & pour contenir l'enfant pendant la groſſeſſe. La pointe de ces os regarde toûjours en dedans, afin de ne point incommoder, lorſque l'on veut s'aſſeoir, ils ſe reculent un peu en arriere pour laiſſer ſortir les gros excremens, & pour donner paſſage à l'enfant dans l'accouchement.

Q Le coccix en devāt.

R Le coccix en derriere.

J'ai tâché, Meſſieurs, de ne rien oublier de ce qui regarde l'épine, & toutes ſes parties, afin que vous la puiſſiez conſerver dans ſon état naturel; ce qui n'eſt pas toûjours facile à faire au Chirurgien; car comme elle eſt compoſée de pluſieurs os attachez les uns aux autres, il arrive ſouvent qu'elle ſe porte tantôt en dedans, & tantôt en dehors; elle cauſe non ſeulement une tres-grande difformité au corps, mais encore quelquefois la mort, parce qu'elle empêche la diſtribution de la moëlle de l'épine, & qu'elle comprime même le cœur & les poûmons.

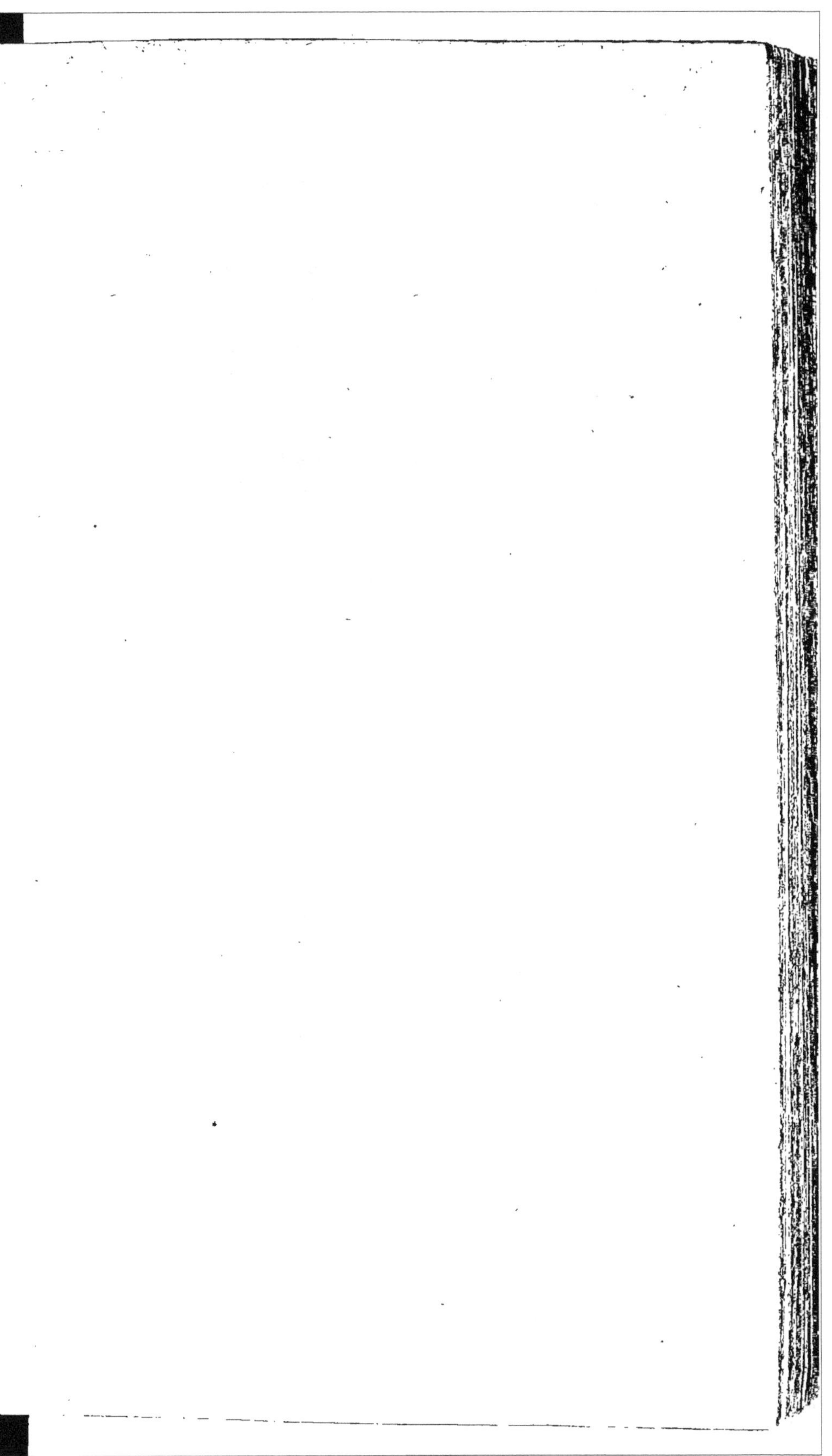

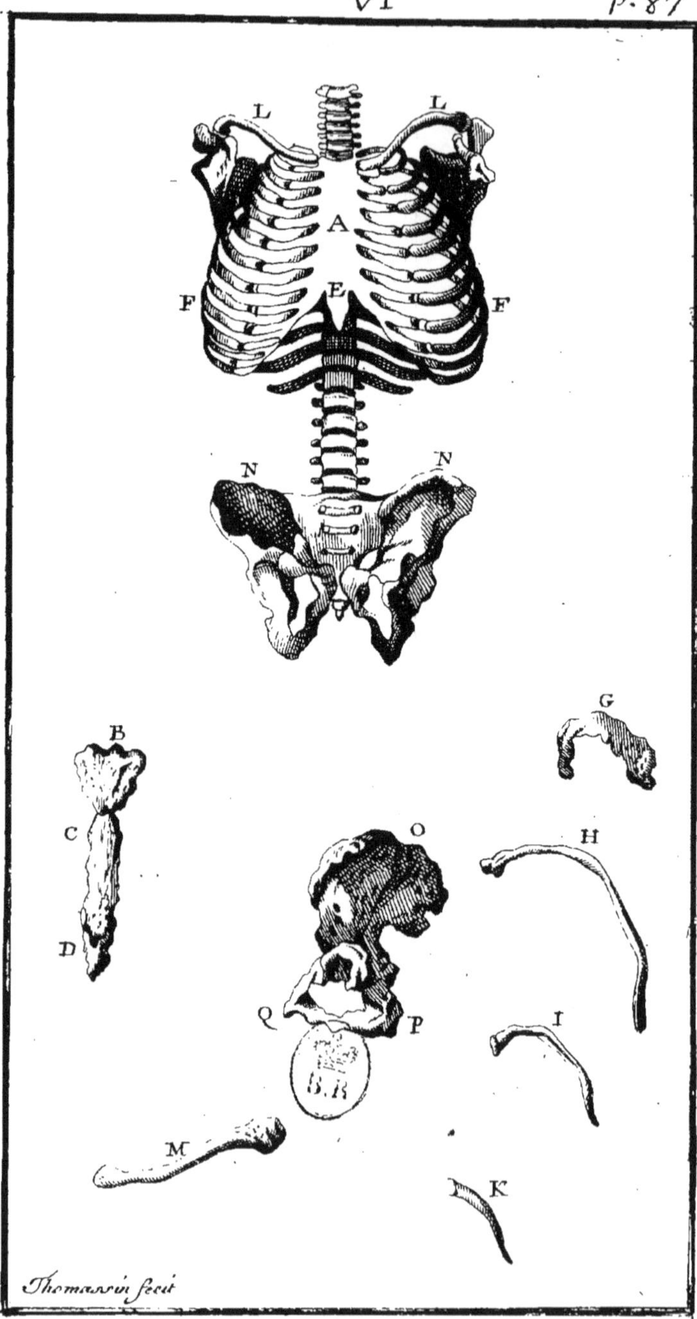
L
L
A
E
F
F
N
N
B
G
C
O
H
D
Q
P
I
M
K
Thomassin fecit

DES OS DE LA POITRINE, ET DE CEUX DES HANCHES.

Sixiéme Démonstration.

APRE'S vous avoir fait voir, Messieurs, les premiers os du tronc, qui sont ceux de l'épine, il reste à vous démontrer ceux de la poitrine & des hanches.

Le cerveau & le cœur ont des actions si nobles & si necessaires à la vie, que les Anatomistes n'ont encore pû decider jusqu'à present laquelle de ces deux parties devoit l'emporter sur l'autre : Mais sans nous embarasser plus avant dans cette question, nous suivrons l'ordre que nous nous sommes prescrits, & nous trouverons, en examinant bien la poitrine, que sa composition n'est pas moins digne d'admiration que celle du crane ; celui-ci est tout osseux pour contenir & défendre le cerveau, qui est d'une substance molle ; & l'autre est en partie osseuse, & en partie charnuë, parce qu'elle sert non seulément à contenir & à défendre le cœur & les

Structure de la poitrine.

poûmons, mais encore à s'étendre & à se serrer selon le mouvement de ces parties.

Figure de la poitrine. La poitrine, que l'on appelle aussi thorax, d'un mot qui signifie saillir, parce que le cœur qu'elle enferme, ne cesse point de battre & de saillir, est d'une figure ovale, principalement lorsque le diaphragme se porte en bas. Elle est bornée en haut par les clavicules; par devant, du sternum; par derriere, des vertebres du dos; par les côtez, des vingt-quatre côtes; & en bas par tous les cartilages des fausses côtes, & par celui du xiphoïde, où s'attache le grand muscle, que l'on appelle diaphragme.

Grandeur de la poitrine. Il falloit que cette cavité fût grande, large & profonde, afin que les parties qui y sont contenuës, pussent se mouvoir plus à leur aise; & l'on remarque que ceux qui l'ont grande, vivent beaucoup plus long-tems, que ceux qui l'ont petite & serrée.

Division de la poitrine. Les os qui composent la poitrine sont le sternum, les côtes, & les clavicules. Nous en allons presentement faire la démonstration, aussi bien que celle des os des hanches, qu'on appelle autrement os innominez.

A Le sternum. Le sternum est toute cette partie anterieure du thorax, qui touche en haut aux clavicules, & qui finit en bas au cartilage xiphoïde, & lateralement tant à droite qu'à gauche, aux extremitez anterieures des côtes. Elle s'avance en devant, & se courbe sur les côtez pour former la figure ronde & ovale de la poitrine, sur laquelle elle est comme couchée, ce qui fait qu'on l'appelle sternum.

Pour bien connoître la ſubſtance du ſternum, il faut l'examiner ſuivant les differens âges: Aux enfans il eſt tout cartilagineux, excepté le premier os où s'attachent les clavicules; aux vieillards, il eſt tout oſſeux, & à peine peut-on ſeparer avec le ſcalpel les cartilages qui le joignent avec les côtes; & à ceux qui ſont entre ces deux âges, on le trouve en partie oſſeux, & en partie cartilagineux. Subſtance du ſternum.

Je vous ai dit qu'aux enfans le ſternum étoit tout cartilagineux, & qu'il ne s'endurciſſoit que par ſucceſſion de tems, la partie ſuperieure s'oſſifiant plûtôt que la moyenne, & la moyenne plûtôt que l'inferieure. On ne peut point limiter le nombre des os qui compoſent le ſternum, à moins qu'ils ne ſoient parfaits; car à quelques enfans, on en a compté juſqu'à huit qui s'uniſſans aprés la ſeptiéme année, n'en forment plus que quatre, & pour l'ordinaire que trois. Le ſternum ne s'oſſifie qu'aprés la naiſſance.

Il y a des Auteurs qui en ont fixé le nombre à ſept, à cauſe que l'on voit entre chaque eſpace des côtes, une petite ligne qui ſemble ſeparer le ſternum en autant d'os qu'il y a de côtes qui s'y articulent; mais nous en demeurerons au nombre de trois, qui eſt celui qui s'y trouve le plus ordinairement.

Le premier des trois os du ſternum eſt le ſuperieur, il eſt plus ample & plus épais que les autres; il eſt fait en forme de petit croiſſant par en haut; Je croi que c'eſt pour ce ſujet que quelques-uns l'ont appellé la fourchette ſuperieure. L'on voit à chaque côté de ſa partie ſuperieure un ſinus qui reçoit la teſte de la clavi- B Premier os du ſternum.

cule avec laquelle il eſt joint par le moyen d'un cartilage ; il a encore une autre ſinuoſité au milieu de ſa partie interne & ſuperieure, qui fait place à la trachée-artere.

C Second os du ſternum. Le ſecond de ces os eſt ſitué au deſſous du premier, il eſt plus étroit & plus mince, mais il eſt plus long. L'on voit à ſes deux côtez pluſieurs ſinuoſitez qui reçoivent les cartilages des côtes qui s'y viennent articuler.

D Troiſiéme os du ſternum. Le troiſiéme eſt encore plus petit que le ſecond, mais il eſt plus large ; il eſt ſitué au deſſous des deux premiers ; il finit par un cartilage que l'on appelle xiphoïde, ou pointu, à cauſe qu'il eſt aigu comme la pointe d'une épée. Ce cartilage eſt triangulaire & oblong ; quelquefois il eſt rond, & d'autrefois ſeparé en deux ; ce qui l'a fait appeller par quelques-uns la fourchette. Lorſqu'il eſt enfoncé en dedans par quelque coup, ou par quelque chute, il cauſe des vomiſſemens qui ne ceſſent point qu'il ne ſoit remis en ſa place. Ce cartilage ſert à défendre l'eſtomac, à attacher le diaphragme, & à ſoûtenir le foye en devant par le moyen d'un ligament large qui y eſt attaché.

E Cartilage xiphoïde.

Articulation de ces os. Ces trois os ſont joints enſemble par des cartilages qui en occupent les entre-deux, & qui leur ſervent de ligamens ; ils forment auſſi une cavité qui paroît exterieurement, & que l'on appelle la foſſete du cœur.

Uſages du ſternum. Les uſages du ſternum ſont quatre ; le premier eſt de former la partie anterieure & moyenne de la poitrine ; le ſecond, de joindre & d'articuler les côtes & les clavicules ; le troiſiéme, de défendre & de contenir le cœur, & les parties de la respiration ; & le quatriéme, de servir à attacher le long de sa partie moyenne & interne, le mediastin, qui est une membrane qui separe la poitrine en deux.

F F. Des côtes.

Les côtes n'ont esté ainsi appellées que parce qu'elles sont situées aux côtez de la poitrine, dont elles forment les parties laterales à droite & à gauche.

Six choses à examiner aux côtes.

Nous serons parfaitement instruits de tout ce qui regarde les côtes, aprés que nous y aurons examiné leur substance, leur figure, leurs connexions, leur nombre, leurs parties, & leurs usages.

Substance des côtes.

La substance des côtes est en partie osseuse, & en partie cartilagineuse ; l'extremité de la côte qui s'articule à la vertebre, étant plus menuë que celle qui se joint à la poitrine, est d'une substance plus dure, afin qu'elle soit moins sujette à se casser ; l'autre extremité au contraire est d'une substance plus spongieuse, & la partie moyenne tient le milieu entre ces deux extremitez tant en substance qu'en grosseur.

Toutes les côtes finissent anterieurement par des cartilages qui leur servent d'épiphises, & qui deviennent quelquefois si dures en vieillissant, que l'on ne peut plus les separer du sternum avec le scalpel ; l'on observe que les cartilages des côtes superieures sont plus durs que ceux des inferieures, parce qu'ils sont attachez immediatement au sternum, & que les autres n'y sont joints que par d'autres cartilages, & par consequent plus obligez d'obeïr aux mouvemens de la poitrine.

Figure des côtes. La figure des côtes eſt d'un demi-cercle, ou d'un croiſſant, ſi vous n'en conſiderez qu'une ; mais ſi vous les examinez deux enſemble, comme elles ſont au ſquelete, elles font le cercle entier : Elles ſont caves en dedans pour former la capacité de la poitrine, & gibbes en dehors pour mieux reſiſter ; plus elles s'éloignent du ſternum, plus elles ſont étroites & rondes ; mais elles s'applatiſſent & deviennent plus larges à meſure qu'elles en approchent : Elles ne ſont pas toutes également grandes, car les ſuperieures ſont courtes, les moyennes ſont les plus grandes de toutes, & les inferieures ſont fort petites : Ces differentes grandeurs étoient neceſſaires pour former la voûte de la poitrine : & quoique les ſuperieures & les inferieures ſoient les plus petites, elles ne laiſſent pas de differer entr'elles, en ce que les ſuperieures ſont plus larges que les inferieures.

Connexions des côtes. Les côtes ſont articulées à d'autres os par leurs extremitez, par leur partie anterieure avec le ſternum par ſincondroſe, & par leur poſterieure avec les vertebres par artrodie ; cette derniere articulation eſt double aux ſept premieres côtes, l'une ſe fait avec le corps de la vertebre, & l'autre avec l'apophiſe tranſverſe ; car les cinq dernieres ne ſont jointes que par une ſimple tuberoſité.

Nombre des côtes. Le nombre des côtes change rarement, il eſt toûjours de vingt-quatre ; douze de chaque côté ; elles ſe diviſent en vrayes & en fauſſes : Les vrayes ſont les ſept ſuperieures, que l'on appelle ainſi, parce qu'elles achevent le cercle plus parfaitement que les autres, & qu'elles touchent au ſternum, avec lequel elles ont une ferme articulation : Les deux premieres de chaque côté, en comptant par enhaut, ſe nomment recourbées; les deux ſuivantes ſolides, & les trois autres pectorales. Les cinq dernieres s'appellent fauſſes côtes, parce qu'elles ſont plus petites, plus molles & plus courtes que les autres, & qu'elles ne vont pas juſqu'au ſternum; ce qui fait qu'elles n'ont qu'une articulation fort lâche : Elles ſont attachées poſterieurement aux vertebres, & en devant elles ſe terminent en des cartilages longs & mols, qui ſe recourbent en haut, & s'uniſſent aux côtes ſuperieures, comme s'ils y étoient collez, excepté la derniere, qui étant la plus petite de toutes, n'eſt point adherante par devant à aucune autre.

G Premiere côte.

H Grande côte.

I Moyenne côte.

K Derniere côte.

L'on conſidere aux côtes deux ſortes de parties, leur corps, & leurs extremitez; on appelle corps, ce qui en fait la partie moyenne & principale; on y remarque encore la partie ſuperieure qui a deux lévres, l'une interne, & l'autre externe, auſquelles s'attachent les muſcles intercoſtaux; & l'inferieure, qui a auſſi deux lévres qui ſont ſeparées par une ſinuoſité qui eſt le long de la côte, & qui diſparoît à meſure qu'elle s'éloigne de la vertebre. Cette ſinuoſité ſert à loger l'artere, & la veine intercoſtale; les extremitez ſont doubles, l'une ſe joint au ſternum, & l'autre aux vertebres, comme je vous l'ai fait voir : A l'extremité anterieure

Les parties des côtes.

il y a une petite cavité dans le bout de la côte qui sert à recevoir la pointe du cartilage, qui y est par ce moyen plus fortement attaché que s'il n'étoit que posé dessus ; & à l'autre extremité, outre sa double articulation par artrodie, il y a encore un ligament qui l'attache & la lie avec la vertebre.

Les usages des côtes. Les côtes servent à trois choses : la premiere, à former la capacité de la poitrine : la seconde, à défendre les parties qu'elle contient : & la troisiéme, à donner origine & insertion à plusieurs muscles.

L L Les clavicules. Les clavicules sont ainsi nommées, ou parce qu'elles sont comme des clefs qui ferment le thorax par sa partie superieure, ou bien parce qu'elles affermissent l'épaule avec le sternum : d'autres les nomment os jugulaires, d'un mot Latin qui signifie joindre, parce que les bras n'ont point d'autres os qui les attachent à la poitrine que ceux-ci.

Articulations des clavicules. Elles sont deux, une de chaque côté : elles sont situées transversalement à la partie inferieure du col, & à la partie superieure de la poitrine un peu au dessus des premieres côtes ; elles sont articulées par leurs extremitez, dont l'une est jointe à l'apophise superieure de l'épaule par une teste large & oblongue, & ce par le moyen d'un cartilage, qui neanmoins ne lui est pas adherent, afin qu'il cede un peu dans les mouvemens des bras & de l'épaule, mais qui est attaché seulement par des ligamens qui enveloppent l'article ; & l'autre avec le sternum, comme nous avons déja dit. Outre ces deux articulations l'on en trouve ſouvent une troiſiéme, qui ſe fait avec les deux premieres côtes, par deux petites éminences, dont l'une s'éleve de la partie ſuperieure de la côte, & l'autre de la partie inferieure de la clavicule, qui ſe joignent enſemble par le moyen d'un petit cartilage.

Subſtance des clavicules.

La ſubſtance des clavicules eſt épaiſſe, mais poreuſe & fongueuſe, d'où vient qu'elles ſe rompent ſouvent, & que quand il leur arrive quelque fracture, la réunion & le cal en ſont plûtôt faits qu'aux autres os.

M Une clavicule ſeparée.

Leur figure eſt ſemblable à celle d'une ᔕ faite de deux demi cercles conjoints & oppoſez; elle eſt convexe par dehors vers le col, & un peu cave interieurement, afin que les vaiſſeaux qui ſont deſſous ne ſoient pas comprimez: l'on remarque que les hommes les ont plus courbées; c'eſt pourquoi ils ont les mouvemens des bras plus libres: les femmes au contraire les ayant plus étroites, elles ne peuvent avoir la même agilité des bras, ni jetter une pierre avec la même force que les hommes; mais ce petit defaut leur eſt recompenſé par la beauté de leur gorge, qui eſt plus élevée, plus unie & moins remplie de foſſes & de creux que celle des hommes.

Uſages des clavicules.

Les clavicules ſervent pour les divers mouvemens des bras qui ſe meuvent plus aiſément en devant & en derriere, à cauſe qu'ils ſont appuyez ſur ces os comme ſur des pieux: Elles ſont encore d'une grande utilité pour empêcher que les bras ne ſe portent trop en devant; c'eſt pouquoi les animaux qui avoient beſoin que leurs extremitez ſuperieures avançaſſent en devant, pour marcher commodement, n'ont point de clavicules.

NN Les os des hanches.

Les derniers os que j'ai à vous démontrer preſentement ſont ceux des hanches, qui compoſent la derniere partie du tronc; ils ſont appellez os innominez, ou os ſans nom, parce que tous enſemble n'en ont point de particulier, mais quand on les a diviſez, ils en ont chacun un qui les diſtingue les uns des autres, comme vous le verrez par la ſuite.

Articulations des os des hanches.

Les os des hanches ſont deux, un de chaque côté, ſituez à la partie inferieure du tronc; ils ſont articulez par leur partie poſterieure à l'os ſacrum, & par leurs laterales avec les femurs: la premiere de ces articulations ſe fait par ginglime; car pluſieurs petites éminences tant de l'un que de l'autre de ces os entrent dans des cavitez proportionnées à leur groſſeur; ainſi ces os reçoivent & ſont receus reciproquement. La ſeconde ſe fait par enartroſe; car la teſte du femur, qui eſt fort groſſe, eſt receuë par une grande cavité, qui eſt à la partie laterale & externe de ces os. L'on remarque au fond de cette cavité une petite inégalité, qui eſt l'endroit où s'attache le ligament, qui tenant la teſte du femur fortement attachée dans ſa place, empêche qu'elle n'en ſorte que par de grands efforts, comme il arrive dans les luxations de cette partie.

Les femmes ont ces os plus écartez.

Lorſque l'on examine de prés ces os dans un ſquelete, on voit aiſément la difference qu'il y a entre ceux des hommes, & ceux des femmes; ils

ils sont plus forts & plus petits aux hommes, & plus grands & plus minces aux femmes ; de sorte que cette cavité, que l'on nomme le bassin, & que ces os forment conjointement avec l'os sacrum, est beaucoup plus grande au squelete de la femme, parce qu'elle ne contient pas seulement le rectum & la vessie comme dans l'homme, mais encore la matrice qui a besoin d'un grand espace, principalement lorsqu'elle renferme un enfant.

Usages des os des hanches.

Ces os donnent origine & insertion aux muscles, & servent de fondement à tout le corps, comme tous les autres os : Mais outre ces usages communs, ils sont encore utiles pour lier les extremitez inferieures avec le tronc, pour soûtenir & appuyer l'épine, pour aider à former la capacité du bas ventre, & pour servir de base & de lit aux parties contenuës dans l'hypogastre.

Les os des hanches se divisent en trois.

Les os des hanches sont composez de trois os, qui sont joints ensemble par des cartilages, qui avec le tems se dessechent, & même s'ossifient de telle maniere, qu'ils semblent ne plus faire qu'un même os dans les adultes. Ces cartilages subsistent jusqu'à la dixiéme ou douziéme année ; & neanmoins ils ne s'effacent pas tellement qu'il n'en reste encore quelques vestiges, ou quelques lignes par le moyen desquelles on puisse separer les os des hanches en trois, qui sont l'os ilion, l'ischion, & l'os pubis.

L'os ilion est ainsi appellé, parce qu'il contient le boyau ileum ; c'est celui qui se presente le premier, parce qu'il est le plus grand ; il est aussi situé au dessus des autres ; il fait l'articulation avec l'os sacrum par ginglime, laquelle est fortifiée par un cartilage, & par un ligament membraneux qui est tres-fort.

Figure de l'os ilion. La figure de cet os est demi circulaire ; on y considere ses deux faces, l'une interne, qui est remplie par un des muscles fléchisseurs de la cuisse, appellé iliaque, à cause du lieu qu'il occupe ; & l'autre externe, où s'inserent les muscles extenseurs de la cuisse, que l'on nomme les fessiers.

Ce qui est entre ces deux faces, est la côte qui est bordée de deux lévres, dont l'une est pareillement interne, & l'autre externe : les deux extremitez de cette côte finissent par deux éminences, appellées épines, dont la superieure est beaucoup plus grande que l'inferieure. Proche cette derniere, qui est placée anterieurement, l'on voit une échancrure qui facilite le passage aux tendons des muscles iliaques & psoas, aux arteres, aux veines crurales, & aux vaisseaux spermatiques.

Pour ne rien oublier de ce qu'il faut examiner à cet os, vous observerez qu'il forme par sa partie inferieure, une partie de cette cavité qui reçoit la teste de l'os de la cuisse.

Grandeur de l'os ilion. Je vous ay dit que cet os là étoit plus ample à la femme qu'à l'homme, parce qu'il falloit que l'enfant fut bien appuyé dans la matrice ; c'est ce qui fait aussi que les femmes grosses sentent souvent à cette partie une douleur qui est causée par le poids de l'enfant.

P L'os ischion. L'ischion est le second des os qui composent les hanches. On y considere trois parties ; la superieure est celle qui fait la plus grande partie du cotile ; l'anterieure fait une partie du trou ovalaire ; & l'inferieure est celle à laquelle on remarque deux apophises ; l'une posterieure, appellée épine, & l'autre anterieure & inferieure ; on y voit aussi une sinuosité, ou scissure, qui donne passage au tendon de l'obturateur interne.

Articulation de l'os ischion.

Cet os est lié avec l'os sacrum par un double ligament qui en sort, l'un s'insere à l'apophise aiguë de la hanche, & l'autre posterieurement à son epiphise, qui sert d'appuy à l'intestin droit. Son extrémité se nomme la tuberosité de l'ischion, qui donne origine aux muscles de la verge, aux releveurs de l'anus, & à beaucoup des fléchisseurs de la jambe.

Q. L'os pubis.

L'os pubis est le troisiéme & le dernier des os de la hanche ; il est appellé aussi os du penil, ou *pecten* ; c'est lui qui est situé à la partie anterieure & moyenne du tronc. Il a quatre parties differentes qu'il faut examiner ; l'anterieure, qui se joint par sincondrose avec son compagnon par le moyen d'un cartilage ; la posterieure, qui est l'extremité de derriere de cette épine, forme une partie du cotile ; c'est entre cette partie & l'extremité de l'os ilion qu'est cette sinuosité par où passent les tendons des muscles lombaires & iliaques ; la superieure, autrement dite l'épine, est celle où s'attachent les muscles de l'abdomen ; & enfin l'inferieure est celle qui se joint avec une avance que fait la tuberosité de l'ischion, lesquelles deux avances font le trou ovalaire, appellé aussi tiroïde, qui forme une avance où s'attachent plusieurs muscles.

Les os pubis plus déliez aux femmes.

Les os pubis sont plus déliez & plus amples aux femmes qu'aux hommes ; & celles qui les ont plus avancées en dehors, en accouchent plus aisément.

Sçavoir si les os pubis se separent dans le tems de l'accouchement.

Je finis, Messieurs, cette Démonstration en vous rapportant deux differens sentimens, touchant l'articulation que les os pubis ont entr'eux. Bartholin pretend qu'il se separent dans l'accouchement, & qu'on les peut même separer avec le dos d'un coûteau aux femmes nouvellement accouchées ; ce qui ne se peut faire si aisément dans un autre tems. Ceüx qui sont d'une opinion contraire soûtiennent que ces os étant joints comme ils le sont, ne se separent point dans l'accouchement ; & que s'il s'est trouvé quelque femme à qui on les ait separez facilement, c'est un pur effet de la disposition naturelle, y ayant des personnes qui ont les articulations plus lâches les unes que les autres, & non pas parce qu'elle étoit nouvellement accouchée ; car j'ay ouvert & dissequé plusieurs femmes nouvellement accouchées, à qui je n'ay pû separer ces deux os qu'avec bien de la peine.

Ces os ne separét point.

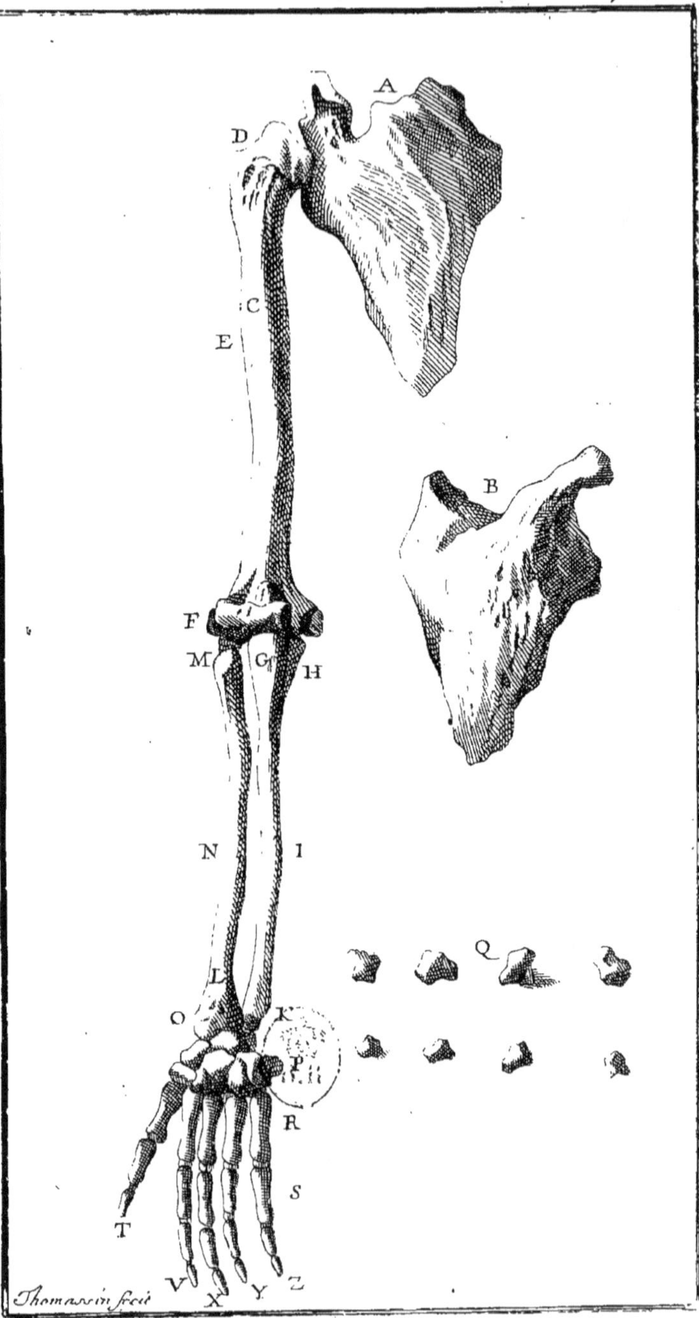
A
D
C
E
B
F
M
G
H
N
I
Q
L
O
K
P
R
S
T
V
X
Y
Z
Thomassin fecit

DES OS DES MAINS.

Septiéme Démonstration.

APRE'S vous avoir démontré, Messieurs, tous les os qui composent les deux premieres parties du squelete, il ne reste plus qu'à vous faire voir ceux des extremitez qui en font la derniere partir, par laquelle nous finirons nôtre Osteologie.

Ces extremitez sont superieures, ou inferieures; les unes & les autres sont comme autant de branches qui sortent du tronc, & qui y sont attachées: les premieres sont les mains, & les secondes sont les pieds: je vous ferai voir dans cette Démonstration les os des mains, & dans la suivante ceux des pieds. Deux sortes d'extremitez.

Quoiqu'il n'y ait pas une partie qui ne fournisse quelque sujet d'admiration, neanmoins il faut demeurer d'accord que la main l'emporte sur toutes les autres; & que c'est avec justice que tous les Auteurs, & principalement Aristote, l'ont appellée l'organe des organes, & l'in- Eloge de la main.

ſtrument des inſtrumens ; & ſi la Nature a donné à chaque animal quelque choſe de particulier, ou pour le défendre contre les autres, ou pour le garentir des injures externes, on peut dire que l'homme en a reçû deux choſes préferablement aux animaux ; ſçavoir la raiſon, & la main ; l'une pour le conſeil & la conduite, & l'autre pour l'execution. La premiere le diſtingue & le met infiniment au deſſus de tous les Animaux ; c'eſt elle qui luy donne l'empire qu'il a ſur eux, qui conduit toutes ſes actions, & qui ayant inventé tous les Arts, lui fournit les moyens de s'en ſervir : Cependant tous ces avantages auroient eſté de peu d'utilité à l'homme, s'il n'avoit eu des mains pour executer ce que la raiſon lui dicte, & pour profiter de tout ce que l'Auteur de la Nature a fait en ſa faveur : Ce ſont elles qui fabriquent toutes ſortes d'armes pour ſe défendre, & pour maîtriſer tous les animaux ; ce ſont elles qui font les vêtemens qui ſuppléent au defaut du poil & des plumes que la Nature leur a accordées : enfin c'eſt par elles que l'on met en pratique la Chirurgie, qui eſt un Art ſi noble & ſi neceſſaire à la vie.

Deux mains neceſſaires pour faire l'apprehenſion.

L'action de la main eſt l'apprehenſion, l'homme a deux mains afin de la mieux faire. Il faut remarquer que toutes les jointures des bras & des mains ſe fléchiſſent en dedans, afin qu'elles embraſſent mieux & qu'elles puiſſent ſe ſecourir mutuellement dans leur action, qui ne pourroit qu'eſtre imparfaite avec une ſeule main.

L'homme eſt porté à ſe

Tous les hommes, & même les enfans ſont naturellement diſpoſez à ſe ſervir également des deux mains ; & s'il y en a qui se servent de la droite, plûtôt que de la gauche, il faut croire que cela ne vient que de l'habitude qu'ils ont contractée, & parce qu'on leur a appris, & non pas parce qu'il y a plus de chaleur de ce côté-là qui les détermine à s'en servir, plûtôt que de la gauche, puisque la pluspart de ceux que l'on néglige d'instruire, se servent d'eux-mêmes aussi-tôt de la gauche que de la droite ; & qu'étant avancez en âge, ils ne peuvent plus se défaire de cette méchante habitude. servir également des deux mains.

Ces extremitez superieures qui sont le sujet de cette Démonstration, se divisent en trois, en bras, en avant-bras, & en la main proprement dite ; le bras est composé d'un seul os, l'avant-bras de deux, & la main de vingt-sept. Nous les allons voir tous dans leurs rang, aprés que nous aurons examiné les omoplates que nous avons comprises dans le nombre des soixante & deux os qui composent ces extremitez. Division du bras.

L'omoplate est cet os qui forme l'épaule, on l'a défini un os large & mince, sur tout au milieu, & épais aux apophises ; elle est située à la partie posterieure des côtes superieures, où elle sert comme de bouclier ; il y faut observer quatre choses, qui sont sa figure, ses connexions, ses parties, & ses usages. A L'omoplate en dedans. Quatre choses à examiner à cet os.

La figure de l'omoplate est triangulaire, dont deux angles sont posterieurs, & le troisiéme anterieur : Elle est gibbe en dehors, & cave en dedans, tant pour s'accommoder aux côtes sur lesquelles elle est posée, que pour contenir un muscle dont nous parlerons tout à l'heure. B L'omoplate en dehors.

Connexions de l'omoplate.

Elle a trois ſortes de connexions, dont l'une ſe fait par artrodie avec l'humerus, ayant à ſon angle anterieur une cavité glenoïde, qui reçoit la teſte de l'humerus ; cette cavité eſt enduite d'un cartilage qui facilite le mouvement, & elle a un bord ligamenteux, qui formant la cavité plus profonde, & embraſſant la teſte de l'humerus, en fortifie l'articulation : l'autre ſe fait par ſincondroſe avec la clavicule, par le moyen d'un cartilage qui unit cet os avec ſa clavicule ; & la troiſiéme ſe fait par ſiſarcoſe avec les vertebres & les côtes, n'y ayant par toute la partie poſterieure que des muſcles qui la joignent avec les os voiſins.

Parties de l'omoplate.

Les parties que nous avons à conſiderer à cet os, ſont en grand nombre ; nous commencerons par ſa baſe, qui eſt ſa partie poſterieure, & la plus prochaine des vertebres du dos. Cette baſe finit par deux angles, dont l'un eſt appellé l'angle ſuperieur, & l'autre l'inferieur. Les parties qui viennent de ces angles vers ſon col ſont nommées les côtes de l'omoplate, dont il y en a auſſi deux, l'une appellée la côte d'en haut, qui eſt la plus délicate & la plus courte ; & l'autre la côte d'embas, qui eſt la plus épaiſſe & la plus longue.

Les deux faces de l'omoplate.

Les deux faces de cet os ſont differentes l'une de l'autre ; l'interne eſt cave pour loger le muſcle ſcapulaire, & l'externe eſt élevée, pour former une éminence conſiderable, qui du bas de la baſe monte droit en haut ; elle s'appelle l'épine de l'omoplate, dont l'extremité ſe nomme acromion, à cauſe qu'elle reſſemble à un ancre.

Quelques-uns ont pretendu que c'étoit un os distingué des autres, parce que ce n'est durant l'enfance qu'un cartilage qui s'ossifie peu à peu, & qui aprés l'âge de vingt ans est tellement dur & uni au reste de cette épine, qu'il ne paroît qu'un même os. A chaque côte de cette même épine, il y a deux fosses, l'une au dessus qui se nomme sus-épineuse; elle contient le muscle sus-épineux; & l'autre au dessous, que l'on appelle sous-épineuse, qui est plus grande que la precedente: Outre les muscles sous-épineux, elle en renferme encore quelques-autres qui servent aux mouvemens des bras; & dans le milieu de l'épine il y a une éminence tortuë & courbée, qu'on nomme la crête, ou l'aîle de chauve-souris, à cause de sa ressemblance.

L'apophise qui est placée à la partie superieure du col, & qui s'avance au dessus de la teste de l'os du bras, se nomme coracoïde, parce qu'elle ressemble au bec d'un corbeau: Elle affermit l'articulation de l'épaule, & donne origine à un des muscles du bras, que l'on nomme pour cet effet coracoïdien. L'apophise coracoïde.

Il faut encore observer deux cavitez ou échancrures, dont l'une est entre le col & l'acromion, & l'autre entre la côte superieure & l'apophise coracoïde; elles servent toutes deux pour le passage des vaisseaux; & enfin le creux qui est au bout de l'angle exterieur se nomme la cavité glenoïde de l'omoplate, dont nous avons déja parlé.

L'omoplate a plusieurs usages, elle donne origine & insertion aux muscles, comme tous les Usages de l'omoplate.

autres os, elle attache le bras au corps, elle lui ſert d'appui, afin qu'il faſſe commodement tous ſes mouvemens ; elle forme l'épaule, & défend les parties internes par ſa partie la plus large, qui eſt appliquée ſur les côtes.

C L'humerus. Le bras n'eſt composé que de l'humerus, qui eſt l'os le plus grand & le plus fort de tous ceux de cette extremité ; pour le bien connoître, il faut examiner ſes connexions & ſes parties.

Articulations de l'humerus. Il eſt articulé par ſes deux extremitez, par celle d'enhaut avec l'omoplate par artrodie, comme je vous l'ai déja fait voir ; & par celle d'embas doublement, ſçavoir par ginglime avec le cubitus : Il faut obſerver que le ginglime eſt ici parfait, en ce que ces deux os s'entre-reçoivent également par la même extremité, ayant l'un & l'autre des éminences & des cavitez qui forment cette articulation. Il ſe joint auſſi avec le radius par artrodie, ayant une éminence à ſon extremité, qui eſt receuë dans la cavité qui eſt au bout du radius ; c'eſt cette articulation qui fait les mouvemens de l'avant-bras en dedans & en dehors, que l'on appelle de pronation & de ſupination.

Pour examiner les parties de l'humerus, il faut le diviſer en ſon corps & ſes extremitez ; elles ſont deux, l'une ſuperieure, & l'autre inferieure.

D Le corps de l'humerus. Le corps de l'humerus eſt long & rond, il a une cavité interne qui eſt de toute ſa longueur, & qui renferme de la moëlle ; ſa figure n'eſt pas abſolument droite, mais un peu cave en dedans,

& gibbe en dehors, pour la fortifier dans ses actions. L'on y remarque une ligne qui descend & qui se termine en deux condiles; elle sert à attacher plus surement les muscles qui s'inserent à cet os.

E Le haut de l'humerus.

L'extremité superieure de l'humerus est beaucoup plus grosse & plus spongieuse que l'inferieure; elle contient un suc medullaire; cette partie se nomme la teste; elle est non seulement entourée de tous côtez de ligamens & de membranes qui partent de la cavité glenoïde de l'omoplate; mais encore enveloppée des quatre aponevroses des muscles qui l'environnent. Un peu au dessous de cette teste, il y a une partie ronde, un peu plus étroite, que l'on nomme le col; & à la partie anterieure de cette teste, il paroît une fente, ou scissure assez longue, qui va jusqu'à la partie moyenne de l'os; elle est faite en forme de goutiere, pour laisser passer un des trous du muscle biceps.

F Le bas de l'humerus.

L'extremité inferieure de cet os est plus petite, plus plate, & plus dure que l'autre; elle est aussi plus large, parce qu'elle s'articule avec les deux os de l'avant-bras, qui sont placez à côté l'un de l'autre, & qui font dessus elle deux mouvemens differens; l'on voit à cette partie trois apophises & deux cavitez; la premiere des apophises est la superieure, qui est la plus grosse; c'est une teste ronde qui s'articule avec le radius: la seconde est l'inferieure, ou interne, elle est plus petite que la precedente; on l'appelle condiloïde; elle ne s'articule à aucun os, parce qu'elle ne sert que pour l'origine des muſcles flechiſſeurs de la main. Au milieu de ces deux condiles eſt la troiſiéme apophiſe, qui eſt unie, oblongue, & faite en forme de poulie, autour de laquelle le cubitus fait ſes mouvemens : les deux cavitez ſont proche cette apophiſe, l'une eſt interne & plus petite, & l'autre eſt externe & plus grande ; elles reçoivent les deux apophiſes coronoïdes du cubitus, & la poulie eſt receuë dans la cavité ſigmatoïde du même cubitus.

De l'avant-bras.

L'avant-bras, que d'autres appellent le coude, eſt composé de deux os, à cauſe des differens mouvemens contraires qui s'y font, & qui n'auroient pû eſtre faits par un ſeul os, joint par ginglime, qui auroit bien à la verité permis au bras de ſe fléchir & de s'étendre, & non pas de ſe renverſer en dedans & en dehors ; ce qui ſe fait par le moyen du radius, qui pour cet effet eſt articulé par artrodie.

Ces deux os ſont aſſez égaux.

Ces deux os ne ſont pas ſi longs, ni ſi gros que celui du bras, mais ils ont entre-eux à peu prés la même grandeur ; neanmoins le cubitus eſt un peu plus grand que l'autre, c'eſt ce qui les a fait appeller par quelques-uns le grand & le petit focile ; ils ſont éloignez l'un de l'autre par leur partie moyenne, pour la ſituation commode des muſcles, pour le paſſage des vaiſſeaux, & principalement pour la facilité du mouvement ; & de plus il étoit juſte qu'étant diſtinguez d'action, ils le fuſſent auſſi de corps ; ils s'entre-touchent par leurs extremitez, étans même articulez l'un avec l'autre, comme je vai vous le démontrer tout à l'heure, l'un ſe nomme le cubitus, & l'autre le radius.

Le cubitus, ou l'os du coude, eſt ainſi appellé, parce que c'eſt lui qui forme le coude. Il y en a d'autres qui lui ont donné le nom *d'ulna*, parce qu'anciennement il ſervoit d'aulne, & de meſure. Nous y conſiderons deux choſes, ſes connexions & ſes parties. G Le cubitus.

Il eſt articulé par ſes deux extremitez, par la ſuperieure en deux manieres, avec l'extremité inferieure de l'humerus par ginglime, & avec la partie ſuperieure du radius par artrodie; & par l'extremité inferieure auſſi en deux façons, avec les os du corps par ſon bout, & avec le bas du radius par ſa partie laterale, ces deux articulations ſe font par artrodie. Articulations du cubitus.

L'on ne peut pas bien examiner les parties du cubitus que l'on ne le diviſe en trois, qui ſont ſa partie ſuperieure, ſa moyenne, & ſon inferieure. Diviſion du cubitus.

On remarque à la partie ſuperieure du cubitus deux apophiſes & deux cavitez, la plus petite de ces apophiſes eſt ſituée anterieurement, elle n'a point de nom particulier, mais ſeulement celui de coroné, qui ſe donne en general à ces ſortes d'éminences; l'autre eſt ſitué poſterieurement, elle eſt plus groſſe, & s'appelle olecrane; c'eſt ſur elle que l'on appuye le coude; elle forme un angle aigu lorſque l'on ploye le bras; elle empêche qu'il ne ſe puiſſe fléchir en arriere. Ces deux apophiſes entrent dans les deux cavitez qui ſont à la partie inferieure de l'os du bras. Des deux cavitez qui ſont à la partie ſuperieure du cubitus, l'une qui eſt fort grande, eſt ſituée entre les deux H Le haut du cubitus.

apophises; on l'appelle sigmatoïde, parce qu'elle ressemble à un sigma Grec: c'est elle qui reçoit la pointe de l'humerus: Il y a au milieu de cette cavité une ligne ou éminence qui va d'une apophise à l'autre, & qui entre dans la sinuosité de la partie qui est au bas de l'humerus: l'autre cavité est fort petite; elle est à la partie laterale & interne du cubitus; c'est elle qui recevant le radius les articule ensemble.

I Le milieu du cubitus. On remarque à la partie moyenne du cubitus trois angles, dont l'inferieur, que l'on appelle épine, est fort tranchant, & les deux autres sont obliques, dont l'un est anterieur, & l'autre posterieur.

K Le bas du cubitus. A la partie inferieure il y a deux éminences & une cavité: la premiere des éminences est située à la partie laterale & inferieure, elle est receuë dans la cavité glenoïde du radius: la seconde est à l'extremité de l'os, elle s'appelle stiloïde, elle sert à fortifier l'article, c'est pourquoi elle est placée dans sa partie externe; la cavité qui est au bout de l'os, aide à faire l'artrodie avec le carpe.

L Le radius. Le second os de l'avant-bras est appellé radius, ou rayon, à cause que l'on veut qu'il ressemble à un des rayons d'une rouë: l'on y considere deux choses comme aux autres os, sçavoir ses connexions & ses parties.

Articulations du radius. Cet os est articulé comme le cubitus, en sa partie superieure, & en son inferieure; par sa partie superieure en deux manieres par artrodie, l'une avec le condile externe de l'humerus, & l'autre avec le cubitus: par sa partie inferieure, il est aussi articulé en deux façons, ou avec les os du carpe, ou avec le cubitus, ce ſont encore deux artrodies; car le cubitus & le radius ſont joints enſemble en haut & en bas, avec cette difference que le cubitus reçoit en haut le radius, & que celui-ci reçoit le cubitus par en bas.

Si nous voulons eſtre inſtruits de tout ce qui concerne le radius, il faut le diviſer auſſi en trois parties, qui ſont la ſuperieure, la moyenne, & l'inferieure. Diviſion du radius.

On remarque à ſa partie ſuperieure trois choſes, ſçavoir une teſte, un col, & une tuberoſité; la teſte eſt ronde & polie pour mieux ſe mouvoir; il y a deſſus cette teſte une cavité glenoïde qui reçoit le condile ſuperieur de l'humerus: le col eſt fort long pour les mouvemens obliques: la tuberoſité eſt ſituée ſous le col, c'eſt cette éminence qui ſert à le joindre avec l'os du coude. M Le haut du radius.

A la partie moyenne il faut obſerver qu'elle a un angle tranchant, que l'on appelle épine, & qu'elle va toûjours en groſſiſſant, & même qu'elle approche du poignet, à la difference du cubitus, qui diminuë en s'éloignant du coude: C'eſt en cela qu'il faut admirer la nature, qui ne pouvant ſe diſpenſer de faire ces deux os inégaux dans leurs extremitez, a trouvé moyen de rendre le bras également fort dans ſa longueur, en plaçant la partie la plus forte de l'un avec la plus foible de l'autre. N Le milieu du radius.

L'on remarque à la partie inferieure pluſieurs ſinuoſitez & inégalitez qui ſont comme autant de petites goutieres qui ſont faites afin de ne pas incommoder les tendons, qui vont particuliere- O Le bas du radius.

ment à la partie externe de la main : Il y a aussi deux cavitez dont l'une, qui est à son extremité, reçoit les os du carpe, & l'autre plus petite, qui est à sa partie laterale & interne, dans laquelle est placée une éminence du cubitus : Il ne faut pas oublier cette éminence qui est à son extremité, partie externe, laquelle forme conjointement avec l'apophise stiloïde une grande cavité qui reçoit les os du carpe, & qui en empêche la luxation.

De la main.

La main proprement dite est faite du carpe, ou poignet, du metacarpe, & des doigts ; elle commence où finit l'avant-bras, & elle se termine à l'extremité des doigts.

P Le carpe.

Le carpe est la premiere partie de la main ; c'est un amas d'os situez entre l'articulation inferieure du coude & le metacarpe. Ces os sont huit, disposez en deux rangées, quatre à chacune. Il faut examiner la situation de ceux de la premiere rangée, & puis nous verrons ceux de la seconde.

Q Les os du carpe separez.

Premier rang.

Le premier rang est composé de quatre grands os, dont les deux plus grands sont receus dans la cavité du radius par leur partie superieure pour le mouvement de la main ; & par leur inferieure ils touchent les trois premiers os du second rang : le troisiéme, qui les suit en grandeur, est situé dans la cavité du bout du cubitus joignant son apophise stiloïde ; & en sa partie inferieure il est uni avec le quatriéme du second rang ; le quatriéme du premier rang, qui est le plus petit de tous, est situé sur le troisiéme au dedans de la main, faisant une éminence qui est pareille à l'apophise

crochuë

crochuë du quatriéme os du ſecond rang.

Le premier os du ſecond rang eſt placé plus en dedans de la main que dehors, ce qui fait qu'il ſoûtient mieux le poûce, & qu'il répond à l'apophiſe crochuë du quatriéme os du même rang : le ſecond & le troiſiéme ſoûtiennent le premier, & le ſecond os du metacarpe; & le quatriéme & dernier os du carpe ſoûtient le troiſiéme & le quatriéme os du metacarpe par ſes deux petites cavitez glenoïdes. Second rang.

Il faut remarquer qu'il y a à la partie interne de tous ces os une apophiſe crochuë, qui fait une éminence d'un côté, & que de l'autre le premier os du ſecond rang s'avance en dedans de la main, & qu'ainſi l'eſpace qui eſt entre-deux étant fait comme une goutiere, ſert de paſſage aux tendons des muſcles fléchiſſeurs de la main, qui paſſent par ce vuide en toute ſureté avec le ſecours du ligament annulaire qui les couvre, & qui joint enſemble tous ces os dont je viens de vous parler.

La figure des os du carpe eſt ronde & gibbe en dehors, mais elle eſt inégale & cave en dedans pour la facilité de l'action. Figure du carpe.

Il y a trois ſortes d'articulations aux os du carpe; la premiere avec les os de l'avant-bras par artrodie, comme nous avons déja dit; la ſeconde avec les os du metacarpe par amphiartroſe; & la troiſiéme par ſinevroſe entr'eux, c'eſt à dire par des ligamens tres-forts, qui les uniſſent enſemble; de ces trois articulations il n'y a que la premiere qui ait un mouvement manifeſte; car les deux autres n'en ont point, ou du moins Articulations du carpe.

il eſt extremement obſcur.

R Le metacarpe. Le metacarpe eſt la ſeconde partie de la main, il en forme la paume par ſa partie interne, & le dehors par ſa partie externe ; il eſt composé de quatre os longs, greſles & inégaux: ils ont chacun une cavité qui contient de la moëlle : Il y en a qui en mettent cinq, & qui pour cet effet y ajoûtent le premier os du poûce ; mais il ne doit pas eſtre mis au nombre des os du metacarpe, parce qu'il a un mouvement manifeſte, & que les autres l'ont fort obſcur.

Articulations du metacarpe. Ces quatre os ſont joints avec le carpe par une connexion forte, par le moyen de pluſieurs ligamens cartilagineux qui ne leur permettent qu'un mouvement caché ; & avec les doigts par artrodie, ayant chacun une tête ronde à leur extremité, qui entre dans la cavité glenoïde qui eſt au bout du premier os des doigts : Et outre ces deux articulations qui ſe font par leurs extremitez, ils s'entre-touchent & ſont encore unis enſemble par leur partie laterale, tout proche l'endroit où ils ſe joignent au carpe, & ce pour une plus grande force ; ils s'écartent enſuite vers le milieu pour laiſſer une eſpace commode aux muſcles interoſſeux.

Ils ont une figure ronde par leur milieu, qui eſt un peu gibbe en dehors pour la force, & cave en dedans pour l'apprehenſion. Leur extremité ſuperieure eſt la partie la plus groſſe qu'ils ayent. C'eſt elle qui finit avec le carpe ; & l'inferieure eſt la plus petite, qui finit par une teſte qui les articule avec les doigts.

Ces quatre os dif- Ces quatre os ne ſont pas tous également gros, celui-ci qui soûtient le doigt index l'est plus que les autres; le second est moindre ; le troisiéme diminuë encore ; & enfin le quatriéme est le plus petit de tous. Je vous ay dit que ces os n'avoient point de mouvement, ou bien qu'ils en avoient tres-peu ; puisqu'il n'y a que le dernier (qui est celui qui sert à soûtenir le petit doigt,) qui en ait un peu plus que les autres ; ce qui se voit aisément lorsqu'il s'éloigne d'eux. ferent en grosseur.

S Les doigts. Il reste encore à vous démontrer les doigts, qui sont plusieurs, afin que l'action de la main, qui est l'apprehension, se fist mieux, & qu'elle pût prendre les choses les plus petites; ils sont cinq; ils different les uns des autres tant en grosseur qu'en longueur ; le premier se nomme le pouce, parce qu'il est le plus gros & le plus fort, étant opposé lui seul aux quatre os dans l'apprehension; le second s'appelle l'indicateur, parce que nous nous en servons quand nous voulons montrer quelque chose ; le troisiéme est appellé le doigt du milieu, à raison de sa situation ; c'est lui qui est le plus long de tous; le quatriéme est nommé annulaire, parce que c'est celui où on met l'anneau : le cinquiéme est le plus petit de tous, on l'appelle auriculaire, parce qu'étant pointu on en peut aisément nettoyer les ordures des oreilles.

T Le pouce.

V L'index.

X Le milieu.

Y L'annulaire.

Z Le petit doigt.

Quinze os aux doigts. Les os des doigts sont quinze, trois à chaque doigt ; ces os sont disposez en trois ordres, que l'on appelle phalanges, parce qu'il semble qu'ils soient comme rangez en bataille : la premiere rangée est plus grosse que la seconde, & la seconde que la troisiéme, qui est la plus petite, &

dont l'extremité des os qui la composent finit en demi rond, ou en croissant.

La figure de ces os est cave en dedans pour la commodité de la flexion; convexe par dehors pour la force; & un peu aplatie en dedans pour ne pas incommoder les tendons des fléchisseurs, & pour faciliter l'empoignement.

Articulations des os des doigts.

Ils sont joints ensemble par ginglime, ayant tous de petites testes & de petites cavitez qui se reçoivent reciproquement les unes & les autres; leur articulation avec le metacarpe se fait par artrodie; chaque doigt a aussi des ligamens à sa partie interne, selon sa longueur. Ces ligamens sont comme des canaux qui attachent ces os mutuellement ensemble.

Observations sur les mouvemens des doigts.

Je finis, Messieurs, en vous faisant remarquer que de la maniere que les os des doigts sont articulez ensemble, ils ne sont capables que de se fléchir & de s'étendre; & que s'ils se courbent d'un côté ou d'un autre pour s'approcher ou s'éloigner les uns des autres, cela dépend de l'articulation de leurs premieres phalanges avec le metacarpe, auquel elles sont jointes en cet endroit par artrodie, comme nous avons souvent dit.

VIII p. 117

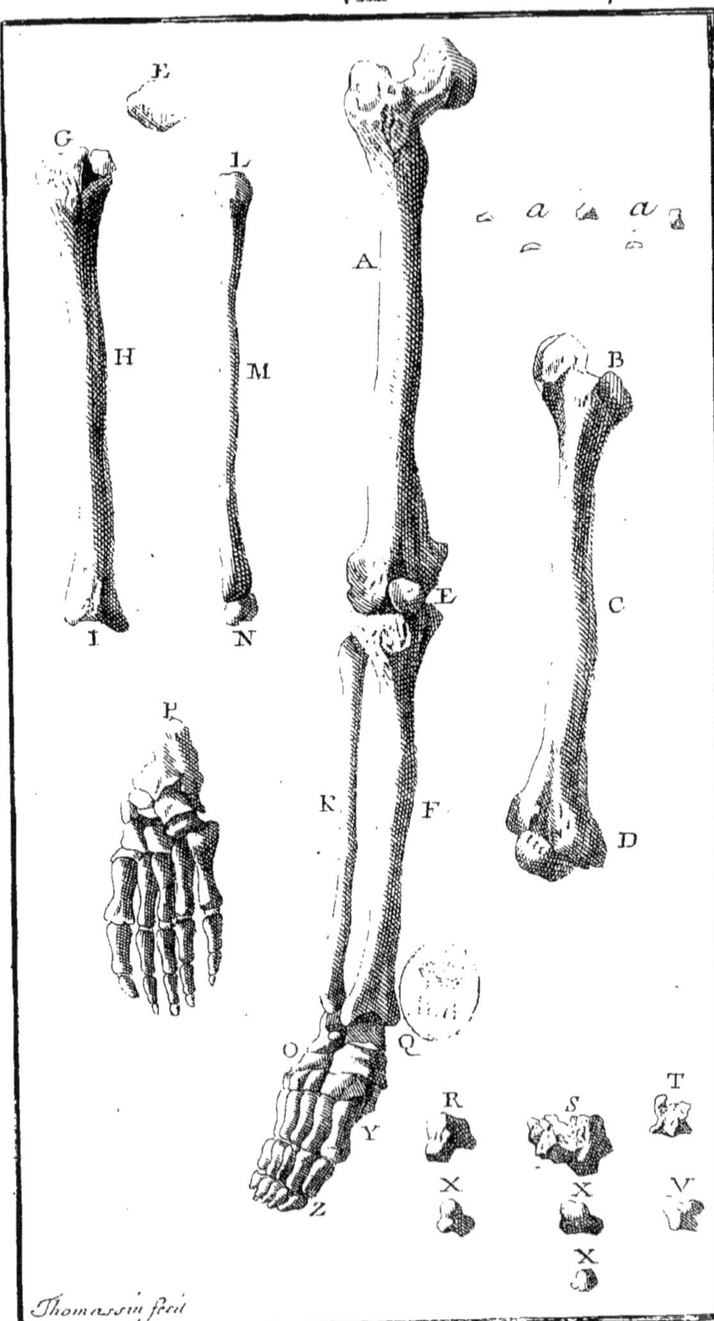

DES OS DES PIEDS.

Huitiéme & derniere Démonstration.

APRE'S vous avoir amplement expliqué les os de la main, il est juste, Messieurs, que nous finissions nos Démonstrations Osteologiques par celle des os qui composent l'extremité inferieure; je suis persuadé que vous ne serez pas moins surpris de sa structure, que vous l'avez esté de celle des autres parties.

De l'extremité inferieure.

On entend par le pied tout ce qui est compris depuis les os des iles jusqu'à l'extremité des doigts du pied que nous divisons comme la main, en trois parties, qui sont la cuisse, la jambe, & le pied proprement dit.

Division de l'extremité inferieure.

La cuisse est faite comme le bras d'un seul os, qui est le plus grand & le plus fort de tous les os du corps de l'homme, parce qu'il en porte lui seul tout le fardeau. C'est aussi ce qui lui a fait donner le nom de femur, du mot Latin *fero*, qui signifie porter; il faut examiner à cet os ses connexions & ses parties, de même qu'au bras.

A Le femur.

Articulations du femur.

Cet os a des articulations proportionnées à sa grandeur & à sa grosseur, puisqu'il en a deux sortes par ses deux extremitez ; la premiere est par celle d'enhaut, qu'on appelle enartrose, elle se fait par le moyen d'une tres-grosse teste, qui est receuë dans une grande cavité ; la teste est au bout du femur, & la cavité est dans la partie laterale des os des iles ; cette cavité a un bord cartilagineux pour mieux embrasser cette teste, & pour empêcher qu'elle ne sorte de sa place : Il y a de plus un fort ligament qui attache cette teste au fond de la cavité ; mais avec toutes les précautions que la nature a prises pour affermir cet article, il ne laisse pas de se luxer quelquefois. La seconde connexion se fait à son extremité inferieure par ginglime, ayant deux testes qui sont receuës dans deux cavitez qui sont à la partie superieure & extréme du tibia ; Entre ces deux testes il y a une cavité qui reçoit une éminence du même tibia, & qui fait le ginglime.

Trois parties au femur.

Les parties du femur sont trois ; sçavoir une superieure, une moyenne, & une inferieure.

B

Le haut du femur.

A la superieure il faut examiner une teste, un col, & deux apophises ; la teste est grosse & ronde, elle se forme de l'appendice qui s'insere dans la boëte de la hanche ; la petite fosse qui est dans son milieu est l'endroit d'où sort le ligament qui la lie avec l'os des iles : Cette partie merite mieux le nom de teste, que le col qui la soûtient, elle en a même plus la figure, étant plus grosse que ce col qui est neanmoins fort gros & fort long ; il se jette en dehors non seulement pour la situatuation commode des parties qui ſont ſituées entre les cuiſſes, mais encore pour la fermeté du marcher. Ce col eſt oblique, parce que la cavité de l'iſchion n'étant pas en ligne droite, la teſte du femur n'auroit pû y entrer; d'ailleurs le col ſe portant ainſi en dehors, il écarte ces deux os les uns des autres, & fait que toute la teſte de l'os deſcendant en ligne droite, le corps eſt porté commodement & ſeurement.

Les deux apophiſes qui ſont derriere le col, ſont nommées trocanters, d'un mot Grec qui ſignifie tourner, parce que les muſcles qui font les mouvemens de la cuiſſe, & particulierement ceux qui la font tourner, s'attachent à ces apophiſes, dont la ſuperieure & la plus grande ſe nomme le grand trocanter; elle donne inſertion aux muſcles extenſeurs de la cuiſſe; c'eſt pourquoi elle a ſa partie externe inégale & raboteuſe, afin qu'ils s'y attachent mieux; & à ſa partie interne, qui regarde le col, il y a une cavité au deſſus de laquelle on voit comme un joint, que l'on appelle le ſommet ou la creſte. La ſeconde apophiſe eſt plus petite & placée au deſſous, elle ſe nomme le petit trocanter. Il faut remarquer qu'il y a à la partie interne de cet os une petite éminence oppoſée au petit trocanter, & qu'entre ces deux premieres apophiſes, il y a encore une eſpace où s'inſerent les tendons des muſcles obturateurs de la cuiſſe.

C Le milieu du femur.

A la partie moyenne du femur il faut obſerver qu'elle eſt ronde, polie, & unie dans ſa partie anterieure, & inégale dans ſa poſterieure, où l'on remarque une ligne tout le long de l'os, qui ſe termine aux deux condiles inferieurs Cet os a une grande cavité dans toute sa longueur qui contient de la moëlle. Il est gibbe en dehors, & un peu courbé en dedans, de sorte qu'il sert d'arboutant à l'homme, pour empêcher que le corps ne se porte trop en devant, & ne tombe aussi souvent qu'il feroit.

Il faut que les Chirurgiens remarquent que dans les fractures qui y arrivent, ils ne doivent pas s'efforcer à lui donner une figure droite, puisqu'il ne l'a pas naturellement.

D Le bas du femur. A la partie inferieure du femur, il y a deux apophises qui par leur, grandeur meritent le nom de teste; ce sont elles qui font le ginglime dont nous avons parlé. De ces testes l'interne est un peu plus grosse & moins applatie que l'externe. Elles sont toutes deux couvertes d'un gros cartilage.

Il y a aussi deux cavitez, l'une plus petite qui reçoit l'éminence du tibia, & l'autre plus grande & posterieure, qui est entre ces deux testes; cette derniere reçoit l'aboutissement des aponêvroses qui enveloppent le genou; Elle donne passage aux vaisseaux qui vont à la jambe; & elle est remplie d'une graisse qui lubrifie l'article dans ses mouvemens.

E E La rotule. La partie qui est à l'extremité de la cuisse, & au dessus de la jambe s'appelle le genou, où l'on trouve un os particulier, que l'on nomme la rotule, parce qu'il ressemble à une petite rouë; d'autres l'appellent la meule, ou la palette du genou. C'est un os long & large, qui est couché sur l'articulation de la cuisse avec le tibia. Sa substance est cartilagineuse aux enfans pendant quelque mois, aprés lesquels elle devient osseuse; sa figure est semblable à celle de la bosse circulaire d'un bouclier, son milieu étant plus épais & plus éminent que ses bords.

Articulations de la rotule.

La rotule est mobile, n'étant articulée que par les aponévroses des quatre muscles extenseurs de la jambe qui l'enveloppent, & qui sont attachées à la partie externe & à ses bords. Elle est revêtuë par sa partie interne d'un cartilage glissant, afin de faciliter le mouvement qu'elle est obligée de faire sur les extremitez du femur & du tibia. Elle sert à affermir l'article, & à empêcher que l'os de la cuisse ne se disloque, & que la jambe ne se fléchisse en devant.

Deux os à la jambe.

La jambe est la seconde partie de l'extremité inferieure, elle comprend depuis le genou jusqu'au pied; elle est composée de deux os, dont l'un est fort gros, que l'on appelle le tibia, & l'autre plus petit, que l'on nomme le peroné.

Ce que ces deux os ont de commun.

Quoique ces deux os different en grosseur, neanmoins ils ont beaucoup de choses qui leur sont communes, ayant tous deux une figure triangulaire, & une même longueur, étant unis tant par haut que par bas, & n'étant separez que par leur milieu pour faire place aux muscles, & pour laisser passer les vaisseaux. Ils font aussi tous deux chacun une malleole, qui est ce que l'on appelle autrement la cheville du pied: Ce sont ces deux éminences qui sont aux parties laterales du pied, dont le tibia forme la malleole interne, & le peroné l'externe.

Le tibia.

Le tibia est le plus gros & le plus grand os de

la jambe, il eſt cave dans ſa longueur pour contenir de la moëlle; il eſt ſitué en dedans de la jambe; quelques-uns l'appellent le grand focile; nous y conſiderons deux choſes, ſçavoir ſes connexions & ſes parties.

Articulations du tibia.

Il eſt articulé par ſes deux extremitez par ginglime, celle d'enhaut en fait un avec l'os de la cuiſſe., & celle d'embas un autre avec un des os du tarſe, que l'on nomme aſtragale. Il eſt encore uni avec le peroné par artrodie par ſes deux extremitez, mais lateralement, y ayant deux cavitez aſſez ſuperficielles au tibia qui reçoivent deux éminences du peroné.

Cet os a trois parties, ſçavoir une ſuperieure, une moyenne, & une inferieure.

G Le haut du tibia.

La partie ſuperieure eſt la plus groſſe de tout l'os, elle a dans ſon milieu une apophiſe, qui eſt receuë dans la cavité qui eſt au bout de l'os de la cuiſſe. Il y a aux deux côtez de cette apophiſe deux ſinuoſitez oblongues qui reçoivent les teſtes du femur. Leur profondeur eſt augmentée à chacune par un cartilage lunaire, qui ne laiſſe pas d'eſtre mobile, quoiqu'il ſoit attaché par des ligamens; il eſt mol, gliſſant, & abbreuvé d'une humeur onctueuſe; il eſt épais au bord & délié vers le centre; ce qui lui a fait donner le nom de lunaire,

H Le milieu du tibia.

La partie moyenne du tibia eſt preſque triangulaire, ayant trois éminences, dont la plus remarquable, que l'on appelle creſte, ou épine, eſt longue & aiguë par devant, comme le taillant d'un coûteau; d'où vient que les coups que l'on reçoit à cette partie ſont tres-ſenſibles, à cauſe que la peau & le perioste qui la recouvrent, en sont souvent coupez; à mesure que cet os approche du pied, il diminuë en grosseur; mais aussi en recompense il devient plus dur.

I Le bas du tibia.

La partie inferieure du tibia se termine par une grande cavité, où il y a deux sinuositez qui reçoivent les éminences de l'astragale; & au milieu de ces sinuositez il y a une avance qui est receuë dans la cavité qui est à la partie superieure de l'astragale; & à côté de cette cavité il y a une éminence assez grosse qui forme la malleole interne, laquelle empêche la luxation du pied en le tenant ferme dans sa boëte.

K Le peroné.

Le peroné, ou le petit focile, est le plus petit os de la jambe; cependant il arrive souvent dans les fractures de la jambe, que le tibia se casse, & que celui-ci demeure dans son entier, parce qu'étant plus délié, il obeït mieux; & que ployant un peu, il ne se rompt pas si facilement que l'autre. Il est situé à la partie externe de la jambe.

Articulations du peroné.

Cet os est articulé par ses deux extremitez avec le tibia par une espece d'artrodie, appellée amphiartrose, qui est fortifiée par un ligament tant en haut qu'en bas.

Cet os a trois parties, qui sont une superieure, une moyenne, & une inferieure.

L Le haut du peroné.

La superieure est une teste ronde qui ne touche pas au genou, finissant un peu au dessous, à l'endroit où elle s'articule avec le tibia.

M Le milieu du peroné.

La moyenne est gresle & longue, & de figure triangulaire, comme le tibia, mais un peu plus irreguliere.

N Le bas du peroné. L'inferieure eſt encore une teſte qui fait une apophiſe, que l'on appelle la malleole externe. Elle eſt un peu cave en dedans, pour laiſſer la liberté à l'aſtragale de ſe mouvoir librement; & un peu gibbe en dehors, pour avoir plus de force à mieux emboëter le premier os du tarſe. Il eſt à remarquer que l'extremité inferieure de cet os deſcend un peu plus bas que celle du tibia, & que la ſuperieure ne monte pas ſi haut que celle du même tibia; ce qui fait que ces deux os ſe rencontrent de même longueur.

O Le pied. Tout ce qui eſt compris depuis l'articulation inferieure de la jambe juſqu'au bout des doigts, s'appelle le pied proprement dit, il eſt composé du tarſe, du metatarſe, & des orteils.

P Le pied regardé par la plante. Le pied eſt de figure oblongue pour mieux faire ſon action, & pour ſe tenir plus ferme: Il eſt plus long que large, afin que l'homme ne tombe pas ſur le nez en marchant, & qu'il ne ſoit pas obligé de trop écarter les jambes.

Sa partie ſuperieure & externe eſt convexe pour aider à former la cavité qui ſe trouve dans la partie inferieure & interne, appellée la plantu du pied: cette cavité a ſes uſages, car outre qu'elle donne beaucoup de commodité à marcher & à ſe tenir ferme, elle laiſſe encore le paſſage libre aux tendons qui vont aux doigts, & elle loge un de leurs fléchiſſeurs.

Q Le tarſe. Le tarſe, qui eſt la premiere & la plus groſſe partie du pied, eſt un aſſemblage de ſept os, dont il y en a quatre qui ont des noms particuliers, & trois autres qui n'ont que celui de cuneïformes.

Le premier, qui est l'astragale, ou l'os du talon, sert comme de base aux os de la jambe, sous lesquels il est articulé; on y considere six faces, ce qui le fait nommer quarré. La premiere, qui est la superieure, est polie & faite en forme de poulie, sur laquelle le gros os de la jambe est posé: Cette partie a la figure d'un arc, c'est ce qui la fait appeller l'os de l'arbalestre; la seconde face, qui est l'anterieure, est une grosse teste qui entre dans la cavité de l'os naviculaire, avec lequel il est fortement articulé; la troisiéme, qui est la posterieure, s'unit fortement avec le calcanêum, dont il reçoit la teste: la quatriéme, qui est l'inferieure, est raboteuse & inégale; elle se releve en des endroits, & se rabaisse en d'autres. La cinquiéme & la sixiéme face de l'astragale sont les deux laterales, qui sont enfermées par les deux malleoles; il se trouve dans ces parties une humeur glaireuse, qui humecte non seulement cet article qui est dans un mouvement continuel, mais encore les tendons des muscles qui vont au pied, & qui passent par dessous les malleoles. R L'astragale.

Le second os du tarse est le calcaneum; c'est le plus grand & le plus épais des sept, parce que c'est lui seul qui contre-balance presque tous les autres, étant situé à la partie posterieure du pied, & les autres à l'anterieure; c'est pourquoi il est appellé par quelques-uns l'os de l'éperon; c'est à lui que s'insere le tendon d'Achille, qui est le plus gros & le plus fort de tous les tendons; il est composé du solaire & des deux jumeaux, qui sont les trois muscles principaux S Le calcaneum.

qui forment le gras de la jambe; il eſt doublement joint avec l'aſtragale, quoiqu'il le ſoit auſſi par une teſte plate avec l'os cuboïde; l'on remarque qu'il y a une epiphiſe à ſa partie poſterieure qui ne s'unit avec lui qu'avec le tems; enfin cette avance poſterieure empêche que le corps ne ſe porte trop en derriere.

T Le Scaphoïde. Le troiſiéme eſt le ſcaphoïde, ou naviculaire, ainſi appellé, parce qu'il reſſemble à un petit navire. Il a une cavité aſſez grande, qui va d'un de ſes bouts à l'autre, dans laquelle la groſſe teſte de l'aſtragale eſt receuë, ce qui les joint fortement enſemble; & de l'autre côté de cette cavité il a trois éminences où les trois derniers os du tarſe s'articulent.

V Le cuboïde. Le quatriéme eſt le cuboïde, ainſi nommé par quelques-uns, parce qu'étant quarré il a la forme d'un cube, & par d'autres multiforme; il eſt plus grand que les trois que nous avons encore à démontrer, il eſt ſitué au devant du calcaneum, auquel il eſt joint par une ſuperficie inégale, il s'articule encore avec le ſeptiéme os du tarſe, & ſi on l'examine ſeul, on lui trouve ſix faces comme à un dé.

XXX Les cuneïformes. Le cinquiéme, ſixiéme, & ſeptiéme os du tarſe ſont appellées cuneïformes, parce qu'ils ont la figure d'un coing à fendre du bois. Quoiqu'ils ſoient entr'eux ſemblables en figure, neanmoins ils different en grandeur; il y en a un plus grand que les autres, un autre moyen, & l'autre plus petit; ils ſont articulez tous trois à l'os ſcaphoïde par une de leurs extremitez, & par l'autre ils ſoûtiennent chacun un des os du metatarſe, les deux autres étant soûtenus par le cuboïde.

Y Le metatarse.

Le metatarse ou avant pied est composé de cinq os situez à côté les uns des autres pour soûtenir chacun un doigt ; ces os sont fort serrez par leur extremité, qui se joint avec le tarse pour la fermeté de l'articulation ; mais ils s'écartent par leur partie moyenne pour loger les muscles interosseux; leur figure en general est gibbe en dehors, & cave en dedans pour y recevoir plus facilement les tendons des muscles ; ils sont longs & gresles ; ils finissent par une petite teste, qui entrant dans la cavité qui est au bout des os de la premiere phalange des doigts, les unit ensemble par artrodie. Celui qui soûtient le pouce est le plus gros, le plus fort, & le plus court des cinq ; le second n'est pas si gros ; le troisiéme l'est encore moins ; de sorte qu'ils vont en diminuant, & que celui du petit doigt est le plus petit de tous. Ils ont à leur extremité la plus gresle une epiphise qui est une petite teste enduite d'un petit cartilage pour la facilité du mouvement des doigts.

Z Les os des doigts.

Aux os des orteils, ou doigts du pied, on considere les mêmes choses qu'à ceux de la main, excepté leur nombre, qui n'est que de quatorze au pied, & de quinze à la main, à cause que le pouce du pied n'en a que deux, & celui de la main trois.

La raison est, que le premier os du pouce du pied est mis au nombre de ceux du metatarse, n'ayant pas plus de mouvement que les quatre autres ; ce qui fait que le metatarse est composé de cinq os, à la difference du metacarpe qui n'en a que quatre, parce que le mouvement du premier os du pouce de la main se fait sur un des os du carpe, comme je vous l'ai fait remarquer en le démontrant.

Quatorze os aux orteils, & leurs articulations.

Des quatorze os des doigts du pied, il y en a deux pour le pouce, & trois pour chacun des quatre autres doigts ; ils sont distribuez en trois rangées, ou phalanges, comme ceux de la main ; ceux du premier ordre sont plus grands que ceux du second, & ceux du troisiéme plus petits que les autres, & ainsi du reste ; ils ont la même figure que ceux de la main, car ils sont gibbes en dehors, & caves en dedans ; ils ont aussi les mêmes connexions, sçavoir par artrodie avec les os du metatarse, & par ginglime entr'eux.

A A Des os sesamoïdes.

L'on trouve aux jointures des os des mains & des pieds quelques osselets fort petits, qu'on appelle sesamoïdes, à cause de la ressemblance qu'ils ont avec la graine de sesame ; ils sont adherans aux tendons, sous lesquels ils sont cachez & envelopez dans des ligamens, de maniere qu'on ne manque point de les ôter, à moins que l'on n'y prenne garde lorsqu'on nettoye les os pour en faire un squelete.

Figure des os sesamoïdes.

Leur figure est demi-ronde, faite en forme de petit croissant, étant un peu applatis, & même caves du côté qu'ils touchent les autres os, & ronds du côté qui regarde la partie externe : ceux de la main sont plus grands que ceux du pied, à la reserve de ceux du poûce du pied, qui sont les plus grands de tous ; neanmoins ceux de la main ne sont pas tous de même

grosseur,

groſſeur ; car ceux des grands doigts ſont plus grands que ceux du petit doigt ; ceux qui ſont aux jointures des os de la premiere phalange ſont auſſi plus gros que ceux de la ſeconde, & de la troiſiéme.

Nombre des os ſeſamoïdes.

Leur nombre eſt incertain, quoi qu'on en compte ordinairement douze à chaque main, & autant à chaque pied ; il y en a quelquefois plus, & quelquefois moins : L'on en trouve davantage aux vieillards qu'aux perſonnes moins avancées en âge, parce qu'ils commencent par de petits cartilages qui s'oſſifient avec le tems. Ils ſont en plus grand nombre, plus forts & plus durs dans la partie interne de la main que dans l'externe, où ils ſont ſi petits à de certains ſujets, qu'on a de la peine à les trouver.

Uſage des os ſeſamoïdes.

Ces os, quoique petits, ne ſont pas inutils, car ils ne ſervent pas ſeulement à affermir les articles, & à empêcher la luxation ; mais leur principal uſage eſt de ſervir de poulie aux tendons des muſcles qui vont aux doigts, afin de les retenir dans leur place, & d'empêcher qu'ils ne tombent de deſſus l'article, y ayant pour cet effet des os ſeſamoïdes à droite & à gauche des tendons.

Nombre certain de 249. os.

Voila, Meſſieurs, tous les os que l'on a accoûtumé de démontrer au corps de l'homme. Il y en a qui ajoûtent encore quelques oſſelets qui ſe rencontrent tantôt à la main, tantôt au pied, & tantôt au jaret : mais comme ils ne s'y trouvent que rarement, ils ne meritent pas d'estre mis au nombre des deux cent quarante-neuf qui composent le squelete.

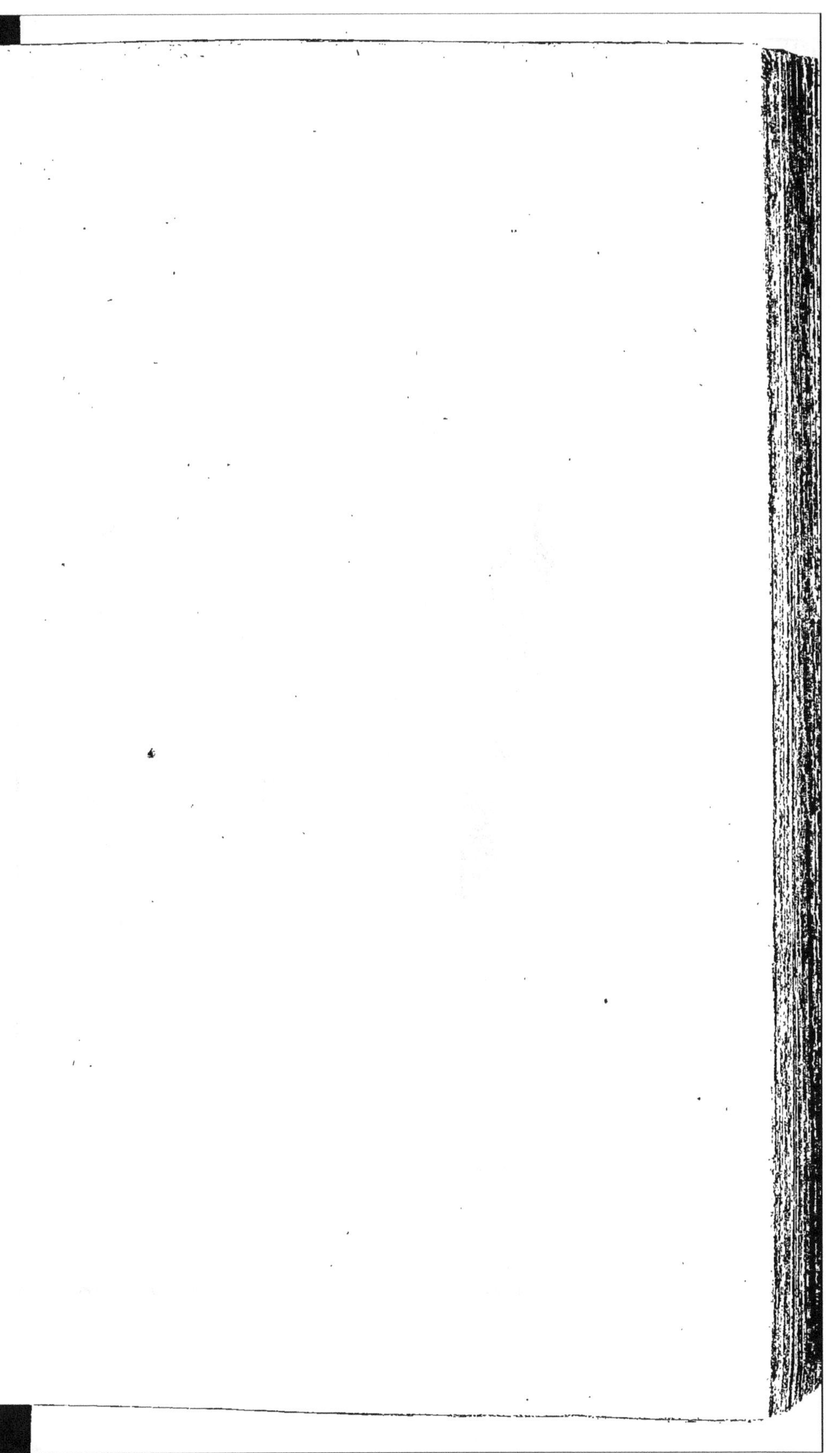

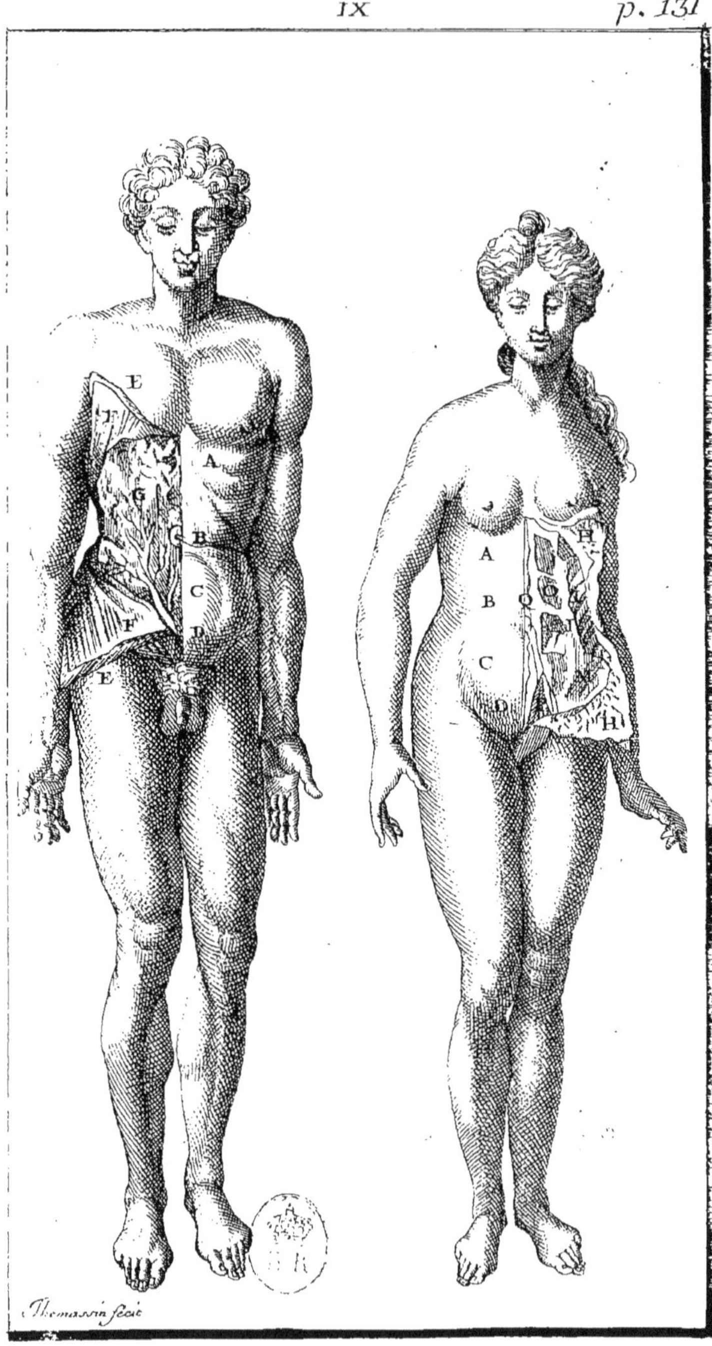
IX
p. 131
Thomassin fecit

L'ANATOMIE DE L'HOMME, SUIVANT LA CIRCULATION & les dernieres Découvertes.

PREMIERE DEMONSTRATION.

Des Parties Contenantes

COMME je ne me suis point proposé dans ces Demonstrations, Messieurs, de vous faire l'éloge de l'homme, ni de m'étendre sur les avantages qu'il a sur le reste des animaux ; je commenceray d'abord par vous dire que l'Anatomie est une dissection ou division artificielle que l'on fait d'un corps pour connoître les parties qui le composent.

Définition de l'Anatomie.

Division de l'Anatomie.

Elle se divise principalement en deux parties, qui sont l'Osteologie & la Sarcologie; la premiere traite des Os & des Cartilages; & celle-ci des chairs & autres parties molles.

Aprés avoir amplement expliqué les os dans les huit Demonstrations que j'en ay faites: Il ne me reste presentement qu'à vous expliquer les parties molles; mais pour le faire avec ordre, il faut diviser la Sarcologie en Myologie, en Angeiologie, & en Splanchnologie. La premiere parle des muscles; la seconde, des vaisseaux qui sont les nerfs, les arteres & les veines; & la troisiéme fait l'histoire de toutes les autres parties internes, & particulierement des visceres. C'est de ces trois parties que j'espere vous entretenir dans le cours de ces Demonstrations.

Division de la Sarcologie.

L'Anatomie est absolument necessaire aux Medecins & aux Chirurgiens.

La science de l'Anatomie est si utile & si avantageuse à tous les hommes, & principalement à ceux qui pratiquent la Medecine & la Chirurgie, qu'ils ne peuvent la negliger, sans renoncer entierement à leur Profession, puisqu'elle en est la base & le fondement; & qu'il est absolument impossible qu'ils puissent jamais guerir aucune maladie, ni faire aucune Operation, s'ils ne connoissent auparavant la partie affligée; car à quels dangers les blessez ne seroient-ils point exposez, si le Chirurgien qui doit leur faire une incision, ou un trépan, ou retirer du corps une bale ou un éclat de grenade, ne sçavoit pas comment ces parties sont faites? pourroit-on sans cela guerir tant de blessez, & faire d'aussi belles cures que l'on en fait à l'Armée, où il arrive tous les jours des playes surprenantes ?

Rétablissement des Anatomies au Jardin du Roy.

C'est pour cette raison, Messieurs, que le Roy qui connoît mieux que personne de quelle utilité sont les Chirurgiens habiles, a voulu que les exercices du Jardin Royal qui avoient esté interrompus pendant plusieurs années, fussent renouvellez, afin que l'on y fist gratuitement des Anatomies publiques, & que l'on y enseignât toutes les Operations de Chirurgie, pour faciliter aux Etudians les moyens de se perfectionner dans un Art, auquel sa Majesté doit la conservation de ses plus grands Capitaines.

Monsieur Daquin en reçoit les ordres du Roy.

Le Roy ne pouvant mieux confier le soin de ses ordres pour son Jardin des Plantes, qu'à celuy à qui il avoit déja confié le soin de sa santé, choisit Monsieur Daquin son premier Medecin, pour y rétablir les Sciences ; ce qu'il a fait avec tant de succés, qu'on peut dire que c'est à present la plus belle école du monde. Il a confirmé par le choix qu'il a fait des Professeurs habiles, tant dans l'Anatomie & dans les Operations, que dans la Chimie, & dans les Demonstrations des Plantes, combien il a d'amour pour ces Sciences, & combien il a de bonté pour ceux qui s'y appliquent.

Ces ordres y sont executez.

C'est en execution de ces ordres que nous vous ferons remarquer dans cette Anatomie toutes les curieuses découvertes des modernes, & que nous refuterons l'erreur des anciens, tant sur le mouvement du sang & des humeurs, que sur la sanguification au foye, leur doctrine ne paroissant plus à present qu'une pure imagination sans fondement, à laquelle on ne doit point s'arrêter.

Pour traiter exactement cette matiere, je croy, Messieurs, qu'il n'est pas inutile d'établir le sujet de cette Anatomie, & de dire avec tous les Anatomistes, que le corps de l'homme est le plus propre que l'on puisse se proposer dans ces sortes de Demonstrations, non seulement parce qu'il est le chef-d'œuvre de la Nature, & par consequent le plus parfait de tous les corps, mais encore parce qu'il est beaucoup plus avantageux aux Medecins & aux Chirurgiens de le connoître, que tout autre.

Le corps de l'Hôme est le sujet de l'Anatomie.

Les parties qui composent le corps humain.

Il est composé de parties exterieures & interieures, les unes & les autres tombent sous les sens, avec cette difference neanmoins que les premieres se presentent d'elles-mêmes à nos yeux, (comme une teste, des bras & des jambes) & que les autres ne se découvrent qu'aprés quelque preparation.

Proportion des parties exterieures.

On ne remarque aux parties exterieures que la proportion qu'elles doivent avoir entr'elles ; par exemple, la teste doit estre d'une grosseur proportionnée au reste du corps ; mais pourtant plus grosse que petite, d'une figure ovale, applatie par les côtez, & avancée en devant & en derriere, parce qu'elle ne doit estre ni ronde, ni pointuë ; il faut que le front soit grand, les traits du visage forts, principalement aux hommes, qui ne doivent pas se piquer de beauté. Le col doit estre long & point trop gros : la poitrine large, ample & élevée en forme de voute, parce que si elle étoit pointuë, plate ou enfoncée, le cœur & les poûmons n'auroient pas la liberté de se mouvoir. Les mammelles des hommes doivent estre moins élevées que celles des femmes ou des filles; il faut que le ventre soit un peu élevé & en rond : L'épine du dos doit estre droite; les fesses un peu grosses; les hanches avancées; les cuisses rondes & fermes; les jointures larges; les jambes bien tournées & un peu grosses; le pied large, les bras charnus, point trop longs, bien proportionnez au corps; mais sur tout que les muscles & les veines y paroissent: & enfin que les mains soient fortes pour mieux resister au travail.

Division des parties en similaires, & en dissimilaires.

Les parties de l'Homme se divisent encore en similaires, & en dissimilaires. Les similaires sont celles qui ne sont point composées d'autres de differente nature; On en compte dix, qui sont les os, les cartilages, les ligamens, les membranes, les fibres, les nerfs, les arteres, les veines, les chairs & la peau.

Ces parties sont spermatiques, sanguines, ou mixtes.

Toutes ces parties sont ou spermatiques, ou sanguines, & mixtes: On appelle parties spermatiques celles dans lesquelles il y a plus de semence que de sang, comme dans les huit premieres; on nomme sanguines celles dans lesquelles il y a plus de sang que de semence, comme dans les chairs; & mixtes celles dans lesquelles il y a également de l'un & de l'autre, comme dans la peau.

Parties dissimilaires.

Les parties dissimilaires sont celles qui sont composées d'autres de differente nature, comme le doigt qui se peut diviser en os, nerfs, arteres, &c.

Parties organiques.

Outre toutes ces parties il y en a encore qu'on appelle organiques, parce qu'elles nous servent d'organes & d'instrumens pour certaines actions que nous ne pourrions faire ſans elles ; comme le pied qui nous ſert à marcher; & la main à écrire.

Quelques-uns ont pretendu qu'il n'y avoit que les parties diſſimilaires qui fuſſent organiques : Ils les ont même ſouvent confonduës, mais mal à propos, puiſque les arteres, les veines, les nerfs, & les os, qui ſont des parties ſimilaires, ne ſont pas moins organiques, à raiſon de leurs fonctions, que le pied & la main.

Division du corps de l'homme.

Pour bien faire la Démonſtration de toutes ces parties les unes aprés les autres : Il faut, Meſſieurs, diviſer le corps en tronc & en extremitez : quoi que cette diviſion ſoit fort commune, elle ne laiſſe pas d'eſtre la meilleure, & la plus claire de toutes. Les autres ſont à la verité fort étenduës, mais tres-embarraſſées & fort obſcures.

Qu'eſt-ce que tronc.

Par le tronc, on entend trois parties ou trois regions principales, qui ſont la teſte, la poitrine, & le ventre; la teſte eſt au lieu le plus élevé du corps, la poitrine eſt au milieu, & le ventre en occupe la partie inferieure.

Quelles ſont les extremitez du corps.

Les extremitez ſont quatre ; ſçavoir deux ſuperieures, que l'on appelle les bras ; & deux inferieures, qui ſont les jambes. Nous parlerons des bornes que la Nature a données à toutes ces parties, en les démontrant chacune en leur particulier.

Trois ordres Anatomiques.

Les ſentimens des Anatomiſtes ſont partagez ſur le choix de la partie par laquelle on doit commencer ; les uns diſent qu'il faut que ce ſoit par le cerveau, parce que c'eſt la partie la plus noble du corps, & que c'eſt luy qui commande à toutes les autres; ceux qui sont du sentiment contraire pretendent que toutes les parties de l'homme sont égales, ayant esté formées en même tems, & ne se pouvant passer les unes des autres; & qu'ainsi on doit commencer par la partie qui se presente la premiere; les uns suivent l'ordre de dignité, & les autres celui de situation: Nous laisserons l'un & l'autre pour nous assujettir à l'ordre de necessité, suivant lequel nous commencerons par le ventre, à cause qu'il renferme les excremens & les parties les plus sujettes à se corrompre, & qu'on ne pourroit faire une Anatomie entiere, si on ne commençoit par les ôter.

Définition du ventre.

Le ventre est toute cette cavité qui s'étend depuis le diaphragme jusqu'à l'os pubis.

Quoique ce mot de ventre convienne à tout ce qui est creux, neanmoins cette partie en retient le nom par excellence, étant la plus grande cavité qui soit au corps. On l'appelle ventre inferieur pour le distinguer des deux autres superieurs.

Substance du ventre.

La substance du ventre est molle & charnuë par devant, d'où vient qu'il peut s'étendre & se resserrer librement, tant pour faciliter la coction des alimens, & l'expulsion des excremens, que pour donner de l'espace à la matrice pendant les grossesses. Il est borné en haut par le cartilage Xiphoïde & par le diaphragme; par les côtez, des fausses côtes; en bas par devant, des os des hanches, & de l'os pubis; & par derriere, des vertebres, des lombes, & de l'os sacrum.

Division du vêtre.

Le ventre se divise ordinairement en partie

anterieure & en posterieure ; l'anterieure, qui est ce que nous appellons abdomen, se divise en trois regions, dont la partie superieure s'appelle Epigastrique, la moyenne Umbilicale, & l'inferieure Hypogastrique ; la premiere commence au cartilage xiphoïde, & finit deux travers de doigts au dessus de l'umbilic ; la seconde commence où finit la premiere, & se termine environ deux travers de doigts au dessous de l'umbilic, & la derniere décend jusqu'à l'os pubis.

A A L'Epigastre. Chacune de ces trois regions se divise encore en trois parties, sçavoir une moyenne, & deux laterales. La partie moyenne de la region épigastrique est appellée Epigastre, & les laterales Hypocondres, dont l'un est à droite, & l'autre à gauche.

Le Chirurgien doit sçavoir les parties contenuës dãs ces trois regions. Comme il est necessaire que le Chirurgien sçache distinguer les differentes parties qui sont contenuës dans ces trois regions, il est à propos de les faire remarquer les unes aprés les autres, tant dans la partie moyenne, que dans les laterales ; l'épigastre renferme le petit lobe du foye, & une partie du ventricule avec son orifice inferieur ; l'hypocondre droit contient la plus grande partie du foye, & le gauche la rate, & une partie du ventricule.

B B L'Umbilic. La partie moyenne de la region umbilicale se nomme umbilic ou nombril ; ses parties laterales sont les deux lombes, un de chaque côté ; l'umbilic renferme la plus grande partie de l'intestin jejunum ; le lombe droit contient le rein droit, l'intestin cœcum, & une partie du jejunum & du colon ; & le gauche le rein gauche & encore une partie du colon & du jejunum.

Le milieu de la region hypogastrique s'appelle Hypogastre ; ses côtez sont les isles, les aines ou les flancs ; sous l'hypogastre on y trouve le rectum, la vessie & la matrice aux femmes ; les îles sont ainsi appellez, parce qu'ils contiennent l'ileum avec les vaisseaux spermatiques.

C C L'Hypogastre.

Il faut remarquer que la partie basse & moyenne de l'hypograste s'appelle le penil, qui est l'endroit où le poil vient dans les adultes.

D D Le penil.

La partie posterieure du ventre est ou superieure, que l'on appelle les lombes, ou inferieure que l'on nomme les fesses, entre lesquelles il y a une raye & un trou, qu'on nomme l'anus, qui est l'égout des plus gros excremens du corps.

Le derriere du ventre.

Tout ce ventre que je viens de vous décrire, est composé de deux sortes de parties, dont les unes sont externes & contenantes, & les autres internes & contenuës.

Division du ventre en parties contenantes & contenuës.

Les premieres sont communes ou propres ; les parties contenantes communes, que l'on appelle autrement les tegumens, sont cinq ; sçavoir l'épiderme ou surpeau, la peau, la graisse, le panicule charnu, & la membrane commune des muscles ; les parties contenantes propres sont les muscles de l'abdomen & le peritoine.

Quelles sont les parties contenantes.

L'épiderme est un membrane tres-déliée, & fortement attachée à la peau qu'elle couvre dans toutes les parties du corps, d'où vient qu'elle est un tegument comme les autres; Quelques-uns la nomment la premiere peau ; d'autres la cuticule, à cause qu'elle est mince comme une

E E L'Epiderme.

pelûre d'oignon, & d'autres enfin l'épiderme, parce qu'elle est située immediatement sur le derme, qui n'est autre chose que la peau.

Origine de l'Epiderme.

La pluspart des Auteurs disent, que l'épiderme est fait d'une vapeur huileuse, gluante & humide qui exhale de la peau & des parties qui sont sous elle, & que cette vapeur s'endurcit par l'air qui frape continuellement nôtre peau; ils nous donnent en même tems la comparaison de cette petite peau qui se fait sur de la boüillie aussi-tôt qu'on la laisse reposer: Mais ce sentiment a bien de la peine à s'accorder avec l'experience, qui nous fait voir que les enfans qui sont encore dans la matrice, & qui par consequent n'ont point esté touchez de l'air, ne laissent pas d'avoir un épiderme; cela est si vray, que lors qu'une femme avorte (quelque âge qu'ait l'enfant) on le trouve assez épais pour le separer de la peau. On le voit même s'en separer à des avortons qui sont restez quelque tems morts dans la matrice; ainsi il y a plus d'apparence de croire que l'Epiderme est engendré de la semence, comme toutes les autres parties.

Ce qui doit confirmer encore dans cette opinion, c'est que ces mêmes Auteurs lui donnent l'usage de boucher les orifices des vaisseaux qui aboutissent à la peau, afin d'empêcher par ce moyen l'écoulement qui se feroit par ces mêmes orifices; ce que ne pourroit faire l'enfant dans la matrice, puisqu'il n'auroit point d'épiderme, faute d'avoir esté touché par le froid de l'air.

Figure & grandeur de l'Epiderme.

L'Epiderme a la même figure & la même grandeur que la peau, parce qu'il en suit les dimenſions, lorſque le corps groſſit, ou diminuë : Il ſe ſepare de la peau dans les brûlures, mais il ſe rengendre auſſi tres-facilement, ſans qu'il y paroiſſe aprés.

Quelque addreſſe qu'ait un Anatomiſte, il ne peut diſſequer cette cuticule, ni la ſeparer de la peau pour la faire voir, qu'en la brûlant avec la flamme de la bougie. C'eſt elle qui fait ces groſſes puſtules, lorſque l'on applique des veſicatoires en quelque partie du corps ; quand elle ſe ſepare d'elle-même de la peau, & ſans cauſe externe, c'eſt ſigne qu'il y a de la diſpoſition à la mortification & à la gangrene : Je dis ſans cauſe étrangere, parce qu'un ereſypele, ou la grande ardeur du Soleil la fait ſeparer de la peau aſſez ſouvent, mais la nature la repare promptement.

L'Epiderme ne ſe peut pas diſſequer.

Sa couleur eſt differente en differens païs ; car les François l'ont blanche, les Eſpagnols baſanée, les Maures l'ont noire, & ainſi des autres. Ceux qui ſont d'un temperament ſanguin ont la peau vermeille, mêlée de blanc & de rouge ; les bilieux l'ont ſeche & tirant ſur le jaune pâle ; les pituiteux l'ont molle & blanche ; & enfin les mélancoliques l'ont rude, brune & plombée, parce que ces mêmes couleurs s'impriment à l'Epiderme, qui n'étant qu'une pellicule fort mince, & ordinairement blanche, reçoit facilement la couleur de la peau qu'elle couvre.

Couleur de l'Epiderme.

Cette partie contribuë beaucoup à la beauté ; car plus elle eſt déliée, diafane & polie, plus le teint eſt beau ; elle devient quelquefois épaiſſe

L'Epiderme contribuë à la beauté.

& calleuſe, & alors le ſentiment du toucher en eſt moins vif. Elle eſt percée en pluſieurs endroits du corps comme la peau; car outre ſes grandes ouvertures elle a encore une infinité de petits pores dans toute ſon étenduë, tant pour les ſueurs & l'inſenſible tranſpiration, que pour la ſortie des poils.

Uſages de l'Epiderme.

Les uſages de l'Epiderme ſont de couvrir la peau, de la rendre unie & égale, d'empêcher la ſortie des humeurs par les extremitez des vaiſſeaux qui s'y terminent, & enfin d'émouſſer le ſentiment du toucher, qui ne ſe pourroit faire ſans douleur, ſi l'impreſſion des objets ſe faiſoit immediatement ſur les fibres & ſur les nerfs qui aboutiſſent à la peau.

F F
La peau.

La ſeconde envelope de tout le corps eſt la peau, qui eſt appellée derme par les Anciens. C'eſt la membrane la plus grande du corps; elle eſt fort épaiſſe, principalement au dos, aux reins & aux extremitez; elle eſt tres-fine au viſage, & tres-mince aux lévres; les animaux l'ont beaucoup plus forte que l'homme, & c'eſt auſſi pour cette raiſon qu'ils ſont moins ſenſibles aux injures de l'air.

Origine de la peau.

Les Anciens pretendent que la peau eſt faite en partie de ſemence, & en partie de ſang, & qu'elle eſt la ſeule membrane qui ſoit compoſée du mélange de ces deux matieres; mais il eſt certain qu'ils ſe trompent, puiſque la ſemence ſeule contribuë à ſa formation, & que ſi l'on remarque qu'il s'y porte du ſang par pluſieurs petits vaiſſeaux, ce n'eſt que pour la nourrir & l'augmenter; ſon veritable principe étant comme celui des autres parties dans la ſemence.

Les recherches de quelques curieux Anatomiſtes nous ont fait voir que la peau étoit formée des particules les plus craſſes de la ſemence ; qu'une infinité de fibres entrelaſſées enſemble en forme de rets en faiſoient l'épaiſſeur ; qu'il y avoit un million de petites glandes ſituées au deſſous de ces rets ; qu'à chacune de ces glandes il y venoit une petite artere, qu'il en ſortoit une vénule, & qu'un vaiſſeau Lymphatique partant de la glande perçoit ce rets, & ſe terminoit à la ſuperficie de la peau.

Veritable ſtructure de la peau.

La connoiſſance de cette ſtructure nous a découvert de quelle maniere ſe font les ſueurs ; que c'eſt avec juſtice que l'on regarde la peau comme l'égoût univerſel du corps ; & que l'évacuation qui ſe fait par l'inſenſible tranſpiration eſt tres-ſalutaire.

La maniere dôt ſe fait l'inſenſible tranſpiration.

On voit donc qu'une aſſez grande quantité de ſang étant portée par autant d'arteres qu'il y a de glandes, eſt raportée par autant de petites veines ; & que paſſant par les poroſitez des glandules, il s'en filtre une ſeroſité, qui ſortant par le vaiſſeau excretoire, fait la matiere de la ſueur.

Il faut remarquer que quand cette ſeroſité eſt en petite quantité, elle ſe deſſeche ſur la peau, & fait ce que nous nommons la craſſe. La premiere de ces évacuations fait des criſes qui gueriſſent une infinité de maladies tres-dangereuſes. La ſeconde n'eſt pas moins avantageuſe, parce que ſe faiſant ſans ceſſe, elle purifie & rafraîchit le sang, & en fait une dissipation qui est necessaire pour la santé.

Cette humidité qui sort continuellement par les pores de la peau, des vaisseaux excretoires ou limphatiques, sert encore à humecter la peau, & la surpeau, qui sans cela deviendroient trop seches.

Trous de la peau.

La peau a de petits trous insensibles, que l'on nomme les pores, & d'autres tres-sensibles, comme sont ceux de la bouche, du nez, des oreilles, des yeux, & des parties naturelles.

La peau peut s'étendre & se resserrer.

La peau est une membrane qui peut s'étendre & se resserrer facilement; nous voyons qu'elle s'allonge aux femmes grosses, aux hydropiques, & à ceux qui deviennent extraordinairement gros & gras: ainsi ceux qui ont crû qu'elle servoit de borne au corps, se sont trompez. En Esté elle est plus rare & plus molle qu'en Hyver; ses pores en sont aussi plus ouverts, d'où vient que la transpiration se fait mieux l'Esté que l'Hyver.

Adherance de la peau.

Elle est attachée dans toute son étenduë aux parties qu'elle touche; mais plus à la paûme de la main, & à la plante du pied, qu'au front & au ventre. Elle est plus adherante à l'homme que dans de certains animaux; ce qui fait aussi qu'ils la meuvent plus aisément.

La peau se réunit par le moyen d'une cicatrice.

Si la peau souffre une solution de continuité en quelque-endroit que ce soit, elle ne se réunit jamais que par une cicatrice dont il reste une marque toute la vie. Elle est moins difforme aux enfans, parce qu'ils ont la peau humide, qu'aux personnes âgées, à qui elle est plus séche.

La

La peau de l'Homme eſt toute veluë ; celle de la femme l'eſt moins : il y a même des hommes qui ont plus de poils les uns que les autres. L'on découvre aiſément ceux de la tête, du viſage, des aiſſelles, & des parties naturelles ; mais tres-difficilement ceux qui ſont à toute la ſuperficie de la peau, puiſque celle qui paroît la plus unie, a à chaque poroſité un petit poil qui en ſort, & qui a ſa racine dans une de ces petites glandes, dont la peau eſt parſemée. Ce petit poil ſe voit plus ou moins, ſelon qu'il eſt blond ou brun.

Toute la peau eſt couverte de poils.

Il eſt inutile de vous dire qu'il s'eſt trouvé des perſonnes qui avoient la peau auſſi veluë que des ours, puiſque c'eſt un prodige qui ne ſert point de regle. Je ne vous rapporteray point non plus les raiſonnemens de quelques Auteurs, pour prouver que l'Homme n'avoit pas beſoin de poils, ni de plumes, ayant la raiſon & les mains pour ſe faire des vêtemens qui ſuppléaſſent à leur defaut.

Tous les Hommes n'ont pas le peau également blanche, quoique ce ſoit ſa couleur naturelle, étant faite de la ſemence : elle change ſelon le temperament & l'humeur qui domine, comme nous l'avons fait voir en parlant de l'Epiderme. Les perſonnes graſſes l'ont blanche, parce que la graiſſe qui ſe trouve au deſſous d'elle étant blanche, lui donne un éclat de blancheur. Les maigres au contraire l'ont rouge, à cauſe que la chair qui la touche immediatement, lui imprime ſa couleur.

Couleur de la peau.

Tout ce que l'on coupe pour ſeparer la peau des autres membranes ſont autant de petits vaiſ-

Une infinité de petits

Vaiſſeaux qui ſe trouvent à la peau. ſeaux qui vont à la peau, ou qui en viennent car outre ceux des glandules dont je vous ay parlé, il y en a encore qu'on appelle cutanez qui ſont des arteres & des vénes capillaires : Il y a auſſi une infinité de petits nerfs qui y viennent aboutir, & qui font le ſentiment du toucher.

Uſages de la peau. Nous remarquons trois uſages conſiderables à la peau. Le premier eſt de couvrir & d'enveloper toutes les parties du corps; le ſecond d'eſtre l'organe de l'attouchement ; & le troiſiéme eſt de ſervir d'émonctoire aux humeurs qui ſortent par les ſueurs & par la tranſpiration. Nous n'ajoûtons point de foy à celuy que luy donnent les Phyſionomiſtes, qui eſt de ſervir de regiſtre à nos deſtinées, s'imaginant connoître nôtre bonne ou mauvaiſe fortune par les traits du viſage, & par les lignes des mains & des pieds.

G La graiſſe. Le troiſiéme des tegumens communs eſt la membrane graiſſeuſe, ou adipeuſe, qui couvre & envelope tout le corps ; cette membrane n'a pas les fibres ſi ſerrées que le ſont celles de la peau ; c'eſt dans les eſpaces de ces fibres, & dans des petites cellules qu'elle forme, que la graiſſe ſe fige & s'embarraſſe.

Définition de la graiſſe. La graiſſe eſt un corps blanc de moyenne conſiſtence ; elle eſt faite de la partie onctueuſe & huileuſe du ſang, & épaiſſie par un froid moderé, ou plûtôt par un certain degré de chaleur, qui n'étant point aſſez fort pour la diſſoudre, ne peut empêcher qu'elle ne ſoit produite.

Quatre ſortes de graiſſe. On ne peut pas nier que cette matiere graiſſeuſe n'acquiere ſa conſiſtence par la dureté &

le froid des membranes qui la figent, & que la grande chaleur ne puisse la fondre; mais comme il y en a de plus ou moins solide, nous sommes obligez d'en observer de quatre sortes; l'une que l'on appelle suif, qui se fige & devient tellement dure qu'elle est aisée à rompre lorsqu'elle est refroidie: Elle se trouve en abondance dans les bœufs & dans les moutons au ventre inferieur & autour des reins: La seconde, qui est celle dont nous parlons, est moins solide, elle se fige plus difficilement que les autres. La troisiéme, que l'on nomme axonge, est la plus liquide & la plus molle, elle ne paroît qu'une huile épaissie; c'est celle qui se rencontre aux articles: Et enfin une quatriéme, qui est la moëlle, se fond à la moindre chaleur, & alors elle coule comme de l'huile.

Usages de la graisse.

Ces quatre sortes de graisses ont des usages differens, selon les differentes parties où elles sont. Celle qui environne tout le corps l'échauffe & en entretient la chaleur naturelle; c'est pourquoy ceux qui en ont plus, sont moins sensibles au froid. Celle qui est autour du cœur, sert à l'humecter dans son mouvement. Celle des reins sert à preserver leur bassinet contre les sels de l'urine; & celle qui se trouve prés des articles, en facilite le mouvement par sa lubricité. Quelques Auteurs veulent que la graisse contribuë non seulement à la nourriture de toutes les parties dans une grande abstinence, mais encore à la beauté; car les personnes qui n'ont point de graisse, ont la peu seche & ridée.

Il faut observer que l'on ne trouve point de

Il n'y a point de graisse dans le cerveau.

graisse dans le cerveau, aux lévres, dans la partie superieure de l'oreille, à la verge, ni aux testicules, nous en dirons les raisons en tems & lieu; mais il y en a toûjours quelque peu dans toutes les autres parties, & beaucoup autour du cœur, aux reins, aux fesses, & aux articles.

H. La membrane charnuë

La membrane charnuë, ou le pannicule charnu est la quatriéme enveloppe commune du corps; elle est épaisse & devient même musculeuse en quelques endroits.

Sentimés differens sur la membrane charnuë.

Il y en a qui pretendent qu'elle ne se trouve point à l'Homme, mais seulement aux Animaux, & que Galien ne l'a décrite, que parce qu'il a fait plusieurs Anatomies d'animaux, & principalement de chiens, & que l'y ayant trouvé, il a crû qu'elle devoit estre aussi dans l'Homme; c'est pourquoi il a pris ces fibres charnuës qui sont sous la graisse, & qui lui servent de base, pour cette membrane.

Ceux au contraire qui n'admettent point de pannicule charnu, disent que les fibres charnuës que l'on trouve au front, à l'occiput, au col, & au scrotum, sont des muscles; que si l'on meut le front & le derriere de la teste, c'est par le moyen des muscles frontaux & occipitaux: que s'il y a du mouvement à la peau du col, c'est le muscle peaucier qui le fait; & qu'enfin si l'on voit mouvoir à quelquelques-uns le scrotum & les testicules, c'est l'effet du muscle cremaster; & qu'ainsi il n'en faut point admettre: la situation même qu'on lui donne, fait douter de son existence; car aux animaux on le trouve sous la peau, & à l'Homme on le cherche sous la graisse.

Quoique ce ſentiment paroiſſe vrai-ſemblable, cependant il eſt certain qu'il y en a un qui eſt fait de la partie interne de la membrane adipeuſe. Il cauſe le friſſon lorſqu'il eſt picoté par quelque ſeroſité acre, ou par quelque acide.

Son uſage eſt de ſervir de fondement à la graiſſe, d'empêcher qu'elle ne devienne liquide, de défendre les parties contenuës des injures exterieures, d'y conſerver la chaleur naturelle, & d'appuyer les vaiſſeaux qui vont à la peau.

Uſage du pannicule charnu.

La membrane commune des muſcles eſt ainſi appellée, parce qu'elle les contient tous, & qu'elle enveloppe tout le corps à la reſerve du crane; ce qui fait qu'elle eſt un des cinq tegumens communs. Outre ces uſages elle ſert encore principalement à empêcher que les muſcles ne ſortent de leur place dans leurs mouvemens violens.

I

Une partie de la membrane commune des muſcles ſeparée.

Son uſage.

Elle eſt blanche, déliée & tranſparente, faite d'un tiſſu de fibres & de nerfs, qui la rendent d'un ſentiment ſi exquis, quelle cauſe des friſſons incommodes, & des rhûmatiſmes inſupportables, lorſqu'elle eſt picotée de quelque acide: Elle reçoit auſſi par de petites arterioles du ſang pour ſa nourriture, dont le ſuperflu eſt reporté par des venules.

Les cinq tegumens étant levez, on découvre pluſieurs muſcles qui occupent toute la partie anterieure du bas ventre. Ces muſcles ſont dix, cinq de chaque côté. Il s'en trouve quelquefois moins, lorſque l'on ne compte point les deux piramidaux de Fallope; & quelquefois plus, lorſ-

Dix muſcles à l'abdomen.

qu'on en fait plusieurs des muscles droits ; mais je m'en tiendrai au nombre de dix, qui sont quatre obliques, deux transverses, deux droits, & deux piramidaux. Ils prennent tous leur nom de la situation & de l'arrangement de leurs fibres. Je ne vous parlerai de ces muscles en general, que lorsque je vous en démontrerai un plus grand nombre. Je veux seulement dire ici, que les muscles sont des parties organiques, & les instrumens du mouvement volontaire ; & que ce n'est que par leur moyen, que le ventre peut s'étendre & se resserrer.

I. Obliques descendans.

Des quatre obliques il y en a deux descendans ou externes, & deux ascendans ou internes ; ceux qui se presentent les premiers sont les obliques descendans ; ils sont nommez ainsi, parce que leurs fibres descendent obliquement de haut en bas. On les appelle aussi externes, à la difference des autres qui sont situez dessous eux ; & enfin grands obliques, parce que leur grandeur excede celle des autres obliques. Leur figure est presque triangulaire.

Origine & insertion de ces muscles.

Ils prennent leur origine par digitation du grand dentelé, c'est à dire de la sixiéme & septiéme des vrayes côtes, de toutes les fausses, & des apophises transverses, des vertebres des lombes ; ils vont s'attacher à la côte externe de l'os ilion, & de l'os pubis, & finissent par une large & forte aponevrose à la ligne blanche.

Poitrine.

Il y a un muscle à la poitrine, que l'on appelle le grand dentelé, parce qu'il a des dentelures qui entrent les unes dans les autres, de même que les doigts d'une main entrent dans les espates des doigts de l'autre. A chacune de ces dentelures, qui ſont au nombre de ſept, il y a un petit nerf qui y entre ; ce qui fait que ce muſcle eſt un des plus difficiles à diſſequer, lors qu'on veut les faire voir tous; Il nous marque auſſi ſon origine, parce que les nerfs qui vont aux muſcles, y entrent plûtôt vers leur origine que par leur inſertion.

M Obliques aſcendãs.

Les obliques aſcendans ſont ainſi nommez, parce que leurs fibres montent de bas en haut ; ils ſont ſituez immediatement ſous les autres, c'eſt pourquoi on les appelle obliques internes. Ils ſont beaucoup plus petits que les premiers, & ſont comme eux de figure triangulaire. Ils prennent leur origine de la partie ſuperieure de l'os pubis, ſe continuent à toute la partie moyenne de la crête des os des hanches, & finiſſent aux apophiſes tranſverſes des vertebres des lombes ; ils s'attachent enſuite aux extremitez de toutes les côtes juſqu'au cartilage xiphoïde, & s'inſerent par une large & double aponevroſe à la ligne blanche ; ils reçoivent des nerfs à l'endroit où ils ſont attachez aux vertebres des lombes.

Les muſcles ont doubles aponevroſes.

De ces deux aponevroſes l'une paſſe par deſſus, & l'autre par deſſous le muſcle droit, afin qu'il ſoit également fortifié tant deſſus que deſſous ; les fibres de ces muſcles & celles des precedens, s'entre-croiſent en forme de Croix de S. André.

N. Les muſcles trãſverſes.

Les tranſverſes ſont ainſi nommez, parce que leurs fibres vont de travers ; ils ſont ſituez ſous les obliques, & placez ſur le peritoine, auquel ils ſont ſi adherans, qu'on a de la peine à les en-

ſeparer ſans le déchirer ; ils ſont d'une figure quadrangulaire.

Ces muſcles prennent leur origine des apophiſes tranſverſes des vertebres des lombes ; ils s'attachent à la côte interne des os des iles, & à la partie interieure des cartilages des côtes inferieures, puis paſſant par deſſous le muſcle droit, ils vont ſe terminer par une large aponevroſe à la ligne blanche.

Remarques ſur ces trois muſcles.

Ces trois ſortes de muſcles ont des aponevroſes qui leur tiennent lieu de tendons, & qui vont chacune s'attacher à celle du muſcle qui eſt de l'autre côté ; ce qui les unit ſi bien qu'elles ne paroiſſent qu'une : Elles ſont percées à leur partie moyenne, pour donner paſſage aux vaiſſeaux umbilicaux ; & à leur partie inferieure, pour laiſſer ſortir aux hommes les vaiſſeaux ſpermatiques qui vont aux teſticules, & aux femmes les ligamens ronds de la matrice qui vont s'inſerer dans la cuiſſe.

Les trois trous qui ſont aux aponevroſes de ces muſcles ſont ſi induſtrieuſement faits, qu'ils meritent d'eſtre remarquez ; celui du muſcle tranſverſe eſt le plus haut de tous ; celui de l'oblique aſcendant eſt un travers de doigt au deſſous ; & celui de l'oblique externe encore plus bas ; en ſorte que ces trois trous ne ſe trouvent point vis-à-vis les uns des autres, & que l'aponevroſe de l'un couvre l'ouverture de l'autre, afin d'empêcher que les parties internes ne ſortent au dehors ; cependant il ne laiſſe pas d'arriver trop ſouvent des hernies par la ſortie de l'Epiploon & des inteſtins.

La quatriéme paire des muſcles de l'abdomen ſont les droits ; ils ſont ainſi appellez parce que leurs fibres vont en ligne directe de haut en bas, ou de bas en haut ; car les uns veulent qu'ils naiſſent du ſternum, & les autres de l'os pubis ; mais il eſt indifferent que leur origine ou leur inſertion ſoit à l'une ou à l'autre de ces parties, pourvû que l'on ſçache qu'ils ſont attachez par un bout au ſternum, & aux côtez du cartilage xiphoïde, & par l'autre à la partie ſuperieure de l'os du penil.

Les muſcles droits.

Ces muſcles n'ont pas de fibres qui aillent d'une extremité à l'autre ; mais ils ſont entre-coupez par des énervations dont le nombre n'eſt pas certain, puiſque les uns en ont trois, d'autres quatre, & quelquefois plus.

Obſervations à faire ſur les muſcles.

Il y en a qui ont voulu faire autant de muſcles qu'ils voyoient de ces intervalles membraneux, parce qu'ils avoient remarqué qu'il entroit pluſieurs nerfs dans ce muſcle ; mais cela doit d'autant moins ſurprendre que ce muſcle eſt long, & qu'il fait une action tres-forte, à laquelle un ſeul petit nerf n'auroit pas eſté ſuffiſant.

Quelques Auteurs ont rapporté que l'Homme avoit plus de ces énervations au deſſus du nombril qu'au deſſous, parce qu'étant gourmand & débauché, ſon eſtomac avoit plus beſoin de s'étendre ; & que la femme au contraire en avoit davantage au deſſous, à cauſe que ce muſcle étoit obligé de s'étendre dans cet endroit pour donner plus d'eſpace à la matrice dans le tems de la groſſeſſe. Mais cette obſervation ne ſe trouve pas veritable, puisque les hommes & les femmes en ont également par tout.

Veritable usage de leurs énervations.

Pour bien connoître à quoi servent ces énervations, il faut sçavoir que tout muscle en agissant se racourcit, & qu'en se racourcissant il se gonfle dans son milieu plus ou moins, selon que ses fibres sont plus ou moins longues: Or il est certain que si les fibres du muscle droit eussent esté d'une extremité à l'autre, sans estre entrecoupées par ces intervalles membraneux, le gonflement de ce muscle eût esté si grand dans sa partie moyenne, qu'il auroit meurtri les parties contenuës, au lieu de leur aider à l'expulsion des excremens par une compression égale & douce; Ce qui ne se peut faire que par ces entrenœuds, qui coupans ce muscle en quatre, font qu'au lieu d'une tumeur il s'en fait quatre, lesquelles compriment également le bas ventre, & facilitent la sortie des superfluitez des intestins & de la vessie.

Il n'y a point d'anastomoses aux vaisseaux de ces muscles.

Ce n'est pas seulement sur l'usage de ces énervations que je ne suis pas du sentiment de beaucoup d'autres, mais encore sur celui des vénes Mammaire & Epigastrique; plusieurs ayant crû qu'une des branches de la véne Mammaire que l'on trouve sous ce muscle, lorsqu'on le retourne, s'abbouchoit avec la véne Epigastrique; que cette communication faisoit la grande simpathie qu'il y a entre les mammelles & la matrice; & que c'étoit le chemin par où le lait aux femmes accouchées se vuidoit par la matrice; Mais la circulation nous fait connoître que ces vénes n'ont point d'autre usage que ceux de toutes celles du corps, qui eſt de reporter le ſang au cœur; car j'ai eſſayé en ſeringant des liqueurs dans l'une & l'autre de ces vénes d'en faire paſſer, ſans avoir jamais pû y réuſſir: ce qui nous fait voir que cette belle Anaſtomoſe qui a fait tant de bruit, n'eſt qu'une pure chimere.

P
Les muſcles piramidaux.

La figure piramidale qu'ont les deux derniers muſcles du bas ventre, les a fait appeller piramidaux; ils ſont couchez ſur les tendons inferieurs des droits: c'eſt ce qui a fait croire à quelques-uns, qu'ils en faiſoient partie; mais ce ſont deux muſcles diſtincts & ſeparez des autres: on ne trouve quelquefois ni l'un ni l'autre, & plus rarement encore le gauche que le droit.

Leur origine & inſertion.

Ils prennent leur origine par un principe charnu & fort étroit de la partie ſuperieure & externe de l'os pubis, & montant en haut ils s'étreciſſent peu à peu, & vont ſe terminer par une pointe à la ligne blanche, trois ou quatre doigts au deſſus de l'os pubis, & quelquefois juſqu'au nombril.

Ces muſcles ont un uſage oppoſé à celui des autres.

Fallope, Riolan, & Gelée leur ont donné pluſieurs uſages. Les deux premiers pretendent qu'ils fortifient les tendons des muſcles droits, & qu'ils ſervent à l'excretion de l'urine; & le dernier veut qu'ils contribuent à l'érection de la verge: mais ce ne ſont pas là leurs veritables uſages; & s'ils different des autres muſcles, je croi que c'eſt plûtôt parce que ceux-ci élevent le peritoine & empêchent que la region de la veſſie où ils s'inſerent ne ſoit preſſée, & que l'on ne ſoit obligé de piſſer tout auſſi ſouvent que les autres muſcles compriment les parties internes; ces deux muſcles ſont tres-petits, & ils ne ſont jamais égaux; celui qui eſt plus long que l'autre, s'inſere un travers de doigt au deſſus : ce qui contribuë encore à me perſuader qu'ils élevent le peritoine en cet endroit, qui ne comprimant pas la veſſie, la rend capable de contenir une plus grande quantité d'urine qu'elle ne feroit.

Uſage des muſcles du bas ventre.

Tous ces muſcles, excepté les piramidaux, ſervent à comprimer également les parties contenuës dans l'abdomen, lors qu'ils agiſſent enſemble, & qu'ils ſont aidez par le diaphragme; & par conſequent à chaſſer & à pouſſer dehors toutes les ſuperfluitez du corps; car quoique chaque partie ait une diſpoſition naturelle pour mettre dehors ce qui l'incommode; que les inteſtins pouſſent les matieres par leur mouvement vermiculaire; que la veſſie laiſſe échaper l'urine avec facilité; & que la matrice s'ouvre pour laiſſer ſortir l'enfant; neanmoins toutes ces parties ont beſoin d'eſtre aidées par les muſcles, qui pour cet effet ſont pluſieurs ſituez diverſement, & dont les fibres ont auſſi differentes figures. Quoiqu'ils ſoient deſtinez pour le bas ventre, ils ſervent encore au thorax dans de grands cris, dans la toux, & dans la violente expiration.

Q
La ligne blanche.

La ligne blanche eſt un concours de toutes les aponevroſes que je viens de vous expliquer; on l'appelle ligne, parce qu'elle eſt droite; & blanche parce qu'elle n'a point de chairs: Elle s'étend depuis le cartilage xiphoïde juſqu'à l'os pubis. Il faut obſerver qu'elle eſt plus étroite au deſſous du nombril qu'au deſſus, & qu'elle diviſe les muſcles du côté droit d'avec ceux du côté gauche.

Ce ſeroit ici le lieu de vous démontrer le Peritoine, étant la ſeconde & derniere des parties contenantes propres ; mais comme il renferme dans ſa duplicature les vaiſſeaux umbilicaux, qui ont beſoin d'eſtre preparez, je remets à vous le faire voir dans la Démonſtration ſuivante.

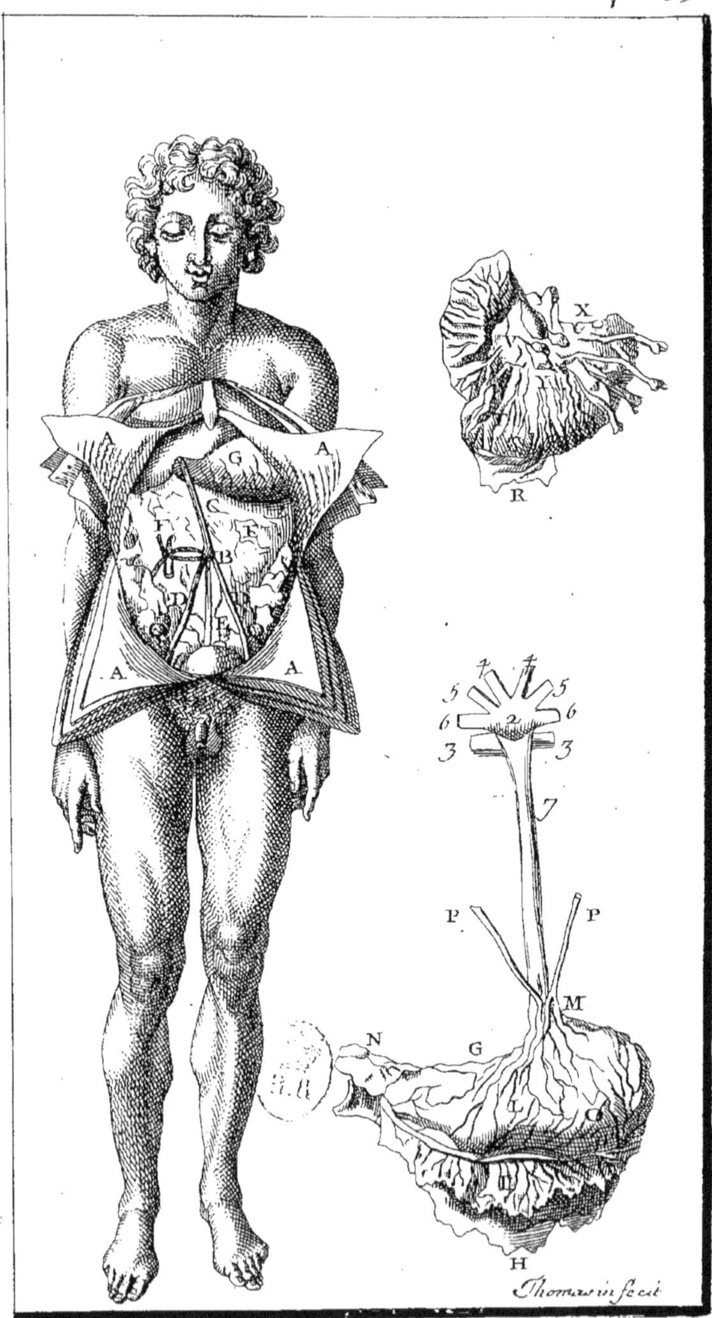
A
G
A
C
E
B
D
A
A
X
R
5
5
6
2
6
3
3
7
P
P
M
N
G
L
O
H
Thomassin fecit

SECONDE DEMONSTRATION.

Des Parties contenuës dans le bas ventre, qui servent à la chilification.

C'Est dans cette Démonstration, Messieurs, que nous commencerons à examiner les Parties qui sont renfermées dans le bas ventre. Quoique ce lieu soit la cuisine où se prepare la nourriture pour tout le reste du corps, & qu'il soit l'égoût par où toutes les impuretez s'écoulent; neanmoins sa structure n'est pas moins admirable que celle des autres parties. L'Architecte qui entreprend un grand édifice est quelquefois autant embarrassé à placer la cuisine & les offices dans les endroits convenables, qu'à disposer les plus superbes appartemens; & fait autant voir la force de son genie dans leur construction, que dans celle d'une chambre, ou d'un cabinet. Dieu n'a pas moins fait paroître sa grandeur & sa puissance dans la formation des parties les plus viles de l'Homme, que dans celle des plus nobles, ayant donné aux unes & aux autres un degré de perfection qui surpasse tout ce que l'esprit humain pourroit imaginer.

Division des parties contenuës dans le bas ventre.

Comme il eſt impoſſible de faire voir toutes les parties du bas ventre dans une ſeule Démonſtration ; nous en ferons trois, à cauſe des trois ſortes de parties qui y ſont renfermées ; les unes ſervent à la Chilification ; les autres à la Purification du ſang, & les autres enfin à la Generation.

Mais avant que de vous démontrer aucune de ces parties, il faut, Meſſieurs, que j'acheve de vous faire voir la derniere des parties contenantes propres, qui eſt le Peritoine, par lequel on commence ordinairement la ſeconde Demonſtration, à cauſe qu'il renferme les vaiſſeaux ombilicaux, qui demandent une preparation toute particuliere.

AAAA Le Peritoine.

Le Peritoine eſt une membrane déliée, molle, & qui s'étend facilement ; ſa ſuperficie interne eſt polie & enduite d'une humeur, afin de ne pas bleſſer les inteſtins & les autres parties qu'il touche. L'externe au contraire eſt fibreuſe & inégale, afin de mieux s'attacher aux muſcles.

Figure du Peritoine.

Il a la même figure & la même grandeur que le bas ventre qu'il tapiſſe par tout : Il s'étend & ſe reſſerre tout autant que le peut cette capacité dans une groſſeſſe, ou dans une hydropiſie.

Sylvius remarque qu'il eſt plus fort aux hommes au deſſus du nombril, & qu'aux femmes il eſt plus épais au deſſous ; mais cette opinon n'eſt pas plus vraye que celle des énervations du muſcle droit, puiſqu'il eſt certain qu'il eſt également épais par tout.

Il eſt fortement attaché à l'épine à l'endroit de

de la premiere & troisiéme vertebre des lombes, d'où l'on ne peut pas le separer sans le rompre; ce qui fait croire que c'est de là qu'il prend son origine. Il est encore adherant par en haut au diaphragme, à qui il sert de membrane; par en bas aux os pubis & ilion; & par devant à la ligne blanche.

Origine du Peritoine.

Quoique le Peritoine paroisse d'une substance déliée, neanmoins il est composé de deux membranes separées en quelques endroits; depuis le nombril jusqu'à l'os pubis, il renferme dans sa duplicature la vessie & les parties qui servent à la generation: au nombril il contient les vaisseaux umbilicaux; & aux côtez les reins & les ureteres.

Substance du Peritoine.

Le Peritoine est percé en plusieurs endroits; il a trois trous à sa partie superieure par où passent l'œsophage, sa grosse artere, & la véne cave: Il en a encore à sa partie inferieure pour le fondement, pour la matrice, & pour les vaisseaux qui vont aux cuisses: Il est aussi percé par sa partie anterieure pour le passage des vaisseaux umbilicaux.

Trous du Peritoine.

Les Hommes ont encore à la partie inferieure du Peritoine à droite & à gauche deux productions oblongues semblables à des tuyaux; elles descendent jusques dans le scrotum pour y conduire les vaisseaux spermatiques, par les trous qui sont aux aponévroses des muscles de l'abdomen; & quand elles sont parvenuës aux testicules, elles s'ouvrent & s'élargissent pour les enveloper, & former leur seconde membrane propre, appellée elytroïde: C'est par ces mêmes

Productions du Peritoine.

productions que remontent les vaisseaux déferens pour porter la semence des testicules aux vessicules seminaires.

Vaisseaux du Peritoine.

Il reçoit de petits nerfs des vertebres de la poitrine & des lombes ; & des vénes & des arteres, des phreniques, des mammaires, & des epigastriques.

Usages du Peritoine.

Les usages du Peritoine sont de contenir & d'enveloper toutes les parties du bas ventre, & de donner à chacune une tunique ; car outre les propres qu'elles ont, elles en reçoivent une commune du Peritoine ; d'où vient qu'on l'appelle la mere de toutes les membranes qui sont dans le bas ventre.

B Le Nombril.

Le nombril est un nœud formé de la réunion des vaisseaux umbilicaux, que l'on coupe à l'enfant aussi-tôt qu'il est né; on l'appelle aussi umbilic du mot Latin *umbo*, qui signifie milieu, parce qu'il n'est pas seulement placé au milieu du ventre, mais encore au milieu du corps ; cela est si vrai que si on étend les deux bras, & que l'on écarte les jambes, on trouvera que ces quatre extremitez font un cercle.

Il faut considerer l'umbilic ou à l'enfant, lors qu'il est encore dans la matrice, ou à l'homme parfait : à l'enfant c'est un cordon de la longueur d'une aûne ou environ, qui va de l'arrierefaix jusqu'au ventre de l'enfant, & qui renferme alors quatre vaisseaux qui sont une véne, deux arteres & l'ouraque.

Ce cordon sert à conduire ces vaisseaux qui auroient esté trop foibles d'eux-mêmes pour faire ce long chemin, & pour pouvoir resister aux mouvemens de l'enfant ; Sa longueur est utile à l'enfant, afin qu'il puisse se remuer commodement dans la matrice ; & que l'enfant & l'arrierefaix puissent sortir l'un aprés l'autre. Aussi-tôt que l'enfant est né, l'on fait une ligature à ce cordon deux travers de doigts proche le ventre de l'enfant, & on le coupe au dessus de la ligature ; ensuite la nature separe ce qui en reste, de maniere qu'il n'en demeure plus qu'un nœud.

Quatre vaisseaux umbilicaux.

Les quatre vaisseaux que nous appellons umbilicaux y sont attachez ; l'un qui est la véne monte en haut, & les trois autres, qui sont les arteres & l'ouraque descendent en bas. Ces vaisseaux sont conduits du nombril jusqu'à leur insertion dans la duplicature du peritoine. La veine va s'inserer par la scissûre du foye à la véne porte. Les deux arteres vont aux iliaques, & l'ouraque qui est au milieu va s'attacher au fond de la vessie.

C La veine umbilicale.

DD Les arteres umbilicales.

E L'ouraque.

Usages des vaisseaux umbilicaux dans l'homme.

Je ne conviens pas des usages que l'on donne à ces vaisseaux ; l'on pretend, par exemple, que la véne sert de ligament au foye, ce qui ne peut pas estre par trois raisons : la premiere est qu'elle nuiroit plûtôt qu'elle ne lui serviroit, puisqu'elle le tireroit en bas: la seconde est qu'elle ne peut pas le soûtenir en devant, étant attachée au nombril, qui obeït à tous les mouvemens du ventre : & la troisiéme est que le foye a suffisamment de ligamens à sa partie superieure, sans qu'il ait besoin de celuici ; à quoi l'on peut ajoûter que ce seroit mal assurer un ligament que de l'attacher à une véne comme eſt la porte, dont la membrane eſt mince comme du papier.

Quelques Auteurs veulent que les arteres umbilicales ſervent a appuyer la veſſie; mais c'eſt mal à propos, puiſqu'elles en ſont éloignées de deux travers de doigts, & que ces vaiſſeaux, auſſi petits qu'ils ſont, ſeroient un foible appuy pour la veſſie, qui d'ailleurs n'en doit point avoir pour ſe pouvoir étendre ſelon ſes beſoins.

A l'égard de l'ouraque, l'on a pretendu qu'il ſervoit de conduit pour vuider l'urine de l'enfant dans les membranes; mais comme je ne l'ay jamais trouvé cave, je ne croi point qu'il ait cet uſage: Outre cette experience, la raiſon veut que l'enfant n'urine point dans le ventre de la mere, puiſque le ſang qui lui eſt porté pour ſa nourriture, eſt purifié de tous ſes excremens avant que d'y aller; & que d'ailleurs l'on trouve d'autres cauſes des ſeroſitez dans leſquelles nage le fœtus ſans les chercher dans les urines; mais le veritable uſage que l'on doit donner à l'ouraque, eſt de ſuſpendre le fonds de la veſſie, & d'empêcher qu'il ne tombe vers ſon col, afin de la rendre capable de contenir une plus grande quantité d'urine.

Uſages des vaiſſeaux umbilicaux au fœtus.

Le ſentiment des modernes n'eſt pas ſeulement different de celui des Anciens ſur l'uſage de ces vaiſſeaux à l'homme parfait, mais encore à l'égard de ceux du fœtus; l'opinion ancienne étoit que les arteres lui portoient le ſang arteriel, & les veines le ſang venal; & comme cela repugne à nôtre principe & à l'experience, voici en peu de mots comment cela ſe fait; les arteres de la mere portent une certaine quantité de ſang dans le placenta, qui y étant verſé, eſt reçû par les branches de la veine umbilicale, qui le conduit dans la veine porte pour eſtre filtré à travers la ſubſtance du foye de l'enfant avant que d'entrer dans la veine-cave, qui le porte dans le ventricule droit de ſon cœur, d'où il paſſe dans le gauche par le trou Botal, pour eſtre enſuite diſtribué à toutes les parties du corps par les arteres; le ſuperflu de ce ſang eſt reporté par les deux arteres umbilicales à l'arrierefaix, où étant répandu, il eſt reçû par les veines de la mere qui y ſont diſperſées, & qui le reportent dans les groſſes veines pour circuler avec toute la maſſe; & ainſi il ſe fait continuellement une circulation du ſang de la mere à l'enfant, & de celui de l'enfant à la mere; une marque aſſurée qu'elle ſe fait de cette maniere, c'eſt qu'en touchant le cordon d'un enfant nouveau né, l'on y ſent le même battement qu'à ſes arteres; ce qui fait voir que le ſang qui emplit les arteres umbilicales, eſt le même qui vient du cœur de l'enfant, & non pas celui de la mere, comme on l'a crû fort long-tems.

Ce mouvement reciproque du ſang de la mere à l'enfant, & de l'enfant à la mere eſt manifeſte par la ſtructure des parties qui y ſervent: il n'y a qu'à faire la diſſection d'un fœtus, pour en demeurer d'accord.

Auſſi-tôt que l'on a coupé le peritoine, & que l'on en a relevé les quatre angles, on découvre une membrane graiſſeuſe, que l'on appelle épiploon, ou coeffe. F F. L'Epiploon.

Situation de l'Epiploon.

Cette membrane est sous le peritoine, & sur les boyaux; elle va même dans leurs sinuositez: elle s'étend depuis le fond du ventricule jusqu'au nombril, où elle finit pour l'ordinaire; car il arrive quelquefois qu'elle décend jusqu'au bas de l'hypogastre, & même qu'elle tombe aux hommes dans le scrotum, où elle cause l'hernie epiplocelle, qui se forme plus souvent du côté gauche que du droit, parce que l'epiploon décend ordinairement de ce côté là. Et lorsque cette membrane se glisse aux femmes entre la matrice & la vessie, elle presse l'orifice de l'uterus, & empêche par ce moyen la generation. Sa pesanteur est ordinairement de demi-livre, quoique Vesale rapporte qu'il en a vû un de cinq livres.

Figure & origine de l'Epiploon.

La figure de l'epiploon est semblable à la gibeciere d'un oiseleur; d'autres veulent qu'elle ressemble à un filet de pescheur, d'où vient qu'ils l'appellent *rete*. Il a à sa partie moyenne une grande cavité qui est formée par deux membranes qui sont éloignées l'une de l'autre, & dont l'externe ou anterieure est attachée au fond du ventricule & à la ratte, & l'interne & posterieure à l'intestin colon. Il prend son origine du peritoine, auquel il est fortement attaché au dos sous le diaphragme.

En examinant de prés cette partie, l'on y trouve de même qu'à la membrane adipeuse, de petits vaisseaux graisseux qui se terminent en des globules, qui servent de canaux à la graisse que l'on y voit, laquelle se fond souvent à ceux qui ont la fiévre hectique. Il y a aussi une infinité de vénes limphatiques, qui par leur rupture causent une hydropisie dans cette cavité, laquelle ne se guerit que par la ponction.

L'Epiploon se corrompt facilement, lorsqu'il est alteré par l'air; c'est pourquoi dans les blessures du bas ventre, on est obligé d'en couper la partie qui est sortie dehors : Il y a aussi des maladies qui le gâtent & qui le corrompent, comme il est aisé de l'observer aux scorbutiques, aux phtysiques, aux hypocondriaques, & à quelques autres.

Vaisseaux de l'Epiploon.

Il a plusieurs vaisseaux qui se répandent par toute sa substance; & il en a même plus qu'aucune autre membrane à proportion de sa grandeur; il reçoit de petits nerfs du rameau costal de la sixiéme paire; il a plusieurs arteres qui viennent de la cœliaque, & plusieurs vénes qui vont se rendre dans la porte : l'on y trouve aussi une grande quantité de petites glandes qui n'y sont pas sans quelque usage particulier.

Usages de l'Epiploon.

Les usages que l'on donne à l'Epiploon sont d'échauffer le fond du ventricule, afin de lui aider par sa chaleur à faire la digestion, & d'y exciter la fermentation des alimens; de couvrir les boyaux, & enfin de conduire le rameau splenique & les autres vaisseaux qui vont au ventricule, au duodenum ou au colon. Galien rapporte qu'un Gladiateur à qui l'on avoit coupé de l'Epiploon étoit fort sensible au froid, & qu'il étoit obligé d'avoir son ventre couvert de laine : Riolan & quelques autres nous assûrent, que des personnes à qui on l'avoit coupé, se portoient fort bien.

Le corps continu boyaux.

Il y a depuis la bouche jusqu'à l'anus un corps continu, creux, rond, long, tissu de fibres dures & assez fortes, qui s'élargit immediatement au dessous du diaphragme; & qui reprenant ensuite à peu prés sa premiere grosseur, fait plusieurs circonvolutions qui sont attachées à la circonference d'une membrane, du centre de laquelle partent plusieurs vaisseaux qui aboutissent vers elle; & enfin va se terminer en ligne droite à l'anus.

Noms differens de ce corps continu.

La partie qui est depuis la bouche jusqu'au diaphragme se nomme l'œsophage ou gosier; je n'en ferai la Démonstration qu'en parlant de la poitrine dans laquelle il est renfermé: Celle qui est plus large & plus capable de contenir, s'appelle le ventricule ou la pance: celles qui font ces circonvolutions sont les intestins, ou les boyaux, & la membrane qui les tient tous, est le mesentere. Je commencerai par le ventricule, qui est une des principales parties du bas ventre, & celle qui paroît la premiere aprés que l'on a levé l'Epiploon.

G G Le ventricule.

Le ventricule, ou petit ventre, est une partie organique, qui est le receptacle du boire & du manger, & le principal instrument de la Chilification.

Situation & grandeur du ventricule.

Sa situation naturelle est dans l'Epigastre, immediatement sous le diaphragme entre le foye & la ratte: Il devroit estre au milieu du corps, étant une partie unique; mais comme le foye est plus grand que la ratte, il le pousse vers l'hypocondre gauche, qu'il occupe presque tout par sa partie la plus ample & la plus large; il tient plus ou moins de place ; ſelon qu'il eſt plus ou moins grand ; car il n'eſt pas égal en tous. On dit que ceux qui vivent ſobrement, l'ont mediocre, & que ceux qui ſont gourmands & yvrognes, l'ont au contraire fort grand; cela n'eſt pas toûjours vrai, puiſqu'on a diſſequé de grands bûveurs & de grands mangeurs, dans leſquels on l'a trouvé fort petit ; mais en recompenſe deux fois plus épais que ceux des autres hommes. Les femmes l'ont pour l'ordinaire plus petit que les hommes, parce qu'elles mangent moins ; & ainſi on ne peut lui donner une grandeur déterminée : d'ailleurs étant membraneux, il peut s'étendre & ſe reſſerrer fort facilement, puiſqu'il peut contenir à la fois juſqu'à trois pintes de vin ou d'eau meſure de Paris, & trois ou quatre livres de viande.

Sa figure eſt ronde & oblongue, elle reſſemble à une cornemuſe, particulierement lorſque l'on y laiſſe l'œſophage, & une portion de l'inteſtin duodenum. Il eſt également convexe & rond pardevant & par derriere ; il fait comme deux boſſes qui ſont ſeparées par l'épine, parce qu'il faut qu'il s'accommode à la figure du lieu qu'il occupe. Sa ſuperficie externe eſt polie & blanchaſtre, & l'interne eſt ridée & rougeaſtre : il eſt attaché en haut au diaphragme ; en bas à l'épiploon ; du côté droit au duodenum, & du gauche à la ratte.

Figure & connexion du ventricule.

Le ventricule eſt compoſé de trois membranes, ſçavoir une commune, & deux propres.

Trois membranes au ventricule.

La membrane commune ou exterieure du ventricule eſt beaucoup plus épaiſſe que les deux

H La commune. propres qu'elle renferme, elle vient du peritoine; ses fibres vont d'un orifice à l'autre, ellès sont charnuës, afin de se pouvoir dilater à mesure que l'estomac s'emplit; C'est elle qui soûtient & qui renferme toutes les ramifications des vaisseaux qui rampent sur le ventricule.

I La premiere des propres. La seconde, qui est celle du milieu, est la premiere des tuniques propres; elle est charnuë afin de mieux servir à la digestion; elle a une infinité de fibres droites, obliques, & transverses diversement arrangées; les premieres vont en droite ligne depuis l'orifice superieur jusqu'à l'inferieur, que l'on nomme pilore; les autres descendent obliquement des côtez du ventricule vers le fond, en sa superficie convexe, & les transverses en embrassent tout le corps de haut en bas.

Toutes ses fibres servent à retrecir le ventricule de toutes parts, afin d'exprimer par ce moyen le suc des petites glandes de la troisiéme tunique, & de faire couler le chile & tout ce qui y est contenu dans le pilore.

L La seconde & derniere des propres. La troisiéme membrane, qui est l'interieure, est toute nerveuse, & par consequent tres-sensible; elle a quantité de plis & de rides qui la rendent plus ample que les autres, & qui empêche que le chile ne s'échappe & ne coule avec trop de facilité avant que d'estre parfait.

Commēt se fait le sentimēt de la faim & de la soif. Il faut remarquer que ce même chile resté d'un repas à l'autre dans ces rides, s'aigrissant & picotant cette membrane excite la faim, & sert de ferment pour la digestion des nouveaux alimens; & que ce qui cause la soif est la secheresse des fibres de cette même membrane.

L'experience nous fait voir que cette membrane est parsemée de plusieurs petites glandes, qui sont comme autant de sources qui versent continuellement dans l'estomac un esprit acide, qui sert de levain pour faire fermenter les alimens, & de menstruë pour les dissoudre.

Le ventricule se divise en partie convexe, & en partie cave; la premiere regarde les intestins, & l'autre le diaphragme. Outre ces deux parties on y comprend encore ses deux orifices, & son fond. Division du ventre.

L'orifice superieur est au côté gauche; il est appellé par quelques-uns la bouche du ventricule, & par d'autres l'estomac. Il commence où l'œsophage finit; il est d'un sentiment exquis à cause de la quantité des nerfs qui l'environnent: il est plus ample que celui qui est au côté droit, parce que c'est lui qui reçoit les alimens, & leur donne entrée, quoiqu'ils ne soient quelquefois qu'à demi mâchez: Il est situé vis-à-vis l'onziéme vertebre du dos; il est exactement fermé par une infinité de fibres charnuës & circulaires dans le tems qu'il ne reçoit point d'aliment; ce qui étoit necessaire non seulement pour en mieux faire la coction, mais encore pour empêcher que les alimens ne regorgeassent dans la bouche, & que les fumées causées par la digestion ne montassent au cerveau. M L'orifice superieur

L'orifice inferieur est au côté droit, il est appellé pilore, c'est à dire portier, parce que c'est lui qui laisse sortir les alimens du ventricule, aprés qu'ils y ont esté digerez & changez en chile; Quoiqu'on le nomme inferieur, ce n'est que par rapport au premier, qui est placé un peu au N L'orifice inferieur.

dessus de lui, & non pas par rapport au fond, puisqu'ils en sont presque également éloignez ; il est un peu recourbé, & quelquefois cartilagineux : Il est fort étroit, parce qu'il est rempli de fibres transverses, & environné d'un cercle épais, comme si c'étoit un muscle circulaire, ou un sphincter qui le formât : cependant son action differe de celle des sphincters de l'anus, & de la vessie, en ce qu'elles sont volontaires, & que celle-ci est naturelle, puisqu'il ne dépend pas de nôtre volonté d'arrêter ou de laisser sortir le chile. On remarque au pilore une valvule qui empêche le retour du chile dans l'estomac.

O Le fond du ventricule. Le fond du ventricule est cette partie ronde ronde & charnuë qui est entre les deux orifices ; c'est l'endroit où est le Magasin du boire & du manger, & où se fait la fermentation & la digestion des alimens : Ce fond s'étend & se resserre à proportion des alimens qu'il reçoit ; car il en embrasse aussi bien une petite quantité qu'une grande ; Il est unique, & s'il s'est trouvé quelquefois separé en deux, cela est rare & contre nature.

P P Les nerfs du ventricule. Le ventricule reçoit des nerfs de la sixiéme paire des rameaux qu'on appelle recurrens ; il y en a deux qui vont aux orifices, ce qui les rend extrémement sensibles, & principalement le superieur qu'on dit estre le siege de l'appetit & de la faim, & deux autres qui vont aussi de la sixiéme paire au fond du ventricule ; c'est pourquoi il ne faut pas s'étonner si le cerveau ayant esté frappé & offensé, le ventricule est travaillé de vomissemens ; ni de ce que lui-même étant indisposé, tout le reste du corps s'en ressent : Il reçoit des arteres de la cœliaque, qui lui portent du cœur le sang pour sa nourriture, lequel est ensuite reporté dans la véne porte par les vénes gastriques & gastrepiploïques ; ces vaisseaux nous prouvent que le ventricule est nourri de sang, & non pas de chile, comme quelques-uns l'ont crû.

Le *vas breve*.

L'on trouve encore au fond ventricule un vaisseau que l'on appelle *vas breve*, parce qu'il est fort court ; il a plusieurs petits rameaux qui vont du fond du ventricule à la ratte, ou bien, suivant l'usage que les Anciens ont voulu leur donner, de la ratte au ventricule ; car ils croyoient que la ratte lui envoyoit par ces vaisseaux un suc acide, qui agissant sur la membrane interieure de l'estomac, y causoit le sentiment de la faim ; qu'il y arrêtoit les alimens autant de tems qu'il étoit necessaire ; & que ce même suc par son acidité aidoit à leur dissolution ; mais ce raisonnement se détruit, lors qu'examinant les rameaux de ce vaisseau, l'on voit qu'ils ne percent point dans l'estomac, & que ce ne sont que des branches de vénes qui reportent le sang dans le rameau splenique, d'où il passe à la véne porte.

Usage du ventricule.

L'usage du ventricule étant de recevoir les alimens, de les cuire & de les convertir en chile, la difficulté est de pouvoir expliquer comment se fait cette conversion, qui est ce que l'on appelle ordinairement Chilification.

L'opinion commune a esté que la chaleur naturelle en étoit le principal instrument, & que

Senti-ment des Anciens.

non ſeulement la chaleur propre du ventricule y contribuoit, mais encore celle des parties voiſines; que tous les alimens y étoient comme dans une marmite ſous laquelle on met beaucoup de bois pour les faire cuire ; & que le foye, la ratte, le pancreas & l'epiploon étoient autant de buches allumées à l'entour du ventricule, pour faire la coction & la digeſtion de ces alimens.

D'autres pretendoient qu'il y avoit dans le ventricule de chaque animal, une faculté qu'ils appelloient Chilifique, & que c'étoit cette même faculté qui faiſoit la digeſtion des alimens, & qui les convertiſſoit en chile.

La maniere dőt ſe fait la digeſtion des alimens.

Ce ſeroit ignorer la ſtructure de l'eſtomac que de déferer au ſentiment des Anciens ſur la digeſtion des alimens, puiſqu'il n'y a qu'à ſçavoir, (pour l'expliquer d'une maniere méchanique & naturelle) que les membranes internes de l'œſophage & du ventricule ſont toutes parſemées de glandes qui y verſent continuellement un ſuc acide, qui eſt un diſſolvant auſſi puiſſant à l'égard des alimens, que l'eau forte l'eſt à l'égard des métaux : cependant il ne faut pas s'imaginer que ces glandes ſoient l'unique ſource de ce diſſolvant, y en ayant une autre dans les glandes parotides d'où naiſſent de petits ruiſſeaux de ſalive, qui coulans par les conduits ſalivaires vont ſe rendre dans la bouche, pour y détremper les alimens, & y commencer leur fermentation par l'eſprit acide, & par les ſels volatiles dont la ſalive eſt remplie, lorſqu'elle n'eſt ni trop épaiſſe, ni trop aqueuſe ; car alors elle ne peut ni détremper les alimens ni procurer leur dissolution, ses esprits & ses sels étant ou embarrassez dans une liqueur trop grossiere, ou noyez par une trop grande quantité de phlegme. Les alimens les plus solides étant devenus par ce moyen tres liquides dans l'estomac, cette liqueur qu'on nomme chile ne pouvant remonter par l'œsophage à cause de son sphincter, & du diaphragme qui comprime l'estomac, coule par le pilore dans les intestins, où elle est encore perfectionnée par la bile & par le suc pancreatique, comme nous vous le ferons voir par la suite en parlant des vénes lactées.

Voila comment se fait la dissolution de l'aliment dans l'Homme : elle se fait encore plus promptement aux animaux qui ont ce dissolvant plus fort, comme aux chiens & aux loups, qui digerent même les os. On convient bien que cette dissolution est aidée par la chaleur naturelle tant du ventricule que des parties voisines, & qu'elle facilite même la penetration du dissolvant; mais on ne tombe pas d'accord qu'elle en soit le principal instrument, comme on l'a crû, ni qu'on ait besoin d'aucune faculté chilifique.

Les chiens & les loups le font promptement.

Les intestins sont des corps longs, ronds, creux, & continus depuis le pilore jusqu'au fondement : Ils sont ainsi appellez du mot Latin *intus*, qui signifie dedans, parce qu'ils sont placez au dedans du corps, & qu'ils reçoivent dans leur cavité le chile & les excremens de la premiere coction.

QQ Les boyaux.

Ils sont situez sous l'epiploon dans le ventre inferieur dont ils remplissent presque toute la capacité, qui est depuis le ventricule jusqu'à l'os

Situation des boyaux.

pubis : Ils ſont attachez au dos par le moyen du meſentere qui les lie enſemble, de maniere que les greſles ſont au milieu du ventre à la region umbilicale, & les gros à la circonference.

Grandeur des boyaux.

Les inteſtins n'ont pas tous la même groſſeur, ni le même diametre ; mais ils ont pour l'ordinaire ſept fois la longueur du corps dont on les a tirez ; cette grande étenduë & les differentes circonvolutions que la nature a eſté obligée de leur donner à cauſe de la petiteſſe de l'eſpace qu'ils occupent, étoient neceſſaires, tant pour y retenir plus long-tems le chile, & le faire fermenter par le mélange de la bile & du ſuc pancreatique, que pour le ſeparer d'avec ſes excremens, & le rendre par le moyen de ces deux liqueurs plus coulant & plus ſubtil, & par conſequent plus en état de paſſer dans les vénes lactées.

D'ailleurs ſi l'Homme n'avoit eu qu'un boyau, il auroit eſté obligé de manger ſans ceſſe, comme font les loups cerviers & les cormorans, à cauſe qu'ils ont les boyaux fort courts ; c'eſt par cette même raiſon qu'un homme mort hydropique dont j'ai fait l'ouverture, & dans lequel je n'ai trouvé des boyaux qu'autant qu'il en falloit pour aller du ventricule à l'anus, mangeoit à toute heure pendant ſa vie, & avoit même ſoin de mettre tous les ſoirs du pain auprés de lui, afin d'en manger la nuit lorſqu'il s'éveilloit.

La graiſſe des boyaux eſt utile.

Les inteſtins ſont couverts de graiſſe par dehors, & par dedans ils ſont enduits d'une mucoſité qui les défend contre l'acrimonie de la bile & des humeurs

humeurs qui y paſſent inceſſamment.

Subſtance des boyaux.

La ſubſtance des boyaux eſt membraneuſe, afin qu'ils puiſſent ſe reſſerrer ou s'étendre, lorſqu'ils ſont pleins ou de chile, ou d'excremens, ou de ventoſitez. Elle eſt compoſée comme celle du ventricule de trois tuniques, ſçavoir une commune & deux propres.

Trois membranes aux boyaux.

La commune.

La premiere, qui eſt la commune, leur vient du petitoine ; elle eſt continuë avec celle du meſentere à quatre des inteſtins, qui ſont le jejunum, l'ileon, le colon, & le rectum ; car le duodenum & le cœcum la reçoivent des membranes de l'epiploon.

La premiere des propres.

La ſeconde tunique des inteſtins eſt charnuë & tiſſuë de differentes petites fibres, mais particulierement de deux ſortes, dont les unes ſont circulaires, & les autres droites ; les circulaires ſont placées ſous les droites, & aboutiſſent à la partie du meſentere, qui touche les inteſtins, & les fibres droites traverſent les circulaires à angles droits, & ſe rendent à la membrane externe des inteſtins.

Le mouvement periſtaltique des inteſtins ſe fait par la contraction de ces fibres de haut en bas, comme le mouvement antiperiſtaltique arrive par leur contraction de bas en haut.

Le mouvement periſtaltique & antiperiſtaltique des inteſtins.

J'ai ſouvent obſervé dans des animaux vivans que j'ai ouverts, pour y voir la diſtribution du chile, que la contraction qui arrive dans le mouvement periſtaltique, (que quelques-uns appellent vermiculaire, parce qu'il eſt ſemblable à celui des vers,) ne ſe fait pas de toutes les parties de l'inteſtin en même tems, mais des unes aprés les autres. Ce mouvement se fait toûjours de haut en bas, tant pour obliger le chile d'entrer dans les vénes lactées, que pour chasser dehors les grosses matieres ; dans le mouvement au contraire qui se fait de bas en haut, les matieres remontent & sortent par la bouche, au lieu de suivre leur cours ordinaire : c'est ce qui arrive dans le miserere & dans les étranglemens des boyaux, qui se font dans les aînes.

T La seconde des propres.

La troisiéme tunique des intestins est nerveuse comme celle du ventricule ; elle est environ trois fois plus longue que les deux autres qui la couvrent : elle a beaucoup de rides & de plis qui forment encore plusieurs petits cercles membraneux qui servent à retarder le mouvement du chile, & la descente des excremens ; les arteres, les vénes, & les vaisseaux lactez qui sont répandus par tout le mesentere, se terminent à la superficie interieure de cette tunique : sa superficie exterieure est remplie aussi d'une infinité de petits rameaux d'arteres & de vénes, & de petites glandes, qui sont rangées par petits paquets de distance en distance dans les intestins gresles. Chacune de ces glandes est percée par un petit tuyau, qui rend une liqueur blanchâtre, quand on les presse ; mais dans les gros elles sont semées une à une dans toute leur surface ; elles ont la figure d'une lentille, & sont pareillement percées pour fournir une liqueur qui sert à faire couler les matieres les plus grossieres.

Le grand nombre des nerfs qui forment cette troisiéme tunique, la rend tres-sensible ; c'est pourquoi sa partie interne est toûjours remplie d'une viscosité glaireuse qui l'humecte, & qui défend ses fibres contre l'acrimonie de la bile, & la dureté des excremens.

Les boyaux ont beaucoup de nerfs, d'arteres, & de vénes qui se répandent entre leurs membranes ; les nerfs viennent de la sixiéme paire. Ils portent le suc animal qui est necessaire aux mouvemens des fibres charnuës de la seconde tunique : Les arteres viennent de la mesenterique superieure & inferieure ; elles leur apportent quantité de sang, tant pour leur nourriture, que pour le filtrer à travers les glandes ; Les vénes vont à la porte, elles reportent au tronc de cette véne le sang superflu de la nourriture des boyaux.

Vaisseaux des boyaux.

Quoique les intestins ne soient qu'un corps continu depuis l'estomac jusqu'à l'anus, neanmoins on ne laisse pas de les diviser en grêles & en gros, les grêles sont le duodenum, le jejunum & l'ileon : les gros sont pareillement trois, sçavoir le cœcum, le colon, & le rectum.

Division des intestins.

Les intestins grêles ou menus boyaux sont ainsi nommez, à cause de la tenuité de leur membrane. Ils sont situez, comme je vous l'ai déja fait remarquer, dans la region moyenne du ventre, aux environs du nombril, parce que leur principal usage étant de perfectionner & de distribuer le chile, ils le font plus commodement étant auprés du mesentere, qui les tient attachez comme à leur centre, que s'ils en étoient éloignez : d'ailleurs les vénes lactées n'ayant pas tant de chemin à faire, la distribution du chile s'en fait mieux & beaucoup plus promptement.

Les intestins grêles.

Les gros intestins.

Les gros intestins sont ainsi appellez, à cause que leurs tuniques sont beaucoup plus épaisses que celles des autres. Ils sont situez tout autour des gresles, ausquels ils servent comme de rempart. Leur usage est de retenir quelque tems la partie grossiere du chile, & de servir de magasin aux excremens.

Le duodenum.

Le premier des intestins grêles est le duodenum, il est ainsi appellé, parce que sa longueur est de douze travers de doigts : ce qu'on a pourtant peine à trouver, à moins que l'on ne comprenne le pilore dans cette longueur. Il commence au pilore, qui est l'orifice droit du ventricule, & descendant vers l'épine, il finit où les circonvolutions des autres intestins commencent; il est plus épais & plus étroit que les autres. Il est d'une figure droite, parce que s'il eût esté courbé, ce qui sort du ventricule auroit eu de la peine à y entrer.

Il y a sur la fin de cet intestin, ou vers le commencement du jejunum, deux trous qui sont les extremitez de deux canaux, dont l'un s'appelle Cholidoque, & l'autre Pancreatique : le premier décharge dans la cavité de l'un ou de l'autre de ces intestins la bile qui vient de la vesicule du fiel, & celui-ci le suc pancreatique qui vient du pancreas.

Le jejunum.

Le second des intestins grêles est le jejunum, que l'on appelle ainsi, parce qu'on le trouve toûjours moins plein que les autres, ayant une grande quantité de vénes lactées qui reçoivent sans cesse le chile. L'on peut encore ajoûter que la bile & le suc pancreatique se mêlant au commencement de ce boyau, ou à la fin du duodenum, precipiteroient non seulement la partie grossiere du chile, mais même le chile, s'il n'avoit des plis & replis dans sa partie interne pour le retenir & l'empêcher de couler avec tant de violence. Il occupe le dessus de la region umbilicale. Il commence à l'extremité du duodenum, & va se terminer à l'ileon, aprés avoir fait plusieurs tours en bas & vers les côtez. Sa longueur est d'une aûne & demie mesure de Paris.

Le troisiéme des intestins grêles est l'ileon, ou le boyau des hanches, ainsi nommé, parce qu'il est placé en cet endroit. Sa couleur est un peu plus noire que celle du jejunum, c'est à quoi on le reconnoît : Il commence immediatement où finit le jejunum, & va se terminer au cœcum; il est plus long lui seul que tous les autres ensemble, ayant pour le moins vingt pieds de longueur; il a moins de vénes lactées que le jejunum, c'est pourquoi il se trouve plus plein. Il occupe presque toute la partie inferieure de l'umbilic, & s'étend par ses circonvolutions jusqu'aux iles de côté & d'autre; ce boyau n'étant pas si étroitement attaché aux parties voisines que le colon & le cœcum, tombe souvent dans le scrotum, & fait la hernie, qu'on nomme enterocele; C'est aussi dans lui que se fait le volvulus & le miserere, qu'on appelle passion iliaque, dans laquelle on revomit les excremens par la bouche, parce qu'alors les membranes de cet intestin rentrent l'une dans l'autre, & se retournent comme un gant. L'Ileon.

Le premier des gros boyaux est le cœcum, Le Cœcum.

ou l'aveugle, on l'appelle ainſi, à cauſe qu'étant fait comme un ſac, il n'a qu'une ouverture qui lui ſert d'entrée & de ſortie ; ou bien ſelon Bartholin, parce que ſon uſage eſt inconnu. Il eſt ſitué dans l'hypocondre droit plus bas que le rein droit, où il eſt étroitement attaché au peritoine; il a une appendice en forme d'un ver oblong faite de la jonction des trois ligamens du colon, que Bartholin prend pour le cœcum ; elle eſt plus grande aux enfans nouvellement nez qu'à ceux qui ſont avancez en âge; ce qui embarraſſe extrémement les Anatomiſtes à ſe determiner ſur ſon uſage. Pour ce qui eſt du cœcum, quelques-uns pretendent qu'il ſert d'un ſecond ventricule pour cuire quelques parties de l'aliment qui ſe ſont échappées de la premiere coction ; & d'autres s'imaginent que c'eſt l'endroit où le chile ſe ſepare d'avec les excremens.

Le Colon.

Le Colon eſt le ſecond des gros, & le plus ample de tous ; il eſt ainſi appellé, parce que c'eſt en lui que ſe font ſentir les douleurs de la colique. Sa longueur eſt de huit ou neuf pieds ; il commence à la fin du cœcum vers le rein droit, auquel il eſt attaché, & remontant à la partie cave du foye où il s'attache auſſi quelquefois, il touche la veſſicule du fiel qui le teint en cet endroit de ſa couleur jaune, de là il paſſe le long de la partie inferieure du ventricule, & s'attache à la ratte & au rein gauche, d'où il deſcend en forme d'un S juſqu'au deſſus de l'os ſacrum, & va ſe terminer au rectum, de maniere qu'il environne tout le bas ventre ; au defaut du meſentere il eſt arroſé de pluſieurs petites appendices graiſſeuſes ; il a trois ligamens dont deux l'attachent en haut & en bas, & le troiſiéme forme pluſieurs petites cellules qui ſervent à retenir quelque tems les matieres & les ordures qui doivent ſortir par le fondement. Il a à ſon commencement une valvule membraneuſe & circulaire, pour empêcher que les excremens, les vents & les lavemens même ne montent des gros inteſtins dans les grêles ; on la peut voir aprés avoir lavé & retourné cet inteſtin.

Le troiſiéme & dernier des gros boyaux eſt le rectum ou droit, ainſi nommé, à cauſe qu'il deſcend en ligne droite de l'os ſacrum au fondement où il ſe termine ; il eſt long d'un pied & large de trois doigts : Ses tuniques ſont épaiſſes & ſolides ; elles ſont recouvertes d'une envelope particuliere qui lui ſert à chaſſer les excremens avec plus de force. Il eſt attaché au col de la veſſie aux hommes, & à celui de la matrice aux femmes. Sa partie exterieure eſt humectée d'une grande quantité de graiſſe, c'eſt pour cela qu'on l'appelle le boyau gras. L'anus, qui eſt formé par ſon extremité inferieure, a trois muſcles, ſçavoir un ſphincter & deux releveurs ; le premier ſe nomme le ſphincter de l'anus, ſa figure eſt ſemblable à celle d'un anneau, il eſt large de deux travers de doigts ; il tient pardevant à la verge aux hommes ; & au col de la matrice aux femmes ; par derriere au coccix ; & lateralement aux ligamens de l'os ſacrum & des hanches ; il ſert pour ouvrir & fermer l'anus, ſelon nôtre volonté. Le rectũ.

Les deux autres, que l'on appelle releveurs de l'anus, naissent de la partie inferieure & laterale de l'os ischion, & s'inserent au sphincter de l'anus pour le relever aprés la sortie des excremens.

En seringant une liqueur dans l'artere hemorroïdale, j'ai trouvé qu'il y avoit une infinité de branches d'arteres, qui se terminoient à ce boyau; ce qui m'a fait voir qu'elles n'y alloient pas seulement pour lui porter du sang pour sa nourriture, mais encore pour y vuider les impuretez du sang, comme à un égoût par où sortent toutes les immondices du corps.

V Le Mesentere. Le mesentere est ainsi appellé, parce qu'il est au milieu des intestins; c'est un corps composé de deux tuniques, qui lui viennent du peritoine, entre lesquelles il y a quantité de graisse & de glandes, & un nombre infini de nerfs, d'arteres, de vénes & de vaisseaux lactez & limphatiques, qui sont dispersez dans toute son étenduë.

Sa figure est presque circulaire & semblable à ces fraises que l'on portoit autrefois au col; il a trois aûnes ou environ de circonference, à laquelle les intestins sont attachez. Il prend son origine de la premiere & de la troisiéme des vertebres des lombes, ausquelles il est fortement attaché, d'où vient la correspondance des lombes avec les intestins.

Figure & origine du Mesentere.

La graisse s'amasse au mesentere comme à l'epiploon d'un sang huileux & sulphuré, qui exude des vaisseaux, & qui est retenu par l'épaisseur des membranes. Cette graisse y étoit necessaire tant pour conserver la chaleur naturelle de ces parties, que pour humecter les vénes lactées, qui n'ayant qu'une membrane tres-fine, & n'étant remplies que dans le tems de la distribution du chile, se dessecheroient facilement.

X Les glandes du Mesentere.

Les glandes du mesentere ont chacune une arteriole qui leur porte du sang, une vénule qui le reporte, & un vaisseau excretoire qui décharge dans les boyaux ce qui a esté filtré par ces glandes; & si elles se grossissent & deviennent schirreuses, c'est parce que les humeurs les plus grossieres, qui se portent au mesentere comme à leur égoût naturel, trouvent les porositez de ces glandes trop étroites pour s'en pouvoir échaper; de maniere qu'elles s'y arrêtent & y causent des duretez qui croissent avec le tems: & comme on a de la peine à resoudre ces tumeurs qui sont de longue durée, quelques-uns ont appellé le mesentere, la mere nourrice des Medecins.

Usages du Mesentere.

L'usage du mesentere est d'attacher les intestins ensemble aux vertebres des lombes, & d'empêcher qu'il n'arrive aucun desordre dans leurs circonvolutions; celui de ses deux membranes est, afin que les vaisseaux passant dans leur duplicature aillent se rendre aux intestins, & en revenir sans estre offencez.

Nerfs du Mesentere.

Les nerfs sortent des vertebres des lombes, & particulierement des rameaux de l'intercostal; ils sont tous si bien entrelassez ensemble au milieu du mesentere qu'ils y font un plexus, d'où sort une tres-grande quantité de ligamens nerveux, déliez comme des cheveux, qui se répandent sur les membranes de tous les intestins.

Arteres du Mesentere.

Les arteres qui sont renfermées dans la duplicature des membranes du mesentere viennent de la mesenterique superieure & inferieure, qui sont deux gros rameaux qui sortent du tronc de l'aorte, & qui vont se terminer à tous les intestins. Un des plus gros rameaux est celui qui se traînant le long du *rectum*, va finir à l'anus: Ce rameau est l'artere hemorroïdale, qui porte un sang grossier à ces parties pour y estre purifié; & lorsque ce sang ne peut remonter par les vénes hemorroïdales, comme il arrive quelquefois à cause de sa pesanteur, il y cause cette maladie si incommode, qu'on appelle les hemorroïdes.

Vénes du Mesentere.

Si le nombre des vénes qui se trouvent dans le mesentere paroît surpasser celui des autres vaisseaux qui y sont, c'est que ces vénes étant pleines de sang sont faciles à voir; & que les autres vaisseaux au contraire étans vuides, ne se peuvent pas discerner. A mesure que toutes les vénes approchent de la base du mesentere, elles s'unissent & en font de tres-grosses, lesquelles forment un tronc de véne, que l'on appelle mesenterique, qui se joignant avec un autre qu'on nomme splenique, font ensemble une tres-grosse véne, qui est la porte, ainsi nommée par les Anciens, à cause qu'ils croyoient qu'elle apportoit au foye le chile, pour y estre converti en sang.

Ces deux troncs, dont le superieur est le splenique, qui vient de la ratte, & l'inferieur le mesenterique, qui vient du mesentere, reportent au tronc de la porte le sang qui avoit esté porté à ces parties. Il y a quatre vénes qui s'insérent au premier, sçavoir l'epiploïque posterieure, la coronaire stomachique, l'épiploïque, & la gastrique majeure : & au second il n'y en a que deux, qui sont l'hemorroïdale & la cœcale.

Je viens de vous faire remarquer que c'étoit de la jonction de ces deux troncs que la véne porte étoit faite, & qu'elle entroit dans la partie cave du foye ; mais avant que de s'y perdre, il est bon de sçavoir qu'il y a quatre vénes qui viennent s'y joindre, qui sont, l'intestinale, la gastrepiploïque, la petite gastrique, & la cistique.

Sentiment des Anciens.

L'on donnoit à toutes ces vénes deux usages tout-à-fait opposez, & même impossibles ; l'un étoit d'apporter le chile des intestins au foye, & l'autre de reporter le sang du foye aux intestins. Cette opinion a esté suivie jusqu'à ce siecle, que l'on a découvert les vénes lactées, qui portent le chile des intestins aux glandes du mesentere ; & ainsi la véne porte n'a point d'autre usage que celui qui lui est commun avec toutes les vénes du corps, qui est de reporter le sang au cœur. Nous dirons, en vous démontrant le foye, pourquoi elle ne va pas plûtôt s'inserer à la véne cave que dans la substance du foye : Mais à present il s'agit de parler des vénes lactées, & des vaisseaux limphatiques.

Y Vénes lactées.

Il est impossible de voir les vénes lactées sur un sujet mort, parce qu'elles disparoissent aussitôt qu'elles sont vuides. Lorsqu'on les veut voir, il faut faire beaucoup manger un chien, & quatre heures aprés il faut le lier sur une table, &

lui ouvrir le ventre promptement ; alors vous verrez les vénes lactées dispersées par tout le mesentere, pleines du chile qu'elles portent au reservoir de Pequet.

Pourquoi appellées lactées. Ces vénes sont ainsi appellées, à cause qu'elles contiennent une substance blanche & liquide, semblable à du laict ; elles étoient entierement inconnuës aux Anciens, elles n'ont même esté découvertes qu'en l'année 1622. par Asellius, qui rapporte que ces vaisseaux ont une substance & une structure de véne ; qu'elles ont une membrane simple, où l'on remarque trois sortes de fibres, des droites, des transverses, & des obliques ; & que cette membrane, quoique simple, est pourtant assez forte, parce qu'elle est placée entre les deux tuniques du mesentere qui la fortifient.

Le nombre des vénes lactées. Leur nombre est infini, y en ayant une fois plus que de meseraïques ; elles sont presque toutes dans les intestins grêles, parce que ce sont eux qui font la distribution du chile, en le separant de ses excremens. Je vous ay déja dit que le jejunum en avoit plus qu'aucun autre des grêles ; & que les gros en avoient tres-peu, leur usage étant de chasser dehors les excremens, & toutes les impuretez du bas ventre.

Leur chemin. Pour bien comprendre la route que le chile prend pour aller au cœur, & non pas au foye, comme les Anciens l'ont pretendu : Il faut sçavoir qu'il y a de deux sortes de vénes lactées ; les unes que l'on appelle premieres, & les autres secondaires ; les premieres sont celles qui portent le chile des intestins à des glandes, qui ſont répanduës en tres-grande quantité par tout le meſentere, mais principalement vers ſon centre.

Les vénes lactées ſecondaires, ſont celles qui portent le chile de ces mêmes glandes, aprés qu'il y a eſté ſubtiliſé par la limphe qu'il y reçoit, dans le reſervoir de Pequet, ou dans des glandes que l'on nomme lombaires ; car Bartholin n'a point trouvé d'autre reſervoir dans l'Homme, que ces glandes qui ſont ſituées entre les deux racines du diaphragme, & les angles que fait l'aorte avec les emulgentes. Les deux rameaux qui ſortent de ces glandes, ſe joignant enſemble font le canal thorachique, qui ſe trouve fort ſouvent double ; ce canal monte le long de l'aorte, entre les côtes & la plévre, & va aboutir par deux ou trois rameaux, dans la véne ſouclaviere, proche l'axillaire, d'où le chile eſt porté dans le ventricule droit du cœur par la véne cave aſcendante.

Ce canal & toutes ces vénes, tant ſouclavieres que lactées, ont des valvules d'eſpace en eſpace, diſpoſées de maniere qu'elles permettent facilement l'entrée du chile, & en empêchent le retour.

On croyoit que les vénes lactées alloient au foye.

La découverte des veines lactées a eſté d'un grand ſecours dans l'Anatomie, quoiqu'on n'en ait pas tiré d'abord tous les avantages que l'on devoit en retirer, parce que le Anatomiſtes de ce tems là, & même Aſellius qui en a eſté l'inventeur, étoient tellement prévenus que c'étoit le foye qui faiſoit le ſang, qu'ils ont crû que le chile ne pouvoit eſtre porté ailleurs : & mal-

Obstination de quelques Anciens.

gré toutes les découvertes qu'on a faites depuis, il s'est encore trouvé des Partisans de l'Antiquité, qui étant obligez d'en croire leurs yeux, avoüoient que cela étoit ainsi dans l'animal qu'on leur montroit, & non dans l'Homme. Pour moi je suis convaincu que cela se fait dans l'Homme, de la même maniere que dans les Animaux; car il y a environ dix-huit ans qu'un faux monnoyeur ayant esté condamné à mort, je lui envoyai dans la prison de quoi boire & manger quatre ou cinq heures avant qu'on le fist mourir; & comme l'execution se faisoit à la Croix du Tiroir, qui n'étoit pas fort éloigné de mon logis, je fis tenir un carosse tout prest, dans lequel on mit le corps aussi-tôt qu'il fût étranglé. On me l'apporta promptement, & à l'instant je l'ouvris, & découvrant le mesentere, j'y vis encore une assez grande quantité de vénes lactées pleines de chile, pour me convaincre que la distribution s'en fait dans l'Homme de la même maniere que je l'ai veuë dans plusieurs animaux.

Vaisseaux limphatiques du mesentere.

Je finis, Messieurs, cette Démonstration par les vaisseaux limphatiques du mesentere, qui sont de petits conduits tres-déliez, qui portent la limphe dans le reservoir de Pequet, afin d'y rendre le chile plus actif & plus coulant. Quoique ces vaisseaux soient en tres-grande quantité dans le mesentere, neanmoins on ne les y peut voir, que lorsqu'ils sont pleins de cette limphe, qui est une liqueur claire comme de l'eau; Ils viennent des glandes du foye, de la ratte, & de celles des autres parties.

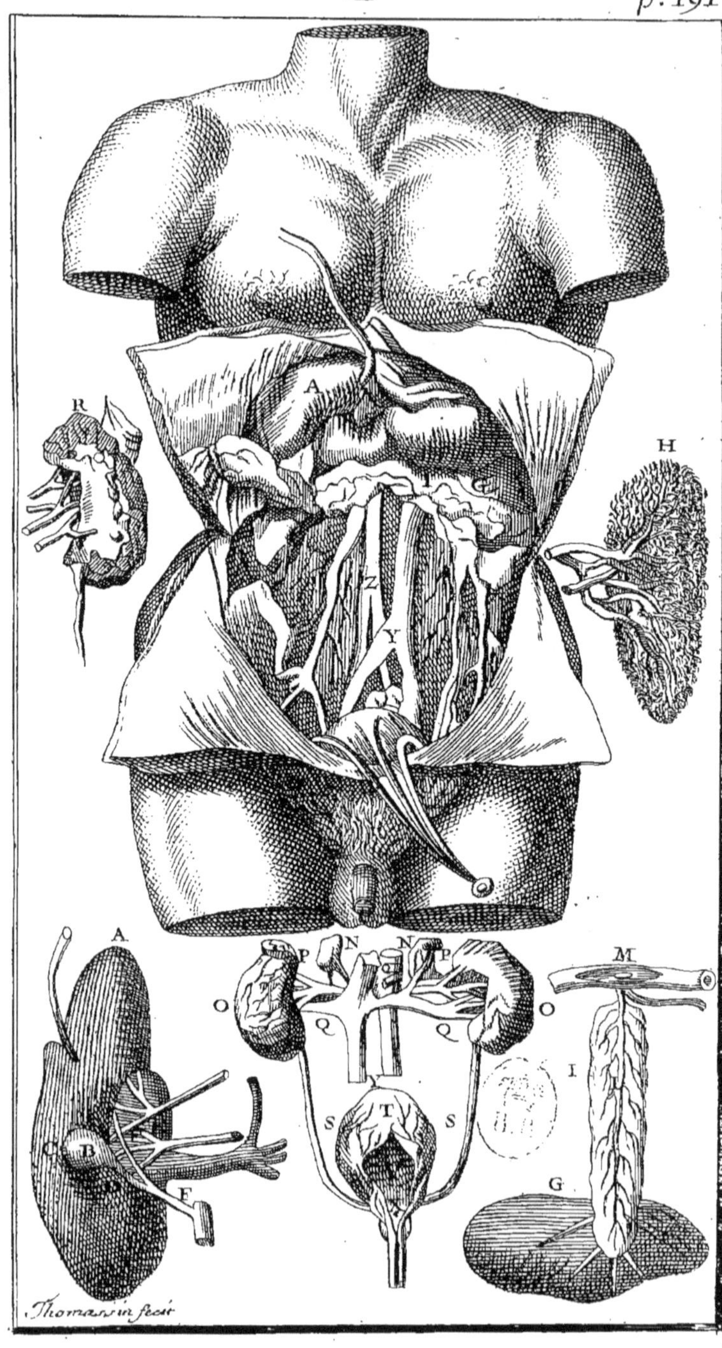
A
R
H
Z
Y
A
N
N
P
P
O
O
Q
Q
M
I
S
T
S
B
C
E
G
Thomassin fecit

TROISIE'ME DEMONSTRATION.

Des Parties contenuës dans le bas ventre, qui servent à la purification du sang.

Pour sçavoir, Messieurs, comment se fait le sang, il ne suffit pas d'avoir examiné les parties qui servent à changer les alimens en chile, & à le separer de ses excremens : Il faut encore connoître celles où le sang se fait, & celles qui le purifient.

Je vous ay déja dit que le chile, qui est la veritable matiere du sang, étoit preparé dans la bouche par le moyen de la salive; qu'il étoit cuit & digeré dans le ventricule par le dissolvant qu'il y trouve; & qu'étant ensuite perfectionné dans les intestins par le rencontre de la bile, & du suc pancreatique, il se cribloit par les petits orifices des vénes lactées qui sont en tres-grand nombre dans le mesentere; que de ces vénes il entroit dans le reservoir de Pequet, d'où il monte par le canal thorachique dans la véne soûclaviere gauche, par où il est porté dans la véne cave ascendante, & de là dans le ventricule droit du cœur, où il commence principalement à se changer.

Le sang est fait du chile.

Il faut remarquer que la ſalive, le ſuc acide, la bile & le ſuc pancreatique, qui ſont des liqueurs abſolument neceſſaires pour faire le chile, lui deviennent inutiles, & même préjudiciables, lorſqu'il eſt changé en ſang ; car il eſt certain que le ſang, qui doit eſtre bon & doux pour nourrir les parties, ne pourroit avoir aucune de ces deux qualitez, ſi toutes ces liqueurs reſtoient mêlées avec lui : Par exemple, ſi cet acide diſſolvant, qui par ſes pointes aiguës & tranchantes penetre & diſſout les alimens les plus ſolides, étoit porté avec le ſang & épanché ſur une membrane pour la nourrir, alors agiſſant ſur elle, comme il feroit ſur l'aliment, il y cauſeroit un ſentiment de douleur, comme il arrive quelquefois dans les douleurs des rhumatiſmes : Si la mélancolie n'en étoit ſeparée, le ſang ſeroit trop épais : enfin ſi l'urine n'étoit évacuée, il ſeroit trop ſereux ; & ainſi il faut que le ſang, qui eſt une liqueur ſi precieuſe & ſi ceceſſaire à la vie, ſoit purifié par le foye, par la veſſicule du fiel, par la ratte, le pancreas, les reins, & la veſſie.

Pluſieurs liqueurs ſeparées du ſang.

Des parties qui purifient le ſang.

C'eſt de toutes ces parties, Meſſieurs, dont je vous entretiendrai dans cette Démonſtration, étant toutes ſituées dans le bas ventre, excepté celle qui ſepare la ſalive, de laquelle je vous parlerai auſſi dans ſon lieu.

A A Le Foye.

Le Foye eſt un viſcere d'une grandeur conſiderable, qui eſt ſitué dans l'hypocondre droit, ſous le diaphragme, dont il eſt éloigné environ d'un travers de doigt, afin de ne lui pas nuire dans ſon mouvement. Dans le fœtus il s'étend juſqu'au jusqu'au côté gauche, parce que le ventricule pour lors n'a point d'action, mais aprés la naissance il se retire presque tout dans le côté droit: On le trouve quelquefois au côté gauche, mais cela arrive fort rarement.

Il est envelopé d'une membrane mince & déliée qui lui vient du peritoine; on trouve quelquefois sous cette membrane des vessicules pleines d'eau, qui ne sont autre chose que des limphatiques gonflées entre deux valvules, qui venant à se rompre, font cette espece d'hydropisie, qu'on nomme *ascites*. Membrane du Foye.

La figure du foye est presque ronde & assez ressemblante à un pied de bœuf; il est convexe du côté du diaphragme, pour s'accommoder à la figure du lieu qu'il occupe, & concave du côté du ventricule; c'est en cette partie, qu'on appelle la voûte du foye, qu'est attachée la vessicule du fiel. Figure du Foye.

Le foye est unique dans l'Homme, mais il est divisé en deux lobes, dont l'un, qui est rond & ample, est à droite, & l'autre, qui est étroit & pointu, est à gauche; ces lobes sont separez par une scissure par où entre la véne umbilicale. Outre ces deux lobes, l'on y en trouve un troisiéme fort petit, situé à la partie posterieure du foye, dont la chair est plus molle, & qui est envelopé d'une membrane déliée, qui s'étend jusqu'à l'epiploon. Le Foye se divise en plusieurs lobes.

Il est attaché par deux ligamens; le premier, qui est le plus fort & le principal, le tient suspendu au diaphragme; il penetre dans la substance du foye pour le tenir plus fortement: le second Ligamé du Foye.

est lâche, mais large & fort ; il vient de la tunique du foye, & s'attache au cartilage xiphoïde. Je ne conviens pas du troisiéme ligament qu'on lui donne, qui est la véne umbilicale desséchée ; car comme elle tireroit le foye en embas, & par consequent le diaphragme, auquel il est attaché, elle en empêcheroit le mouvement, principalement dans l'expiration.

Substance du Foye.

La substance du foye est particuliere, & à peu prés semblable à du sang caillé, d'où vient qu'il est appellé parenchime, c'est à dire épanchement d'une humeur qui occupe & remplit les espaces qui sont entre les vaisseaux & les glandes.

Couleur du Foye.

Sa couleur est ordinairement rouge, cependant on le trouve quelquefois pâle & blanchâtre ; cette rougeur étoit une des raisons dont les Anciens se servoient pour prouver qu'il faisoit le sang ; ce que nous refuterons en parlant des autres usages qu'ils lui donnoient.

Veritable structure du Foye.

Les Modernes qui ont recherché avec soin la structure du foye, ont remarqué qu'il étoit tissu d'une quantité de petits lobes de figure conique ; que ces petits lobes étoient composez de plusieurs petits corps glanduleux, qui ont des membranes particulieres qui les unissent, & les attachent les uns aux autres ; & que chaque lobe du foye, quelque petit qu'il soit, ne laisse pas de recevoir un rameau de la porte, un du vaisseau biliaire, & un de la cave ; de maniere qu'on peut dire que toute la substance du foye n'est qu'un amas & un assemblage d'une infinité de petits corps glanduleux, & de ramifications diverses de vaisseaux.

Il y a dans le foye cinq sortes de vaisseaux, sçavoir des nerfs, des arteres, des vénes, des conduits biliaires, & des limphatiques.

Cinq sortes de vaisseaux au foye.

Le foye reçoit deux nerfs de la sixiéme paire; un du rameau stomachique, & l'autre du costal. On ne veut pas qu'ils penetrent dans sa substance, mais seulement qu'ils se perdent dans sa tunique; d'où vient qu'il n'a pas le sentiment aussi vif, que les parties qui en reçoivent un plus grand nombre.

Nerfs du Foye.

L'artere cœliaque en sortant de l'aorte se divise en deux branches, dont l'une va au foye, & l'autre à la ratte; la premiere, qui est la plus petite, jette la gastrique, les deux cistiques, l'epiploïque, l'intestinale, & la gastrepiploïque avant que d'entrer dans le foye, où elle se perd enfin en se divisant presque en autant de petits rameaux que la véne porte. Il y a même des Anatomistes qui pretendent faire voir que les rameaux de cette artere sont enveloppez avec ceux de la véne porte, & avec les branches du canal hepatique dans une même membrane.

Arteres du Foye.

Les principaux vaisseaux du foye sont la véne cave & la véne porte, qui sont répanduës en pareil nombre dans toute la substance du foye; de sorte que chaques lobules, & tous ces petits corps glanduleux qui forment la partie cave & la convexe de ce viscere, sont également fournis de ces vaisseaux; ainsi il ne faut pas croire que la porte ne soit qu'en la partie concave, & que la véne cave ne soit que dans la partie convexe du Foye, puisque l'on conduit leurs rameaux dans toutes les parties de ce viscere. Ceux de la véne

Vénes du Foye.

porte ne se déchargent point dans ceux qui reçoivent la bile, ni dans ceux de la véne cave, par des anastomoses qu'ils ayent les uns avec les autres, comme le croyent quelques Anatomistes ; mais au travers de ces petits grains glanduleux dont le foye est composé, & qui servent de moyen entre les rameaux qui donnent & ceux qui reçoivent, de maniere que tout le foye est parsemé des ramifications de la véne porte, & de celles de la véne cave, avec cette difference neanmoins que celles de la porte y entrent, & que celles de la véne cave en sortent.

Conduits biliaires dans le Foye.

Les conduits biliaires sont en aussi grand nombre dans le foye, que les rameaux de la véne porte ; puisque par tout où il se trouve une branche de l'un, il y en a toûjours une de l'autre, & qu'ils sont enfermez dans une même membrane : Ces conduits servent à porter la bile dans la vessicule du fiel, ou dans le duodenum, comme nous l'expliquerons plus amplement ci-aprés.

Vaisseaux limphatiques du Foye.

Les Anatomistes remarquent que les vaisseaux limphatiques du foye tirent leur origine des petites glandes conglobées, que l'on découvre sous la tunique de sa partie cave, vers l'entrée de la véne porte, dans la capsule de laquelle Glisson dit qu'on voit entrer ses vaisseaux, sans qu'ils ayent pour cela aucune communication avec le foye : Ce qui fait assez connoître qu'ils n'ont pas leur principe dans son parenchime, comme l'a crû Bartholin qui les a découverts.

L'usage de ces vaisseaux est de porter la

limphe de ces glandes dans le reſervoir de Pequet, & non pas d'apporter le chile au foye, comme l'ont pretendu ceux qui les prenoient pour des vénes lactées.

Uſages que les Anciens dõnoient au Foye.

Les Anciens ſe ſont imaginez que c'étoit le foye qui faiſoit le ſang, & qui le diſtribuoit aux parties pour leur nourriture, & que le chile ne pouvoit eſtre porté ailleurs; & pour cet effet ils vouloient qu'il y fuſt porté par les mêmes vénes qui apportoient du foye le ſang aux inteſtins.

Pour détruire cette opinion, il ne faut qu'examiner les mouvemens oppoſez du chile & du ſang, n'y ayant pas apparence de croire que deux liqueurs dont l'une monte, & l'autre deſcend, puiſſent paſſer en même tems par un même canal; d'ailleurs la circulation du ſang que l'on a découverte de nos jours, s'eſt trouvée ſi oppoſée à cette diſtribution du ſang par les vénes, que bien loin de le porter aux parties, elles n'ont au contraire point d'autre uſage que celui de le reporter au cœur.

Le chile ne va point au Foye.

Ce qui me confirme encore dans cette opinion, c'eſt qu'ayant fait l'ouverture de pluſieurs chiens en vie quatre heures aprés les avoir fait manger, j'ai auſſi-tôt découvert le foye, que j'ai ſeparé du corps du chien, & ayant en même tems imbibé tout le ſang épanché dans la place qu'occupoit le foye, je n'ai point vû qu'il y eût une goutte de chile répandu dans cet endroit, ni dans pas une partie du foye, quoique les vénes lactées, le reſervoir & le canal thorachique en fuſſent alors tout remplis; ce qui fait voir assurément qui le chile va droit au cœur ; & non pas au foye.

Le veritable usage du foye.

Le foye est une partie qui contribuë, comme plusieurs autres, à purifier le sang : Il faut ici vous expliquer comment se fait cette purification.

Le sang qui est apporté dans le foye par les arteres, & celui qui y est rapporté des parties du bas ventre par la véne porte, étant plein de bile & d'impuretez, est conduit par les extremitez de ces rameaux dans les petites glandes qui forment les lobules dont toute la substance du foye est composée ; le sang ayant esté filtré à travers les porositez de ces glandules, & separé de la bile, est repris par les extremitez des vaisseaux de la véne cave qui le porte au cœur ; & la bile est receuë dans les conduits biliaires, qui vont la verser dans la vessicule du fiel, ou dans le duodenum.

Si vous faites reflexion sur la necessité qu'il y avoit que ce sang qui venoit des parties du bas ventre, où il avoit contracté de méchantes qualitez, fust épuré avant que d'estre mêlé dans la masse, & que d'estre porté au cœur ; vous avouërez qu'il ne falloit pas une partie moins considerable que le foye, qui lui servant de tamis, en separe la bile, & en même tems lui redonne sa douceur & les bonnes qualitez qu'il avoit perduës.

B La vessicule du fiel.

En levant le foye en haut, on voit la vessicule du fiel, qui est le reservoir de la bile ; c'est une espece de poche ronde, & un peu longue, qui a la figure d'une petite poire. Elle a deux membranes, dont l'une, qui lui est commune avec le foye, la couvre seulement du côté qu'elle ne le touche point: celle-là vient du peritoine; & l'autre, qui lui est propre, est plus épaisse & plus solide, ayant de toutes sortes de fibres; elle est enduite par dedans d'une certaine mucosité, qui la défend contre l'acrimonie de la bile qu'elle contient.

Deux membranes à la vessicule du fiel.

L'on remarque qu'il y a entre ces deux membranes une infinité de petites glandes, où les extremitez des arteres cistiques vont se terminer. Ce qui fait croire qu'il se separe dans ces glandes quelque partie de la bile; car si ce n'étoit que pour porter du sang pour la nourriture de la vessicule du fiel, une seule artere suffiroit pour une si petite partie.

Grandeur & situation de la vessicule du fiel.

Cette vessicule n'excede pas pour l'ordinaire la grosseur d'un petit œuf de poule; neanmoins ceux qui sont fort bilieux, l'ont plus grosse & plus grande que ceux qui le sont moins: Sa longueur est environ de deux travers de doigts, & sa largeur d'un poûce. Elle est située au dessous du grand lobe du foye dans sa partie concave, où elle est comme enfoncée dans sa substance; elle est unique, & rarement il s'en trouve deux.

Vaisseaux de la vessicule du fiel.

La vessicule du fiel a toutes sortes de vaisseaux; elle reçoit un petit nerf d'une branche de l'intercostal; Elle a deux arteres cistiques, qui viennent de la cœliaque, & qui aprés s'estre divisées en plusieurs petits rameaux, vont enfin se terminer aux petites glandes, qui sont entre ses deux tuniques: Elle a aussi deux vénes, que l'on nomme cistiques, lesquelles reçoivent le residu du sang que les arteres y ont apporté, pour le reporter dans la véne porte; enfin elle a un vaisseau limphatique qui va se rendre avec ceux du foye dans le reservoir du chile.

C Le fond de la vessicule du fiel.

On considere à la vessicule du fiel son fond & son col; le fond est rond & placé en la partie inferieure du foye, lorsqu'il est dans sa situation naturelle. Ce fond est teint de la couleur de la bile qu'il contient.

D Le col de la vessicule du fiel.

Le col est au dessus du fond; il s'allonge & se retressit de maniere qu'il se termine en un canal étroit & délié, qui va aboutir au conduit commun. A l'endroit où ce col forme ce canal, il y a un petit anneau fibreux qui se dilate & se resserre comme un sphincter, pour lâcher ou pour retenir la bile dans la vessicule, & pour empêcher qu'elle ne remonte d'où elle vient; cet anneau fait là le même office que le pilore au ventricule.

E Le meat cholidoque.

Le meat cholidoque est un vaisseau oblong, deux fois plus large que le col de la vessicule, qui s'en va droit du foye par le canal commun dans l'intestin. L'on croyoit qu'il portoit la bile du foye dans la vessicule; mais l'intestin enflant, & non pas la vessicule, lorsqu'on soufle dans ce conduit; cela fait voir que la bile de ce canal va droit dans l'intestin, & en même tems fait presumer que celle que l'on trouve dans la vessicule, y est apportée d'ailleurs.

F Le canal commun.

Le meat cholidoque, & le pore biliaire se joignant ensemble, forment le canal commun, qui va se terminer obliquement à la fin du duodeuum, ou quelquefois au commencement du jejunum, & rarement au ventricule. Il se coule entre les deux tuniques de l'intestin, & en perce l'exterieure deux travers de doigts plus haut que l'interieure : Cette maniere d'entrer dans l'intestin, fait qu'il n'a pas besoin de valvule qui permette l'entrée de la bile, & qui empêche son retour, étant impossible par cette disposition que la bile, & même le chile, puissent monter par ce conduit.

Les pigeons, & beaucoup d'autres animaux qui n'ont point de vessicule du fiel, ne laissent pas cependant d'avoir de la bile, leur foye se trouvant amer ; mais ils ont le meat cholidoque qui faisant la fonction de la vessicule, porte la bile tout droit dans l'intestin.

Deux sortes de bile.

Pour bien concevoir les usages de ces parties, il faut sçavoir qu'il y a de deux sortes de bile, l'une subtile, qui est portée par les conduits biliaires dans la vessicule, qui la dégorge ensuite dans les intestins ; & l'autre, qui est grossiere, passe par le meat cholidoque dans le canal commun, où l'une & l'autre se rencontrent.

La bile est necessaire pour la perfection du chile.

Si la bile n'étoit qu'un excrement, & qu'elle n'eût son conduit dans les intestins que pour estre évacuée avec les impuretez du bas ventre, la nature auroit dû mettre ce conduit dans les gros boyaux, & non pas au commencement des grêles, où la plus grande partie de la bile se mêlant avec le chile, est reportée dans le sang, dont toute la masse se corromperoit infailliblement sans elle, comme il arrive dans la plûpart de ceux qui sont hydropiques, aprés avoir eu la jaunisse ; d'ailleurs étant un dissolvant tres-puissant, elle acheve de rompre & de briser dans ces premiers intestins, les parties de l'aliment qui ne l'avoient pas esté suffisamment dans l'estomac; & ainsi bien loin d'estre un pur excrement, comme on l'a toûjours crû, on doit au contraire estre persuadé par les usages importans que la nature lui a donnez, que c'est une liqueur necessaire, sans laquelle le chile ne pourroit jamais acquerir le degré de perfection, dont il a besoin pour devenir sang.

GG La Ratte.

La ratte est située dans l'hypocondre gauche, à l'opposite du foye, sous le diaphragme, entre les côtes & le ventricule. Elle est aux uns plus haut, & aux autres plus bas; mais en tous elle est à la partie posterieure, étant appuyée sur les vertebres & les fausses côtes.

Situation de la Ratte.

On trouve fort rarement la ratte dans l'hypocondre droit ; quelques-uns l'ont appellée le vicaire du foye, parce qu'ils ont crû qu'elle pouvoit suppléer à son defaut ; mais l'action de ces deux visceres est si opposée, & leur disposition naturelle, tellement differente, qu'il est impossible que l'un fasse la fonction de l'autre.

Sa grandeur.

Quoique l'Homme l'ait assez grosse, elle est neanmoins beaucoup plus petite que le foye: sa longueur est de demi pied, sa largeur de trois travers de doigts, & son épaisseur d'un poûce. Ceux qui sont naturellement mélancoliques, l'ont plus grande, parce qu'étant rare & lâche, elle grossit à mesure que la partie la plus grossiere du sang y est receuë; mais il est plus avantageux de l'avoir petite que grosse.

La ratte est faite comme une langue de bœuf; elle est un peu convexe du côté des côtes, & concave du côté du ventricule: Elle a dans le milieu de sa longueur une certaine ligne blanche, qui a quelques tuberositez; c'est l'endroit où les arteres sont receuës.

Figure de la Ratte.

La couleur de la ratte est differente, suivant les âges; au fœtus, elle est rouge comme le foye; aux adultes elle est noirâtre, à cause du suc mélancolique qui l'emplit; & à ceux qui sont plus avancez en âge, elle approche de la couleur livide; enfin elle est plus ou moins brune, selon que l'humeur qu'elle reçoit est plus ou moins noire.

Sa couleur.

Outre qu'elle est attachée au peritoine, au rein gauche, & quelquefois au diaphragme par des membranes qui sont fort déliées, elle l'est encore par sa partie cave à la membrane superieure de l'epiploon: Elle est aussi attachée à l'estomac par deux ou trois vénes remarquables, qui sont appellées *vas breve*, ou vaisseaux courts, parce qu'ils font peu de chemin.

Ligamens de la Ratte.

La ratte a deux membranes qui lui servent d'enveloppe; l'une est exterieure & commune, & l'autre interieure & propre.

Deux membranes à la Ratte.

L'exterieure lui vient du peritoine, elle a de toutes sortes de vaisseaux; ses nerfs viennent de l'intercostal; ils ne s'arrêtent pas à cette membrane, comme on l'a crû, mais ils se distribuent en plusieurs petites branches dans toute la substance de la ratte. Ses arteres sont les extremitez des rameaux interieurs de la cœliaque, qui aprés avoir penetré toute la ratte par une infinité de

La membrane externe.

ramifications, en sortent pour s'inserer dans cette membrane : c'est pourquoi lorsqu'on l'enleve de force, & qu'on la veut separer de l'interieure, on y voit paroître une infinité de petits points rouges, qui sont autant de petites gouttes de sang sorties par les orifices de ces ramifications d'arteres qui ont esté déchirées. Ses vénes, aprés avoir rampé sur cette membrane, & y avoir distribué un grand nombre de petits rameaux entrelacez en forme de rets, se réunissent & forment le rameau splenique : enfin elle a une tres-grande quantité de petits vaisseaux limphatiques, qui s'entortillant autour des vénes & des arteres qui entrent dans ce viscere, vont se rendre dans le reservoir du chile, pour y porter la limphe, dont ils ménagent le cours par une infinité de valvules. La couleur de cette limphe est jaune, & quelquefois roussâtre.

La membrane interne.

La membrane interieure de la ratte est plus déliée, plus polie, & plus forte que l'exterieure ; elle est faite d'un tissu de fibres si bien entrelacées, que ce sont ces lacis redoublez qui en font toute la structure ; neanmoins ce tissu n'est pas si serré que l'on ne fasse bien passer à traver une partie de l'air qu'on aura souflé dans la ratte par l'artere splenique, pourvû que l'on soufle bien fort ; ce qui n'arrive pas à l'exterieure. Elle n'est percée qu'aux endroits par où ses vaisseaux entrent & sortent ; ses arteres sont les extremitez des rameaux de l'artere splenique, qui aprés avoir penetré toute la substance de la ratte, s'élevent vers toute sa circonference, où ils se divisent en trois ou quatre petits tuyaux;

ce sont ces deux membranes qui tiennent toutes les parties de la ratte liées ensemble.

On nous a toûjours décrit la ratte comme une parenchime fait de sang coagulé, & épaissi entre les fibres & les vaisseaux, & on a voulu qu'elle ne fust differente du foye que par sa substance & par sa chaleur.

Sentimens des Anciens sur la composition de la ratte.

Mais les modernes qui ont recherché exactement sa structure, nous ont fait voir qu'elle est composée d'une tres-grande quantité de membranes, qui forment de petites cellules de differentes figures, qui s'entretiennent & qui sont jointes ensemble par des fibres & de petits vaisseaux qui les traversent ; ces cellules ont communication les unes avec les autres, & contiennent toutes de petites glandes de figure ovale, & de couleur blanche, ou aboutissent les extremitez des nerfs & des arteres. Les membranes qui forment ces cellules, viennent de la tunique interne de la ratte, n'étant toutes qu'un même tissu & une production continuelle de la membrane qui enveloppe immediatement ce viscere.

Sa veritable composition.

La ratte a des vaisseaux considerables ; elle a deux nerfs qui accompagnent les rameaux de l'artere, & qui ont tous deux la même enveloppe ; l'artere cœliaque lui fournit un tres-gros vaisseau, qui se divise en trois ou quatre branches, qui vont se rendre dans ces cellules, & enfin se terminer aux petites glandes dont nous venons de parler : De ces glandules partent de petites vénes, qui se joignant ensemble en forment de grosses ; ces grosses ensuite en sortant de

Vaisseaux de la ratte.

la ratte se réunissent & font la véne splenique ; qui aprés avoir reçû quatre rameaux en chemin ; va finir à la véne porte.

H Une ratte dépoüillée de sa membrane.

Si vous souhaitez voir la distribution de tous ces vaisseaux dans une ratte, aussi bien que dans un foye, vous n'avez qu'à dépoüiller l'un & l'autre de leurs membranes, & ensuite les foüetter sur une planche, en versant de l'eau continuellement dessus ; ayant ainsi dissout & lavé tout ce qui occupe les espaces qui sont entre les vaisseaux, vous aurez lieu d'admirer la prodigieuse quantité de ces vaisseaux, & l'industrie avec laquelle ils sont fabriquez.

Opinions differentes sur la ratte.

Les sentimens des Anatomistes sont si opposez sur les usages de la ratte, que quelques-uns lui en donnent beaucoup qu'elle n'a pas ; d'autres au contraire ne lui en donnent point du tout, disant que c'est une partie inutile, qu'elle pourroit se retrancher du corps, & que l'on en vivroit plus commodement: Mais cette opinion me paroît d'autant plus extraordinaire, qu'elle se trouve entierement détruite par l'experience que l'on a faite sur plusieurs chiens que l'on a érattez, & qui en sont tous morts tost ou tard. D'autres assurent que la ratte est un second foye, qui fait le sang d'une partie du chile, qui y est porté pour nourrir les parties du bas ventre: d'autres enfin croyent qu'elle sert de reservoir à la mélancolie, & qu'il se separe dans la ratte un suc acide qui passe dans l'estomac par le *vas breve*, pour y faire la coction des alimens ; mais parce qu'il seroit trop long de refuter toutes ces opinions les unes aprés les autres, nous nous conpenterons de vous expliquer l'usage de la ratte, conformement à sa structure.

Son usage est de subtiliser le sang, & voici comment; le sang étant porté dans la ratte par les arteres, qui s'inserent & s'abouchent aux petites glandes situées dans les sinus, & dans les cellules membraneuses qui en composent toute la substance; il y est subtilisé & revivifié par l'esprit animal que les nerfs portent dans ces mêmes glandules, d'où le sang alors s'écoule en se filtrant par leur fond dans leurs petits pores, qui sont d'une structure particuliere, pour estre ensuite reporté dans les sinus, où il est encore retenu pour s'y perfectionner davantage, & y prendre comme une nouvelle nature. Ce sang ayant esté ainsi purifié, passe de ces sinus dans le rameau splenique, qui le porte droit au foye, où il est encore épuré avant que d'aller au cœur avec le sang. Usage de la ratte selon les modernes.

II. Le Pancreas.

Le Pancreas est un corps composé d'une grande quantité de glandes enveloppées d'une même membrane, qui lui vient du peritoine. Il est situé sous la partie posterieure & inferieure du ventricule vers la premiere vertebre des lombes: Il s'étend depuis le duodenum jusqu'à la ratte, ayant sa principale partie dans l'hypocondre gauche; il est fortement attaché au peritoine. Sa pesanteur est de cinq onces; Il est long pour l'ordinaire de dix travers de doigts, large de deux, & épais d'un. Situation & grandeur du Pancreas.

Les modernes ne reconnoissent que deux especes de glandes, ausquelles ils reduisent toutes les autres, excepté les rénales: Ils appellent Deux sortes de glandes au corps.

les unes conglobées, & les autres conglomerées. Je prendrai occasion de vous les expliquer ici toutes deux, à cause du pancreas qui est au rang des conglomerées.

Glandes conglobées.

Les glandes conglobées sont celles qui n'étant point divisées en petits morceaux, ont une substance & une composition qui en paroît plus ferme; elles ont une cavité dans leur milieu, & des vaisseaux limphatiques qui vont se rendre dans le reservoir, ou dans le canal.

Glandes conglomerées.

Les conglomerées sont celles qui sont composées de plusieurs petits corps, ou grains glanduleux joints ensemble sous une même membrane, comme les glandes salivales, sudorales, lachrimales, & le pancreas; ces glandes, outre des arteres, des vénes & des nerfs, sont encore fournies chacune d'un vaisseau excretoire, ramifié dans leur propre substance, par le moyen duquel elles déchargent dans des reservoirs les liqueurs qu'elles ont filtrées.

Usage des glandes.

L'usage des glandes étoit inconnu aux Anciens, puisqu'ils croyoient qu'elles ne servoient qu'à appuyer la distribution des vaisseaux, apparemment qu'ils ne se donnoient pas la peine d'examiner si ces vaisseaux entroient ou non dans les glandes, car ils auroient connu comme les modernes, qu'il n'y a pas une glande qui ne separe quelque liqueur par sa disposition naturelle; de même qu'un crible laisse passer par ses trous des particules qui en ont la figure.

Les liqueurs qui sont separées par les glandes, ont des usages differens; les unes servant à dissoudre, les autres à humecter, & les autres étant

étant destinées pour estre évacuées.

Le pancreas étant, comme nous le venons de dire, de la nature des glandes conglomerées, il reçoit toutes sortes de vaisseaux ; il a un nerf de l'intercostal, des arteres de la cœliaque, des vénes qui vont à la splenique, & des vaisseaux limphatiques qui vont au reservoir.

Le Pancreas est une glande conglomerée.

Le pancreas, outre tous ces vaisseaux, a un conduit particulier, que l'on nomme pancreatique ; il fut découvert en l'année 1642. par Virsungus celebre Anatomiste à Padouë. Ce canal est membraneux: Aprés qu'on l'a ouvert on y remarque une cavité dans laquelle on introduit facilement une petite sonde, que l'on conduit jusques dans le duodenum, où il entre assez proche de l'ouverture du conduit de la bile, qui est quelquefois la même pour ces deux canaux. La facilité avec laquelle la sonde avance, lorsqu'on la pousse dans cette cavité vers l'intestin, & la difficulté qu'on a de la faire entrer en la poussant du côte de la ratte, nous font voir que son veritable chemin est d'aller à l'intestin, où il porte une liqueur jaune, autant qu'on le peut remarquer par la couleur de la sonde que l'on en retire.

L
Le canal pancreatique.

Ce canal ne vient pas de la ratte, à laquelle il ne touche point, mais des rameaux des petites glandes qui composent le pancreas, de maniere qu'il grossit à mesure que ces rameaux s'unissent ; il vient se terminer dans le duodenum, où il a une petite valvule qui permet la sortie de la liqueur qu'il contient, & empêche que le chile & les autres matieres ne passent des intestins dans sa petite ouverture. Il est unique & rare-

M
Ce canal perce dãs le duodenum.

ment double ; sa grosseur est comme celle d'une petite plume, quand il est dans son état naturel, car il grossit quelquefois par excés.

Usage du pancreas & du suc pancreatique.

L'usage du pancreas n'est pas de servir de coussin au ventricule, ni d'appui aux vaisseaux qui se distribuent dans l'abdomen, mais de separer & de filtrer par le moyen des glandes dont il est composé, un suc acide, qui est porté ensuite par son canal dans le duodenum, où ce suc sert de dissolvant conjointement avec la bile, pour y donner au chile sa derniere perfection.

Les capsules atrabilaires.

Avant que de passer aux reins, il y a deux parties à vous expliquer, qui sont les capsules atrabilaires, ainsi appellées à cause que l'on trouve toûjours dans leur cavité une liqueur noire; d'autres les nomment Reins succenturiaux, parce qu'elles ont pour l'ordinaire la figure de Reins; enfin d'autres les appellent glandes Renales, à cause qu'elles ont la substance de glande, & qu'elles sont situées proche les Reins.

Situation des capsules atrabilaires.

Ces capsules sont deux, une de chaque côté; elles sont placées tantôt dessus le rein, & tantôt entre le rein & la grosse artere; elles sont envelopées d'une membrane fort déliée & embarrassées dans la graisse, ce qui donne de la peine à les trouver. Celle qui est à droite, est ordinairement plus petite que celle qui est à gauche; elles sont chacune de la grosseur d'une noix applatie, ayant une cavité assez ample pour leur grosseur; dans le fœtus elles sont toûjours presque aussi grandes que les reins.

Leur substance.

Leur substance ne differe gueres de celle des reins, excepté qu'elle est un peu plus molle, &

plus lâche ; elle se rompt facilement en dissequant ces capsules, lorsqu'on les veut separer de la membrane exterieure des reins, à laquelle elles sont fortement attachées.

Leur figure est aussi changeante que leur situation, étant quelquefois rondes, ovales, quarrées, triangulaires, & n'en ayant, pour mieux dire, aucune d'assurée.

Leur figure.

Leur couleur est tantôt rouge, & tantôt semblable à la graisse de laquelle elles sont envelopées, elles ont dans leur cavité de petits trous qui penetrent leur substance.

Leur couleur.

Elles ont un nerf qui leur vient de l'intercostal, & qui y forme un plexus ; l'artere émulgente, & quelquefois l'aorte leur envoyent un ou deux rameaux ; elles ont une petite véne qui va s'inserer dans la véne émulgente à sa partie superieure ; Il y a dans leur cavité une valvule, qui s'ouvre du côté de l'émulgente.

Leurs vaisseaux.

Quoiqu'on n'ait pas encore connu jusqu'à present l'usage de ces capsules ; cela n'empêche pas qu'on ne doive leur en donner un par rapport à leur structure, & à la liqueur que l'on trouve dans leur cavité ; ainsi je dis qu'il y a lieu de croire qu'étant des glandes, elles servent à separer cette humeur feculente & noire, du sang que les arteres leur portent : & ce qui prouve que cette humeur est ensuite versée par leur petite véne dans l'émulgente, où elle est mêlée avec le sang à qui elle sert de ferment, c'est la disposition de la valvule dont je viens de vous parler, qui est faite de maniere qu'elle permet l'écoulement de cette humeur dans l'emulgente,

L'usage des capsules.

& empêche que le sang ne remonte de l'émulgente dans la cavité de ces glandes.

Les parties qui épurent le sang de la serosité superfluë, que nous appellons l'urine, sont de trois sortes; sçavoir les reins, les ureteres, & la vessie; les premiers separent cette serosité, les seconds la charient dans la vessie aussi-tôt qu'elle est separée, & la vessie lui sert de reservoir pour la garder quelque tems, & la chasser dehors, lors qu'il y en a une quantité suffisante.

OO Les reins. Les reins sont des corps d'une consistence beaucoup plus dure que le foye & la ratte; Ils sont ainsi appellez du verbe Grec ῥέιν qui signifie couler, à cause que l'urine coule sans cesse dans leur bassinet: Ils sont deux; la raison que quelques Anatomistes apportent de leur duplicité, est afin qu'un étant indisposé, l'autre puisse suppléer à son defaut; mais cette raison ne doit pas satisfaire; car si la nature avoit eu cette intention, elle auroit fait toutes les parties doubles, puisqu'elles sont toutes sujettes à estre malades: par exemple, elle auroit fait deux cœurs, afin que l'un cessant de nous faire vivre, l'autre eût suppleé à son defaut; ainsi la cause de la duplicité des parties n'est pas la raison qu'ils en ont apportée; mais plûtôt la perfection des actions de ces mêmes parties; car s'il n'y a qu'un foye pour separer la bile, qu'une ratte pour subtiliser le sang, qu'un pancreas pour filtrer le suc pancreatique, & qu'il y ait neanmoins deux reins, c'est que ces sortes d'humeurs ne sont pas en aussi grande quantité que la serosité, qui n'auroit pû estre separée toute par un seul rein; voila la raison pourquoi il y en a deux.

Cependant il y a environ dix ans que je disséquai un homme dans lequel je n'en trouvai qu'un ; mais il étoit plus gros qu'à l'ordinaire, & placé dans le milieu du bas ventre.

Situation des reins.

Ils sont situez dans la region umbilicale, l'un à droite sous le foye, & l'autre à gauche sous la ratte ; ils sont couchez sur le muscle psoas, aux côtez de l'aorte & de la véne cave, entre les deux tuniques du peritoine ; d'où vient qu'on ne les peut voir qu'on n'ait auparavant ouvert cette membrane : Ils ne sont pas directement situez vis-à-vis l'un de l'autre, parce qu'ils suspendroient la serosité que les arteres émulgentes leur portent, & l'empêcheroient de couler : mais le droit est ordinairement plus bas que le gauche, non seulement pour cette raison, mais encore parce qu'il est placé sous le foye, qui occupant plus d'espace, & descendant plus bas que la ratte, ne lui permet pas de monter si haut que le gauche : Ils sont éloignez l'un de l'autre environ de quatre travers de doigts.

Leur connexion.

Ils sont attachez aux lombes & au diaphragme par une membrane qui leur vient du peritoine; à la véne cave, & à la grosse artere par les vénes & les arteres émulgentes ; & à la vessie par les ureteres. Le rein droit est attaché au cœcum, & quelquefois au foye, & le gauche au colon, & quelquefois aussi à la ratte.

Figure des reins.

Leur figure approche de celle d'un croissant, étant faite à peu prés comme une feüille de cabaret, ou comme une fève : Ils sont caves par la partie qui regarde les vaisseaux, & convexes & ronds par celle qui regarde les côtez.

Grandeur & couleur des reins.

Les reins ſont d'une groſſeur mediocre ; il arrive ſouvent qu'un eſt plus gros que l'autre, & indifferemment tantôt le droit, & tantôt le gauche ; leur longueur ordinaire eſt de quatre ou cinq travers de doigts, leur largeur de trois, & leur épaiſſeur de deux. Leur ſuperficie eſt polie & douce, comme celle du foye, & leur couleur eſt d'un rouge obſcure, & rarement d'un vif éclatant.

Deux membranes aux reins.

Ils ont deux membranes, l'une exterieure & commune, qui leur vient du peritoine, & l'autre interieure & propre qui couvre directement le rein, & retient toutes les glandes qui le compoſent dans leur état naturel ; cette derniere eſt fort délicate : On pretend qu'elle eſt une continuité de la tunique des vaiſſeaux qui y entrent, leſquels ſe dilatant tapiſſent interieurement les reins, & ſe refléchiſſant en dehors, viennent les environner par tout : Ils ſont toûjours couverts de beaucoup de graiſſe.

Nerfs des reins.

Les reins reçoivent chacun deux nerfs, l'un qui leur vient du rameau ſtomachique, qui ſe diſtribuë dans leur membrane propre ; & l'autre qui vient des environs du meſentere, entre par la partie cave du rein, & va ſe perdre dans ſa ſubſtance ; ce ſont ces nerfs qui cauſent les vomiſſemens qui ſerviennent aux douleurs nephretiques.

P P Arteres des reins.

Il y a deux groſſes arteres qui ſortent du tronc de l'aorte, & qui vont chacune à un rein ; mais auparavant que d'y entrer, elles ſe diviſent chacune en trois ou quatre branches, qui aprés avoir penetré la ſubſtance du rein par ſa partie cave, vont se rendre à une infinité de petites glandes, où elles portent confusément le sang & la serosité.

Usage des reins.

L'usage des reins est de filtrer l'urine, comme le foye filtre la bile, & voici comment; le glandes, dont presque toute la substance des reins est composée, ayant reçû le sang qui leur a esté porté par les rameaux des arteres qui s'y terminent, en separent l'urine par la configuration de leurs pores, & s'en déchargent dans plusieurs petits tuyaux, qui se réunissant forment de petites piramides mammillaires qui la distillent dans le bassinet, d'où elle coule ensuite par les ureteres dans la vessie.

QQ Véne des reins.

Le sang qui a esté porté à ces glandes par les arteres, & qui n'a pû passer par les orifices de ces petits tuyaux, est repris par les rameaux de la véne émulgente, qui le reporte dans la véne cave.

R Un rein ouvert.

J'ai fait ouvrir ce rein suivant sa longueur, afin de vous faire voir sa structure interieure; sa substance est rouge, dure & particuliere, n'y en ayant point de semblable dans tout le corps; vous pouvez examiner la distribution des arteres qui vont à toute sa circonference, & qui retournent à ces petits corps mammillaires que vous voyez au nombre de huit ou dix: On les appelle mammillaires, à cause qu'ils ressemblent à un mammelon: Ils avançent pourtant un peu en pointe, à l'endroit où ils sont percez, pour laisser tomber l'urine dans le bassinet.

Qu'est-ce que le bassinet.

Le bassinet est une cavité faite de l'extremité de l'uretere, qui se dilate dans la partie cave du rein : à meſure qu'il s'étrecit, il forme la figure d'un entonnoir, dont la partie la plus étroite ſort du rein, & fait le commencement de l'uretere : Son vſage eſt de recevoir l'urine qui diſtille de ces mammelons.

Uſage du baſſinet.

S S Les ureteres.

Les ureteres ſont deux canaux particuliers qui ſortent de châque côté du baſſinet des reins, & qui vont obliquement entre les deux membranes du peritoine ſe terminer dans la veſſie aſſez prés de ſon col.

Leur grandeur & leur figure.

Ils ont autant de longueur qu'il y a de chemin depuis les reins juſqu'à la veſſie ; leur groſſeur ordinaire approche de celle d'une plume à écrire ; car dans ceux qui ont eſté ſujets aux douleurs nephretiques, l'on y trouve quelquefois leurs cavitez dilatées à y mettre le petit doigt : leur figure eſt ſemblable à celle d'une S.

Leurs membranes & leurs vaiſſeaux

Ils ſont compoſez de deux membranes, l'une exterieure qui leur vient du peritoine, & l'autre interieure qui leur eſt propre ; celle-ci eſt la plus forte ; ils reçoivent des nerfs qui viennent de l'intercoſtal, qui leur donnant un ſentiment tres-exquis, font ſouffrir de cruelles douleurs à ceux qui ſont atteints de la gravelle. Ils ont auſſi des branches d'arteres qu'ils reçoivent des parties voiſines, & des petites veines qui y retournent.

Quelques-uns pretendent que ces canaux prennent leur origine de la veſſie, parce qu'ils diſent qu'ils ont une ſubſtance blanche & membraneuſe comme elle ; mais mon ſentiment eſt qu'ils la prennent des reins, puiſque tous les conduits ont leur principe où ils reçoivent ce qu'ils conduisent, & leur fin où ils le déchargent ; c'est pourquoi nous dirons qu'ils commencent à la fin du bassinet, en sortant du rein ; que leur milieu est tout ce qui est entre les reins & la vessie ; & que leur fin est à l'endroit où ils entrent dans la vessie, qu'ils percent adroitement ; car ayant penetré la membrane exterieure, ils se traînent environ de la longueur de deux travers de doigts entre les deux membranes, & percent l'interne proche de son col ; de maniere que l'urine étant une fois entrée, ne peut plus remonter dans ces canaux, à cause que l'ouverture d'une membrane est bouchée par l'autre.

L'usage des ureteres est de recevoir l'urine qui a esté separée dans les reins, & de lui servir d'aqueduc pour la conduire dans la vessie. Usages des ureteres.

T

La vessie est une partie membraneuse qui forme une cavité considerable & propre à contenir l'urine, & même des corps solides qui s'y engendrent contre nature. La vessie.

Elle est située au milieu de l'hypogastre, dans la duplicature du peritoine, entre l'os sacrum & l'os pubis. La situation de la vessie.

La figure de la vessie est ronde, oblongue, & semblable à celle d'une bouteille renversée ; elle n'est pas également grande dans tous les sujets ; neanmoins elle l'est assez pour recevoir une quantité raisonnable d'urine : Quand il arrive qu'elle est trop petite, on est obligé de pisser souvent. Sa figure & sa grandeur.

La substance de la vessie est membraneuse, pour pouvoir s'étendre & se resserrer selon les besoins ; Elle est composée de trois tuniques, une Substance de la vessie.

commune & deux propres ; la commune lui vient du peritoine ; elle est fort sensible, étant tissuë de fibres nerveuses : la premiere des propres est fort épaisse, solide, dure & tissuë de fibres charnuës, par le moyen desquelles elle se resserre & s'étressit dans le tems de l'expulsion de l'urine : La seconde des propres, qui est l'interne, est la plus mince & la plus délicate ; elle a un sentiment tres-exquis ; elle est pleine de rides pour en faciliter la dilatation & la contraction ; elle est enduite d'une espece de mucosité, qui empêche l'action des sels de l'urine.

Vaisseaux de la vessie.

La vessie reçoit deux nerfs, l'un qui vient de la sixiéme paire, & qui va s'inserer dans son fond; & l'autre, de la moëlle de l'os sacrum, & qui va se perdre dans son col. Elle a des branches, des arteres hypogastriques qui lui portent du sang pour sa nourriture, & de petites vénes qui reportent dans la véne hypogastrique le residu du sang.

V
Fond de la vessie.

On considere deux parties à la vessie, sçavoir le fond & le col. Le fond est la partie la plus ample, & la plus propre à contenir l'urine : Aux hommes il est placé sur le rectum, & aux femmes sur la matrice : Il est d'une largeur & d'une grandeur raisonnable ; il s'étressit peu à peu, & vient se terminer au col.

X
Son col.

Le col est la partie la plus étroite, la plus épaisse & la plus charnuë de la vessie : Il est beaucoup plus long, plus tortueux, & moins large dans les hommes, que dans les femmes : Il a un petit muscle circulaire, appellé le sphincter de la vessie, qui sert à ouvrir ou fermer son orifice, selon nôtre volonté.

Le fond de la vessie est attaché au nombril par l'ouraque qui le tient suspendu, de peur qu'il ne tombe sur son col. Ses côtez sont aussi attachez aux arteres umbilicales degenerez en ligamens; son col a l'intestin droit aux hommes, & aux femmes au col de la matrice.

Connexion de la vessie.

La vessie a trois trous, deux internes, qui sont faits par les ureteres, proche de son col, & un exterieur, par lequel l'urine a son issuë.

Trous de la vessie.

L'usage la vessie est de recevoir & de contenir l'urine qui y est apportée par les ureteres, de lui servir de reservoir, & de s'en décharger de tems en tems par le moyen d'un sphincter, qui l'ouvre & la ferme selon le desir de l'animal.

Usages de la vessie.

Quoique je me sois acquité, Messieurs, de ce que je vous ay promis, en vous démontrant les parties qui contribuent à la perfection du sang, & qui separent de sa masse tout ce qui peut lui nuire; neanmoins comme je me suis proposé de faire une Anatomie parfaite, je suis bien aise de vous faire voir encore dans cette Démonstration les deux gros vaisseaux du bas ventre, qui sont la grosse artere & la véne cave.

L'artere est composée de plusieurs membranes tres-fortes, parce qu'elle contient un sang vif & subtil, qui est dans une agitation continuelle, & qu'elle a besoin de force pour resister aux mouvemens que ce sang reçoit sans cesse du cœur; au contraire la véne n'en a que de tres-déliée, parce que le sang qu'elle renferme est tranquille, & que son usage est seulement de le reporter au cœur.

Cette grosse artere a un nom particulier, on

Y l'appelle Aorte, elle vient directement du ventricule gauche du cœur, où elle reçoit le sang pour le distribuer à tout le corps. Je ne vous démontrerai ici que les arteres qu'elle jette dans le bas ventre aprés qu'elle a percé le diaphragme: Elles sont sept, dont la premiere est la cœliaque, qui se divise en deux, en droite qui va au foye, & en gauche qui va à la ratte; la seconde est la mesenterique superieure qui va à la partie superieure du mesentere: la troisiéme, sont les émulgentes qui vont aux reins: la quatriéme les spermatiques, qui vont aux parties de la generation: le cinquiéme la mesenterique inferieure, qui va aux intestins, & à la partie basse du mesentere: la sixiéme, les lombaires qui vont aux muscles des lombes; & la septiéme, les musculaires superieures qui se perdent dans les chairs.

La grosse artere.

Division de la grosse artere en iliaques.

Lorsque l'aorte est parvenuë à l'os sacrum, elle monte sur la véne cave, & se divise en deux grosses arteres, que l'on appelle iliaques: il y en a une de chaque côté qui se divise derechef en interne & en externe; l'iliaque interne & plus petite est celle qui avant que de sortir de la cavité du bas ventre pour aller aux cuisses, jette quatre arteres, qui sont la sacrée, la musculaire inferieure, l'umbilicale, & l'hypogastrique; l'externe & plus grosse est celle qui aprés avoir jetté l'artere epigastrique & la honteuse, se porte dans les cuisses où elle change de nom, & s'appelle alors artere crurale; nous la laisserons là pour la démontrer en son lieu.

La véne cave ascendãte.

Dans le même endroit où finit l'artere iliaque, il y a une véne de pareille grosseur, que l'on appelle iliaque externe, à laquelle viennent ſe rendre non ſeulement trois autres plus petites vénes, qui ſont la muſculaire inferieure, la honteuſe, & l'epigaſtrique; mais encore l'iliaque interne, qui eſt faite de deux vénes, qui ſont l'hypogaſtrique, & la muſculaire moyenne; ces deux vénes iliaques d'un côté, avec les deux autres iliaques qui viennent de l'autre (car il y en a quatre, deux de chaque côté) commencent à former à l'endroit de l'os ſacrum une tres-groſſe véne, que l'on nomme la véne cave aſcendante; il y a encore deux vénes qui viennent s'y rendre, & qui la groſſiſſent, qui ſont la ſacrée, & la muſculaire ſuperieure.

Ne croyez pas, Meſſieurs, que je me ſois trompé, quand j'ai nommé cette véne aſcendante; tous les Auteurs l'ont à la verité appellée deſcendante, parce qu'ils croyoient que le ſang deſcendoit du foye par cette véne, pour nourrir les parties qui ſont au deſſous du diaphragme; mais comme nous ſommes aſſurez qu'elle a un uſage tout contraire, qui eſt de porter le ſang des parties inferieures au cœur; c'eſt avec juſtice que nous la nommons aſcendante: Elle commence à prendre le nom de véne cave ſur l'os ſacrum, où les quatre iliaques ſe joignent enſemble. En montant en haut, elle reçoit quatre ſortes de vénes; les premieres ſont les lombaires qui viennent des muſcles des lombes; les ſecondes, les ſpermatiques qui viennent des parties de la generation; les troiſiémes, les émulgentes qui viennent des reins; & les quatriémes, les adipeuſes qui viennent de la membrane graiſſeuſe

Cette véne étoit appellée autrefois deſcendante.

des reins. Enſuite cette véne cave aſcendante, perce le diaphragme pour entrer dans la poitrine, & va finir au ventricule droit du cœur. C'eſt là où nous la laiſſons pour la reprendre & l'examiner, lorſque nous vous démontrerons les parties contenuës dans la poitrine.

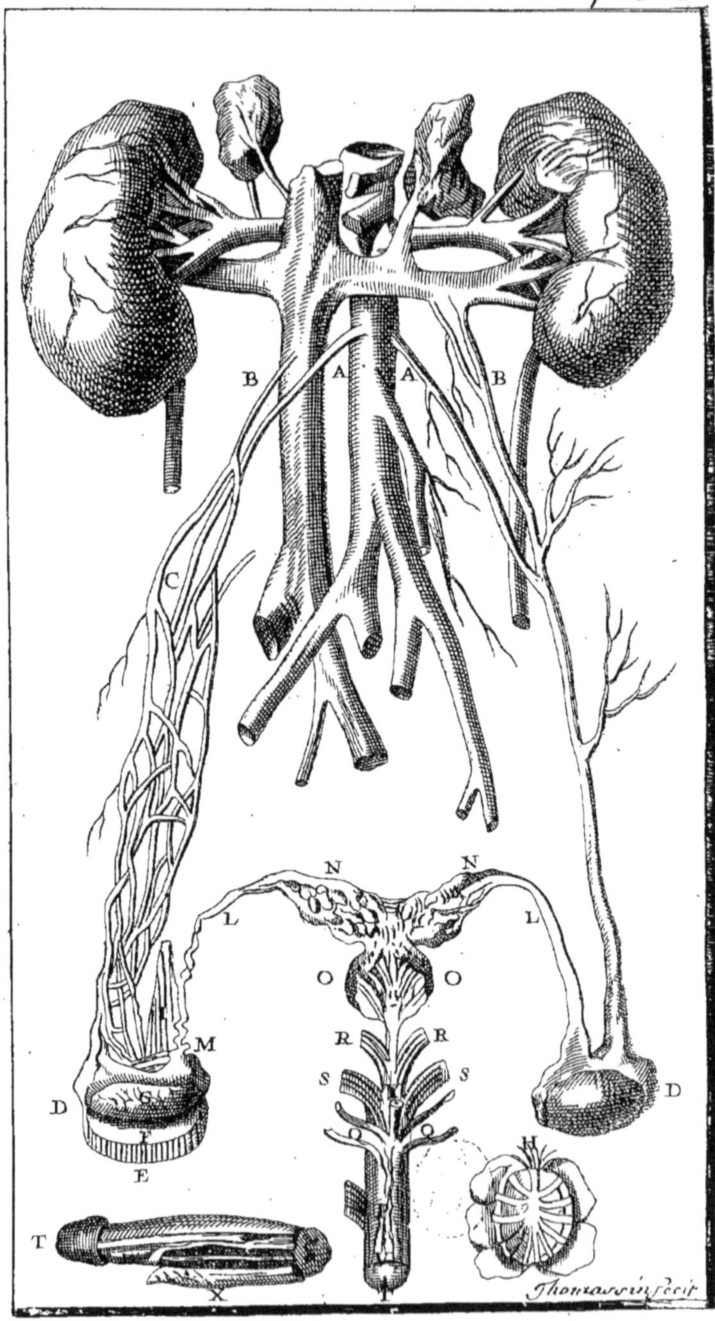
B
A
A
B
C
N
N
L
L
O
O
R
R
S
S
M
D
D
G
F
E
Q
Q
H
T
X
Thomassin fecit

QUATRIE'ME

DEMONSTRATION.

Des Parties de l'Homme, qui servent à la generation.

POUR suivre l'ordre de la division que j'ai faite des trois sortes de Parties contenuës dans le bas ventre, il est necessaire, Messieurs, qu'aprés vous avoir fait voir dans les deux dernieres Démonstrations les parties qui servent à la Chilification & à la Purification, tant du chile que du sang, je vous fasse voir aussi celles qui sont destinées à la generation: J'en ferai deux Démonstrations, afin de ne pas confondre les parties qui sont propres à l'Homme, avec celles qui le sont à la Femme: & aussi afin que les Chirurgiens puissent choisir celle des deux qui les accommodera davantage, suivant le sujet qu'ils auront à dissequer.

Plusieurs parties de la generation.

Les parties qui servent à la generation sont communes, ou propres; les communes sont celles qui se trouvent dans l'un & l'autre sexe, comme les vaisseaux spermatiques, les testicules, & les vaisseaux déferens. Les parties propres sont ou particulieres à l'Homme, comme les parastates ou epididimes, les vessicules seminaires, les prostates & & la verge ; ou à la femme, comme la matrice.

Voila, Messieurs, toutes les parties de la generation, dont j'ai à vous entretenir dans les deux Démonstrations que je vous ay promises: Je commencerai par celle des parties de l'homme, dans laquelle je ferai voir non seulement celles qui luy sont propres, mais encore celles qu'il a de communes avec la femme, afin qu'on voye en quoi elles different : Je suivrai ce même ordre dans la Démonstration suivante.

Plusieurs Auteurs ont pretendu que toutes ces parties meritoient le titre de parties nobles, aussi bien que le cerveau & le cœur. Il y en a même qui encherissent, & qui leur donnent la preference sur toutes les autres parties, disant que le cerveau & le cœur, ne tendent qu'à la conservation de l'individu, & que ces parties tendent à celle de l'espece.

Quatre vaisseaux spermatiques.

Les parties qui paroissent les premieres à l'Homme sont les vaisseaux spermatiques, qui sont quatre, sçavoir deux arteres & deux vénes.

A A Deux arteres spermatiques.

Les deux arteres spermatiques viennent du tronc de l'aorte ; celle du côté droit en sort environ d'un travers de doigt au dessus de celle du côté gauche, elles s'étendent obliquement sur les ureteres, & décendent le long du muscle psoas jusqu'aux aînes, où elles trouvent une production du peritoine qui les reçoit & les conduit jusqu'aux testicules, en passant par les anneaux des aponévroses des muscles de l'abdomen.

Les

Les deux vénes ſpermatiques ſortent des teſticules pour aller aboutir à la véne cave, au tronc de laquelle celle du côté droit va immediatement; au lieu que celle du côté gauche ne va qu'à l'emulgente; pendant que ces vénes avancent, il y a de petites branches de vénes qui viennent du peritoine & des muſcles voiſins ſe joindre à elles, & leur rapporter le reſidu du ſang de ces parties pour le conduire dans la véne cave.

L'artere & la véne, dont l'une monte & l'autre deſcend de chaque côté, s'approchent l'une de l'autre, & ſont enveloppées d'une même tunique que leur donne le peritoine. Les differens rameaux que la véne y produit en remontant ſe refléchiſſent & ſerpentent de maniere qu'elles forment ſeule ce corps, qu'on appelle variqueux ou piramidal, l'artere n'y contribuant en rien, puiſqu'elle deſcend preſqu'en ligne droite dans le teſticule, ſans ſe diviſer, excepté à l'endroit de ſon inſertion, où elle ſe diviſe alors en deux rameaux, dont le plus petit va ſe terminer ſous l'epididime, & l'autre au teſticule; & ainſi il ne faut pas dire comme ceux qui ont écrit depuis peu, que la véne & l'artere s'entre-laſſent par pluſieurs circonvolutions, & qu'elles font le pampiniforme.

C Corps pampiniforme.

Les vaiſſeaux ſpermatiques ſont plus grands aux hommes qu'aux femmes; & tant aux uns qu'aux autres les arteres ſont toûjours plus amples que les vénes: Ils ne percent point le peritoine, comme aux chiens, mais ſont conduits dans ſa production, accompagnez de quelques rameaux des nerfs intercoſtaux, & de la vingt &

uniéme paire de l'épine, qui s'en vont aux testicules pour y porter l'esprit animal, ou suivant quelques-uns, la matiere de la semence; ce qui ne peut pas estre, parce que les nerfs n'ayant pas de cavité, ne peuvent servir de conduits à une matiere aussi épaisse que la semence.

La véne spermatique gauche va à l'emulgente.

L'on a cherché la raison pourquoi la véne spermatique gauche n'alloit qu'à l'émulgente, & non pas au tronc de la véne cave comme la droite; mais on ne l'a pas trouvée juste, lorsqu'on n'a fait que dire que c'est à cause qu'elle auroit pû se rompre par le battement continuel de cette artere, en passant par dessus, puisqu'il est plus vray-semblable de croire, que c'est parce que l'aorte passant dans cet endroit sur la véne cave, empêche la véne spermatique gauche d'y parvenir; il ne faut pas non plus alleguer que le sang auroit trop de peine à remonter jusques-là, puisque la nature a mis dans les vénes spermatiques plusieurs valvules de distance en distance, qui servent comme d'échelons au sang pour monter.

Ces vaisseaux étoient appellez les vaisseaux preparás.

Ces deux arteres & ces deux vénes spermatiques ont esté nommées vaisseaux preparans par les Anciens, parce qu'ils croyoient que la semence commençoit de s'y preparer; & pour cela ils supposoient que ces vaisseaux s'unissoient par des ouvertures sensibles, que l'on appelle anastomoses, par le moyen desquelles ils disoient qu'il se faisoit un mélange du sang arteriel avec le venal, & qu'étant arrêté quelque tems dans ces corps pampiniformes, il y recevoit la premiere teinture de la semence.

Mais le principe que nous suivons est bien

opposé à leur erreur, puisqu'il nous apprend que le sang est directement porté par les deux arteres aux testicules, & que si elles se divisent chacune en deux petites branches un peu auparavant que d'y entrer, c'est afin d'en mieux penetrer la substance, en y entrant par plusieurs endroits, & que les particules de la semence, que ce sang arteriel porte avec lui, en soient exactement separées : d'ailleurs la circulation nous fait voir que le residu de ce sang est reporté par les vénes spermatiques à la véne cave, & qu'il n'y a point d'anastomoses des arteres avec les vénes, non seulement en cet endroit, mais encore dans pas une partie du corps ; car il est certain que si le sang passoit des extremitez des arteres dans celles des vénes, comme il arriveroit s'il y avoit anastomose ; la nourriture des parties ni la separation des liqueurs ne se pourroit faire ; & ce seroit en vain que la nature auroit fait des arteres si fortes pour contenir le sang arteriel, si elle avoit mis des embouchures de ces arteres avec les vénes, qui n'ont que des membranes fort minces ; car alors ce ne seroit plus qu'un même vaisseau : On peut encore ajoûter à ces raisons, qui sont toutes tres-convaincantes que si le sang, aussi violent qu'il est dans les arteres, avoit la liberté d'entrer dans les vénes, il les dilateroit & les romperoit infailliblement.

Il n'y a point d'anastomose entre les arteres & les vénes spermatiques.

Si la raison est opposée à la doctrine des Anciens, l'experience ne l'est pas moins, & en voici une que j'ai faite plusieurs fois : pour la faire je prenois deux liqueurs que je composois avec de l'huile & de la cire fonduës ensemble ; à l'une

Experience qui prouve qu'il n'y en a point.

j'y mêlois un peu de vermillon, & à l'autre une teinture verte pour les rendre de differentes couleurs; j'en seringuois fort aisément une dans l'artere spermatique; il les faut seringuer chaudes. J'avouë que je ne pouvois venir à bout de faire entrer l'autre dans la véne, parce que ses valvules, qui regardent de bas en haut, s'y opposoient: Mais lorsque j'allois chercher le principal rameau de cette véne proche le testicule, & que je seringuois ma liqueur, elle y entroit facilement, & emplissoit toutes les branches, & dégorgeoit dans la véne cave.

Ces liqueurs étant réfroidies, se congeloient & me donnoient une grande facilité d'en dissequer jusqu'aux moindres rameaux, je trouvois la liqueur rouge dans toutes les branches des arteres, & la verte dans toutes celles des vénes, sans m'estre jamais apperçû qu'il y en ait passé de l'une dans l'autre; & ainsi je conclus avec certitude qu'il n'y a point d'anastomose, & que le sang de l'artere spermatique est porté au testicule, & celui de la véne reporté au tronc de la cave sans aucun mélange.

Usage des vaisseaux spermatiques.

Il faut observer en faisant cette experience, de ne dissequer ces vaisseaux qu'à l'endroit où vous les voulez ouvrir pour y conduire le bout de la seringue, parce qu'en les découvrant davantage, on pourroit en couper quelque petit rameau, par lequel la liqueur s'échaperoit en seringuant.

Si vous faites cette experience, vous n'aurez point de regret à la peine que vous vous serez donnée, parce qu'en vous convainquant de la verité, vous verrez encore les circonvolutions & les entrelaſſemens des vénes, qui meritent d'eſtre examinez.

Je ſuis perſuadé que ces circonvolutions de vénes aident au ſang qu'elles contiennent à monter en haut, & que la nature s'eſt ſervie de la méme induſtrie dont nous nous ſervons :lorſque nous voulons monter une montagne, nous n'allons pas directement au ſommet, mais tantôt à droite, & tantôt à gauche; & faiſant un chemin en forme de zigzague, nous parvenons enfin juſqu'au lieu le plus haut.

Uſages des circirconvolutions.

Les valvules qui ſont dans la cavité des vénes, ſont auſſi d'un grand ſecours au ſang pour le faire monter; elles y ſont diſpoſées d'eſpace en eſpace, afin de le ſoûtenir & de l'empêcher de tomber; de maniere que cette diſpoſition naturelle le conduit dans la véne cave, pour peu qu'il y ſoit pouſſé par le nouveau ſang qui entre dans la véne ſpermatique.

Les teſticules ſont ainſi appellez du mot Latin *teſtes*, qui ſignifie témoins, parce qu'ils le ſont de la force & de la vigueur de l'homme: On les appelle encore didimes, c'eſt à dire gemeaux, à cauſe qu'ils ſont ordinairement deux; car il eſt rare d'en trouver trois, ou de n'en trouver qu'un; cependant l'on nous aſſure que tous ceux d'une famille illuſtre d'Allemagne en avoient trois, & qu'ils avoient auſſi plus d'ardeur pour le ſexe.

D D Les teſticules.

Il y a des Auteurs qui raportent que les teſticules & la verge même ſont demeurez cachez dans l'abdomen juſqu'à l'âge de puberté à quelques personnes à qui ces parties ne sont sorties dehors que par quelque effort violent qu'elles ont faits, & qu'ayant passé pour des filles jusqu'alors, ces parties ont rendu témoignage que c'étoit des hommes.

Situation des testicules.

Ils sont situez à l'homme hors de l'abdomen à la racine de la verge, dans le scrotum. La raison de cette situation n'est pas comme on se l'est imaginé, afin que les vaisseaux qui portent la semence fussent plus longs, ni que le sang y restant plus long-tems, la preparation de la semence s'y fist mieux; car ils n'ont point de part à sa formation, que parce qu'ils charient le sang dont elle est separée. D'ailleurs, si la nature avoit eu dessein de faire le chemin de ces vaisseaux plus long, elle pouvoit les faire sortir d'un endroit plus haut de l'aorte : Mais il y a plus lieu de croire qu'ils sont placez dehors pour empêcher que leur chaleur naturelle ne fust augmentée par celle des parties du bas ventre; ce qui auroit rendu l'homme trop lascif; car l'experience fait voir que les animaux qui les ont en dedans, sont plus chauds & plus feconds que les autres.

Figure & grandeur des testicules.

Les testicules sont de figure ovale, & de la grosseur d'un œuf de pigeon : On pretend neanmoins que le droit est toûjours un peu plus gros que le gauche; que la semence qui s'y filtre, est plus cuite, & que c'est lui qui engendre les mâles.

Ce qui a donné lieu à cette erreur, c'est que l'on croyoit que le sang étoit apporté par les vénes spermatiques : que celle du côté droit venant immediatement du tronc de la cave, en fournisſoit de plus chaud, que celle du côté gauche qui vient de l'emulgente ; & ainſi que c'étoit le teſticule gauche qui engendroit les femelles.

Erreur des Anciens.

Cette opinion ſe détruit, parce que les vénes ne portent rien aux teſticules ; que les arteres qui leur diſtribuent le ſang, viennent toutes deux du tronc de l'aorte ; & que ceux à qui l'on a ôté un teſticule, ſoit le droit ou le gauche, engendrent également des mâles & des femelles.

Les tuniques qui enveloppent les teſticules ſont cinq ; ſçavoir deux communes, qui ſont le ſcrotum & le dartos ; & trois propres, qui ſont l'eritroïde, l'elitroïde, & l'albugineuſe.

Cinq membranes des teſticules.

La premiere des membranes communes eſt le ſcrotum, ou la bourſe ; elle eſt compoſée de la cuticule, & de la peau, qui eſt plus déliée & plus mince en cet endroit qu'aux autres parties du corps : elle eſt molle, ridée, & ſans graiſſe ; elle ſe couvre de poils à quatorze ou quinze ans ; elle eſt diviſée en partie droite & en partie gauche par une ligne ou ſuture, qui commence à l'anus, qui paſſe par le perinée, & qui finit au gland.

Deux membranes communes.

La ſeconde membrane commune s'appelle dartos ; c'eſt une continuation de la membrane charnuë, qui eſt une des cinq enveloppes de tout le corps ; elle eſt plus déliée en cet endroit qu'aux autres, quoiqu'elle ſoit tiſſuë de beaucoup de fibres charnuës : C'eſt par le moyen de cette tunique que le ſcrotum ſe comprime, & devient tout ridé ; elle a pluſieurs vaiſſeaux qui lui viennent des arteres honteuſes ; elle n'enveloppe pas ſeulement les deux teſticules, comme le ſcrotum, mais elle s'avance entre-eux pour les ſeparer l'un de l'autre , & empêcher par ce moyen qu'ils ne ſe froiſſent en s'entre-touchant.

Trois membranes propres.

La premiere des tuniques propres eſt l'eritroïde , c'eſt à dire rouge ; elle eſt parſemée de fibres charnuës qui la font paroître rougeâtre ; elle eſt produite par le muſcle ſuſpenſeur des teſticules , qui eſt le cremaſter.

E L'Ertroïde.

La ſeconde eſt l'Elitroïde ; elle reſſemble à une gaine ; c'eſt ce qui l'a fait nommer vaginale ; elle eſt formée par la dilatation de la production du peritoine ; elle a ſa ſuperficie interne égale & polie, & l'externe rude & inégale; ce qui la rend fort adherente à la premiere des propres.

F L'Elitroïde.

La troiſiéme eſt l'Albugineuſe, que l'on appelle ainſi, parce qu'elle eſt blanche ; elle eſt nerveuſe , forte & épaiſſe ; c'eſt elle qui couvre immediatement la ſubſtance du teſticule , dont elle a la même figure , ou plûtôt c'eſt elle qui lui donne celle qu'il a ; elle prend ſon origine des tuniques qui enferment les vaiſſeaux ſpermatiques.

G L'albugineuſe.

On n'a pas plûtôt coupé cette derniere tunique, que l'on découvre la ſubſtance du teſticule qui eſt blanche, molle & lâche, parce qu'elle eſt compoſée de pluſieurs petits vaiſſeaux ſeminaires, & de quantité d'autres capillaires , qui ſont des rameaux, d'arteres de vênes,de nerfs, de vaiſſeaux limphatiques , & des racines des vaiſſeaux que l'on appelle déferens,de maniere que toute la ſubſtance des teſticules n'eſt qu'un tiſſu & un laſſis d'une infinité de petits vaiſſeaux,dont la ſtructure eſt ſurprenante; on avoit cru qu'elle étoit moël-

H Un teſticule ouvert.

Sa ſtructure.

leuse & glanduleuse, parce qu'on ne s'étoit pas donné la peine de l'examiner.

I Le muscle cremaster.

Deux muscles que l'on nomme cremasteres, ou suspenseurs, tiennent les testicules suspendus, afin qu'ils n'entraînent pas par leur pesanteur les vaisseaux spermatiques. Ils prennent leur origine d'un ligament qui est à l'os du penil, où les muscles transverses de l'abdomen finissent, desquels ils paroissent estre une continuité; ils sortent par la production du peritoine, & envelopent les testicules comme une membrane; ce qui fait que quelques-uns les confondent avec la premiere des propres.

Usage des testicules.

L'usage des testicules est de filtrer la semence, & de la separer du sang. Il n'est pas difficile d'expliquer comment se fait cette filtration, si on remarque ce que j'ai dit de la structure des testicules; car du moment qu'on sçaura qu'ils sont composez d'arteres, de vénes, & d'une infinité de petits vaisseaux seminaires qui y ont communication avec les racines des vaisseaux déferens, on ne doutera pas que les arteres n'y portent une liqueur mêlée de semence & de sang, ni que les vénes spermatiques ne rapportent ce sang, aprés que la partie, la plus subtile, qui est la semence, en a esté separée par ces petits vaisseaux seminaires. Cette semence étant ainsi separée est receuë par les racines du vaisseau déferent, qui la portent du testicule dans l'epididime, ou parastate, d'où elle passe ensuite dans le tronc même du vaisseau déferent, qui la décharge dans les vessicules seminaires, où elle sejourne pour eſtre ejaculée, comme nous le dirons cy-cy-aprés.

L
L'epididime.

Les epididimes ou paraſtates ſont de petits corps ronds, qui ſortent d'un des bouts du teſticule, ſur lequel ils ſe reflêchiſſent dans toute ſa longueur; ils ſont ainſi nommez, à cauſe qu'ils ſont couchez ſur les teſticules, qu'on appelle didimes; ils ſont ſemblables à des vers à ſoye, & ſont fortement attachez à la tunique albugineuſe du teſticule.

Uſages des epididimes.

On donne beaucoup de differens uſages aux epididimes, mais leur veritable eſt de recevoir la ſemence ſeparée dans le teſticule, & de la verſer dans le tronc du vaiſſeau deferent, auquel ils ſont continus.

M M
Vaiſſeaux déferens.

Les vaiſſeaux deferens ſont ainſi appellez, à cauſe de leur uſage; d'autres qui croyent que la ſemence dans le tems du coït eſt ejaculée par ces vaiſſeaux, les appellent ejaculatoires, mais ils ne meritent pas ce nom, puiſqu'ils ne font que conduire la ſemence goute à goute dans les veſſicules ſeminaires.

Leur ſubſtance & leur figure.

La ſubſtance de ces vaiſſeaux eſt blanche & nerveuſe: leur figure eſt ronde, leur groſſeur eſt comme un tuyau de plume; leur cavité eſt obſcure dans leur commencement, plus ſenſible dans leur milieu, & tres-apparente dans leur fin.

Situation des vaiſſeaux deferens.

Leur ſituation eſt en partie dans le ſcrotum, & en partie dans l'abdomen; car ils ont leurs racines dans le teſticule même d'où ils ſortent par un bout, & montent en haut par la même production du peritoine qui envelope les vaiſſeaux ſpermatiques: Lorſqu'ils ſont parvenus à la partie superieure du penil, ils se recourbent par dessus les ureteres, & vont en s'approchant l'un de l'autre sous la partie superieure de la vessie, où ils communiquent avec les vessicules seminaires.

Les deux extremitez des vaisseaux deferens étant parvenuës entre la vessie & le rectum, se dilatent & forment des petites cellules, que l'on nomme vessicules seminaires: ce sont ces extremitez que du Laurens appelle parastates; quoique Bartholin ne donne ce nom qu'à leur commencement. On ne sçauroit mieux comparer ces vessicules qu'à une grape de raisin, & leurs cellules qu'aux cavitez des grains de grenade, dont ils imitent parfaitement l'ordre & la figure.

N N Vessicules seminaires.

Il y en a qui les font ressembler à des intestins d'oiseaux, qui se dilatent en quelques endroits de leur circonvolutions, & qui se retressissent en d'autres; elles sont longues & plus grosses dans un des côtez que dans l'autre: Leur largeur est environ d'un poûce à l'endroit même où elles sont le plus dilatées; leurs cavitez sont inégales, car il y en a de plus grandes les unes que les autres, & quoi qu'on les compare à une grappe de raisin, elles né sont pas pour cela separées chacune par une membrane, comme les grains, ayant communication les unes avec les autres: Celles du côté droit sont separées de celles du côté gauche; elles sont situées entre la vessie & le rectum, proche les prostates; elles servent de reservoir à la semence.

Figure des vessicules seminaires.

Leur usage.

Il sort de ces vessicules deux petits conduits qui n'ont pas plus d'un poûce de longueur: Ils

Deux petits cōduits que

l'on appelle ejaculatoires.

sont larges proche les vessicules, & diminuent à mesure qu'ils approchent de l'uretre qu'ils percent ensemble ; ils forment en dedans de l'uretre, à l'endroit par où ils entrent, une petite caruncule, ou crête, que l'on appelle *verumontanum* : C'est une espece de petite valvule qui empêche que la semence ne sorte involontairement, & que l'urine en passant par l'uretre, ne puisse entrer dans les ouvertures de ces deux petits conduits. Elle a encore un autre usage, qui est de déterminer la semence quand elle sort de ces conduits, à prendre le chemin de la verge, & non pas celui de la vessie.

Il y a beaucoup de Chirurgiens qui ont pris cette caruncule pour une carnosité, à cause de la resistance qu'ils ont sentie en introduisant la sonde dans l'uretre: C'est à quoi l'on doit prendre garde.

Usages des vaisseaux ejaculatoires.

Ce seroit avec juste raison que l'on pourroit appeller ces deux conduits, vaisseaux ejaculatoires, puisque ce sont veritablement eux qui dans le tems de l'action ejaculent la semence des vessicules dans l'uretre ; il faut qu'ils ayent un sentiment exquis, parce que ce sont eux principalement qui sont sensibles au plaisir que l'on ressent dans l'ejaculation.

Ces vaisseaux ejaculatoires ont esté inconnus aux Anciens, qui disoient que la semence étoit portée des vessicules dans deux glandes que l'on nomme prostates ; que de ces glandes la semence passoit par plusieurs petits trous imperceptibles dans l'uretre ; & que ce qui faisoit le plaisir, c'étoit la violence que la semence faisoit pour passer par les porositez de ces glandes ; mais ces deux conduits dont je vous viens de parler, détruisent cette opinion, & nous font connoître la verité.

O O Les prostates.

Les prostates sont deux corps glanduleux, blanchâtres, spongieux, & plus durs que les autres glandes : Il y en a qui les appellent petits testicules, parce qu'ils pretendent qu'ils separent une semence qui est plus glaireuse & plus grise que l'autre : ils separent à la verité une humeur, mais on ne peut pas dire que ce soit de la semence, puisque les châtrez ont cette semence, & n'engendrent point.

Ils sont placez à côté l'un de l'autre, & situez à la racine de la verge sur le sphincter de la vessie au commencement de l'uretre, qui passe même entre-eux deux à l'endroit où il a cette petite caruncule, que nous avons appellée *verumontanum* : Ils ont dans toute leur substance beaucoup de vessicules pleines d'une humeur glaireuse, qu'ils déchargent dans la cavité de l'uretre par plusieurs petits tuyaux qui vont s'y rendre.

Vaisseaux des prostates.

Les prostates ont des arteres qui leur viennent des honteuses, & des vénes qui retournent à d'autres qui portent ce nom ; de ces vaisseaux les uns y portent le sang, dont cette humeur est separée ; & les autres, qui sont les vénes, en reportent le superflu. Ils ont aussi de petits nerfs qui les rendent sensibles au plaisir & à la douleur.

Trous des prostates.

Les orifices de ces petits tuyaux qui apportent l'humeur glaireuse de ces corps glanduleux dans l'uretre, sont à l'entour de cette petite caruncule. Il n'y en a jamais dans l'homme moins de dix ou douze. Ces orifices ont chacun une petite caruncule qui sert à les boucher, & qui empêche l'écoulement continuel de cette humeur, qui precede toûjours celui de la semence : ces caruncules servent aussi à faire couler l'urine par dessus ces orifices, qui par ce moyen ne sont point irritez par son acrimonie.

Le siege des gonorrhées est dans les prostates.

L'on pretend que le siege ordinaire des gonorrhées est en cet endroit, à cause que quelques sels volatils s'y attachant, ils y causent des ulceres qui ayant rongé ces caruncules, & les orifices de ces tuyaux qui versent l'humeur glaireuse, en font un écoulement qui dure quelquefois toute la vie.

Usage des prostates.

L'usage des prostates est de separer du sang une humeur glaireuse & huileuse; de la garder quelque tems dans les vessicules; & de l'exprimer peu à peu dans l'uretre par ces dix ou douze petits tuyaux qui y aboutissent : & l'usage de cette humeur est de graisser, d'humecter, & d'enduire l'uretre, afin qu'il ne se desseche point, qu'il ne se flétrisse pas, & qu'il demeure au contraire toûjours glissant. Elle fait en cela deux bons effets ; le premier, c'est qu'elle empêche qu'il ne soit offensé par l'acreté de l'urine qui y passe continuellement ; & l'autre, c'est qu'elle sert de vehicule à la semence dans le tems de l'ejaculation ; car il est certain que si l'uretre n'étoit pas humecté par quelque liqueur, la semence venant à sortir, il s'en arrêteroit quelque partie à ses parois ; de maniere que n'étant pas portée

Usage de l'humeur glaireuse.

dans la matrice en aussi grande quantité qu'il s'en est détaché des vessicules seminaires, & qu'il en faut pour former un enfant, la generation ne se pourroit faire.

La Verge.

La peine que la nature s'est donnée pour faire une semence qui eût toutes les qualitez necessaires pour former un homme, auroit esté inutile, si elle ne lui avoit donné quelque partie pour la porter dans la matrice : c'est par le moyen de la verge qu'elle est conduite & versée dans ce lieu, où la nature de quelques goutes de semence en produit un homme. La verge est appellée assez communément le membre viril, parce que c'est elle qui distingue l'homme d'avec la femme; on lui donne encore plusieurs autres noms, que la bienseance ne nous permet pas de rapporter.

Situation de la verge.

La verge est placée à la partie inferieure & externe du bas ventre; elle est adherente & attachée aux racines de l'os pubis; cette situation lui est d'autant plus avantageuse qu'elle n'incommode pas les autres parties dans le coït.

Figure & grandeur de la Verge.

La verge est en long, elle est ronde, non pas exactement, étant plus large vers sa partie superieure que vers l'inferieure : sa longueur est ordinairement de huit ou neuf travers de doigts, & sa grosseur environ de trois, lorsqu'elle est dans l'état que les femmes la demandent; mais on ne peut déterminer precisément cette longueur, ni cette grosseur; car les uns l'ont plus longue & plus grosse, & les autres l'ont plus petite & plus courte; On peut seulement vous faire remarquer qu'il y a quelques Nations qui en sont favorisez de plus grande que les autres, comme les Ethiopiens.

Substance de la Verge.

La substance de la verge est particuliere, elle se divise en parties contenantes, & en parties contenuës : les premieres, qui sont l'epiderme, la peau, & la membrane charnuë lui servent d'envelope. On remarque que la peau en est plus fine qu'aux autres parties, ce qui contribuë à la rendre aussi sensible qu'elle est. Il y a des animaux qui ont la verge osseuse, comme les chiens, les loups, & les renards.

Pourquoi il n'y a point de graisse à la Verge.

On demande pourquoi il ne se trouve point de graisse à la verge, comme à tout le reste du corps ; les uns disent que c'est à cause qu'elle deviendroit trop grosse, si elle s'engraissoit comme les autres parties ; les autres qu'elle seroit trop lourde, & que l'erection auroit trop de peine à s'en faire ; d'autres qu'elle seroit trop molle, & que la graisse empêcheroit qu'elle n'eût la dureté qu'il faut qu'elle ait dans l'erection : J'ajoûte à ces raisons que la graisse étant onctueuse, elle émousseroit le sentiment, & empêcheroit que la verge ne ressentît par la friction le chatoüillement & le plaisir dont elle est susceptible, & qu'il faut qu'elle ait pour determiner l'Homme à cette action.

Les parties contenuës de la verge sont les vaisseaux, les muscles, le gland, les deux corps caverneux, & l'uretre.

Q Q Vaisseaux de la Verge.

Elle a beaucoup de nerfs, d'arteres & de vénes, & même plus qu'il n'en faudroit, si nous en jugions par sa grosseur ; mais par rapport à son action, elle n'en a pas plus qu'il n'en faut ; Elle

a

a deux nerfs qui la rendent tres-ſenſible, ils viennent de la moëlle de l'épine, & ſortant par les trous de l'os ſacrum, ils montent par le milieu de la bifurcation, & ſe diſtribuent à tout le corps de la verge, au gland, & aux muſcles, ſes plus petites branches vont à la peau. Elle reçoit des arteres des hypogaſtriques & des honteuſes; les deux qui viennent des hypogaſtriques ſont les plus conſiderables, elles s'inſerent au commencement de l'endroit où ſe fait l'union des deux corps caverneux; leurs plus gros rameaux entrent dans ces corps, & les moindres ſe diſtribuent le long de la verge: Celles des honteuſes ne ſont que des rameaux qui ſe perdent dans ſa circonference. Les vénes ſont en auſſi grand nombre que les arteres; elles reçoivent le reſte du ſang qui a eſté épanché dans la verge, tant pour la nourrir que pour l'enfler, & le reportent dans les vénes hypogaſtriques & honteuſes.

Quatre muſcles à la verge.

Quatre muſcles, ſçavoir deux erecteurs, & deux ejaculateurs ſervent à la verge à faire tous ſes mouvemens; les deux erecteurs prennent leur origine de la partie interne de la tuberoſité de l'iſchion, & vont s'inſerer lateralement dans les corps caverneux, & répandre leurs fibres dans leurs membranes; les deux ejaculateurs ſont plus longs que les precedens, ils naiſſent du ſphincter de l'anus, ils s'avancent le long de l'uretre juſqu'à ſon milieu, où ils s'inſerent lateralement.

R R Les deux erecteurs.

S S Les deux ejaculateurs.

Uſage des quatre muſ.

Les noms que l'on a donnez à ces muſcles nous marquent leur action, les premiers aident

eiei de la verge. à l'erection de la verge, & ceux-ci à l'ejaculation de la semence, parce qu'en se gonflant dans leurs corps & se racourcissant, comme font tous les muscles, ils compriment les vessicules seminaires, & obligent la semence d'entrer dans l'uretre, d'où elle sort ensuite avec impetuosité.

Ligament de la verge. La verge a un ligament fort, qui l'attache aux os du penil, & qui prend son origine du cartilage qui joint ces os ensemble, & va s'inserer à la partie superieure & moyenne de la verge; ce ligament lui est d'un grand secours, non seulement dans le tems de l'érection, mais encore lorsqu'elle s'amollit & se relâche, car il la suspend & empêche qu'elle ne tombe trop sur les testicules.

On considere à la verge son corps & ses extremitez; son corps a quatre parties, une moyenne, qui n'est pas tout-à-fait ronde, comme je vous l'ai déja dit; une superieure, qui se nomme le dos de la verge; deux laterales, qui sont faites des corps caverneux; & une inferieure, de l'uretre. Ses extremitez sont deux, l'une où est le gland, que l'on appelle la teste du membre viril, & l'autre qui tient au ventre, que l'on nomme la racine de sa verge; cette extremité est environnée de poils, principalement à sa partie superieure, que l'on nomme le penil.

TT Le gland. Le balanus ou gland ainsi nommé, à cause de sa ressemblance, est ce que nous avons appellé la teste du membre viril; c'est la seule partie qui soit charnuë dans la verge, elle est polie & douce, afin de ne point blesser la matrice; Il se termine un peu en pointe, afin d'y entrer plus facilement: il est couvert d'un membrane fort déliée & fort fine, qui le rend sensible au chatoüillement causé par la friction: Quand le sang & les esprits y affluent, comme dans le tems de l'érection, il s'enfle & devient vermeil, mais quand ils se retirent, il pâlit & se ride; il est environné d'un cercle comme d'une couronne; son extremité est percée pour laisser sortir la semence & l'urine. Quand les enfans viennent au monde, sans y avoir d'ouverture, comme cela arrive quelquefois, il ne faut pas manquer d'y en faire.

Trou du gland.

V Le Prepuce.

Le prepuce est l'extremité de l'enveloppe qui couvre la verge, il est fait de la peau même de la verge, qui est lâche afin de s'allonger pour couvrir le gland, ou de se redoubler pour le découvrir. Il est attaché sous le gland par un petit ligament rond & fort délié, qu'on nomme le frein, ou filet; lorsqu'il est trop court, il tire en bas l'ouverture du gland, & alors il le faut couper comme on fait celui de dessous la langue. Il arrive quelquefois que l'extremité du prepuce est si serrée que l'on ne peut pas découvrir le gland, alors on appelle cette incommodité *phimosis*; & quand on la coupe, ou par maladie, ou par ordonnance de quelque loy, cette operation se nomme circoncision.

Usage du Prepuce.

L'usage du prepuce est de servir de chaperon & de couverture au gland, & d'augmenter le plaisir dans l'action.

X Les corps caverneux.

Les corps caverneux sont deux, un de chaque côté, ce sont eux qui composent la partie la plus grande & la plus considerable de la verge; ils naissent des parties inferieures de l'os du penil & de l'iſchion, comme d'un fondement ferme & inébranlable; ils y ſont attachez par deux ligamens, l'un à la commiſſure de l'os pubis, & l'autre s'étend d'une des tuberoſitez de l'os iſchion à l'autre; dans leur origine ils ſont ſeparez l'un de l'autre; mais s'approchans peu à peu ils ſe joignent, & font la figure de la lettre Y; de ſorte que de ces deux corps & du conduit de l'urine qu'ils embraſſent, il ne s'en fait plus qu'un ſeul proche le gland.

Subſtance des corps caverneux.

Ces deux corps ou nerfs caverneux ont deux ſubſtances, l'une externe, qui eſt épaiſſe, dure, nerveuſe, & ſemblable aux membranes des arteres; & l'autre interne, qui eſt fongueuſe, rare, ſpongieuſe, & ſemblable à de la moëlle de ſureau, excepté qu'elle eſt d'un rouge tirant ſur le brun, & que celle du ſureau eſt blanche. Je vous ay dit que les deux principales branches des arteres hypogaſtriques entroient dans ces corps, qu'elles alloient finir à leur extremité proche le gland, & qu'elles diminuoient à meſure qu'elles avançoient, parce qu'elles jettent une infinité de branches à droite & à gauche, qui verſent le ſang dans ces parties.

Ce qui fait la tenſion de la verge.

Lorſque la verge ſe roidit, ce ſont ces corps caverneux qui s'enflent en s'empliſſant, non pas d'eſprits ſeulement, comme le vouloient les Anciens, mais de ſang; car en ſeringant quelque liqueur dans les arteres hipogaſtriques, je l'ai fort bien fait entrer dans les corps caverneux; ce qui m'a fait croire que c'étoit le ſang arteriel qui y étoit épanché, qui en faiſoit

Experience.

la tenſion, & que la verge devenoit lâche & molle, quand ce même ſang ſe vuidoit par les vénes hypogaſtriques.

J'ai encore fait pluſieurs experiences qui m'empeſchent de douter que ce ne ſoit le ſang qui faſſe cette tenſion; car ayant coupé la verge à des chiens, lorſqu'elle étoit tenduë, j'en voyois ſortir tout autant de ſang qu'il en falloit pour faire la groſſeur qu'elle avoit, lors qu'elle étoit roide. Autre experience.

D'ailleurs la ſubſtance ſpongieuſe qui emplit les corps caverneux me confirme dans cette opinion; car s'il n'y avoit eu qu'une cavité ſimple, le ſang arteriel y étant porté, ſe ſeroit trop promptement vuidé par les vénes; mais cette ſubſtance l'y arrête quelque tems, & fait que l'érection en eſt plus forte.

Je ne pretends pas nier qu'il ne s'y porte auſſi des eſprits, & qu'il ne ſoit même neceſſaire qu'il y en ſoit verſé par les nerfs; mais je dis que ce qui fait principalement l'érection, c'eſt le ſang, cet eſprit étant en trop petite quantité pour la faire.

Ce qu'il faut donc avoüer ici, c'eſt que l'imagination étant frapée par le reſſentiment du plaiſir, l'eſprit animal s'excite, ſe détache, & court avec impetuoſité par les nerfs aux parties de la generation, qu'il gonfle en ſe mêlant avec le ſang arteriel, qui y eſt porté par les arteres, & que par le mélange de ces deux liqueurs, il s'y fait une fermentation, & comme une ébullition qui cauſe l'érection. L'érection eſt faite de ſang & d'eſprits.

L'uretre eſt un canal nerveux, qui s'étend de- V. L'uretre.

puis le col de la vessie jusqu'au bout de la verge ; Il est situé au dessous & au milieu des corps nerveux ; sa substance est spongieuse, afin de se pouvoir étendre : Sa capacité est presque égale depuis le commencement jusqu'à la fin.

Deux membranes à l'uretre.

L'uretre est composé de deux membranes, dont l'exterieure est charnuë & tissuë de fibres transverses ; c'est pourquoi l'uretre étant ouvert par quelque operation, il se cicatrise. L'interne est déliée, nerveuse, & enduite d'une humeur onctueuse, dont je vous ay fait remarquer à la page 238. les deux bons effets qu'elle produit.

Figure de l'uretre.

La figure de ce conduit est comme une S ; car il descend de la vessie pour passer par dessous les os du penil, puis il remonte en haut pour accompagner la verge jusqu'à son extremité où il finit. Les Chirurgiens doivent bien observer cette figure, pour introduire la sonde avec adresse dans la vessie.

Usages de l'uretre.

L'usage de l'uretre est de servir de conduit commun à la semence & à l'urine, & non pas, comme quelques-uns l'ont voulu, à l'humeur glaireuse, qui y vient des prostates par ces petits tuyaux dont je vous ay parlé, parce que l'uretre n'est pas fait pour cette humeur, comme cette humeur est faite pour l'uretre.

Voila, Messieurs, toutes les parties que nous trouvons dans l'homme qui soient destinées à la generation ; je vous ferai voir celles de la femme dans la Démonstration suivante.

XIII p. 247

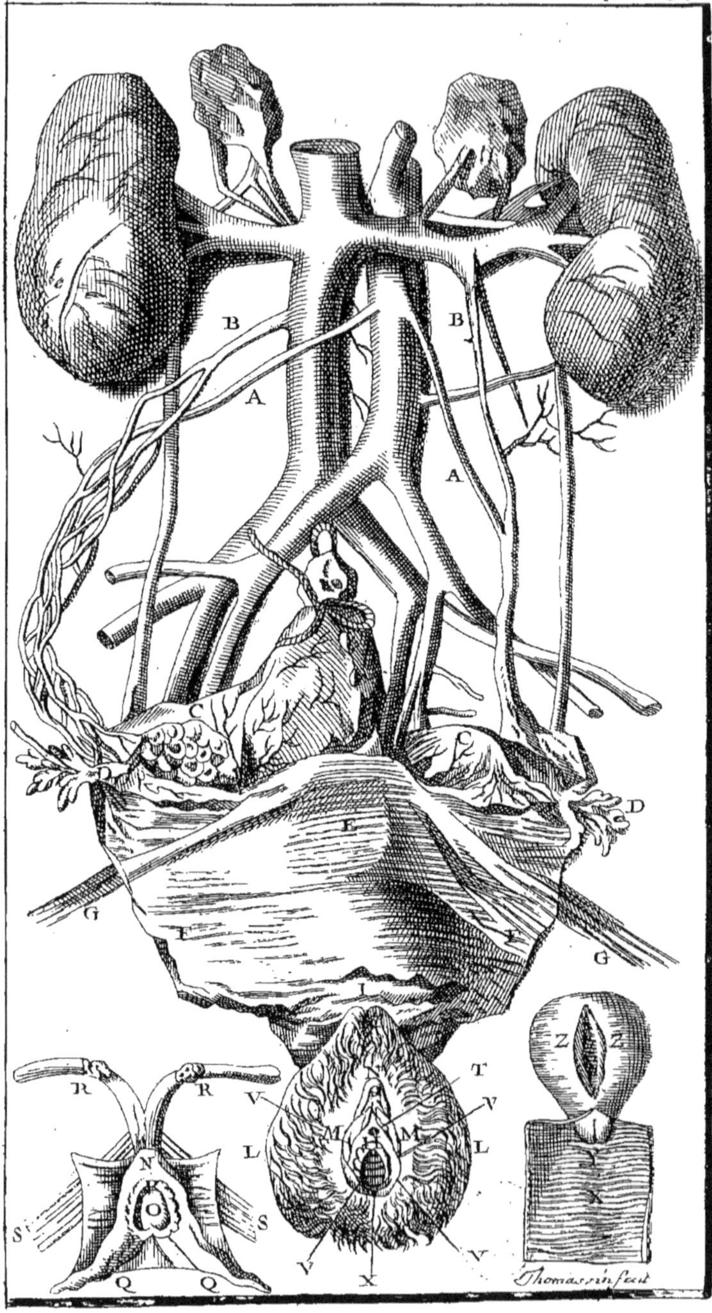

AUTRE QUATRIE'ME

DEMONSTRATION.

Des Parties de la Femme, qui servent à la generation.

QUOIQUE je vous aye amplement demontré, Messieurs, les parties de l'Homme qui servent à la generation : Je suis bien-aise de vous faire encore tout de suite une demonstration particuliere de celles de la Femme, non seulement parce qu'elles sont tres-curieuses à voir, & qu'il est naturel à l'Homme de sçavoir où, & comment il est formé ; mais aussi parce qu'elles sont tres-utiles, & que leur nombre n'est pas moins considerable que celui des parties de l'Homme.

Je commenceray par les vaisseaux spermatiques, afin de suivre le même ordre que j'ay observé dans la description que je vous ay faite des parties de l'Homme. Ils sont quatre, deux arteres, & deux vénes : Il y a, comme dans les Hommes, une artere & une véne de chaque côté. Quatre vaisseaux spermatiques.

Les arteres sortent de la partie anterieure de l'aorte à quelque distance l'une de l'autre ; leur A A Deux arteres ſperma- tiques. origine eſt ſemblable à celle des hommes ; mais leur inſertion eſt differente, car au milieu de leur chemin, elles ſe diviſent en deux branches, dont la plus groſſe va au teſticule aprés avoir fait pluſieurs détours ; & la plus petite à la matrice, où elle ſe diviſe en quantité de rameaux dont les uns vont à ſes côtez, à ſes trompes, & à ſon col, & les autres à la partie ſuperieure de ſon fond.

B B Deux vénes ſpermatiques. Cette diſtribution d'arteres eſt accompagnée d'autant de branches de vénes, qui remontant de la matrice & du teſticule, ſe joignent enſemble, & font deux vénes conſiderables qui vont ſe terminer ; ſçavoir celle du côté droit à la véne cave, & celle du côte gauche à l'emulgente.

Les vaiſſeaux ſpermatiques des Femmes different de ceux des hommes en deux manieres ; car premierement ils ne ſont pas ſi longs, à cauſe que les arteres & les vénes ont moins de chemin à faire dans les femmes que dans les hommes, depuis leur origine juſqu'à leur inſertion, ſoit que les arteres deſcendent de l'aorte dans les teſticules, ou que les vénes remontent des teſticules dans la véne cave, puiſque les femmes ont leurs teſticules, que d'autres appellent ovaires, comme nous l'expliquerons cy-aprés, dans la capacité du bas ventre, & que les hommes les ont dans le ſcrotum. En ſecond lieu ils different encore en ce que les arteres ſpermatiques ne deſcendent pas en droite ligne aux teſticules dans les femmes comme dans les hommes ; mais en ſerpentant & ſe reflechiſſant de côté & d'autre,

Ces vaiſſeaux different de ceux des hommes.

afin d'empêcher par ces circonvolutions, & par ce corps variqueux qu'elles forment avec les vénes qui remontent, que le sang arteriel ne se porte avec trop de precipitation au testicule.

Je vous ay déja dit que les Anciens appelloient ces vaisseaux preparans ; j'ay même refuté les raisons qu'ils avoient de les appeller ainsi, lorsque je vous ay entretenu des arteres & des vénes spermatiques des hommes ; mais leur opinion me paroît encore plus mal fondée à l'égard de la femme ; car premierement s'il étoit vray que l'artere spermatique, qui se divise en deux rameaux, dont l'un va au testicule, & l'autre à la matrice, preparât le sang, & commençât à le changer en semence, il s'ensuivroit non seulement qu'il n'y auroit qu'une partie de ce sang ainsi preparé qui fust portée au testicule ; mais encore que la matrice seroit nourrie, pour ainsi dire, de semence, puisque l'autre moitié y est portée pour la nourrir. D'ailleurs, j'ay déja fait voir qu'il n'y a point d'anastomoses entre les arteres & les vénes spermatiques ; de sorte que ce pretendu mélange du sang arteriel avec le venal, auparavant que d'aller au testicule, ne se fait point ; & ainsi il faut remarquer que les vaisseaux spermatiques n'ont point d'autre usage que celuy qu'ont toutes les arteres & les vénes du corps, sçavoir qu'une artere porte par une de ses branches du sang au testicule pour en separer la semence, & par l'autre du sang à la matrice pour sa nourriture ; & que le sang qui n'y a pas esté employé, est reporté par deux branches de vénes, dont l'une vient du testicule, &

Les arteres n'ont point d'anastomoses avec les vénes.

l'autre de la matrice ; ces deux branches se joignant ensemble font la véne spermatique.

CC Testicules. Les femmes ont deux testicules aussi bien que les hommes : c'est ce que les modernes appellent ovaires ; ils sont situez dans la capacité du bas ventre aux côtez du fond de la matrice, duquel ils ne sont éloignez que de deux travers de doigts.

Leur situation.

On nous a voulu persuader que la nature ne les avoit placez ainsi, qu'à dessein d'échauffer la semence qu'ils contiennent, & de la mieux perfectionner que s'ils avoient esté dehors comme ceux des hommes : d'autres ont dit que c'étoit afin de rendre les femmes plus amoureuses ; mais sans trop penetrer dans les desseins de la nature, nous pouvons dire que la place qu'ils occupent, leur est plus commode qu'aucune autre, parce qu'ayant beaucoup de commerce & de rapport avec la matrice, ils n'en devoient pas estre éloignez.

Leur grandeur & figure.

Les testicules des femmes ne different pas seulement de ceux des hommes en situation, mais encore en grandeur, en figure, en substance, en connexion, & en tegumens. Leur grandeur est differente, selon la difference des âges, de maniere qu'on ne la peut marquer precisément ; elle n'excede neanmoins pas pour l'ordinaire la grosseur d'un tres-petit œuf de pigeon : Leur superficie externe est inégale ; leur figure n'est pas absolument ronde, mais large, & applatie dans leur partie anterieure & posterieure.

Leur connexion.

Ils sont attachez au peritoine vers la region de l'os *ileon*, par le moyen des vaisseaux spermatiques, & des membranes qui les enveloppent; à la matrice par les vaisseaux déferans; & affermis par les ligamens larges de la matrice; de sorte qu'ils ne sont point suspendus par aucun muscle cremastere, comme le rapportent des Autheurs celebres.

Leurs membranes.

Ils ont deux tuniques, une commune qui leur vient du peritoine; c'est la même qui enveloppe les vaisseaux spermatiques: & une propre qui est fort adherente à leur substance.

Substance des testicules.

Aprés qu'on a separé ces membranes, on découvre la substance des testicules, qui est toute vessiculaire. & par consequent fort differente de celle des testicules de l'homme, qui n'est qu'un tissu de vaisseaux seminaires; celle-ci étant composée d'un grand nombre de vessicules rondes, & de petites glandes, qui ont chacune une petite cavité où aboutissent les extremitez capillaires des vaisseaux qui entrent dans le testicule; la semence ayant esté filtrée dans ces petites glandes, & separée du sang qui a esté apporté par les arteres, passe de ces glandes dans ces petites vessicules, que l'on peut appeller seminaires, aussi bien que celles des hommes, puisqu'elles ont le même usage, qui est de servir de reservoir à la semence, en la gardant dans leurs cavitez pour estre déchargée dans le tems de l'action par le vaisseau déferant dans le fond de la matrice. Voila l'opinion qui a esté la mieux receuë jusqu'à present.

L'opinion cõmune & la mieux receuë.

Sentiment des modernes.

Les Anatomistes modernes ont changé les noms de testicules & de vessicules, appellans les testicules des ovaires, & les vessicules des œufs.

Ils disent que ces œufs sont remplis de liqueur par le moyen des nerfs & des vaisseaux spermatiques qui se ramifient dans toute leur masse, & qui se perdent aprés en plusieurs capillaires dans leurs tuniques, & qu'ainsi ils enferment chacun une matiere avec toutes les particules propres à former un enfant, de maniere que la semence de l'homme venant à fraper cet œuf, l'esprit en penetre la membrane, & le rend fecond. Ils veulent que ces œufs soient de differente grosseur, & de different nombre dans les filles ou femmes capables d'engendrer, & qu'ils puissent se détacher de l'ovaire les uns aprés les autres.

Raisons des ovaristes.

Les partisans de cette opinion la soûtiennent fortement ; ils avancent même que les generations qui se font dans l'Univers, se font toutes par le moyen des œufs ; & que celle des animaux terrestres se fait comme celle des volatils, avec cette difference neanmoins, que les derniers couvent leurs œufs hors d'eux, & que les terrestres les couvent dans eux-mêmes ; sur ce principe ils veulent que la generation de l'homme se fasse aussi par le moyen d'un œuf, disant que cet œuf est enveloppé de toutes parts par une membrane qui fait qu'il peut estre separé de l'ovaire, sans que la semence qu'il contient, s'en échape.

Raisons contre les ovairistes.

Cette opinion jusques-là paroît vray-semblable ; car elle ne differe de la premiere, qu'en ce qu'elle veut que la semence enveloppée de sa membrane, soit portée dans le fond de la matrice ; & que la premiere veut qu'elle y soit versée en liqueur par des vaisseaux que l'on appelle déferans. On voit bien les conduits qui la portent en liqueur; mais on a de la peine à concevoir comment elle peut y eſtre conduite en œuf. Je vous expliquerai les ſentimens des uns & des autres à la fin de cette Démonſtration, aprés que je vous auray fait voir toutes les parties.

Vaiſſeaux déferans.

Les vaiſſeaux déferans ou éjaculatoires ſont deux, un de chaque côté; Ils vont du teſticule aux cornes de la matrice, en faiſant quelques anfractuoſitez: Ils ſont gros & entortillez auprés des teſticules; mais quand ils en ſont un peu éloignez, ils s'étréciſſent & ſe diviſent en deux branches, dont la plus groſſe & la plus courte ſe termine au fond de la matrice, & la plus déliée & la plus longue deſcend par les côtez de la matrice entre deux membranes, & va finir à ſon col proche l'orifice interne.

Suite de l'opinion commune.

C'eſt par ces vaiſſeaux que la ſemence eſt ejaculée dans la matrice, ſelon ceux qui croyent qu'elle y eſt verſée en liqueur; ce ſont eux qui font ſentir du plaiſir, lorſque la ſemence paſſe par leurs cavitez, parce qu'ils ſont d'un ſentiment fort exquis; Celui qui va au fond de la matrice, y porte la ſemence dans celles qui ne ſont pas groſſes; mais dans celles qui le ſont, c'eſt l'autre conduit qui la porte dans ſon col; d'où vient que les femmes groſſes ont plus de plaiſir que celles qui ne le ſont pas; car la ſemence faiſant un plus long chemin, excite un chatoüillement qui dure plus long-tems, & leur cauſe ainſi plus de plaiſir, ſuivant l'opinion commune.

Il n'y a pas d'apparence de croire que la natu-

Utilitez des vaisseaux déferans.

re n'ait fait ce conduit qui va au col de la matrice, que pour augmenter le plaisir de la femme pendant qu'elle est grosse, n'étant pas même necessaire qu'elle use du coït dans ce tems-là; mais la nature prévoyant qu'elle ne s'en abstiendroit pas pendant la grossesse, elle a fait ce conduit, afin que la semence fût portée au col, & ne troublât pas la conception, comme elle auroit fait indubitablement, si elle avoit esté portée dans le fond de la matrice pendant la grossesse.

D
Les trompes.

Ces parties que vous voyez à droite & à gauche de la matrice, se nomment les trompes, à cause qu'elles approchent de la figure des trompettes; elles naissent de son fond par une production fort petite, & se dilatent ensuite insensiblement jusqu'à leur extremité: Elles ont autour de leur orifice, qui est toûjours ouvert, de petites membranes déchirées ou déchiquetées à peu prés comme de la frange; c'est cet endroit que l'on appelle le morceau du diable.

Figure des trompes.

Les trompes sont attachées au dessous des testicules par le moyen de ces extremitez de membranes déchirées. La grandeur de ces trompes n'est pas toûjours la même dans toutes ses parties; leur longueur est de quatre à cinq travers de doigts, & leur grosseur est d'un petit tuyau de plume; elles ont les mêmes vaisseaux que les testicules.

Substance des trompes.

La substânce des trompes est membraneuse, & non pas nerveuse, ou charnuë, comme quelques-uns l'ont décrite. Elle a deux membranes, dont l'une est interne, & l'autre externe; l'interne prend naiſſance de celle qui tapiſſe la ſurface interne de la matrice ; elles different neanmoins l'une de l'autre, en ce que celle de la matrice eſt liſſe, unie, & égale, & que celle qui tapiſſe la cavité des trompes, eſt ridée & inégale, mais beaucoup plus dans l'extremité de ces trompes que dans leur milieu, d'où vient que leur entrée dans la matrice eſt fort étroite. La membrane externe eſt la même que celle de la matrice ; elle n'eſt pas rude & inégale dans toutes ſes parties, étant quelquefois liſſe ; & polie en quelques-unes.

Sentimẽt des modernes ſur le chemin des œufs.

Ceux qui transforment le teſticule en ovaire, & qui en font détacher un œuf à chaque fois qu'il ſe fait un enfant, diſent que c'eſt par cette trompe que l'œuf eſt porté dans la matrice, & voici comment ils pretendent que cela ſe fait ; auſſi-tôt que la ſemence de l'homme a eſté receuë dans le fond de la matrice, elle eſt embraſſée & preſſée, de maniere que la partie la plus ſubtile, que l'on appelle l'eſprit volatil de la ſemence, eſt obligée de ſe porter par ces trompes à l'ovaire, pour y donner la fecondité aux œufs : Ils diſent que pendant l'action, ces membranes déchiquetées qui environnent les orifices des trompes, embraſſent tellement les ovaires de toutes parts, que cet eſprit ne peut eſtre diſſipé ; de ſorte que l'œuf le plus proche de ſa maturité en étant rendu fecond, devient opaque ; & qu'étant ébranlé par la ſecouſſe que cet eſprit luy donne, en le frapant pour le rendre fecond, il tombe dans l'orifice des trompes, qui le conduiſent dans le fond de la matrice ; ils diſent encore que quand il se fait deux enfans, c'est lors qu'il se détache deux de ces œufs en même tems.

Il se trouve beaucoup de difficultez dans l'opinion des modernes, à l'égard de l'execution de ce que je viens de vous dire, puisqu'il paroît tout-à-fait impossible que la membrane qui envelope tous ces œufs puisse leur permettre de se détacher; car étant forte comme elle est, il faudroit qu'elle s'ouvrit ou se rompit pour cet effet; d'ailleurs il est difficile de comprendre comment cette extremité de la trompe peut estre assez juste pour aller recevoir cet œuf. Ils ont beau dire que la nature, cette sage mere, a disposé l'extremité des trompes, d'une certaine maniere qu'elles peuvent recevoir les œufs quand ils tombent des ovaires : Voila un beau raisonnement, quelle apparence y a-t-il que la nature, s'il étoit vray qu'elle eût l'intention qu'ils veulent qu'elle ait, n'eût pas fait un conduit particulier qu'elle eût attaché à l'ovaire, plûtôt que de laisser courir risque à ces œufs de tomber dans la capacité de l'abdomen.

Les modernes pretendent encore confirmer leur opinion, en disant que l'on a trouvé des enfans dans ces trompes; je le croy bien, n'étant pas impossible que la semence n'y ait esté portée pour les y engendrer; mais de dire que si on les y a trouvez, ce n'est que parce que quelque œuf s'y est arrêté, n'ayant pû tomber dans la matrice, c'est ce que je ne croy pas, non plus que les autres usages qu'ils donnent à ces trompes, faute d'en connoître les veritables.

Il y a plusieurs bons Anatomistes qui pretendent

dent qu'elles servent d'epididimes, & que comme la semence dans l'homme, aprés avoir esté preparée dans les testicules, passe dans les epididimes : de même celle des femmes, aprés avoir esté preparée aussi dans leurs testicules coule dans les trompes.

Je vous prie de ne rien décider presentement sur cette opinion, & de suspendre vos jugemens jusqu'à ce que je vous aye démontré la matrice, & expliqué les sentimens differens sur la generation, parce qu'il y a encore quelques difficultez que je vous rapporteray, aprés quoy vous vous déterminerez avec connoissance de cause.

Le principal organe de la generation est la matrice, qui est appellée par quelques-uns *uterus*. Elle est située au bas de l'hypogastre, entre le rectum & la vessie, dans une cavité que l'on nomme le bassin qui est plus ample aux femmes qu'aux hommes, afin de donner à la matrice la liberté de s'étendre dans les grossesses.

E La matrice.

Situation de la matrice.

La grandeur de la matrice ne se peut pas bien déterminer, étant differente selon les differens états où se trouvent les femmes & les filles : Quand elle est vuide, par exemple, elle n'est pas plus grosse qu'une noix dans les filles, & dans les femmes elle est comme la plus petite courge ; au lieu que lorsqu'elle est pleine, elle est d'une grandeur prodigieuse. Il faut pourtant remarquer ici que le col ne suit pas la dilatation de son fond, conservant toûjours son premier état, sa forme & sa figure, non seulement dans les femmes, mais même dans plusieurs especes d'animaux. On ne peut pas non plus marquer

Grandeur de la matrice.

precisément sa longueur ni sa largeur ; car étant membraneuse elle peut s'allonger ou s'étressir selon la necessité.

Epaisseur de la matrice.

A l'égard de son épaisseur, elle est aussi fort differente; dans les vierges elle est mince, mais elle s'épaissit dans celles qui ont des enfans à mesure qu'elles en ont; elle est fort épaisse proche son orifice interne, qui est son endroit le plus étroit, ce qui fait qu'il peut s'étendre & se dilater tout autant qu'il le faut pour le passage de l'enfant. L'épaisseur de la matrice change encore, & devient tres-considerable dans le tems des ordinaires, parce que le sang qui coule dans ce tems-là étant versé dans toute sa substance, la tumefie ; mais elle diminuë à mesure qu'il s'écoule par les purgations.

Erreur des Anciens sur l'épaisseur de la matrice.

La plûpart des Anciens nous ont rapporté, & même quelques Modernes, que les membranes de la matrice étoient d'une nature toute differente des autres ; que plus elles se dilatoient, plus elles devenoient épaisses ; & que dans le tems de l'accouchement, elles avoient deux doigts d'épaisseur qui étoit causée par une prodigieuse quantité d'esprits & de sang, qui en imbiboient les membranes ; & ils s'écrioient sur la sagesse de la nature, qui les avoit faites ainsi pour un bien, qui étoit afin de donner à l'enfant, pendant qu'il est dans la matrice, par le moyen de ces esprits & de ce sang, tous les secours dont il avoit besoin pour sa formation.

Mais j'ose dire, contre l'opinion & l'autorité de ces Messieurs, que les membranes de la matrice ne sont point d'une autre nature que les autres, & qu'elles subissent le même sort, puisqu'elles deviennent moins épaisses à mesure qu'elles se dilatent, & qu'elles sont même plus minces dans les derniers mois de la grossesse, que dans les premiers.

Figure de la matrice.

La matrice est ronde & oblongue, car d'une base large qui est son fond, elle se termine peu à peu en pointe vers son orifice interne, qui est son endroit le plus étroit, ce qui l'a fait ressembler à une petite vantouse, ou bien à une poire. Et si on y joint son col, elle a la figure d'une fiole renversée; elle n'est pas exactement ronde, mais un peu applatie par devant & par derriere; ce qui la rend plus stable, & l'empêche de vaciller.

Ce qu'on entend par les cornes de la matrice.

On void deux petites éminences aux parties laterales & superieures de son fond, que l'on appelle les cornes de la matrice, parce qu'elles ressemblent à celles des veaux, lorsqu'elles commencent à pousser. Ces petites éminences ne sont autre chose que les extremitez des trompes qui s'inserent dans le fond de la matrice.

Substance de la matrice.

La substance de la matrice est membraneuse, afin qu'elle puisse s'ouvrir pour recevoir la semence; se resserrer pour l'embrasser aprés l'avoir receuë; se dilater & s'étendre pour l'accroissement de l'enfant; se resserrer pour l'aider à sortir dans le tems de l'accouchement, & aprés luy l'arrierefaix; & enfin se remettre aprés dans son état naturel.

Membranes de la matrice.

Les membranes de la matrice sont deux, une commune, & une propre; la commune lui vient du peritoine, elle est redoublée & inégale par ſa partie interne, mais elle eſt fort polie & égale par ſa partie externe : elle eſt tres-forte & tres-épaiſſe, c'eſt elle qui couvre de tous côtez la ſurface exterieure de la matrice. La membrane propre eſt tiſſuë de trois ſortes de fibres, ſçavoir de droites, de tranſverſes, & d'obliques; par le moyen deſquelles elle peut ſe dilater ſuffiſamment pour contenir pluſieurs enfans, & ſe reſſerrer par aprés : Cette membrane tapiſſe toute la matrice, elle eſt liſſe & égale dans ſon fond; & s'il arrive qu'elle ſoit quelquefois ridée & inégale, ce n'eſt que dans le tems des menſtruës, à cauſe des orifices des vaiſſeaux qui s'ouvrent dans la matrice, & qui y forment de petites éminences. On la trouve toûjours ridée dans ſon col; elle a connexion avec la tunique interne du vagina & avec celle des trompes. Cette membrane ne procede pas du peritoine, comme la premiere, mais de la ſubſtance même de la matrice, à laquelle elle eſt tellement unie, qu'elle paroît une même choſe.

Connexion de la matrice.

La matrice eſt attachée par ſon col & par ſon fond; le col eſt attaché par le moyen de la membrane exterieure qui luy vient du peritoine, à la veſſie & aux os pubis par devant, & par derriere au rectum & à l'os ſacrum. Le fond n'eſt pas ſi fortement attaché que le col, parce qu'il doit eſtre plus libre, afin de ſe mouvoir, de s'étendre, & de ſe reſſerrer ſelon les occaſions; neanmoins pour empêcher qu'il ne change de ſituation, & qu'il ne ſoit pas agité par des mouvemens continuels, il a quatre ligamens, ſçavoir deux ſuperieurs, & deux inferieurs qui le tiennent ſuſpendu.

Les ſuperieurs, que l'on appelle ligamens larges, à cauſe de leur ſtructure membraneuſe, ne ſont autre choſe que des productions du peritoine qui viennent des lombes, & vont s'inſerer aux parties laterales du fond de la matrice, pour empêcher que le fond ne tombe ſur le col, comme il arrive lorſque ces ligamens ſont trop relâchez: On les compare aux aîles de chauve-ſouris, dont ils imitent la figure ; ils ſervent encore à conduire les vaiſſeaux qui vont ſe rendre à la matrice, & à affermir les teſticules dans leur ſituation naturelle. FF Les deux ligamens larges.

Les inferieurs, que l'on nomme ligamens ronds, à cauſe de leur figure ronde, prennent leur origine des côtez du fond de la matrice vers ſes cornes, & vont paſſer par les anneaux qui ſont aux aponevroſes des muſcles de l'abdomen, pour ſe rendre aux aînes, où étant arrivez, ils ſe diviſent en forme d'une pate d'oye en pluſieurs petites branches, dont les unes s'inſerent aux os pubis, & les autres aux cuiſſes, en ſe confondant avec les membranes qui couvrent la partie anterieure & ſuperieure de la cuiſſe; c'eſt de là que viennent les douleurs que les femmes groſſes reſſentent dans les cuiſſes, & qu'elles ſentent augmenter à meſure que la matrice groſſit & monte en haut: c'eſt auſſi la raiſon pourquoy elles ne peuvent pas eſtre long-tems à genou, parce que les jambes étans ployées, elles tirent la peau de la cuiſſe en bas, & par conſequent la matrice, par le moyen de ſes ligamens: il arrive encore que les boyaux de l'epiploon ſe gliſſant par les mêmes anneaux par où paſſent ces liga- GG Les deux ligamens ronds.

mens ronds, font les descentes en tombant dans les aînes.

Structure des ligamens ronds.

Ces deux ligamens sont longs, nerveux, ronds, & assez gros proche de la matrice, où l'on les trouve caves, aussi bien que dans leur chemin, jusqu'aux os pubis, auquel endroit ils deviennent plus petits, & s'applatissent pour s'inserer comme nous venons de dire ; l'on prétend que ce sont eux qui empêchent que la matrice ne monte trop haut : Si c'étoit le seul usage qu'ils eussent, ils ne seroient gueres necessaires, car le fond de la matrice est trop proche de son col, pour croire qu'il s'en puisse beaucoup éloigner : D'ailleurs, si la nature ne s'étoit proposé que de retenir la matrice dans l'hypogastre par leur moyen, elle seroit fort trompée, puisqu'ils luy permettent de monter jusques dans l'epigastre pendant la grossesse ; & ce n'est pas seulement durant la grossesse que ces ligamens ne peuvent pas l'assujettir dans un même lieu, mais encore dans les mouvemens qu'elle est capable de faire, qui sont quelquefois si grands, qu'ils ont fait dire à Platon & à Aristote, que la matrice étoit un animal enfermé dans un autre animal ; car elle se meut tantôt en haut, tantôt en bas, & fait des mouvemens si extraordinaires dans les vapeurs & dans les maladies histeriques, qu'il est impossible de ne pas s'appercevoir qu'alors ces ligamens ne sont pas capables de la retenir, & qu'ainsi il faut qu'ils ayent un autre usage, puisqu'une bonne ou méchante odeur peut la mettre même en mouvement, & la faire changer de place nonobstant ces ligamens.

Ils ne peuvent pas assujettir la matrice.

Pour moy je croy qu'ils servent à tirer le fond de la matrice en bas dans le tems de l'action, & à l'approcher de l'orifice externe pour recevoir la semence dans le moment de l'ejaculation; Cette pensée s'accorde avec ce que nous voyons arriver tous les jours; car un homme qui a la verge courte, ou qui ne l'introduit qu'à moitié dans le vagina, ne laisse pas de faire des enfans, parce que ces ligamens tirant la matrice en bas, l'amenent au devant de la semence pour la recevoir, & ils l'approchent quelquefois si prés de l'orifice externe, qu'il y a eu des filles qui sont devenuës grosses, quoyqu'il n'y ait point eu d'intromission, & que l'ejaculation ne se fût faite qu'à l'entrée.

Nerfs de la matrice.

Les nerfs de la matrice luy viennent de deux endroits, les uns de la sixiéme paire, & les autres de ceux qui sortent par l'os sacrum. Tous ces nerfs se vont répandre tant à son fond qu'à son col: Ils rendent la matrice fort sensible, & par consequent susceptible de plaisir dans le coït, & de douleur dans les maladies, qui ne luy surviennent que trop souvent; ce sont eux qui la font simpathiser avec toutes les parties du bas ventre, & avec beaucoup d'autres; & qui font qu'elle leur communique jusqu'à ses moindres incommoditez; car quand elle souffre, tout le reste du corps s'en ressent, & c'est la raison pourquoy on appelle la matrice l'horloge qui marque la santé des femmes.

Arteres de la matrice.

Les arteres qui vont à la matrice sont de deux sortes; les unes font partie de l'artere spermatique, que je vous ay démontrée; & les autres partent des arteres hypogaſtriques; les premieres ſe perdent toutes dans le fond; & ces dernieres qui ſont les plus groſſes, ſe diſtribuent principalement dans ſon col, & dans ſes parties; de ſorte que la matrice eſt arroſée de toutes parts par le ſang qu'elle reçoit de ces arteres.

Pourquoy tant d'arteres à la matrice.

Il n'eut pas fallu tant d'arteres à la matrice ſi elles n'euſſent porté du ſang que pour ſa nourriture; mais elles portent encore celuy qui eſt neceſſaire pour l'enfant qui eſt dans la matrice; elles le verſent par une infinité de petits rameaux dans tout le corps du placenta, pour eſtre conduit par la vêne umbilicale à l'enfant. Voyez à la page 164. de quelle maniere j'ay expliqué la nourriture du fœtus, en parlant des uſages des vaiſſeaux umbilicaux; & lorſque la femme n'eſt pas groſſe, ce même ſang s'échape par pluſieurs petits tuyaux qui s'ouvrent dans toute la circonference de ſon fond, & tombe dans ſa cavité, d'où il ſort par le vagina; c'eſt ce ſang qui coule tous les mois, que l'on appelle les menſtruës, ou les ordinaires. Ces tuyaux ſe voyent manifeſtement en celles que l'on ouvre peu de tems aprés qu'elles ſont accouchées, ou dans le tems que coulent les menſtruës.

Il y a des rameaux de ces arteres qui vont à l'orifice interne y porter du ſang pour ſa nourriture; Ils laiſſent quelquefois échaper de ce ſang dans le tems de la groſſeſſe, particulierement lorſque les femmes en ont plus qu'il n'en faut pour la nourriture de l'enfant; C'eſt pourquoy il ne faut pas s'étonner s'il y a des femmes qui ont eu leurs ordinaires pluſieurs fois durant leur grossesse, & qui ont porté leur enfant à terme; parce qu'alors ces purgations viennent des vaisseaux qui sont au col de la matrice, & non pas de ceux de son fond, qui seroit obligé de s'ouvrir pour les laisser passer, ce qui causeroit l'avortement.

Vénes de la matrice.

Le nombre des vénes n'est pas moindre que celuy des arteres, il y en a deux principales, qui sont une spermatique & une hypogastrique, qui accompagnent les arteres du même nom. Elles sont faites d'une infinité de branches qui viennent de toutes les parties de la matrice, & qui reportent le sang dans le tronc de la véne cave; ces vénes s'entr'ouvrent en plusieurs endroits les unes dans les autres, de maniere qu'elles s'abouchent par un grand nombre d'anastomoses; ce qui est plus facile à voir que dans les arteres, car en souflant dans une seule véne de la matrice, on voit enfler non seulement toutes les autres, mais encore celles du col & des testicules.

Ses vaisseaux limphatiques.

L'on remarque encore à la matrice plusieurs vaisseaux limphatiques qui rampent sur sa partie exterieure, & qui vont se décharger dans le reservoir du chile, aprés s'estre réünis peu à peu en de gros rameaux.

Action de la matrice.

L'action propre de la matrice est la generation, elle travaille uniquement à cet ouvrage; c'est elle qui reçoit & retient la semence, & qui, comme une terre fertile, ayant reçû une graine, en produit une plante de même espece; aussi la matrice ayant reçû une semence feconde & propre à engendrer un enfant, la retient, l'embrasse & la fomente, de maniere que la conception s'ensuit. Cette action est commune à la verité, mais la maniere dont elle se fait est tellement envelopée de tenebres, qu'il est tres-difficile que la raison en puisse penetrer le secret.

Examen de la matrice en particulier.

Aprés vous avoir démontré tout ce qui regar- de la matrice en general, il faut, pour en avoir une parfaite connoissance, entrer dans le détail des parties qui la composent; puisque nous l'avons comparée à une fiole, il faut qu'elle ait comme elle un fond, un col, & deux orifices; l'un interne, qui est celuy du fond, & l'autre externe, qui est celuy du col; nous commencerons par l'orifice externe, tant parce qu'il se presente le premier, qu'à cause qu'il est le portique par lequel nous devons entrer dans l'appartement que nous allons visiter.

H L'orifice externe de la matrice.

Je ne rapporteray point les differens noms que l'on a donnez à cette partie, je me contenteray de vous dire qu'elle se nomme ordinairement la partie honteuse; je ne sçay si elle a ce nom parce qu'elle se cache d'elle-même, ou bien parce qu'on est honteux de la montrer: Elle est composée de plusieurs parties, dont les unes paroissent d'elles-mêmes à l'exterieur, comme le penil, la motte, les lévres, & la grande fente; & les autres au contraire ne se peuvent voir qu'en écartant les lévres, comme les nimphes, le clitoris, le meat de l'urine, & les caruncules.

I Le penil.

La premiere de toutes ces parties est le penil, qui est situé à la partie anterieure des os pubis, ce n'est autre chose que le dessus de la partie honteuse; il est un peu élevé, parce qu'il est fait de graiſſe, qui ſert comme de petit couſſin, pour empêcher que la dureté des os ne bleſſe dans l'action.

K La motte. La motte eſt ſituée un peu au deſſous du penil; c'eſt ce qu'on appelle le mont de Venus; elle eſt élevée comme une petite colline au deſſus des grandes lévres; elle eſt, auſſi bien que le penil, couverte de petits poils qui commencent à y croître à l'âge de quatorze ans. On obſerve que celuy des femmes eſt plus friſé que celuy des filles; ce poil empêche que les parties de l'homme ne ſe froiſſent contre celles de la femme dans le coït.

L L Les grandes lévres. De la motte deſcendent deux parties, l'une à droite, & l'autre à gauche, qui ſe joignent au perinée; ce ſont ces parties que l'on appelle les grandes lévres; elles ſont faites de la peau redoublée, de chair ſpongieuſe, & de graiſſe, ce qui les rend aſſez épaiſſes: elles ſont plus fermes aux filles qu'aux femmes; elles ſont molaſſes & pendantes à celles qui ont eu beaucoup d'enfans; elles ſont revêtuës de poils, qui ſont moins forts que ceux du penil & de la motte.

La grande fente. L'eſpace qui eſt entre ces deux lévres s'appelle la grande fente, parce qu'elle eſt beaucoup plus grande que l'entrée du col de la matrice, que l'on nomme la petite fente. Elle va depuis la motte jusqu'au perinée.

M M Les nimphes. En écartant les cuiſſes, & ouvrant les deux lévres, on découvre deux productions ou excroiſſances charnuës, molles & ſpongieuſes, que l'on appelle les nimphes, parce qu'elles preſident aux eaux en conduiſant l'urine dehors ; elles ſont deux, l'une à droite, & l'autre à gauche ; elles ſont ſituées entre les deux lévres.

Figure des nimphes.

Leur figure eſt triangulaire, & ſemblable à cette membrane qui pend au deſſous du goſier des poules ; leur couleur eſt rouge comme la crête d'un coq ; leur ſubſtance eſt en partie charnuë, & en partie membraneuſe, étant faite de la peau redoublée & interne des grandes lévres. Leur grandeur n'eſt pas toûjours égale, car il arrive quelquefois qu'une eſt plus grande que l'autre : il y a même des femmes qui les ont plus grandes les unes que les autres ; elles croiſſent à quelques-unes de telle ſorte, qu'elles excedent les grandes lévres, & qu'on eſt obligé de les couper.

Elles s'avancent vers la partie ſuperieure de la grande fente, où elles forment en joignant une petite membrane qui ſert de chaperon au clitoris : Les filles ont les nimphes ſi fermes & ſi ſolides, que lors qu'elles piſſent, l'urine ſort avec ſifflement. Les femmes les ont molles & flaſques, & principalement aprés avoir eu des enfans.

Uſages des nimphes.

On pretend que les uſages des nimphes ſont de conduire l'urine comme entre deux parois, & d'empêcher que l'air n'entre dans la matrice ; mais je croy que leur uſage eſt plûtôt de s'étendre, afin de permettre aux grandes lévres de prêter tout autant qu'il le faut pour le paſſage de l'enfant dans le tems de l'accouchement : & cela eſt ſi vray, qu'en ouvrant quelques femmes mortes peu de tems aprés eſtre accouchées, je les ay trouvées preſque effacées ; parce qu'étans faites de la peau redoublée & interne des grandes lévres , elles s'étoient tellement étenduës qu'elles ne paroissoient plus.

NN Le clitoris.

On voit à la partie interne de la grande fente, au dessus des nimphes, un corps glanduleux rond, long, & un peu gros à son extremité, que l'on appelle le clitoris : Il est inutil de rapporter tous les noms que l'on a donnez à cette partie, que l'on dit estre le siege principal du plaisir dans la copulation ; il est vray qu'elle est fort sensible , & il y a des femmes qui sont d'un temperament si amoureux, que par la friction de cette partie, elles se procurent du plaisir qui supplée au defaut des hommes ; c'est ce qui la fait appeller par quelques-uns, le mépris des hommes.

Grandeur du clitoris.

Le clitoris est pour l'ordinaire assez petit, c'est ce qui fait qu'il ne paroît presque point aux femmes mortes : Il commence à paroître aux filles à l'âge de quatorze ans ou environ, & grossit à mesure qu'elles avancent en âge, & selon qu'elles sont plus ou moins amoureuses : Il enfle & devient dur dans l'ardeur du coït ; ce qui se fait par le moyen du sang & des esprits dont il se remplit dans cette action, de la même maniere que fait la verge de l'homme dans l'érection ; c'est pourquoy on l'appelle aussi la verge de la femme, parce qu'elle luy ressemble en beaucoup de choses ; Il y a des femmes qui l'ont extremement gros, & à qui il sort hors des lévres. Il y en a d'autres qui l'ont si long, qu'il a la grandeur de la verge d'un homme, & celles-là peuvent en abuser avec d'autres femmes.

Composition du clitoris. Les mêmes parties qui entrent dans la composition de la verge de l'homme, entrent dans celle du clitoris; son extremité ressemble au gland, O Le gland du clitoris. excepté qu'elle n'est pas percée, quoyque l'on y voye le vestige d'un meat : Il a une membrane d'une même nature que celle qui tapisse la surface des côtez de la grande fente, cette membrane se joignant à angle aigu dans la partie superieure de la fente, forme une production P Le prepuce du clitoris. membraneuse, & toute ridée, qu'on appelle le prepuce du clitoris, à cause qu'elle en recouvre l'extremité. Il a deux nerfs caverneux, un de chaque côté, qui viennent de l'os ischion; ce sont ces nerfs qu'on appelle, avant que de se joindre, les jambes du clitoris, & qui se réunissant, en font le corps; QQ Les jambes du clitoris. on les trouve pleins d'un sang noir & épais embarrassé dans leurs fibres.

Quatre muscles au clitoris. Il y a quatre muscles qui vont s'attacher au clitoris, sçavoir deux erecteurs, & deux ejaculateurs; les deux premiers prennent leur origine comme vous voyez, de l'éminence de l'ischion; Ils sont couchez sur les nerfs caverneux, RR Deux erecteurs. & vont s'inserer aux parties laterales du clitoris; les deux autres, que l'on appelle honteux, sont larges & plats; ils sortent du sphincter de SS Deux ejaculateurs. l'anus, & s'avançant lateralement le long des lévres, s'inserent à côté du clitoris, tout proche le conduit de l'urine.

Usage de ces muscles. Quoyque ces quatre muscles finissent au clitoris, ils ne servent pas seulement à le relever & à le roidir, mais encore à resserrer & à retressir l'orifice du vagina, parce qu'en se gonflant ils obligent les lévres de se serrer l'une contre l'autre, de maniere qu'elles compriment extrémement la verge dans le tems du coït; c'est aussi par le moyen de ces muscles que quelques femmes font mouvoir ces lévres selon leur volonté.

Vaisseaux du clitoris.

A la partie inferieure du clitoris, il y a un petit frein comme à la verge; il reçoit un nerf assez considerable qui vient de la sixiéme paire; les arteres honteuses luy fournissent du sang, & les vénes du même nom reportent ce même sang dans la véne cave: tous ces vaisseaux sont plus gros que ne le demande une partie aussi petite que le clitoris; Ce qui persuade qu'y étant porté plus d'esprits & de sang qu'il n'en faut pour sa nourriture, le reste est employé à quelqu'autre usage que pour servir à son erection.

Usages du clitoris.

Le clitoris étant d'un sentiment aussi exquis qu'il est, ne peut avoir d'autre usage que d'estre le siege du plaisir que les femmes ressentent dans l'action.

T
Le meat urinaire.

Au dessous du clitoris on void un trou rond, qui est le meat du conduit de l'urine; il est plus large & plus court que celuy des hommes; c'est pourquoy les femmes ont plûtôt vuidé leur urine: Elles en reçoivent encore un autre avantage, qui est que l'urine sortant promptement entraîne avec soy les petites pierres, le sable & le gravier qui reste souvent au fonds de la vessie des hommes; ce qui empêche qu'elles ne soient aussi sujettes à la pierre qu'eux. Ce conduit est environné d'un sphincter, qui est un muscle qui sert à retenir ou à lâcher l'urine quand on veut.

Les prostates des femmes.

Il y a entre les fibres charnuës de l'uretre & la membrane qui la tapisse interieurement, un corps blanchâtre & glanduleux, épais d'un travers de doigt, qui s'étend le long & autour du col de la vessie, & qui est semblable aux prostates des hommes; car outre qu'il en a la figure, il en a aussi l'usage, ayant plusieurs conduits qui sont comme de petits vaisseaux appellez lacunes, qui percent de ce corps dans l'uretre, & y versent une humeur glaireuse, qui sert à l'humecter, de crainte qu'elle ne soit offensée par l'acreté des sels de l'urine.

Il y en a qui croyent que cette humeur excite la femme & la rend amoureuse; ce qui pouroit bien estre, puisque dans le coït elle sort en quantité, & même par ejaculation; ce qui arrive par le gonflement des parties voisines qui pressent ce corps dans ce tems-là, en exprimant l'humeur qui est souvent jettée jusques sur le penil de l'homme.

VVVV Quatre caruncules mirtiformes.

En descendant plus bas, & écartant les deux lévres, on void une cavité oblongue, qu'on appelle la fosse naviculaire, au milieu de laquelle paroissent quatre caruncules, appellées mirtiformes, parce qu'elles ressemblent aux graines de mirte; elles sont situées de maniere que chacune occupe un angle, & qu'elles forment toutes ensemble un quarré: Ce sont quatre petites éminences charnuës qui environnent la petite fente; la plus grande est au dessous du conduit de l'urine, les deux moyennes aux parties laterales, & la plus petite est placée posterieurement à l'opposite de la premiere.

Les

Ces caruncules ſont rougeâtres, fermées & relevées aux vierges, dans leſquelles elles ſont jointes l'une à l'autre par leurs parties laterales, par le moyen de quelques petites membranes, qui les tenant ainſi ſujettes, leur font avoir la figure d'un bouton de roſe à demy épanoüy; mais aux femmes elles ſont ſeparées les unes des autres, & particulierement à celles qui ont eu des enfans; parce que les membranes qui les uniſſent, étant une fois rompuës, ou par l'entrée de la verge, ou par la ſortie de l'enfant, ne ſe rejoignent jamais.

Elles ſont faites des rides charnuës du vagina, ce qui en rend l'entrée plus étroite; elles ont deux uſages, l'un d'embraſſer & de ſerrer la verge, lorſqu'elle eſt entrée, ce qui augmente le plaiſir mutuel dans l'action; & l'autre de pouvoir s'étendre facilement, afin de faciliter la ſortie de l'enfant dans le tems de l'accouchement; l'on a même obſervé qu'elles ne paroiſſent plus dans les premiers mois de l'enfantement, à cauſe de la grande dilatation du vagina, & qu'on ne les revoit qu'aprés que cette partie eſt rétreſſie, & revenuë dans ſon premier état. Subſtance des caruncules mirtiformes.

XX. Le col de la matrice.

Le col de la matrice eſt un canal rond & long, qui eſt ſitué entre l'orifice interne & l'externe; il reçoit la verge & luy ſert de fourreau; c'eſt pourquoy on l'appelle vagina, qui ſignifie une gaine.

Subſtance du col de la matrice.

Ce col eſt d'une ſubſtance dure, nerveuſe, & un peu ſpongieuſe, afin de ſe pouvoir dilater ou s'étreſſir; il eſt compoſé de deux membranes, l'une exterieure, qui est rouge & charnuë comme un sphincter; c'est elle qui attache la matrice avec la vessie & le rectum: & l'autre interieure, qui est blanche, nerveuse, & ridée orbiculairement comme un palais de bœuf. Aux femmes qui n'ont point eu d'enfans, ce col a environ quatre poûces de longueur, & un poûce & demy de largeur; mais à celles qui en ont eu, on ne peut en limiter la grandeur; les rides qui sont à la membrane interne de ce col servent à le rendre capable de s'allonger ou de se racourcir, de se dilater ou de se resserrer, pour s'accommoder à la longueur & à la grosseur de la verge, & pour donner passage à l'enfant quand il sort de la matrice.

Grandeur du col de la matrice.

Quelques Anatomistes pretendent qu'il y a une membrane qu'ils appellent hymen, située dans le vagina, proche les caruncules; ils veulent qu'elle soit placée en travers, qu'elle soit percée dans son milieu pour laisser couler les mois; qu'elle demeure ainsi tenduë jusqu'à ce que par le coït, ou autrement, elle soit forcée & déchirée; & qu'enfin c'est cette hymen qui est la marque du pucelage.

Ce que l'on appelle hymen.

Quelque diligence que j'aye faite pour chercher cette membrane, je ne l'ay point encore veuë, quoyque j'aye ouvert des filles de tous âges; c'est pourquoy je ne puis pas en convenir: on peut avoir trouvé le col de la matrice fermé d'une membrane à quelques-unes, comme on l'a trouvé à l'endroit des caruncules à quelques autres; mais ce sont des faits particuliers & extraordinaires, d'où il ne faut pas

L'hymen ne se trouve point.

conclure que cela doive estre ainsi à toutes les filles.

Je ne prétens pas nier qu'il n'y ait quelque marque de la virginité ; que la premiere copulation ne donne souvent de la peine à l'un & à l'autre sexe ; qu'il ne s'y puisse répandre quelque goute de sang ; & que les filles vierges ne ressentent un peu de douleur dans la premiere copulation : mais je ne croy pas que cela arrive comme ils le pretendent, par la ruption & le déchirement de cette membrane imaginaire, y ayant bien plus lieu de croire que c'est par l'effort que la verge fait pour entrer en forçant ces caruncules mirtiformes, & en rompant & divisant les petites membranes qui les tiennent jointes ensemble ; ce qui rend cette ouverture fort étroite ; voila en quoy consiste la veritable marque du pucelage. Il n'arrive pourtant pas toûjours que toutes les filles donnent ces foibles témoignages de leur vertu, y en ayant à qui la nature a épargné cette petite douleur, en disposant ces caruncules de maniere que la verge peut entrer sans faire effort, quoy qu'elles ayent toûjours esté fort sages ; & ainsi on ne doit pas estre si prompt à decider sur l'honneur des filles, puisque d'ailleurs ni l'étrécissement de l'orifice du vagina, ni le linge taché de sang ne sont pas des marques assurées de la défloration des filles.

Les veritables signes du pucelage.

L'orifice interne de la matrice est un petit trou semblable à celuy qui est au bout de la verge de l'homme ; c'est le commencement d'un conduit fort étroit, qui s'ouvre pour don-

Y L'orifice interne de la matrice.

ner entrée à ce qui doit estre receu dans l[a] matrice, ou pour laisser passer ce qui en doi[t] sortir.

Substance de l'orifice interne.

Cet orifice est fort épais, parce qu'il es[t] composé de membranes froncées & ridées qui peuvent se dilater & s'étendre beaucoup quoyque cette ouverture vous paroisse fort petite, neanmoins elle s'ouvre suffisamment pou[r] laisser passer un enfant: je croy que cela ne s[e] fait pas sans peine, puisque c'est cette partie qui retarde le plus l'accouchement, en ne s'ouvrant que peu à peu par les efforts que l'enfant fait pour l'obliger à se dilater: Quand les accoucheurs touchent cet orifice, ils trouvent qu'il ceint la teste de l'enfant comme une couronne, ce qui le fait appeller pour lors le couronnement; mais aprés que l'enfant est passé, cet orifice disparoît, & toute la matrice n'est plus qu'une grande cavité depuis l'entrée du col jusqu'à son fond, ce qui ne dure pas long-tems; car immediatement aprés l'accouchement, ces parties se retrécissent comme une bourse vuide, & reprennent leur état naturel.

L'orifice interne est fermé pendant toute la grossesse.

L'orifice interne s'avance dans le tems du coït au devant de la verge par le moyen des ligamens ronds, & s'entr'ouvre pour recevoir la semence dans le moment de l'ejaculation; il se referme ensuité si exactement aprés l'avoir receuë, que la sonde la plus petite n'y pourroit entrer: Il demeure en cet état jusques vers les derniers mois de la grossesse, qu'il s'abbreuve d'une humeur visqueuse & glaireuse, qui transſudant des poroſitez internes de la matrice, découle par cet orifice ; ce qui ſert à l'amollir & à l'humecter, afin qu'il puiſſe s'étendre plus facilement pour laiſſer ſortir l'enfant.

Action de l'orifice interne.

L'action de l'orifice interne eſt purement naturelle, puis qu'il agit neceſſairement ſans qu'il dépende de nous de le faire agir autrement ; au lieu que ſi ſon mouvement étoit volontaire, il ſe pourroit trouver des femmes qui luy en feroient faire de tout-à-fait oppoſez à ceux qu'il fait.

ZZ Le fonds de la matrice.

La derniere partie que j'ay à vous démontrer eſt le fond de la matrice, qui eſt ſon propre corps & la partie principale, pour laquelle toutes les autres ſont faites ; elle eſt plus ample, plus large, & plus élevée que les autres ; Je l'ay ouverte de ſa longueur, afin que vous voyez ſa capacité, qui eſt l'endroit où ſe paſſe ce qu'il y a de plus ſurprenant & de plus admirable dans la nature.

Le col court de la matrice.

Le conduit qui eſt depuis l'orifice interne juſqu'à la principale cavité de la matrice eſt appellé le col court, pour le diſtinguer du veritable col, qui eſt le vagina; Il eſt de la longueur d'un pouce ou environ ; il eſt aſſez large pour laiſſer entrer une plume d'oye ; ſa cavité eſt inégale & ridée ; ce qui eſt neceſſaire pour retenir la ſemence, ſelon ceux qui croyent qu'une des cauſes de la ſterilité eſt d'avoir cette partie trop gliſſante, à cauſe des mauvaiſes humeurs qui y paſſent. Ce col auſſi bien que l'orifice interne, ſe ferme aprés avoir receu la ſemence, & demeure fermé pendant tout le tems de la groſſeſſe.

Substance du fond de la matrice.

La substance de ce fond est membraneuse & épaisse d'un travers de doigt, ce qui fait qu'il peut s'étandre commodement ; sa superficie externe est polie & égale, excepté ses deux costez, où l'on voit deux éminences que l'on nomme les cornes, où s'attachent les ligamens ronds, & où vont aboutir les vaisseaux déferans : L'interne est parsemée de beaucoup de petits pores, & de petits vaisseaux qui distillent tous les mois le sang qui doit estre évacué, c'est ce qu'on appelle menstruës, & qui dans la grossesse s'abouchent avec l'arrierefaix, pour y porter le sang necessaire pour la nourriture du fœtus pendant tout le tems qu'il sejourne dans la matrice.

La cavité de la matrice est unique.

Il n'y a qu'une seule cavité à la matrice des femmes, à la difference de celles des bestes qui en ont plusieurs. Il y en a qui la divisent en partie droite, & en partie gauche, & qui veulent que les mâles soient formez dans la droite, & les femelles dans la gauche ; mais l'un & l'autre sont placez également dans le milieu de cette cavité : on y voit seulement une ligne tres-legere, semblable à celle de dessous le scrotum. Il n'y a point de ces petites éminences appellées cotiledons, qui sont ordinairement dans les matrices des bestes à corne.

La cavité de la matrice est fort petite.

Cette cavité est si petite, qu'on a de la peine à comprendre qu'un enfant, & quelquefois même plusieurs, puissent estre formez dans un si petit espace ; mais il ne faloit pas qu'elle fût plus grande pour pouvoir embrasser étroitement, & toucher de toutes parts la semence sur laquelle elle travaille à en produire un homme.

Voila, Meſſieurs, toutes les parties de la Femme qui ſervent à la generation. Je vous ay fait voir le commerce & le rapport qu'elles ont les unes avec les autres, & de quelle maniere chacune contribuë en particulier à produire ce chef-d'œuvre de la nature. Il ne me reſte donc plus rien à faire preſentement pour finir cette Démonſtration qu'à vous rapporter, comme je m'y ſuis engagé, les trois differentes opinions que l'on a ſur le fait de la generation.

Trois opinions ſur le fait de la generation.

La premiere opinion, qui eſt la plus ancienne, & qui a eſté ſuivie des premiers Philoſophes, étoit que l'homme fourniſſoit toute la ſemence neceſſaire pour former l'enfant, & que la femme prêtoit ſeulement le lieu où il étoit formé.

La premiere eſt des Anciens.

La ſeconde opinion eſt que le fœtus eſt formé du mélange des ſemences de l'homme & de la femme, & ainſi on pretend que l'un & l'autre en fourniſſent chacun leur part; que ces ſemences étant receuës dans la matrice, elle ſe ferme exactement, & que travaillant deſſus, elle en engendre un enfant par l'arrangement des particules qu'elles renferment; cette opinion a le plus grand nombre de ſectateurs.

La ſeconde & la mieux receuë.

La troiſiéme opinion, qui eſt la plus nouvelle ayant priſe ſon origine dans ce ſiecle, eſt que la femme fournit toute la ſemence dont l'enfant eſt formé; que cette ſemence eſt contenuë dans une veſſicule, à qui on a donné le nom d'œuf; & que la ſemence de l'homme venant à fraper cet œuf, l'eſprit en penetre la membrane, & le rend fecond; de maniere que l'homme, ſelon ces modernes, ne contribuë de

La troiſiéme eſt de ce ſiecle.

ſa part qu'à rendre cet œuf fecond.

Raiſons de la premiere.

Ceux qui ſoûtiennent la premiere diſent que l'homme fournit toute la matiere, & que la femme eſt comme une terre fertile qui produit de bon grain, lorſqu'elle a eſté bien enſemencée; car ils pretendent que ſi on examine de prés la ſemence de l'homme, on verra qu'elle eſt composée de toutes les particules capables de former un corps, & que celle de la femme au contraire n'eſt qu'une ſeroſité acre & jaunâtre, qui ne peut contribuer en rien a ſa formation, n'ayant point d'autre uſage que de donner du plaiſir à la femme par ſa ſortie.

Raiſons de la ſeconde.

Les partiſans de la ſeconde opinion diſent, que l'homme & la femmme ſont également parfaits dans leur eſpece; que la nature ayant donné des teſticules à l'un & à l'autre ſexe, ne les a pas faits inutilement à la femme, puiſqu'on y trouve de la ſemence auſſi bien que dans ceux des hommes. Ils pretendent que les premiers ſignes de la groſſeſſe ſont lors que l'homme & la femme ejaculent leur ſemence en même tems, & qu'aprés l'action la femme trouve ſes parties ſeches; d'où ils inferent que ce ſont ces deux ſemences ejaculées dans le même moment, qui ayans eſté retenuës dans le fond de la matrice, ſe mêlent enſemble, & qu'il s'en forme un enfant: Ils ſoûtiennent encore qu'il y a dans la ſemence de la femelle, auſſi bien que dans celle du mâle, des particules propres à former un corps, & un eſprit capable de tous les mouvemens, & de toutes les fonctions que produit celuy dont il eſt ſorti; & que la raiſon ſeule nous en doit convaincre ſans le ſecours des ſens, puis qu'autrement il eſt impoſſible d'expliquer la reſſemblance de la mere à l'enfant. Ils rapportent auſſi l'exemple des mulets, qui ſont faits par l'accouplement de deux animaux de differente eſpece, & qui tiennent également du mâle & de la femelle ; ce qui prouve, diſent-ils, que la generation ſe fait par le mêlange des deux ſemences.

Raiſons de la troiſiéme.

Les Autheurs de la troiſiéme opinion établiſſent pour principe, comme je vous l'ay déja fait remarquer, que toutes les generations qui ſe font dans l'Univers, ſe font par le moyen des œufs ; ils n'exceptent pas l'homme de cette regle generale ; ils veulent que toutes les particules capables de former un homme, ſoient ſeparées de la maſſe du ſang, & renfermées dans une petite membrane de la groſſeur d'un pois, qu'ils appellent un œuf ; que pluſieurs de ces œufs font enſemble un ovaire, qui eſt ce qu'on nommoit autrefois le teſticule ; qu'un de ces œufs venant à tomber par la trompe dans le fond de la matrice, il s'en forme un enfant, aprés qu'il a eſté rendu fecond par la ſemence de l'homme, dont les parties les plus ſubtiles penetrent la membrane pour le vivifier ; ils veulent encore que la membrane qui forme l'œuf, & qui contient cette ſemence ſoit la même qui enveloppe l'enfant pendant tout le tems qu'il eſt dans la matrice, & que c'eſt celle qu'il rompt pour en ſortir, de maniere que c'eſt la femme, ſelon ces Modernes, qui fournit la ſemence dont l'enfant eſt fait, le lieu où il eſt formé, & le ſang dont il eſt nourri ; & que l'homme ne contribuë à la generation que de quelques esprits qui vivifient la semence de la femme, & la rendent feconde.

Chacune de ces trois opinions peut estre refutée.

Si ces trois opinions, quoyque differentes, ont chacune leurs approbateurs & leurs défenseurs, elles trouvent en même tems chacune des censeurs qui les combattent ; je ne m'arrêteray pas à les refuter, cela nous meneroit trop loin : voyez neanmoins ce que j'en ay dit en parlant des trompes de la matrice, page 256. Je vous feray seulement remarquer ici que la premiere donne tout l'avantage à l'homme ; que la seconde le partage entre l'homme & la femme ; & que la troisiéme en prive l'homme pour le donner tout entier à la femme.

Liberté de suivre celle que l'on trouve la meilleure.

Je finis, Messieurs, en vous laissant la liberté de suivre de ces trois opinions celle que vous jugerez la meilleure ; Pour moy je sçay qu'un Anatomiste doit estre reservé dans ses sentimens ; qu'il ne doit rien croire qui ne soit confirmé par des experiences, & qu'il doit avoir beaucoup de moderation, principalement sur ce qui est au dessus de ses connoissances, tel qu'est ce qui se passe dans la generation ; c'est pourquoy je ne decideray point en faveur d'aucune de ces opinions jusqu'à ce que j'en sois mieux éclaircy.

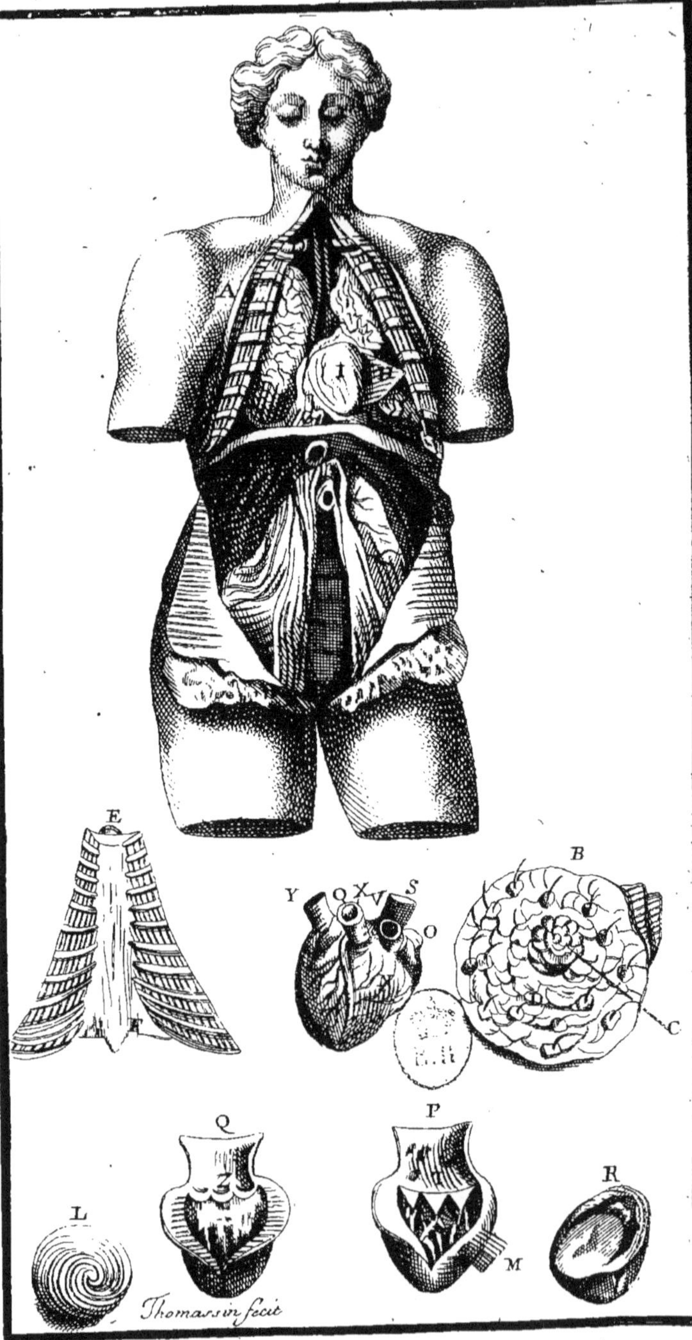
A
E
B
Y
O
X
V
S
O
C
F
Q
P
L
R
M
Thomassin fecit

CINQUIE'ME

DEMONSTRATION.

Des Parties de la Poitrine.

POUR faire l'éloge de la Poitrine je n'aurois, Messieurs, qu'à vous parler d'abord du cœur qu'elle renferme ; mais comme ce seroit vous mener trop loin, si j'entreprenois seulement d'ébaucher une si belle matiere, j'aime mieux me restraindre à vous faire voir dans cette Démonstration, & dans la suivante, toutes les parties de la poitrine avec le même ordre & la même exactitude, que je vous ay fait voir celles du bas ventre dans les quatre dernieres Démonstrations.

Description de la poitrine.

La poitrine, ou thôrax, est toute cette cavité qui s'étend depuis les clavicules jusqu'au diaphragme; on l'appelle ventre moyen, non seulement à cause de sa situation qui se trouve entre le ventre superieur, qui est la teste, & l'inferieur, qui est le bas ventre ; mais encore par rapport à sa grandeur, la poitrine étant une cavité plus grande que celle de la teste, & plus petite que celle du bas ventre. Elle est bornée en haut par les clavicules, en bas par le diaphragme, par devant du sternum, à côté par les côtes, & par derriere des vertebres du dos. La partie anterieure se nomme la poitrine, & la posterieure le dos.

Sa figure & grandeur.

La figure de la poitrine est presque ovale, elle doit estre platte par derriere, & large & voûtée par devant, car autrement elle est défectueuse, & cause beaucoup de grandes incommoditez. Sa grandeur est fort differente, mais generalement parlant, elle doit estre plus grande que petite, car lorsqu'elle est étroite & serrée, le cœur & & les poûmons n'ont pas la liberté de se mouvoir.

Substance de la poitrine.

Sa substance est en partie osseuse, & en partie charnuë; ce qui peut bien avoir autant contribué à luy faire donner le nom de ventre moyen, que sa grandeur & sa situation, puisqu'elle n'est pas toute osseuse comme la teste, ni toute charnuë comme le ventre, mais composée de l'un & de l'autre.

Son usage.

L'usage de la poitrine est de renfermer & de défendre le cœur & les poûmons.

Division de la poitrine en parties contenantes, & en parties contenuës.

Les parties qui composent la poitrine se divisent comme celles du bas ventre en contenantes & en contenuës; il y a de deux sortes de contenantes, les unes sont communes, & les autres propres; les communes, que l'on appelle les tegumens, sont cinq, sçavoir l'épiderme, la peau, la graisse, le pannicule charnu, & la membrane commune des muscles: je ne les rapporteray point ici, les ayant suffisamment expliquez en parlant du ventre inferieur à la page 139. Je feray seulement remarquer ici deux particularitez, l'une que la peau de la poitrine est souvent couverte de poils dans quelques personnes, & qu'elle en est toûjours garnie dans tous sous les aisselles. L'autre est que la graisse qui est à la poitrine paroît toûjours plus jaune qu'ailleurs, & que si elle y est en petite quantité, excepté aux mammelles, ce n'est pas parce qu'elle auroit empêché la respiration par sa pesanteur, mais parce qu'y ayant peu de chairs & beaucoup d'os, cette graisse n'y pouvoit estre en grande quantité, l'experience nous faisant voir que le ventre inferieur n'est fort gras, que parce qu'il est tout charnu; que la poitrine l'est mediocrement, parce qu'elle est en partie charnuë, & en partie osseuse; & que ce qui fait que la teste ne l'est point du tout, c'est parce qu'elle est toute osseuse.

Des parties contenantes propres.

Les parties contenantes propres sont de quatre sortes, elles sont ou glanduleuses, comme les mammelles de l'un & l'autre sexe; cartilagineuses ou osseuses, comme le sternum, les côtes, les clavicules, les omoplates, & les vertebres du dos: ou charnuës, comme les muscles pectoraux, intercostaux, & autres; ou enfin membraneuses, comme la plevre & le mediastin.

Parties contenuës dans la poitrine.

Les parties contenuës dans la poitrine sont les visceres & les vaisseaux; les visceres sont le cœur avec son pericarde, & les poûmons avec une partie de la trachée artere, & de l'œsophage; les vaisseaux sont plusieurs nerfs, la grosse artere, la véne cave, & le canal thorachique. Nous démontrerons toutes ces parties chacune dans leur ordre, aprés vous avoir fait voir les parties contenantes propres, en commençant par les mammelles.

A Des mammelles des hommes.

Les hommes ont des mammelles aussi bien que les femmes, mais elles sont bien differentes, celles des hommes étant plus petites & plus plattes, & n'ayant presque point de glandes, mais beaucoup de graisse; ce qui les rend plus grosses & plus élevées, quand l'homme est gras : on ne leur donne qu'un seul usage, qui est de défendre le cœur. Toutes ces circonstances les distinguent beaucoup de celles des femmes, qui sont celles que nous allons examiner comme les plus parfaites & les plus necessaires.

B Des mammelles des femmes.

Les mammelles bien proportionnées sont un des principaux ornemens des femmes, particulierement lorsqu'elles sont accompagnées d'une gorge bien taillée, & recouvertes d'une peau fine : Il faut aussi qu'elles soient blanches, rondes, & mediocrement separées dans leur milieu; qu'elles ayent un mammelon vermeil & point trop gros; qu'elles ne soient point placées ni trop haut, ni trop proche les aisselles, & enfin qu'elles ne soient ni trop grosses, ni pendantes; voila les conditions qu'elles doivent avoir pour estre belles, & pour estre propres à inspirer de l'amour; mais ce ne sont pas les meilleures ni les plus capables de contenir le lait.

Les mammelles sont deux pour l'ordinaire.

Chaque personne a deux mammelles, il est rare d'en trouver qui en ayent trois ou quatre qui rendent toutes du lait. Il y a beaucoup de personnes qui croyent que la nature n'a donné deux mammelles à la femme qu'à cause des gemeaux qu'elle a assez ordinairement à la fois. D'autres pretendent que c'est afin que si l'une est offensée, l'autre puisse suppléer à son défaut ; pour moy je croy que c'est parce que le lait d'une seule ne pourroit suffire pour nourrir un enfant, puisque l'experience nous fait voir, qu'aprés qu'un enfant a vuidé une mammelle, il va aussi-tôt à l'autre, & ainsi nous concluons que les femmes ont deux mammelles, parce qu'elles sont toutes deux ordinairement necessaires pour donner tout autant de lait qu'il en faut pour nourrir l'enfant.

Situation des mammelles.

Les mammelles sont situées au milieu de la poitrine, l'une à droite, & l'autre à gauche, directement sur les muscles pectoraux. On pretend que dans cette situation la nature a eu égard à la bonne grace ; je ne veux pas contester ce sentiment : mais comme elle les a plûtôt formées pour donner du lait que pour inspirer de l'amour, je croy que son dessein, en les plaçant ainsi, a esté afin que la mere en donnant à taiter à son enfant, pût le voir & le contempler plus commodément que si elles avoient esté placées au ventre, comme celles des autres animaux.

Figure des mammelles.

La figure des belles mammelles est ronde, & represente un demi globe, mais les bonnes au contraire sont pendantes, & ne peuvent se soûtenir, à cause de leur pesanteur.

Grandeur des mammelles.

On ne peut pas bien déterminer leur grandeur, elle est differente suivant les païs : les Indiennes & les Siamoises, par exemple, les ont si longues qu'elles peuvent les jetter par dessus leurs épaules; elles different encore suivant les sujets, y ayant des femmes qui les ont naturellement petites, & d'autres grosses; ce sont ces dernieres qui sont meilleures nourrices, pourvû qu'elles ne les ayent pas trop charnuës. Leur grosseur dépend aussi des differens âges, car les jeunes filles n'en ont point du tout, il ne leur paroît même que le mammellon; mais elles leur croissent insensiblement, de maniere qu'à l'âge de quatorze ans elles ont la figure d'un demy globe; elles sont alors dures & fermes; elles grossissent à mesure qu'elles avancent en âge: Elles se flétrissent aux femmes qui approchent de cinquante ans; & plus une femme vieillit, plus elle les a molles & flasques, n'y restant plus à la fin que des peaux. Il y a encore des tems où elles sont plus grosses que dans d'autres, car elles augmentent dans la grossesse à proportion que la femme approche de son terme, & quand elle est nourrice, elles s'enflent encore davantage.

Division de la mammelle.

On considere à la mammelle le mammellon, & la mammelle même; le mammelon est une petite éminence que l'on voit au milieu de la mammelle; c'est l'endroit où aboutissent les extremitez des nerfs qui viennent aux mammelles.

C Le mammelon.

Il est d'une substance fongueuse & spongieuse, assez semblable à celle du gland de la verge; d'où vient qu'il peut se flétrir ou se relever en le suççant, ou en le maniant: Il est d'un sentiment vif, afin que l'enfant y cause en le suççant un doux chatoüillement, & que la femme y ressentant une espece de plaisir, se porte volontiers à donner à taiter à son enfant aussi souvent qu'il en a de besoin.

Il est rouge & petit aux vierges, livide & gros aux nourrices, & noir à celles qui ne font plus d'enfans. Il est percé de plusieurs petits trous qui sont les extremitez des tuyaux qui viennent du reservoir; ces petits trous sont faits pour laisser sortir le lait qui doit servir de nourriture à l'enfant; celles qui ont ces trous plus ouverts, & en plus grande quantité passent pour meilleures nourrices, parce qu'elles peuvent facilement faire rayer leur laict, & que l'enfant a moins de peine à le tirer en succant le mammelon.

Quant au choix d'une nourrice l'on prefere celle qui a le plus petit mammelon, parce qu'étant gros il remplit trop la bouche de l'enfant, & l'empêche de bien taiter, & non pas comme veulent quelques-uns, parce qu'il agrandit trop la bouche de l'enfant; il est environné d'un cercle que l'on appelle areole, qui est pâle aux pucelles, obscur aux femmes grosses & aux nourrices, & noir aux vieilles.

Le mammelon doit estre petit.

D

La mammelle est composée de beaucoup de graisse, & d'une tres-grande quantité de glandes d'inégale grosseur, & de figure ovale, circulairement arrangées autour d'une cavité qui est dans le milieu de la mammelle : Ces glandes ont des arteres, des vénes, & un conduit excretoire; il est inutile de vous redire l'usage de ces vaisseaux.

La mammelle est un corps glanduleux.

L'action de ces glandes est de separer les par-

Action des glandes de la mammelle.

ties laiteuſes de la maſſe du ſang, & de les verſer par le conduit excretoire que chacune de ces glandes a dans cette cavité, où le lait ſejourne juſqu'à ce que par le ſuccement de l'enfant il ſoit obligé de ſortir par pluſieurs petits tuyaux qui aboutiſſent au mammelon.

Nerfs de la mammelle.

Les nerfs des mammelles viennent des vertebres, & principalement de la cinquiéme paire, aprés qu'ils ſe ſont diſperſez par toute la ſubſtance des mammelles: Ils ſe terminent au mammelon, qu'ils rendent d'un ſentiment tres-exquis.

Arteres de la mammelle.

Les mammelles ont des arteres de deux ſortes, d'exterieures & d'interieures, parce que les unes arroſent la partie exterieure des mammelles, & les autres l'interieure; les premieres ſont les thorachiques ſuperieures, qui viennent des axillaires; & les autres ſont les mammaires qui viennent des ſouclavieres, & qui donnent un rameau à chacune de ces glandes ovales qui forment la mammelle.

Vénes de la mammelle.

Il ſort de ces mêmes glandes pluſieurs rameaux de vénes qui forment les vénes mammaires, leſquelles vont ſe rendre aux ſouclavieres: Il en ſort auſſi pluſieurs de la partie exterieure de la mammelle, qui font les troncs des vénes thorachiques ſuperieures qui vont aux axillaires; les arteres externes apportent le ſang pour la nourriture, & les internes celui qui va à toutes les glandes où elles aboutiſſent. Ce ſang paſſe enſuite dans les vénes qui le reportent, ſçavoir les mammaires aux ſouclavieres, & les thorachiques ſuperieures aux axillaires.

Vous voyez bien que le mouvement circulaire du ſang ſe fait parfaitement bien par deux arteres qui apportent le ſang, & par deux vénes qui le reportent de chaque mammelle, ſans le ſecours de ces pretenduës Anaſtomoſes des mammaires avec les epigaſtriques, qui ne ſont que dans l'idée de ceux qui les ont imaginées.

Opinion ſur la generation du lait.

L'opinion commune étoit que les mammelles ſervoient à la generation du lait pour la nourriture de l'enfant, aprés qu'il étoit né, afin que l'enfant, qui s'étoit nourri de ſang dans la matrice, ſe nourriſt enſuite de lait, qui n'étoit, ſelon eux, qu'un ſang blanchi. L'on vouloit, ſuivant cette opinion, que le ſang ſe convertiſt en lait par une vertu particuliere & concoctrice des glandes des mammelles, & que ces glandes lui communicaſſent leur blancheur par une faculté aſſimilatrice.

Cette opinion eſt refutée.

Pour peu que l'on ſoit éclairé dans l'Anatomie, on ne peut pas convenir de cette transmutation de ſang en lait ; elle eſt encore détruite par l'experience journaliere, qui nous fait voir que quand une nourrice a mangé, le lait en eſt auſſi-tôt porté aux mammelles ; ce qui ne ſe pourroit faire qu'aprés un tems conſiderable, ſi cette tranſmutation avoit lieu ; car il faudroit que l'aliment fût fait chile dans l'eſtomac ; que ce chile fût perfectionné & ſeparé dans les inteſtins ; qu'il devint ſang dans le cœur, & qu'il fût converti en lait dans les mammelles. D'ailleurs il faudroit que le ſang ſejournât dans les mammelles ; or il eſt certain que ſi une nourrice donne à taiter à son enfant, dés le moment qu'elle sent ses mammelles s'emplir, il en succe un lait fort blanc & bien conditionné, quoyqu'il n'y ait pas sejourné ; & ce qui fait encore contre ces pretenduës coctions, c'est que le lait de plusieurs animaux a l'odeur des alimens qu'ils ont mangé les derniers.

On a crû que le chile alloit aux mammelles.

D'autres ont crû mieux rencontrer en s'imaginant que le lait étoit veritablement du chile, & qu'il falloit qu'il y eût quelque conduit qui le portât de ses reservoirs droit aux mammelles, pour pouvoir y aller aussi promptement qu'il y va aprés la digestion. Les raisons que je viens de vous dire, avec les observations qu'ils faisoient, sembloient les fortifier dans cette opinion ; il ne falloit, pour achever de les convaincre, que trouver ce conduit qu'ils ont cherché long-tems fort inutilement : Je l'ay cherché aussi sans avoir eu un plus heureux succés qu'eux ; j'ay ouvert des chiennes dans le tems qu'elles nourrissoient, & des femmes même peu de tems aprés leur accouchement, sans avoir jamais pû découvrir cette route, quoyque leurs mammelles fussent encore tous pleines de lait.

Tous les soins que j'ay pris pour trouver ce conduit, m'ont convaincu qu'il n'y en avoit point ; & les reflexions que j'ay faites dans la suite, m'ont persuadé qu'il n'y en devoit point avoir ; car si le chile eût esté porté des reservoirs droit dans les mammelles, ce n'auroit esté qu'un lait sereux & imparfait par le mélange de la salive, de l'acide, de la bile, du suc pancreatique, & de la limphe qui y auroient été portées avec lui ; mais il étoit à propos que le chile allât au cœur, afin d'y recevoir les premieres impressions de la chaleur, en passant par ses ventricules; & qu'étant meslé avec le sang, toutes les liqueurs qu'il avoit amenées avec lui, en fussent separées; & qu'il fût ensuite porté par les arteres mammaires aux mammelles; voici comment le lait se fait.

Commēt le laict est fait.

Le chile ayant esté porté par le canal thorachique dans la soûclaviere, proche l'axillaire, coule dans la véne cave, d'où il est versé dans le ventricule droit du cœur, où étant mêlangé avec le sang, il passe avec lui dans la grosse artere qui en fait une distribution dans toutes les autres arteres du corps. Et de même que le plus sereux est porté par les arteres émulgentes aux reins, ce qu'il y a de plus lacté va aux mammelles par les arteres mammaires, qui le conduisent & le distribuent par plusieurs petites branches à toutes les glandes des mammelles, qui le filtrent de même que les corps papillaires qui sont dans les reins filtrent l'urine. Toutes les particules lactées étant ainsi réunies ensemble font le corps du lait, qui est ensuite versé par les conduits de ces glandes dans le reservoir où il sejourne, comme je vous l'ay déja dit à la page 290. jusqu'à ce que par le succement de l'enfant il sorte par de petits canaux qui viennent de ce reservoir au mammelon.

Le laict est une substance moyenne entre le sang & le chile, n'étant pas si épais que le sang, ni si sereux que le chile: Il n'est pas fait de sang, comme plusieurs Anciens l'ont crû, mais plûtôt de chile qui circule quelque tems avec le sang, ſans y eſtre intimement meſlé. Il eſt compoſé de trois parties, de butireuſes, de caſeuſes, & de ſereuſes.

Trois liqueurs compoſent le laict.

Les butireuſes ſont la creme & ce qu'il y a d'onctueux qui s'éleve au deſſus du lait; les caſeuſes ſont les plus groſſieres, ce ſont celles qui ſe coagulent, & dont on fait les fromages; & les ſereuſes ſont proprement la limphe, & ce qu'il y a de plus liquide, que nous appellons le lait clair: Toutes ces differentes ſubſtances ſont propres à nourrir les differentes parties du corps.

Autres uſages des mammelles.

Les uſages que l'on donne aux mammelles ne ſont pas ſeulement de filtrer le laict, mais encore de défendre le cœur, & de ſervir d'ornement aux femmes.

Parties muſculeuſes de la poitrine.

Les parties qui ſuivent, ſont les muſculeuſes que nous avons miſes au nombre des contenantes propres de la poitrine; mais comme elles ne ſont pas toutes pour ſon uſage, & qu'il y en a qui ſervent à faire les mouvemens des bras, & de l'omoplate, je ne vous les feray voir que lorſque je vous feray la Démonſtration des muſcles en general.

Parties oſſeuſes de la poitrine.

Auſſi-tôt que les muſcles ſont levez, on void les parties oſſeuſes & cartilagineuſes, qui ſont le ſternum, & les côtes que l'on met au rang des parties contenantes propres; je ne vous en parleray point ici, vous les ayant ſuffiſamment fait connoître, lorſque je vous ay fait la Démonſtration du ſquelete. Je vous montreray ſeulement ici la maniere dont on fait l'ouverture de la poitrine; l'on coupe avec un ſcalpel tous les cartilages qui joignent les extremitez des côtes avec le ſternum ; on ſepare auſſi les bouts des clavicules qui s'uniſſent au premier os du ſternum, & enſuite on leve tout ce qui a eſté coupé entre les deux inciſions ; les uns levent le ſternum en haut, les autres en-bas, & moi je croy qu'il vaut mieux le ſeparer tout-à-fait du ſujet, parce que tenant ou en haut ou en bas il incommode tant dans les préparations que dans les démonſtrations.

La quatriéme ſorte de parties contenantes propres ſont les membraneuſes, au nombre deſquelles nous avons mis la plévre & le mediaſtin ; ce ſont ces membranes que l'on découvre lorſque ſternum eſt levé : nous les allons examiner. Parties membraneuſes de la poitrine.

La plévre eſt une membrane dure & épaiſſe qui reveſt toute la capacité de la poitrine ; elle eſt appellée par quelques-uns ſouſcôtal, parce qu'elle eſt tenduë ſous les côtes ; elle contient & renferme toutes les parties qui ſont dans la poitrine, de même que le peritoine renferme toutes celles de l'abdomen, & la dure mere celles du cerveau. F La plévre.

Il y a des Anatomiſtes tres-celebres qui ont écrit que de même que les parties externes du corps ſont couvertes d'une membrane qui eſt la peau ; de méme auſſi les parties internes ſont reveſtuës d'une membrane qui reçoit differens noms ſuivant les differens endroits qu'elle reveſt. On la nomme meninge à la teſte, peritoine au ventre inferieur, & plévre à la poitrine : Ces Auteurs ne s'accordent pas entr'eux ſur l'origine de cette membrane ; les uns veulent qu'elle commence à la tête, qu'elle ſe continuë à la poitrine,

& qu'elle finiſſe au ventre inferieur ; & d'autres pretendent qu'elle prend ſon origine au bas ventre, & qu'elle ſe continuë juſqu'à la teſte. Il ſeroit tres-difficile, pour ne pas dire impoſſible, de faire voir cette continuité, puiſque les membranes qui tapiſſent interieurement ces trois ventres, ſont tellement ſeparées, que l'on ne peut pas ſoûtenir qu'elles prennent leur origine l'une de l'autre ; ce qu'on peut dire de certain, c'eſt que ce ſont trois membranes differentes qui trouvent leur principe dans la ſemence comme les autres parties.

Figure de la plévre.

La figure & la grandeur de la plévre répondent à celles de la poitrine. Sa ſubſtance eſt ſemblable à celle du peritoine, c'eſt à dire membraneuſe & capable de dilatation : ſa partie interne eſt unie & polie pour ne pas bleſſer les parties contenuës; & l'externe eſt rude & inégale, afin de ſe mieux attacher au perioſte des coſtes, & aux autres parties qu'elle touche: elle eſt double, ce n'eſt pas ſeulement entre la plévre & les muſcles que le ſang extravaſé fait la pleureſie, mais fort ſouvent entre les deux tuniques de cette membrane, à cauſe de la quantité d'arteres, de vénes, & de nerfs qui y rampent ; ce qui fait pour lors que la fiévre, & les douleurs en ſont plus aiguës.

Attaches & trous de la plévre.

Elle eſt fort adherente aux vertebres du dos, où elle prend ſon origine ; elle s'attache au perioſte des côtes, & aux muſcles intercoſtaux internes, & vient s'inſerer à la partie anterieure & interne du ſternum : Elle a pluſieurs trous dont les uns ſont ſuperieurs, par où paſſent la grosse artere, la véne cave, l'œsophage, la trachée artere, & les nerfs de la sixiéme conjugaison : Et les autres inferieurs, qui laissent passer la véne cave & l'œsophage.

Vaisseaux de la plévre.

La plévre reçoit plusieurs nerfs des vertebres du dos & de la sixiéme paire ; ce qui rend les playes de cette partie dangereuses & douloureuses ; elle a des arteres de l'intercostale, & de la grosse artere ; ses vénes vont à la véne intercostale superieure, & à l'azigos.

Usages de la prévre.

Les usages de la plévre sont de revestir interieurement le thorax ; de donner à toutes les parties une tunique particuliere, de même que le peritoine le fait à toutes celles du bas ventre ; & de diviser la poitrine en deux, en formant une membrane, que l'on nomme le mediastin.

G
Le mediastin.

Le mediastin est une membrane double, qui separe la poitrine en deux parties : Il prend son origine de la plévre redoublée vers le sternum, auquel il est fort adherant ; Il est attaché par en haut aux clavicules, & par en bas au diaphagme dans leur milieu.

L'origine & les attaches du mediastin.

La substance du mediastin est plus déliée & plus molle que celle de la plévre ; on y trouve un peu de graisse qui environne ses vaisseaux, qui sont de quatre sortes ; Ses nerfs sont des rameaux que lui jettent les nerfs stomachiques ; ses arteres lui viennent des mammaires ; ses vénes vont aux mammaires & à l'azigos ; il a outre cela une véne particuliere, appellée mediastine, qui va à la véne cave, on la trouve quelquefois double ; enfin il a des vaisseaux limphatiques, qui vont au canal thorachique.

Ses vaisseaux.

Cavité du mediastin.

Les membranes du mediastin sont separées l'une de l'autre directement sous le sternum ; cette separation fait une cavité dans laquelle il s'amasse souvent des serositez & des humeurs pituiteuses qui s'y pourrissent, & y causent l'hydropisie de poitrine. J'ay veu dans des playes de cette partie du sang épanché dans cette cavité, que j'ay tiré en faisant le trépan à la partie anterieure & moyenne du sternum.

Il y en a qui croyent avoir trouvé l'usage de cette cavité, en disant qu'elle sert à la formation de la voix, & qu'elle est comme un écho qui la fait retentir ; mais il est impossible que cela soit, puisque cette cavité n'a aucune communication avec la trachée artere.

Usages du mediastin.

Les usages du mediastin sont de separer la poitrine en deux cavitez ; ce qui se fait si exactement, que les humeurs épanchées dans l'une, comme du sang ou de l'eau, ne peuvent passer dans l'autre ; de suspendre le cœur avec le pericarde, qui lui est attaché ; & de soûtenir les vaisseaux & le diaphragme dans l'homme, de crainte que les visceres qui y sont attachez, comme le ventricule & le foye, ne le tirent trop en bas.

Usage de l'humeur qui se trouve dans la poitrine.

Il se trouve ordinairement dans les deux cavitez de la poitrine une humeur qui ressemble à de l'eau teinte de sang ; cette serosité n'y est pas inutilement, car elle sert à humecter les parties de la poitrine, qui sont dans un mouvement perpetuel, & qui sans ce petit rafraîchissement, ne manqueroient pas de s'échauffer.

H

Le pericarde.

Le pericarde est une membrane épaisse qui

renferme le cœur dans sa cavité ; c'est proprement l'enveloppe & la boëte du cœur, parce qu'elle l'environne de toutes parts : elle a la même figure que luy, car d'une base large, elle se termine en pointe ; elle a aussi sa grandeur à peu prés, n'étant éloignée de luy qu'autant qu'il est necessaire pour ne le pas incommoder dans ses mouvemens.

Sa figure & grandeur.

Sa substance est plus dure que celle de la plévre ; elle est composée de deux tuniques, dont l'exterieure est une production du mediastin, & l'interieure est la membrane propre du pericarde, que l'on veut n'estre qu'une continuité des membranes des quatre gros vaisseaux qui sont à la base du cœur.

Substance de pericarde.

Il est attaché circulairement au mediastin par plusieurs fibres ; à l'épine du dos par sa base, & par sa pointe au centre nerveux du diaphragme. Il est percé en cinq endroits pour donner passage aux vaisseaux qui entrent & qui sortent du cœur ; il a sa superficie externe fibreuse & dure, & l'interne glissante, l'une & l'autre sont sans graisse. Il a de fort petits nerfs qui viennent du recurrent gauche, & des rameaux de la sixiéme paire. Ses arteres sont si petites qu'on a de la peine à les voir ; elles viennent des phreniques ; ces vénes reportent le sang aux phreniques & aux axillaires : Il a une véne particuliere, que l'on nomme capsulaire : Il a aussi quelques limphatiques, qui vont se rendre dans le canal thorachique.

Connexion & vaisseaux du pericarde.

Le pericarde a deux usages, l'un de servir d'enveloppe au cœur, afin qu'il ne touche point

Usages du pericarde &

l'humeur qu'il contient.

les parties voisines, & qu'il n'en soit point incommodé ; & l'autre de contenir une liqueur qui humecte & rafraîchit le cœur dans ses mouvemens continuels ; & qui empêche par ce moyen qu'il ne se desseche.

Opinion sur le pericarde.

Quoyque les avantages que l'on tire du pericarde soient considerables, neanmoins on a écrit qu'il n'étoit point necessaire, & que le cœur pouvoit s'en passer ; ceux qui étoient de cette opinion la soûtenoient par l'exemple d'un chien qui n'en avoit point, & par l'autorité de Columbus, qui dit n'en avoir point trouvé à un de ses écoliers qu'il a ouvert ; mais ces deux exemples ne suffisent pas pour nous faire regarder cette partie comme inutile : D'ailleurs ce qui arrive rarement dans la nature ne fait point de regle ; c'est pourquoy nous devons conclure, puisqu'on le trouve ordinairement à tous les hommes, qu'il est necessaire au cœur, qui seroit incommodé dans ses mouvemens, sans le secours qu'il en reçoit, & sans celui de l'eau qu'il contient.

L'eau contenuë dans le pericarde.

Cette humeur sereuse, dans laquelle nage le cœur est semblable à de l'urine, neanmoins elle n'est ni acre, ni salée ; en quelques-uns elle ressemble à de la laveure de chair ; on la trouve en toutes sortes d'animaux morts ou vivans, les uns en ont plus & les autres moins. On prétend que les femmes & les vieillards en ont une plus grande quantité que les jeunes, à cause de la foiblesse de la chaleur.

Il y en a dans le pericarde du fœtus.

Il y a de cette eau dans le pericarde du fœtus ; ce qui nous fait voir qu'elle est dés la premiere conformation, & qu'ainsi elle y est necessaire dés le moment que le cœur commence à ſe mouvoir. Lorſqu'elle eſt en trop grande quantité elle cauſe des palpitations de cœur qui le ſuffoquant, peuvent cauſer la mort.

L'eau du pericarde ſe rengendre.

Si nous en croyons Veſlingius, cette ſeroſité ſe peut rengendrer en ceux qui l'ont perduë par quelque playe au pericarde; car il rapporte l'exemple d'un homme qu'il a gueri d'un coup de poignard receu dans cette partie, quoy qu'à chaque pulſation du cœur cette ſeroſité s'écoulât par la playe; Cette autorité fait aſſez voir que cette humeur ſereuſe ſe rengendre pour remplacer ce qui s'en conſume tous les jours; ce qui me confirme dans ce ſentiment, outre les raiſons que je vous apporteray ci-aprés, c'eſt qu'ayant ouvert des perſonnes, j'en ay trouvé juſqu'à la quantité d'un demi-ſeptier, quoyqu'il n'y en ait pour l'ordinaire que deux cueillerées ou environ; d'où je concluë qu'il faut admettre de neceſſité cette regeneration, puiſqu'il n'y a pas d'apparance que cette quantité y fût dés le premier inſtant de la vie: Voici donc quelle eſt ma penſée ſur ſon origine.

Origine de cette eau.

Je croy que cette liqueur eſt ſeparée par les glandes qui ſont à la baſe du cœur; qu'elle tombe goute à goute dans la cavité du pericarde, à meſure qu'elle eſt filtrée par ces glandes; & qu'elle y eſt entretenuë dans une quantité mediocre, parce que ces glandes ſont diſpoſées de maniere qu'elles n'en peuvent ſeparer qu'une certaine quantité proportionnée à leur groſſeur & à leur poroſité, qui eſt à peu prés celle qui ſe conſume tous les jours par les mouvemens & par la chaleur du cœur.

I. *Le cœur.* A l'ouverture du pericarde on voit le cœur, qui eſt la partie la plus noble & la plus conſiderable qui ſoit dans l'homme ; c'eſt un muſcle qui eſt composé de parties charnuës, de fibres, de vénes, d'arteres, de nerfs, & d'une membrane qui tient toutes ces parties ſerrées & compactes.

Figure du cœur. La figure du cœur eſt piramidale, & ſemblable à celle d'une pomme de pin ; car d'une baſe large il ſe termine en pointe : la baſe du cœur, qui eſt ſa partie ſuperieure, eſt large ; la pointe, qui eſt ſa partie inferieure eſt étroite, & ſon corps eſt rond, & relevé par devant, & applati par derriere ; mais il change un peu de figure dans ſes mouvemens de diaſtole & de ſiſtole, comme je vous l'expliqueray ci-aprés.

Situation du cœur. La baſe du cœur eſt ſituée au milieu de la poitrine entre les poûmons, dont elle eſt tellement environnée de toutes parts, qu'elle eſt comme cachée entre leurs lobes : ſa pointe au contraire tourne un peu du côté gauche, ce qui fait que l'on ſent ſon battement de ce côté-là en mettant la main deſſus. La raiſon pourquoy cette pointe ne tourne pas auſſi-tôt du côté droit que du gauche, c'eſt que la véne cave y étant, la pointe du cœur auroit interrompu, par ſon mouvement continuel, le cours du ſang dans cette véne, & l'auroit empêché de monter dans le ventricule droit du cœur.

Raiſons de la ſituation du cœur. Ceux qui regardent le cœur comme la partie la plus noble, diſent que ſa ſituation répond à ſon rang, & qu'il n'en pouvoit avoir une plus digne de lui, étant placé au milieu de tous les viſceres, & même au milieu de tout le corps, ſi on en excepte les extremitez ; mais ſelon mon avis, la veritable raiſon de cette ſituation dépend de ſa fonction; car comme il falloit qu'il envoyât du ſang par les arteres à toutes les parties du corps, il falloit auſſi qu'il fût dans un lieu éminent; autrement s'il eût eſté placé plus bas, il lui eût fallu une impulſion trop forte pour le pouſſer par toute la teſte ; & quoy qu'il ſoit fort éloigné des pieds, il ne lui en faut qu'une mediocre pour l'y faire aller, parce que le ſang deſcend aſſez par ſon propre poids, & ainſi cette ſituation eſt la plus commode qu'il pouvoit avoir pour la diſtribution du ſang dont il arroſe toute la machine.

Grandeur du cœur.

L'homme a le cœur plus grand à proportion que les autres animaux ; on n'en peut pas bien marquer preciſément la grandeur, parce qu'elle eſt differente ſelon les âges & les temperamens : ſa longueur eſt pour l'ordinaire de ſix travers de doigts dans les adultes, & ſa largeur de quatre. Ceux qui ont un grand cœur ont moins de courage que ceux qui l'ont petit, parce que les grands cœurs étant mols & flaſques, & ayant les ventricules plus grands, ont moins de chaleur, & par conſequent en communiquent moins au ſang. Au contraire un petit cœur étant ferme, ſolide, dur, & ayant les ventricules petits, renferme mieux ce feu ſans lumiere dont il eſt le centre ; & mettant en mouvement par cette chaleur les eſprits du ſang, rend l'homme plus entreprenant & plus courageux.

Attaches du cœur.

Le cœur eſt fortement attaché par ſa baſe au

mediastin : Il est encore suspendu & affermi dan sa place par quatre gros vaisseaux qui s'inserent à cette même base, dont deux entrent dans ses ventricules, & deux en sortent; le reste de son corps n'est adherent à aucune partie, afin de pouvoir s'étendre & se resserrer dans les mouvemens du diastole & sistole.

Substance du cœur.

La substance du cœur est charnuë, & pareille à celle des autres muscles, excepté qu'elle est plus dure principalement à sa pointe, & que ses mouvemens ne dépendent point de nôtre volonté: pour bien connoître la substance du cœur il faut faire cuire celui d'un bœuf, & en separer ensuite à loisir toutes les fibres, vous verrez alors que le cœur est fait de deux sortes de fibres charnuës dont les unes sont exterieures, & les autres interieures. Les unes & les autres ont leur origine & leur insertion à la base du cœur.

L

Les fibres demi circulaires.

Les fibres exterieures sont celles qui descendent de la base en ligne spirale de droite à gauche vers la pointe, où faisant un demi cercle, elles remontent en même ligne spirale de gauche à droite vers la base. Les fibres interieures sont droites, elles descendent de la base à la pointe, & remontent de la pointe à la base, où elles finissent. Ce sont ces fibres internes qui forment ces petites colomnes charnuës, qui sont dans les ventricules ; c'est dans le milieu de ces fibres que sont les deux ventricules dont les orifices & les valvules sont faites par la dilatation de leurs tendons. C'est par la connoissance que j'ay de la structure du cœur que je vous expliqueray dans un moment de quelle maniere il fait tous ses mouvemens.

Le

Le cœur est revêtu d'une membrane, de même que tous les autres muscles du corps, elle est si adherente à sa chair qu'il est fort difficile de l'en separer. L'on trouve beaucoup de graisse sous cette membrane, mais plus à la base que vers la pointe. Les usages de cette graisse sont d'humecter le cœur, de peur qu'il ne se desseche par trop dans ses mouvemens ; & comme la pointe est plus humectée par l'eau du pericarde que la base, c'est peut-estre la raison pourquoy elle a moins de graisse. Membrane du cœur.

L'on a quelquefois trouvé au cœur de l'homme, vers le haut du *septum medium* les tendons des fibres charnuës ossifiez ; on y a trouvé aussi des lopins de graisse dans les ventricules, & des caruncules qui en sortent, & des poils qui le rendent tout velu ; mais ce sont des faits particuliers qui arrivent si rarement qu'ils ne doivent pas nous arrêter.

Le cœur a toutes sortes de vaisseaux, il a des nerfs qui luy viennent de la sixiéme paire ; ces nerfs sont si petits qu'on a de la peine à les trouver, ce qui a fait dire à quantité de bons Anatomistes, qu'il n'y en avoit point au cœur : la raison pour laquelle ces nerfs sont si petits, est que le cœur n'a pas besoin de beaucoup d'esprits animaux pour son mouvement, parce qu'il est disposé de maniere que le sang qui y entre l'oblige assez de se dilater & de se resserrer. Il ne luy en faut pas non plus davantage pour le sentiment, n'étant pas necessaire qu'il l'ait exquis, à cause son agitation continuelle. Nerfs du cœur.

Le cœur a deux arteres que l'on appelle coro-

Arteres & vénes coronaires. naires, parce qu'elles l'environnent par sa base comme une couronne ; elles partent de la grosse artere immediatement en sortant du cœur, avant même qu'elle soit hors du pericarde, si bien qu'il se partage le premier de ce sang, qu'il a eu la peine de perfectionner dans ses ventricules. Il a une véne nommée aussi coronaire, qui rampe sur sa partie exterieure : Elle est faite de plusieurs branches qui viennent de toutes les parties du cœur : Elle va se rendre à la véne cave où elle reporte le superflu du sang qui a esté apporté par les arteres coronaires. Il a encore des limphatiques qui se vont décharger dans le canal.

Glandes du cœur. Parmi la graisse qui est à la base du cœur, il y a plusieurs petites glandes conglobées qui reçoivent des rameaux des arteres coronaires ; L'usage de ces glandes est de separer quelque liqueur, comme le font toutes les autres du corps ; ce sont elles qui filtrent l'eau que l'on trouve dans la capacité du pericarde.

Usages du cœur. L'usage du cœur est de recevoir le sang des vénes dans ses ventricules, sçavoir celuy de la véne cave dans le ventricule droit, & celuy de la véne du poûmon dans le gauche, pour le perfectionner & le subtiliser ; & de le distribuer ensuite par les arteres dans toutes les parties du corps ; ce qui se fait par ses mouvemens de dilatation & de contraction, qui sont appellez diastole & sistole.

Ce que c'est que diastole. Le diastole est un allongement du cœur : ce mouvement, qu'on appelle de dilatation, se fait lorsque le sang poussant les parois des ventricules pour y entrer, force les fibres charnuës de s'allonger, & alors la pointe s'éloignant de la base, le cœur en devient plus long, & ses cavitez plus amples.

Le sistole est le racourcissement du cœur: ce mouvement de contraction se fait lorsque ces mêmes fibres qui ont esté allongées par le sang qui est entré dans les ventricules, se racourcissent & contraignent le sang de s'élancer dans les arteres qu'il dilate en y entrant, & alors la pointe du cœur se raprochant de la base, il en devient plus court, & ses cavitez plus étroites.

Ce que c'est que sistole.

Il faut remarquer que la dilatation se fait en même tems dans les deux ventricules, & la contraction de même, & qu'il y a entre ces mouvemens des repos aussi bien dans les arteres que dans le cœur. Lorsque le cœur se resserre il ne faut pas croire que sa pointe approche de sa base en ligne droite, comme on le croyoit; ce qui rendroit ses cavitez plus grandes, mais obliquement & en maniere de vis; car les fibres exterieures du cœur descendant de la base vers la pointe en forme de limaçon, & remontant de même à la base où ils finissent, font de necessité faire au cœur un demi tour qui le racourcit, & qui approche les parois des ventricules les uns des autres, & contraignent le sang qui y est entré, de s'élancer dehors.

Les mouvemens du cœur se font obliquement.

Vous voyez que pour concevoir les mouvemens du cœur, il n'est pas besoin d'avoir recours à des facultez pulsifiques, & qu'il ne faut que considerer sa structure pour croire qu'il est capable de dilatation & de contraction, comme tous les autres muſcles.

Si vous examinez la conſtruction d'un moulin à eau, vous trouverez ſes parties tellement agencées les unes avec les autres, que l'eau venant à fraper contre la roüe, elle la fait tourner, & en même tems mouvoir toutes les parties du moulin : Or le ſang eſt à l'égard du cœur, ce que l'eau eſt à l'égard du moulin, qui va plus ou moins viſte ſelon qu'il y a plus ou moins d'eau dans le ruiſſeau qui le fait aller ; auſſi le cœur ſe meut avec d'autant plus de vîteſſe, & ſes battemens ſont d'autant plus frequents, que le ſang eſt en plus grande quantité, ou qu'ayant plus de chaleur il coule plus promptement. On peut rapporter encore cette chaleur à la pente qui eſt au ruiſſeau, car étant plus ou moins forte, elle fait le même effet que le plus ou le moins de pente du ruiſſeau ; & pour continuer nôtre comparaiſon, nous voyons qu'auſſitôt que l'eau ceſſe d'eſtre conduite au moulin, il demeure immobile ; de même auſſi le ſang ceſſant d'eſtre porté au cœur par quelque cauſe que ce ſoit, il devient immobile & meurt.

C'eſt le ſang qui fait mouvoir le cœur.

Il eſt donc certain que le cœur eſt fait pour ſe mouvoir, & qu'il en a l'obligation au ſang. Tout ce que nous voyons arriver tous les jours nous le confirme ; car ſi vous mettez la main ſur la region du cœur à une perſonne qui aura couru, ou fait quelque action violente, vous ſentez ſes battemens plus frequens qu'auparavant ; parce que l'agitation précipitant alors le cours du ſang, le fait entrer & ſortir du cœur avec plus de

Experience que c'eſt le ſang qui meut le cœur.

vîtesse. Si vous touchez le poulx d'une personne qui a esté long-tems sans manger, vous trouvez ses battemens foibles & éloignez les uns des autres, parce qu'alors le sang étant épais, il va lentement vers le cœur; mais aprés que cette personne a bû & mangé, son poulx va plus viste, parce que les mouvemens du cœur augmentent en élevation & en vîtesse, à proportion du sang, qui pour lors est en plus grande quantité par l'addition du chile.

La mécanique du cœur en est la preuve.

On ne peut pas disconvenir de ces faits, & vous en serez entierement persuadez, aprés que je vous auray démontré les parties internes du cœur, qui sont les oreilles, les ventricules, le *septum medium*, les vaisseaux, & les valvules; leur connoissance étant necessaire pour venir à celle de la circulation, dont je pretends aussi vous convaincre aujourd'hui, aprés que je vous auray fait voir ces parties.

O O Les oreilles du cœur.

A la base du cœur il y a deux petites bourses, que l'on appelle les oreilles du cœur, à cause de la ressemblance qu'elles ont avec les oreilles; elles ressemblent pourtant mieux au capuchon d'un Moine, car d'une longue base elles se terminent en un pointe émoussée.

Elles sont deux.

Ce sont des productions ou appendices membraneuses faites du redoublement des membranes des vaisseaux où elles sont placées; la droite est l'extremité de la véne cave, & la gauche l'extremité de la véne des poûmons; de maniere que l'une & l'autre semblent ne faire qu'un même corps avec ces vaisseaux: leur substance est membraneuse de même que celle de ces vénes, afin de pouvoir s'emplir & se vuider librement.

Grandeur des oreilles du cœur.

Les oreilles sont proportionnées aux vaisseaux sur lesquels elles sont situées, & aux ventricules du cœur ; car la droite est plus grande que la gauche, à cause que la véne cave est plus grosse que celle des poûmons, & que le ventricule droit est aussi plus grand que le gauche. Et comme la véne des poûmons & le ventricule gauche sont plus petits, leur oreille est aussi plus petite, mais elle est plus ferme & plus solide que l'autre, parce que le ventricule gauche est plus ferme & plus compacte que le droit.

Si on observe bien la structure de ces oreilles, on connoîtra que leur action dépend des mouvemens du cœur, car en même tems qu'il se contracte, elles s'ouvrent, & lorsqu'il se dilate elles se resserrent, de maniere qu'elles font leur diastole quand le cœur fait son sistole, ainsi leurs mouvemens sont alternatifs.

L'usage des oreilles du cœur.

L'usage des oreilles du cœur est en recevant des vénes le sang dans leurs cavitez, de luy servir de mesure, & d'empêcher qu'il ne tombe en trop grande quantité à la fois, & avec trop de precipitation dans les ventricules, & qu'il ne suffoque l'animal.

Les ventricules du cœur.

Ces deux incisions que j'ay faites au cœur selon sa longueur, l'une à droite, & l'autre à gauche, vous découvrent ses deux cavitez, dont l'une est appellée le ventricule droit, & l'autre le gauche : leur surface interne est rude, inégale, & remplie de petites fibres, & de productions charnuës de differente grosseur, qui facilitent la dilatation & la contraction du cœur & des valvules : Il y a encore aux parois de ces ventricules plusieurs petites fentes qui servent à retenir, à mélanger & à subtiliser le sang ; car si la partie interne des ventricules eût esté unie & égale, ce sang en seroit sorti facilement, & presque dans le même état qu'il y seroit entré ; mais ces inégalitez l'y arrêtent, & font que la violence qu'il reçoit pour en estre chassé par la contraction de ces fibres, le subtilise & luy donne une impression de chaleur en le rendant plus mousseux, plus vif, & plus écumeux lorsqu'il en sort, que quand il y est entré. L'eau qui fait moudre un moulin, nous fournit une preuve de ce qui se passe dans le cœur ; car nous la trouvons plus blanche, plus mousseuse, & plus chaude au dessous du moulin, qu'elle n'étoit au dessus, parce que l'agitation qu'elle reçoit en frapant la rouë, & la resistence que les inégalitez qui y sont, font à son passage, sont capables de faire ce changement.

Pourquoi les ouvertures des ventricules sont à la base du cœur.

Il faut remarquer que les ouvertures qui sont à ces ventricules, tant pour l'entrée que pour la sortie du sang, sont toutes à leur partie superieure, parce qu'il faloit que celuy qui y entre, y entrât avec facilité, & n'eût qu'à estre versé dans ces cavitez ; & que celuy qui en sort en fût chassé avec violence, & qu'il en fust jetté dehors avec impetuosité ; car si l'entrée du sang eût esté par en haut, & la sortie par en bas, comme il sembloit que la mécanique le demandoit, il auroit passé au travers du cœur comme par un conduit, sans y estre ni mélangé, ni subtilisé autant qu'il le falloit, au lieu que les efforts que le cœur fait pour le faire sortir par les deux ouvertures qui sont à la partie superieure, font deux effets absolument necessaires, l'un d'échauffer & de subtiliser le sang; & l'autre de l'envoyer par l'impulsion qu'ils font à toutes les parties du corps, & principalement à la teste, sans quoy il seroit impossible au sang d'y monter.

P Le ventricule droit est plus grand.

Les deux ventricules du cœur ne sont pas égaux en grandeur, le droit, que quelques-uns appellent le sanguin, étant beaucoup plus large que le gauche, mais moins long, car il ne descend pas comme le gauche, jusqu'à sa pointe; les parois du droit sont aussi plus minces, & il a la figure d'un croissant, n'étant pas exactement rond.

Usages du ventricule droit.

L'usage du ventricule droit est de recevoir le sang qui y est versé de la véne cave, & de le pousser ensuite par la contraction de ses fibres dans l'artere des poûmons.

Q Le ventricule gauche est plus petit.

Le ventricule gauche, que d'autres ont nommé le noble & le spiritueux, est plus étroit & plus long que le droit; sa cavité s'étend jusqu'à la pointe du cœur; sa chair est trois fois plus épaisse, plus dure, & plus ferme que celle du droit, & l'on prétend, mais mal à propos, comme je le ferai voir ci-aprés, que c'est parce que le sang qu'il reçoit étant plus vif & plus subtil, il falloit qu'il fût plus solide, pour empêcher que l'esprit ne se dissipât.

Usages du ventricule gauche.

L'usage du ventricule gauche est de recevoir le sang qui luy est apporté par la véne des poûmons, aprés avoir déja passé par le ventricule droit; & de le verser avec impetuosité dans la grosse artere en se contractant, afin qu'elle en fasse la distribution à toutes les parties du corps.

Deux ventricules étoient necessaires.

Je fais peu de difference entre les deux ventricules du cœur, parce que je suis persuadé qu'ils servent tous deux à subtiliser le sang, en le recevant par leur dilatation, & en le chassant dehors par leur contraction; que l'un n'est pas plus noble que l'autre; & que s'il y en a deux, c'est parce que le sang n'auroit pas esté suffisamment vivifié par un seul, & qu'il est plus échauffé & mieux perfectionné à deux reprises, qu'il ne l'auroit esté par une seule.

R
Un cœur coupé qui fait voir une partie des deux ventricules.

Pourquoi le ventricule gauche est plus épais.

Je ne suis pas du sentiment de ceux qui croyent que l'épaisseur du ventricule gauche soit pour empêcher que les esprits & la chaleur du sang qui y est porté, ne se dissipent, il y sejourne trop peu de tems pour croire que ce soit là la raison: d'ailleurs je suis persuadé qu'il n'est pas plus subtil lorsqu'il entre dans le ventricule gauche, que lorsqu'il est sorti du ventricule droit, dont la même épaisseur seroit plus que suffisante pour remedier à cette dissipation. Il y a bien plus lieu de croire que l'épaisseur du ventricule gauche sert à augmenter la chaleur du sang; car il est certain que plus il est épais, plus il est capable de mouvement violent, & a plus de force pour presser le sang & pour luy imprimer plus de chaleur, que ne peut faire le ventricule droit, qui est plus foible & plus mince.

Outre cela le ventricule droit n'ayant qu'à

Autre raison de cette épaisseur.

pousser le sang dans l'artere des poûmons, qui n'est pas longue, il n'étoit pas necessaire qu'il fût si épais, ni qu'il eût tant de force que le gauche, qui a besoin d'une forte impulsion, non seulement pour envoyer le sang qui sort de chez lui dans toutes les arteres du corps, & jusqu'au haut de la teste, mais encore pour forcer ce sang à passer par les extremitez des arteres dans toutes les parties, afin de les nourrir, & pour pousser ce sang extravasé dans les orifices des vénes capillaires, & de ces venules dans de plus grosses, & enfin dans la véne cave pour retourner au cœur, étant constant que le mouvement circulaire du sang ne se fait, & ne se continuë que par la force de ce ventricule.

Le septũ medium.

Les deux ventricules du cœur sont separez par une cloison mitoyenne, que l'on appelle septum medium ; cette separation est épaisse d'un travers de doigt, ayant la même épaisseur que les parois du ventricule gauche ; elle est charnuë & de même substance que le reste du cœur, étant composée de fibres musculeuses qui luy aident à faire ses mouvemens. Cette cloison est solide, & n'est point percée de plusieurs petits trous qui ayent leur entrée du côté du ventricule droit, & leur sortie du côté du gauche, comme plusieurs Anatomistes se le sont persuadé mal à propos.

Le septũ medium n'est pas percé.

Ceux qui ont crû cette separation percée, pretendoient que ces trous donnoient passage à quelque partie du sang du ventricule droit au gauche pour la generation de l'esprit vital; qu'il se faisoit un mélange de ce sang avec l'air qui étoit apporté par l'artere véneuse, qu'on appelle aujourd'hui la véne des poûmons, dans ce même ventricule; & qu'il étoit ensuite distribué par les arteres à tout le corps, pour y conserver la vie & la chaleur naturelle. Cette opinion étoit établie sur de faux principes, ils ne connoissoient pas le mouvement circulaire du sang, qui nous apprend qu'il ne passe point de sang par le septum medium, qui est trop solide & trop épais pous permettre ce passage; & ainsi il ne faut pas chercher des chemins imaginaires au sang, lorsque la circulation nous en découvre de veritables.

Quatre gros vaisseaux à la base du cœur.

Il y a à la base du cœur quatre gros vaisseaux, sçavoir la véne cave, l'artere des poûmons, la véne des poûmons, & l'aorte: le ventricule droit reçoit la véne cave & l'artere des poûmons, & le gauche la véne des poûmons & l'aorte; de maniere que chaque ventricule a une artere & une veine, contre l'opinion ancienne, qui vouloit que les deux vaisseaux du ventricule droit fussent des vénes, & que ceux du gauche fussent des arteres.

Chaque ventricule a une artere & une véne.

Les Anciens étoient tellement prévenus en faveur de cette fausse doctrine, que quoy qu'ils connussent que c'étoit une artere qui sortoit du ventricule droit, cependant ils vouloient que ce fût une véne, & la nommoient par entestement véne arterieuse, au lieu de l'appeller comme nous l'appellons aujourd'hui, artere des poûmons: Ils vouloient encore que la véne des poûmons, qui va au ventricule gauche, fût une artere, quoy qu'on ne lui trouvât qu'une simple membrane comme à une véne, & qu'elle ne battît pas comme une artere; cependant ils l'appelloient artere véneuse, au lieu de l'appeller véne des poûmons.

S La vene cave.

La véne cave est le plus grand & le plus gros de ces quatre vaisseaux; elle finit au ventricule droit du cœur, où elle est si fortement attachée qu'on ne peut l'en separer: elle s'ouvre dans ce ventricule par une large embouchure, pour y verser le sang qu'elle a reçû de plusieurs rameaux de vénes; elle est comme une riviere, qui durant tout son cours reçoit l'eau de plusieurs ruisseaux pour la porter dans la mer. Sa membrane, qui est mince par tout ailleurs, est fort épaisse en cet endroit, & remplie de fibres charnuës, ce qui empêche qu'elle ne puisse estre déchirée par le mouvement continuel du cœur; & qu'elle ne s'élargisse trop par le concours du sang qui luy vient de toutes parts en abondance; c'est aussi cette quantité de fibres charnuës qui rend cette véne capable de quelque contraction pour pousser le sang qu'elle apporte dans ce ventricule.

T Trois valvules à la vene cave.

A l'entrée de la véne cave, dans le ventricule droit, il y a trois valvules membraneuses qu'on nomme triglochines, ou tricuspides, à cause de leur figure triangulaire. Elles sont faites, comme je l'ay déja dit, de la dilatation des tendons des fibres qui composent le cœur: Elles sont ouvertes de dehors en dedans, & disposées de maniere qu'elles permettent l'entrée du sang de la véne cave dans le cœur, & en empêchent le retour dans la véne cave.

L'usage de la véne cave est de recevoir le sang

qui luy est apporté de toutes les parties du corps par les rameaux des vénes, & de le verser dans la cavité de l'oreille, d'où il tombe ensuite comme par mesure dans le ventricule droit du cœur. Usages de la vene cave.

V. L'artere des poûmons.

L'artere des poûmons que l'on trouve décrite dans les Auteurs, sous le nom de véne arterieuse, est effectivement une artere, étant composée de plusieurs tuniques; elle sort du ventricule droit du cœur, mais son embouchure est bien moindre que celle de la véne cave: Cette artere se divise en deux gros rameaux, qui se divisant encore en plusieurs petites branches, vont se répandre à droite & à gauche dans toute la substance des poûmons.

Trois valvules à l'artere des poûmons.

A l'orifice de l'artere des poûmons il y a trois valvules qu'on appelle sigmoïdes, parce qu'elles ressemblent à un sigma Grec: Ce sont de petites membranes situées à côté les unes des autres, & autrement disposées que celles de la véne cave; car elles sont ouvertes de dedans en dehors pour laisser sortir le sang du ventricule droit dans l'artere, & pour en empêcher le retour de l'artere dans le ventricule.

Usage de l'artere des poûmons.

L'usage de l'artere des poûmons est de recevoir le sang qui sort du ventricule droit du cœur, & de le distribuer par toute la substance des poûmons

X. La vene des poûmons.

La véne des poûmons qui a esté connuë de tout tems sous le nom d'artere véneuse, n'a qu'une simple tunique comme les autres vénes. Elle commence dans les poûmons par une infinité de petits rameaux qui se réunissent en un seul tronc pour la former; elle sort de la substance des poûmons, & vient se rendre au ventricule gauche du cœur.

Deux valvules à la vene des poû-mons.

Elle a à son orifice des valvules semblables à celles de la véne cave, excepté que celles-ci sont plus grandes, & qu'elles ont leurs filamens plus longs, & plus d'apophises charnuës que celles de la véne cave; on les appelle mitrales, parce qu'elles ressemblent à la mître d'un Evêque: Ces valvules ne sont que deux, parce que l'ouverture de cette véne étant ovale, à cause du lieu où elle se rencontre, elle peut estre aussi exactement fermée avec ces deux, que les orifices des autres vaisseaux étant ronds le peuvent estre avec trois. Leur situation est semblable à celles des tricuspides, s'ouvrant de dehors en dedans pour donner passage au sang qui vient du poûmon dans le ventricule gauche, & pour en empêcher le retour dans la véne.

Usages de la vene des poû-mons.

La véne des poûmons ayant repris par les extremitez de ces rameaux capillaires, qui sont répandus dans toute la substance des poûmons, le sang qui n'a pas esté employé à leur nourriture, le rapporte dans l'oreille gauche du cœur: C'est, comme je vous l'ay déja dit, l'extremité de cette véne d'où il tombe ensuite, comme par mesure, dans le ventricule gauche du cœur. Elle y rapporte aussi avec ce sang les parties les plus subtiles de l'air qui passent des extremitez de la trachée artere dans son tronc, comme je vous le feray voir en vous démontrant les parties qui servent à la respiration.

Y L'aorte.

La grande artere appellée aorte, est la source & le tronc d'où naissent toutes les autres arteres du corps, excepté celles du poûmon, qui sont les branches de l'artere du ventricule droit : elle est forte, ayant plusieurs tuniques dures & épaisses; elle sort du ventricule gauche du cœur, auquel endroit elle paroît cartilagineuse ; afin d'estre toûjours ouverte & en état de recevoir le sang qui sort avec impetuosité de ce ventricule.

Z Trois valvules à l'aorte.

La grosse artere a à son orifice trois valvules ou epiphises membraneuses, qui sont semblables aux trois sigmoïdes qui sont à l'entrée de l'artere des poûmons ; elles regardent de dedans en dehors pour permettre le cours du sang du ventricule gauche dans l'aorte, & pour empêcher son retour de l'aorte dans ce ventricule.

Usage de l'aorte.

L'usage de l'aorte est de distribuer & de communiquer à toutes les parties du corps le sang & l'esprit vital qu'elle a reçû du cœur.

Voila, Messieurs, toutes les parties que j'avois à vous faire voir dans cette Démonstration, & comme ce sont ces mêmes parties qui contribuent principalement au mouvement circulaire du sang, (car le cœur est le principe qui met en mouvement tous les ressorts de la machine, & d'où dépendent toutes les filtrations qui s'y font,) il faut que je vous explique, avant que de la finir, ce que c'est que la circulation du sang, & de quelle maniere elle se fait.

Ce que c'est que la circulation du sang.

La circulation du sang est un mouvement du sang du cœur aux extremitez, & un retour de ce sang des extremitez au cœur : Elle se fait ainsi :

Commēt elle se fait.

Le ſang ſortant avec impetuoſité du ventricule gauche, eſt pouſſé par la contraction du cœur dans la grande artere ; la portion la plus ſubtile de ce ſang monte en haut par le tronc ſuperieur de l'aorte, & ſe diſtribuë aux bras par les arteres axillaires, & à la teſte par les arteres carotides & cervicales. Au contraire la portion la plus groſſiere deſcend en bas par le rameau inferieur de cette même artere, & ſe diſtribuë à toutes les parties qui ſont au deſſous du cœur par les arteres cœliaques, meſenteriques, émulgentes, ſpermatiques, iliaques, & par une infinité d'autres rameaux.

Il eſt bon de vous faire remarquer ici que ce qu'il y a de liqueurs differentes dans la maſſe du ſang, en eſt ſeparé en divers endroits par la configuration des pores des parties par où ces liqueurs paſſent ; par exemple, le ſuc animal eſt ſeparé dans le cerveau ; la ſalive dans les glandes parotides & maxillaires; la liqueur acide dans le pancreas ; la bile dans le foye ; l'urine dans les reins ; la ſemence dans les teſticules ; le lait dans les mammelles, & pluſieurs autres liqueurs dans une infinité d'autres parties.

Le ſang étant donc porté & diſtribué tant en haut qu'en bas par les deux troncs de l'aorte à toutes les parties du corps, il ſort par les extremitez des petites arteres, & s'extravaſe pour nourrir toutes ces parties ; & comme tout ce qui s'extravaſe de ce ſang, ne ſe conſomme pas entierement, ce qui reſte rentre dans les orifices des vénes capillaires par l'impulſion du nouveau ſang, qui ſortant continuellement de ces arterioles,

rioles, oblige celui qui le precede de retourner par des vénes tres-petites dans de plus grosses; de maniere que le sang qui a esté distribué à la teste, revient au cœur par les vénes jugulaires, & celui des bras par les axillaires dans les soûclavieres, & de là dans le tronc superieur de la véne cave. Il en est de même aussi à l'égard du sang qui a esté distribüé aux parties inferieures; il retourne au cœur par les iliaques, & par toutes les vénes du bas ventre, qui aboutissent au tronc inferieur & ascendant de la véne cave; & ainsi tout le sang tant des parties superieures, que des inferieures se rencontre & se joint ensemble dans la véne cave, & va se dégorger dans l'oreille droite du cœur, & de là dans le ventricule droit, d'où il ressort aussi-tôt par la contraction du cœur, qui l'oblige d'entrer dans l'artere du poûmon, ne pouvant retourner dans la véne cave, à cause de la disposition de ses valvules triglochines.

L'artere des poûmons ayant reçû ce sang, le porte aux poûmons, & le distribuë dans toute leur substance, d'où il passe ensuite avec la partie la plus subtile de l'air qui y a esté apportée par les extremitez de la trachée artere, dans les rameaux de la véne des poûmons, qui le conduit dans l'oreille gauche du cœur, & de là dans le ventricule du même côté; Et comme ce sang ne peut ressortir par où il est entré, à cause de la disposition des valvules de cette véne, il sort avec impetuosité de ce ventricule par la contraction du cœur, & entre dans la grande artere, qui le distribuë derechef à toutes les parties du corps ; d'où il est encore rapporté à sa source par de tres-petites vénes dans de plus grosses ; & de ces plus grosses enfin dans le tronc superieur & inferieur de la véne cave, pour recommencer sans cesse cette circulation, qui ne finit qu'avec la vie de l'animal, ou pour mieux dire avec laquelle la vie de l'animal finiroit, si elle cessoit un moment, puisqu'elle sert non seulement à rafraîchir la masse du sang, qui sans cette agitation continuelle croupiroit & se corromperoit, mais encore à la subtiliser en la purifiant de ses excremens, & enfin à la rendre plus propre à nourrir toutes les parties du corps.

Necessité de la circulation.

Mais comme cette masse diminuë considerablement par la perte de ses esprits, qui sont employez à la nourriture de toutes les parties du corps, ou qui se dissipent continuellement par les pores de la peau ; elle s'épuiseroit enfin, s'il ne se faisoit tous les jours, par le moyen du chile, de nouveau sang & de nouveaux esprits capables de la reparer.

Il semble qu'il seroit à propos de parler ici du chile, qui est la veritable matiere du sang ; mais comme je ne sçaurois rien ajoûter à ce que j'en ay dit à la page 188. en faisant voir la route qu'il prend pour aller au cœur, & à la page 191. en expliquant de quelle maniere il se convertit en sang, j'aime mieux qu'on y ait recours, que de redire inutilement trois fois la même chose.

Comme je suis persuadé qu'on ne doute plus presentement de la circulation du sang, je ne m'amuserai point à vous la prouver par la ligature que l'on fait au bras dans la saignée ; cette preuve à la verité est infaillible ; mais je ne la rapporteray pas parce qu'elle est commune, & qu'elle a esté rapportée presque par tout ce qu'il y a d'Anatomistes qui ont écrit jusqu'à present ; je veux seulement vous faire part d'une experience que j'ay faite plusieurs fois, & je suis seur que si vous la faites, vous serez convaincus comme moy de la circulation du sang ; c'est de prendre un chien vivant, l'attacher sur une table, lui faire une incision dans l'aine pour découvrir l'artere & la véne crurale qu'on liera toutes deux separément, & ensuite faire une ouverture à l'une & à l'autre au dessus de la ligature ; alors vous verrez sortir par la ponction de l'artere quantité de sang, & pas une goutte par celle de la véne ; au contraire, si vous piquez l'artere & la véne au dessous de la même ligature, vous verrez qu'il ne sortira point de sang par la piqûre de l'artere, & qu'il en sortira beaucoup par celle de la véne. Cette experience, que vous pouvez faire sur toutes sortes d'animaux, vous confirmera que ce sont les arteres qui portent le sang du cœur aux extremitez du corps, & que les vénes le reportent des extremitez au cœur.

Experience qui prouve la circulation.

Cette circulation, Messieurs, est d'autant plus admirable, qu'il étoit de la prévoyance de la Nature d'inventer quelque artifice par lequel les esprits du sang fussent continuellement agitez ; car outre que la masse du sang se seroit corrompuë, il est encore certain que le sang qui est grossier & pesant, les auroit étouffez par son poids, sans le mouvement du cœur & des arteres, qui les excite & les réveille à tout moment; & s'ils y étoient demeurez toûjours enfermez dans un même vaisseau sans retourner au cœur, comme le croyoient les Anciens.

XV p. 325

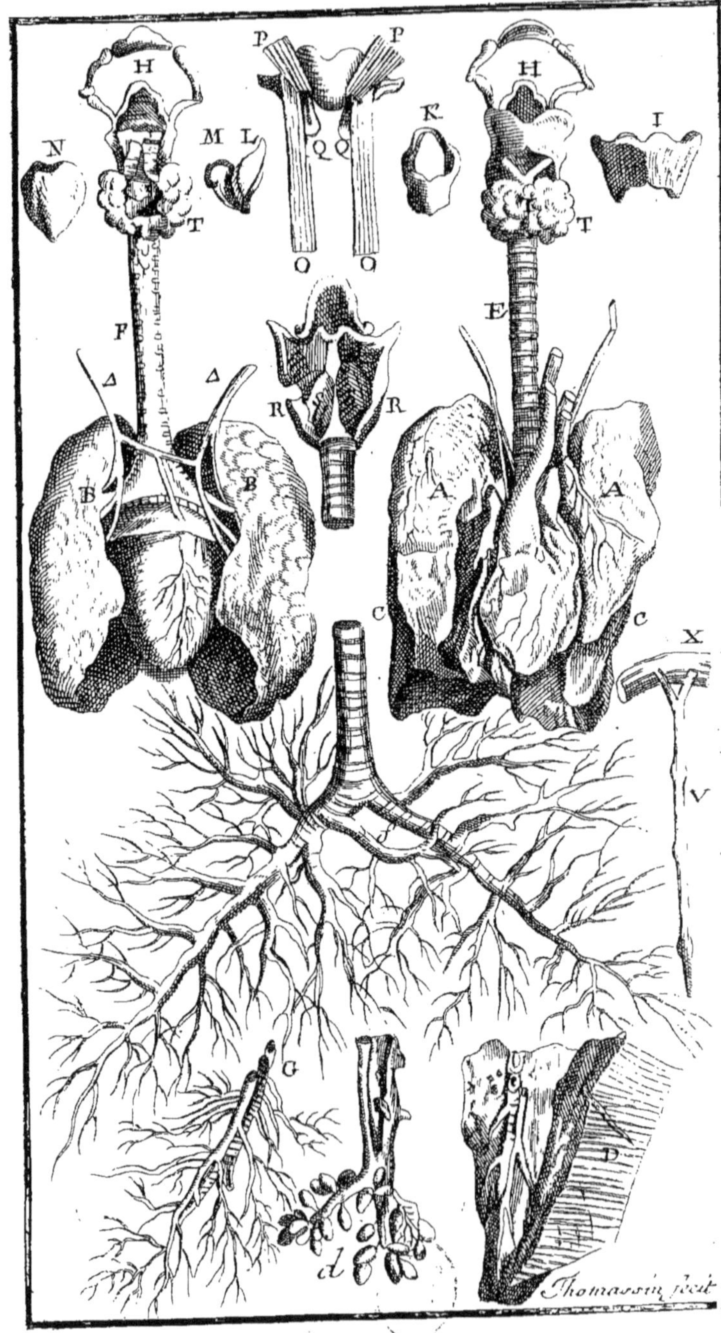

SIXIÉME DEMONSTRATION

Des Parties de la Poitrine.

QUOYQUE la respiration, Messieurs, soit absolument necessaire pour vivre, ce n'est pas cette seule necessité qui nous doit porter à connoître les parties qui y servent : l'artifice merveilleux avec lequel les poûmons, dont je vous entretiendray dans cette Demonstration, sont fabriquez, doit estre encore un motif assez puissant pour nous y engager, n'y ayant gueres de parties dont la structure soit plus surprenante & plus digne d'admiration.

Les poûmons ne sont autre chose qu'un amas de petites vessies membraneuses entassées les unes sur les autres, & entre-lassées de rameaux, d'arteres, & de vénes, qui se forment des extremitez de la tunique interne de la trachée artere, & qui se terminent toutes à la membrane qui les enveloppe; de maniere que le poûmon est à peu prés comme une grappe de raisin qui seroit enveloppée dans une toile.

A A. Les poûmons vûs par devant.

B B Les poûmons vûs par derriere.

Ils sont situez dans la cavité de la poitrine, qu'ils remplissent toute entiere avec le cœur,

Grandeur & situation des poûmons. quand ils sont enflez ; parce que leur mouvement dépendant de celui du thorax, il ne faut pas qu'il y ait du vuide, afin qu'ils se puissent dilater & se resserrer en même tems que lui ; ils s'affaissent au contraire dans les corps morts, parce qu'ils sont alors vuides de sang, d'air & d'esprits.

Figure des poûmons. La figure des poûmons, si on les regarde par leur partie posterieure, ressemble à un pied de bœuf, ils sont convexes & élevez par dehors du côté qu'ils touchent aux côtes, & caves par dedans, afin de mieux embrasser le cœur.

Division des poûmons. Le poûmon est divisé en partie droite, & en partie gauche par le mediastin, & chacune de ces parties est encore divisée en plusieurs autres lobes ou lobules, attachez de part & d'autre aux plus gros rameaux de la trachée artere : chaque lobule est composé de plusieurs petites vessicules rondes, qui ont toutes communication les unes avec les autres ; c'est dans ces vessicules que l'air entre par la trachée artere dans le tems de l'inspiration, & d'où il sort par l'expiration.

CC Division des lobes des poûmons.

D Vessicules pulmonaires.

Attaches des poûmons. Le poûmon est attaché au sternum & au dos par le mediastin, au col par la trachée artere, au cœur par l'artere & la véne des poûmons, & quelquefois à la plévre & au diaphragme par des ligamens fibreux.

Raisons de l'adherence des poûmons. La cause de cette derniere adherence a embarrassé les Anatomistes ; les uns veulent qu'elle ne puisse venir qu'aprés la naissance par quelque playe mal guerie, ou par suppuration ; d'autres par une pituite visqueuse & gluante qui les colle aux côtes ; & d'autres que cela ne se fasse que dans le tems de l'agonie ; de sorte qu'ils ne regardent tous cette adherence que comme un accident, qui cause une longue difficulté de respirer. Pour moy je croy que quand les poûmons sont adherens à la plévre, cela vient dés la premiere conformation ; car je les ay trouvé de cette maniere à des personnes blessées à la poitrine, en dilatant leur playe, ou faisant la contre-ouverture ; & j'ay observé que bien loin que ces personnes là eussent de la difficulté à respirer, elles avoient au contraire plus de facilité que les autres ; & ainsi cette adherence est plus utile que nuisible, non seulement parce que les poûmons étans obligez de suivre la dilatation du thorax, le font plus aisément lorsqu'ils sont attachez ; mais encore parce que le cœur en est moins pressé.

On ne peut absolument marquer la couleur des poûmons dans les adultes ; elle tire pour l'ordinaire sur le jaune, & quelquefois elle est cendrée ou marbrée ; elle est noirâtre à ceux qui sont morts d'une longue maladie : J'en ay vû qui en avoient une partie d'une couleur, & une partie de l'autre : mais au fœtus elle est rouge comme le foye, parce que l'air n'y entre point pendant qu'il est enfermé dans la matrice.

Couleur des poûmons.

La substance des poûmons est tellement épaisse au fœtus, que si vous en coupez un morceau, & que vous le jettiez dans de l'eau, il va au fond, au lieu que celui des adultes nage dessus ; les Chirurgiens ne doivent pas negliger cette observation, afin qu'étant obligez de faire leur

Substance des poûmons.

rapport ſur un enfant trouvé mort, ils puiſſent dire s'il étoit mort avant que de naître, ou s'il n'a perdu la vie qu'aprés la naiſſance ; ce qui ſe peut reconnoître en mettant un morceau du poûmon de l'enfant dans de l'eau ; s'il va au fond, c'eſt une marque qu'il eſt venu mort au monde ; mais s'il nage deſſus, il a reſpiré, & par conſequent il a vêcu ; car l'air auſſi-tôt aprés l'enfantement, trouvant par la dilatation du thorax un chemin ouvert, il entre dans les poûmons, s'inſinuë juſqu'aux extremitez de la trachée artere, & emplit toutes les petites cavitez qu'il y trouve ; cet air ne ſort pas tout par l'expiration, il en demeure toûjours aſſez pour faire nager les poûmons de ceux qui ont reſpiré. C'eſt cet air qui rend leur ſubſtance rare, lâche, & ſpongieuſe, & qui fait que leur chair en devient plus molle & plus legere.

D La membrane des poûmons.

Tout le corps des poûmons eſt revêtu de deux membranes, une exterieure qui eſt polie, deliée, tiſſuë de fibres nerveuſes ; & une interieure, qui eſt plus épaiſſe, ridée & faite des extremitez des vaiſſeaux qui ſont diſtribuez dans toute ſa ſubſtance, & des parois des veſſies qui s'y terminent ; car lorſqu'on la ſepare des poûmons, on voit tous les veſtiges des veſſicules qui reſſemblent aſſez bien aux petites cellules de cire des Abeilles; Cette membrane eſt ſi poreuſe qu'elle ne retient pas l'air, principalement quand on l'introduit de force dans les poûmons : Il y en a qui pretendent que ces poroſitez peuvent recevoir le pus & les autres impuretez épanchées dans la poitrine, pour les vuider par la trachée artere.

L'on trouve dans les poûmons une grande quantité de vaiſſeaux ; car outre les trois principaux, qui ſont l'artere qui leur vient du cœur, la véne qui retourne au ventricule gauche, & la trachée artere qui leur apporte l'air, ils ont encore des nerfs, des arteres, des vénes, & des vaiſſeaux limphatiques. Vaiſſeaux des poûmons.

Ils reçoivent pluſieurs rameaux de nerfs de la paire vague, qui ſe diſtribuent par toute leur ſubſtance ; ces rameaux accompagnent par tout les bronches avec les autres petits vaiſſeaux, & dilatans leurs extremitez, ils forment en partie les membranes qui enveloppent les petites veſſies ; ils portent les eſprits animaux aux fibres muſculeuſes des tuniques de la trachée artere & de ſes bronches, pour ſervir aux mouvemens de la reſpiration. DD. Nerfs des poûmons.

Les poûmons ont une artere particuliere, que l'on appelle bronchiale ; elle leur vient du tronc deſcendant de l'aorte par un ou deux rameaux, qui ſe gliſſant ſous ceux de la véne du poûmon, accompagnent toutes les diviſions de la trachée artere, juſqu'à ce qu'ils ſe perdent en rameaux capillaires. Elle porte aux poûmons & à la trachée artere le ſang qui leur eſt neceſſaire pour les nourrir. Artere bronchiale.

Le ſuperflu de ce ſang eſt reçû par autant de venules qu'il y a de rameaux capillaires de l'artere bronchiale ; elles le portent dans la véne du même nom, qui va ſe rendre immediatement dans la véne cave : Cette artere & cette véne, que l'on a découvertes depuis peu, nous apprennent que les poûmons auſſi bien que le cœur, ſe Véne bronchiale.

nourrissent de la même maniere que toutes ses autres parties du corps, & qu'ils ne consomment point de ce sang qui passe continuellement dans leur substance, parce qu'ils ont des vaisseaux particuliers pour leur nourriture.

Vaisseaux limphatiques des poûmons.

Il y a plusieurs vaisseaux limphatiques qui environnent les rameaux de l'artere & de la véne pulmonaire, & qui vont rampant sur la membrane exterieure des lobes des poûmons, où ils se divisent en plusieurs branches qui se joignant ensemble, en forment de plus grosses qui vont se rendre dans le canal thorachique, pour y porter la limphe.

Avant que de vous parler de l'usage des poûmons, & de vous faire voir comment se fait la respiration, il faut vous entretenir de la trachée artere, de l'artere, & de la véne pulmonaire.

E La trachée artere.

La trachée artere est un conduit qui va de la bouche aux poûmons ; elle est située sur l'œsophage qu'elle accompagne jusqu'à la quatriéme vertebre de la poitrine, où elle se separe en deux branches qui entrent dans les poûmons chacune de leur côté. Ces branches se divisent ensuite en autant de rameaux qu'il y a de lobes, & ces rameaux se redivisent encore en autant d'autres qu'il y a de lobules en chaque lobe, afin de donner des branches à toutes les petites vessicules qui sont à chaque petit lobule.

F Division de la trachée artere.

G Les branches de la trachée artere, de l'artere,

Les rameaux des arteres & vénes des poûmons accompagnent par tout ceux de la trachée artere, & vont ensemble se terminer dans ces lobes & lobules ; de maniere qu'on peut dire que chaque lobule étant composé, comme je vous l'ay dit, de plusieurs petites vessicules rondes, est un petit poûmon; comme il est vray de dire que chaque grappillon d'un raisin est une petite grappe.

& de la véne des poûmons qui vont de compagnie.

Composition de la trachée artere.

Les parties qui entrent dans la composition de la trachée artere sont plusieurs cartilages, des ligamens, & deux membranes.

Les cartilages de la trachée artere ne sont pas tous semblables.

Quoyque les cartilages de la trachée artere paroissent ronds & annulaires, ils ne le sont pourtant pas exactement, n'étant que demi circulaires: Ils sont durs, & quelquefois ossifiez par devant & aux côtez, mais membraneux par derriere; ce qui leur donne la figure d'un croissant, ou de la lettre C. La raison pourquoy ils ne sont pas exactement ronds, c'est qu'étant posez sur l'œsophage, ils auroient empêché la deglutition.

Division des cartilages de la trachée artere.

Ces cartilages sont arrangez les uns dessus les autres; plus ils approchent des poûmons, plus ils sont petits. Quand la trachée artere se divise en deux rameaux, ses anneaux sont alors entierement cartilagineux, parce qu'ils ne touchent plus à l'œsophage. Ils sont formez de maniere que le second étant plus petit que le premier, entre un peu dans sa cavité, comme les écailles de la queuë d'une écrevisse; ce qui permet aux bronches de s'alonger dans l'inspiration, & de se racourcir dans l'expiration, & dans l'expulsion des crachats.

Ligamens de ces cartilages.

Tous ces cartilages sont attachez les uns aux autres par des ligamens qui sont entre-deux; ils sont plus charnus à l'homme, & plus membraneux aux animaux; c'eſt la raiſon pourquoy il y en a qui ont crû que c'étoit de petits muſcles.

La membrane exterieure.

La trachée artere a deux membranes, l'une exterieure, & l'autre interieure; la premiere eſt tres-forte; elle vient de la plévre; elle tient les cartilages attachez les uns aux autres, & empêche leur trop grande dilatation.

La membrane interieure.

La membrane interieure eſt celle qui tapiſſe en dedans toute la trachée artere, elle vient de celle qui couvre le palais, n'étant que la même continuité: Cette tunique eſt fort épaiſſe au larinx; elle l'eſt mediocrement dans le milieu de la trachée artere, & fort mince aux rameaux qui ſont dans les poûmons. Elle eſt d'un ſentiment ſi exquis qu'elle ne peut rien ſouffrir; car lorſque quelque portion de l'aliment ou de la boiſſon tombe dans ſa cavité, on ne ceſſe point de touſſer, que ce qui y étoit entré n'en ſoit ſorti. Elle eſt enduite d'une humeur graſſe, qui la tient ſouple pour mieux former la voix, & pour empêcher qu'elle ne ſe deſſeche, & qu'elle ſoit offenſée par les excremens acres & fuligineux, qui paſſent par la trachée artere; l'abondance de cette humeur cauſe l'enroüement; mais lorſqu'elle eſt exceſſive, elle cauſe la perte de la voix, qui revient auſſi-tôt aprés que cette humeur eſt conſumée.

Il y en a qui pretendent que cette tunique eſt composée de trois membranes; que la premiere eſt tiſſuë de deux rangs de fibres muſculeuſes, ſçavoir de droites & de circulaires; que la ſeconde eſt toute glanduleuſe, & qu'elle exprime une humidité dans la cavité des bronches;

& que la troisiéme n'est qu'un tissu de rameaux de nerfs, d'arteres, & de vénes.

Vaisseaux de la trachée artere.

La trachée artere reçoit des rameaux de nerfs qui luy viennent des recurrens de la sixiéme paire; ils sont répandus par toute la membrane interne qu'ils rendent d'un sentiment tres-exquis: Ses arteres viennent des carotides, & ses vénes vont se rendre dans les jugulaires externes.

Usages de la trachée artere, de ses bronches, & des poûmons.

Les usages de la trachée artere & de ses bronches sont de servir de conduit à l'air, afin qu'il puisse entrer dans toutes les petites vessicules des lobules dans le tems de l'inspiration, & en sortir dans l'expiration; d'où vient que la trachée artere est cartilagineuse, & non pas membraneuse, afin d'estre toûjours ouverte, & de faciliter par ce moyen l'entrée & la sortie de l'air qui est necessaire, tant pour rafraîchir le sang, que pour former la voix. L'usage des poûmons est d'estre l'organe de la respiration.

Arteres des poûmons.

Je vous ay fait voir dans la derniere Demonstration cette artere qui sortoit du ventricule droit du cœur; aujourd'huy je vous fais observer qu'aussi-tôt qu'elle en est sortie, elle s'incline vers la trachée artere, & qu'elle se divise en deux rameaux, l'un à droite, & l'autre à gauche, qui s'insinuant sous les bronches, les accompagnent par tous les lobes & lobules. Cette artere porte le sang du ventricule droit du cœur dans les poûmons.

Vénes des poûmons.

Les extremitez des rameaux de cette artere se mêlent avec les extremitez de ceux de la véne du poûmon, & font ensemble un tissu en forme de rets qui environne & lie toutes les vessicules qui sont au bout des bronches ; ces extremitez de la véne reçoivent, à la faveur de ces vessicules qui luy en permettent le passage, le sang qui y a esté apporté par les arteres ; ensuite elles se joignent plusieurs ensemble pour en former de plus grosses, qui s'unissant encore font une grosse véne, que l'on appelle la véne des poûmons, qui va reporter ce sang dans le ventricule gauche du cœur.

L'air entre dans les poumons quand la poitrine se dilate.

Il est certain que dans la respiration, la poitrine & les poûmons se dilatent & s'ouvrent ; mais la difficulté est de sçavoir si c'est la poitrine qui se dilate, parce que les poûmons s'enflent, ou s'il s'enflent parce que la poitrine se dilate. Il est aisé de comprendre que l'air n'entre dans les poûmons que parce que la poitrine se dilate par le moyen de ses muscles, les poûmons n'étant d'eux-mêmes capables d'aucun mouvement ; que dans cette dilatation l'air y entre, ce qui les enfle & les gonfle ; & qu'il en sort par la compression qu'elle fait aux poûmons lorsqu'elle se resserre. Je ne puis mieux vous representer la maniere dont cela se fait qu'en prenant une éponge entre mes deux mains, je compare l'éponge aux poûmons, & mes mains à la poitrine ; lorsque j'éloigne mes mains l'une de l'autre, l'air entre dans les petites cavitez de l'éponge, qui s'élargit en même tems que mes mains ; mais lorsque je les approche, & que je les serre, l'air est chassé des cavitez de l'éponge, qui suit le mouvement de mes mains, & voila comment se fait la respiration.

On considere deux choses dans la respiration, sçavoir l'inspiration & l'expiration : l'inspiration est un apport d'air au dedans, qui se fait par la dilatation du thorax & des poûmons : & l'expiration est un transport de fumées au dehors ; ce qui se fait par la contraction de ces mêmes parties.

Ce que c'est que la respiration.

Ces deux mouvemens opposez des poûmons ont chacun leur usage ; j'en remarque deux dans l'inspiration, l'un de donner passage au sang pour aller de l'artere des poûmons dans la véne pulmonaire, & l'autre de condenser les esprits, & de temperer la chaleur du cœur.

L'inspiration a deux usages.

L'expiration en a deux aussi, l'un de faire sortir les vapeurs & les excremens fuligineux du sang, & l'autre de fournir l'air, qui est la matiere de la voix ; ce sont ces quatre usages qu'il nous faut examiner.

L'expiration a aussi deux usages.

L'on convient que le sang passe à travers les poûmons pour aller d'un ventricule à l'autre : on voit bien le conduit qui le porte dans les poûmons, & celuy qui le reporte au cœur ; mais la difficulté est de sçavoir comment de l'un il entre dans l'autre : Pour moy je suis persuadé que c'est par le moyen de l'air que cela se fait ; car comme les rameaux de l'artere & de la véne pulmonaire accompagnent & embrassent ceux de la trachée artere jusqu'à leur extremité, où ils se terminent en vessicules, il est certain que l'air entrant dans le tems de l'inspiration dans la trachée artere, passe dans les bronches, & des bronches s'introduit dans les vessicules qu'il dilate, à la faveur desquelles le sang s'échape des

Reflexion sur le premier usage de l'inspiration.

rameaux de l'artere dans ceux de la véne des poûmons ; de maniere qu'à chaque inſpiration il en paſſe une quantité ſuffiſante pour eſtre portée dans le ventricule gauche du cœur, & pour fournir ce qu'il en faut pour faire ſes mouvemens de diaſtole & de ſiſtole.

La preuve de ce que je vous dis eſt convaincante ; par les experiences que j'en ay faites en prenant un chien vivant, & l'attachant ſur une table ; luy ouvrant la poitrine & le pericarde, je voyois le cœur faire ſes mouvemens en forme de vis, de la maniere que je vous l'ay expliqué ; je luy mettois le bout d'un ſoufflet dans la trachée artere, & j'attendois que le cœur eût ceſſé de ſe mouvoir, (ce qui arrivoit par l'affaiſſement des poûmons ;) alors en ſoufflant, les poûmons ſe dilatoient, & je voyois recommencer les mouvemens du cœur, qui duroient pendant tout le tems que je continuois à ſouffler, & qui ceſſoient dés que je ne ſoufflois plus. Cette experience prouve que le ſang fait mouvoir le cœur, & que c'eſt l'air qui par l'inſpiration le fait paſſer par les poûmons.

Il eſt même neceſſaire que cela ſoit ainſi, car le ſang paſſant par tant de petits rameaux au travers des poûmons, ſe mêle avec un nitre que nous inſpirons avec l'air, qui conjointement avec les parties ſulphurées que les alimens luy fourniſſent tous les jours ſert à entretenir la chaleur qui ſe nourrit avec le ſang.

Ces parties de nitre s'inſinuent par la trachée artere, & par les bronches dans les petites veſſies, d'où elles ſont repriſes par les rameaux de la

véne

véne des poûmons qui les reporte au cœur; on ne peut pas douter qu'il n'y ait une communication des bronches au cœur, si l'on fait reflexion que les pendus, ou les noyez, ne meurent que parce que la respiration étant interceptée, le sang ne peut pas passer par les poûmons pour aller au cœur.

Reflexion sur le second usage de l'inspiration.

Le second usage que l'on tire de l'inspiration, c'est qu'elle sert à former les esprits vitaux en temperant la chaleur naturelle. Souvenez-vous que je vous ay dit que le sang qui est dans la véne cave entre dans le ventricule droit du cœur; où il s'échauffe par la chaleur, & par le mouvement de cette partie, qui est la plus chaude de tout le corps: Ce qui fait que le sang en sort tout boüillant & tout fumeux, & que rencontrant dans les poûmons où il entre, l'air frais qui y a esté inspiré, cette fraîcheur épaissit les fumées qui en exhalent de toutes parts. Ces fumées ne sont autre chose que les parties spiritueuses dont le sang est rempli, & que la moindre chaleur feroit évaporer; de sorte que la nature fait ici ce que l'on fait dans les distillations de l'eau de vie, où l'on met de l'eau froide à l'entour du recipient pour ramasser & donner corps aux esprits du vin; car si ces parties du sang, qui sont ainsi reduites en fumées, ne s'épaississoient & ne reprenoient corps, elles se dissiperoient incontinent; & comme elles doivent estre considerées comme la matiere des esprits, étant la portion la plus subtile & la plus pure qui soit dans le sang, il ne s'en feroit aucune nouvelle generation, si la nature n'eût condensé ces vapeurs par la fraîcheur de l'air, qui eſt reçû continuellement par les poûmons : C'eſt une des raiſons pourquoy on ne peut eſtre guere de tems ſans reſpirer, parce que toutes les parties du corps ayant beſoin de l'influence des eſprits, il faut que le cœur les repare à tous momens par le moyen de l'inſpiration. Aprés que le ſang eſt ſorti du ventricule droit, & qu'il a traverſé les poûmons, il ſe décharge dans le gauche, où l'on peut dire qu'il eſt remis à la fournaiſe, où il eſt remué & agité de nouveau, & où ſes parties les plus ſubtiles ſe rafinent de telle ſorte, qu'elles acquierent toutes les diſpoſitions qui ſont neceſſaires aux eſprits pour les rendre vitaux, & alors ils en reçoivent la forme & la vertu, & prennent la place de ceux qui ont eſté diſtribuez aux parties.

Utilitez que nous tirons par la ſortie de l'air de nôtre corps.

L'Auteur de la Nature ne s'eſt pas contenté des avantages que nous tirons de l'air en le recevant, il a voulu encore qu'il nous fuſt utile lorſque nous le rendons. Nous avons déja vû les deux utilitez que l'inſpiration nous apporte, voyons maintenant celles que nous tirons de l'expiration qui ſont auſſi au nombre de deux.

Reflexion ſur le premier uſage de l'expiration.

La premiere, c'eſt que l'air en ſortant par l'expiration, entraîne avec luy les vapeurs & les excremens fuligineux du ſang, qui en ſont comme la ſuie : Cela eſt aiſé à remarquer, il ne faut pour cela que faire fraper pendant quelque tems l'air qui ſort de la poitrine contre quelque choſe de blanc, comme du papier, il eſt ſeur qu'il deviendra noir à la fin comme un tuyau de cheminée ; & cela ſuffit pour prouver que

que l'air ne sort pas de la poitrine avec la même pureté qu'il y est entré.

La seconde utilité que nous recevons de la sortie de l'air, c'est de servir de matiere pour former la voix; une orgue ne produiroit aucun son, si le vent qui en est, à proprement parler, la matiere, ne passoit par ses tuyaux: de même l'homme seroit sans voix, si les poûmons n'expiroient un air pour la produire.

Reflexion sur le second usage de l'expiration.

L'on peut faire ici une objection, & dire que la respiration n'est pas necessaire pour entretenir le mouvement circulaire du sang, puisque le fœtus dans la matrice ne respire point, & que neanmoins le sang circule non seulement de la mere à luy, & de luy à la mere, mais encore de son cœur à toutes les parties de son corps.

Objection.

Je réponds à cette objection, qu'il est vray que dans le fœtus la circulation se fait sans le secours de la respiration, puisqu'il ne respire point pendant qu'il est enfermé dans la matrice; mais qu'alors elle se fait par deux ouvertures qui sont aux quatre gros vaisseaux du cœur, par lesquelles le sang a la liberté de passer d'un vaisseau dans l'autre, sans entrer dans les poûmons.

Réponse.

Ces deux ouvertures sont differentes, l'une est un trou qui est de figure ovale, & qu'on appelle trou Botal, du nom de celuy qui l'a découvert le premier; & l'autre est un canal qui par sa construction paroît arterieux: Ce trou est à l'embouchure de la véne cave, dans le ventricule droit du cœur, au dessus de l'oreille droite; c'est par son moyen que cette véne s'entr'ouvre, &

Deux ouvertures au dessus du cœur du fœtus.

s'abouche avec la véne des poûmons, du côté de laquelle il y a une valvule qui permet l'écoulement d'une bonne partie du ſang de la véne cave dans celle des poûmons, & qui empêche qu'il ne retourne de la véne des poûmons dans la cave. Il y a de même une communication entre l'artere du poûmon & l'aorte, par le moyen de ce canal qui eſt éloigné de deux doigts de la baſe du cœur, & qui ſort de l'artere du poûmon, & va s'inſerer obliquement dans la groſſe artere, pour y porter le ſang qui eſt ſorti du ventricule droit ; de maniere que le ſang ne paſſe point dans le fœtus à travers les poûmons, & n'entre point dans le ventricule gauche du cœur.

Utilitez que le fœtus tire de ces deux ouvertures.

Le ſang circule à la faveur de ces deux paſſages, pendant que le fœtus eſt enfermé dans la matrice, quoyqu'il ne reſpire point ; mais ſi-tôt qu'il eſt né, l'air ſe faiſant un chemin dans les poûmons, les dilate, & ouvre par ce moyen au ſang une autre route qui luy eſt plus commode que la premiere, & qu'il continuë le reſte de ſa vie. Alors ce trou ovale & ce canal ne faiſant plus de fonction, ſe deſſechent & ſe bouchent, de telle maniere qu'on n'en voit plus aucun veſtige aux adultes. Il faut remarquer que c'eſt de ceux qui ont vû le jour dont je voulois parler, quand j'ay dit que la reſpiration étoit abſolument neceſſaire pour vivre.

Lorſqu'il ſe trouve des perſonnes à qui ces ouvertures ne ſont pas bien fermées, comme il eſt arrivé quelquefois, elles reſtent ſans incommodité dans l'eau pendant quelques heures, comme ſont les pecheurs de perles dans les Indes Orientales, & ces celebres plongeurs qui y demeurent des heures entieres. Il y a eu de ces gens là qu'il étoit impoſſible d'étrangler, quoy qu'on les tinſt long-tems attachez à la potence. Entre les Anatomiſtes les uns ont eſtimé que cette difficulté venoit du larinx, qu'ils croyoient oſſeux; les autres ont crû qu'il y avoit des cauſes ſurnaturelles, & ſe ſont imaginez de faux miracles; mais ce n'étoit ni l'une ni l'autre de ces raiſons, l'experience nous ayant appris que ces deux conduits ne s'étans pas bien bouchez, le ſang y paſſoit d'un ventricule à l'autre, & que le mouvement n'étant point interrompu, l'homme vivoit toûjours malgré tous les efforts qu'on faiſoit pour le faire mourir.

Le ſang ne paſſe que par un des ventricules du cœur du fœtus.

Les deux conduits qui ſont au fœtus découvrent l'erreur des Anciens, qui croyoient que le ſang paſſoit du ventricule droit du cœur dans le gauche par le ſeptum medium. Ils nous apprennent encore par leur ſtructure que le ſang du fœtus ne paſſe point par les deux ventricules de ſon cœur, & qu'il ſuffit qu'il paſſe par un des deux, comme il fait, parce que le ſang qu'il reçoit, eſt déja purifié & vivifié par le cœur de la mere, & que le fœtus dans la matrice n'a pas beſoin des avantages que nous tirons de la reſpiration. Il y a encore beaucoup d'autres circonſtances que je ne vous explique pas, parce qu'elles nous meneroient trop loin; je vous en parleray dans une autre occaſion, maintenant il faut que je vous démontre le col.

Il ne faut pas vous étonner ſi je paſſe au col &

Le col fait partie de la poitrine.

aux parties qu'il renferme, je ne ſors point pour cela de mon ſujet, puiſque par la diviſion que nous avons faite du corps en trois ventres, nous avons compris le col avec le ventre moyen, parce qu'il n'eſt proprement qu'un allongement du thorax, & que les principales parties qu'il contient, dépendent de la poitrine.

Le col eſt ainſi appellé ou parce que la teſte eſt poſée deſſus comme ſur un colline, & il eſt dérivé de *collis*; ou parce que l'on a accoûtumé de parer cette partie, & alors il vient de *colo*, qui ſignifie orner: Il eſt ſitué entre la teſte & la poitrine; il commence à l'atlas, qui eſt la premiere vertebre proche la teſte, & finit à la premier du thorax qu'on appelle l'éminente.

Figure & groſſeur du col.

Il eſt plus long qu'il n'eſt large, ayant ſept vertebres qui en font la longueur; il ne doit eſtre ni trop court, ni trop long, ces deux extremitez étant pour l'ordinaire ſuivies de beaucoup de maladies. Sa partie anterieure eſt appellée le goſier, & ſa poſterieure la nuque. On diviſe encore le col en parties contenantes, qui ſont les mêmes que celles de tout le corps, & en contenuës, dont les trois principales ſont la trachée artere, le larinx, & l'œſophage.

H H Le larinx.

Je vous ay déja démontré la trachée artere, je n'ay plus preſentément qu'à vous faire voir le larinx, qui n'eſt autre choſe que la partie ſuperieure, ou le commencement de la trachée artere.

Situation du larinx.

Il eſt ſitué à la partie anterieure du col, directement au milieu, parce qu'il eſt unique, & qu'il eſt le principal organe de la voix. Sa figure est ronde & circulaire, à cause qu'il falloit qu'il fust cave pour le passage de l'air; Il avance par devant, & est un peu applati par derriere, pour ne point incommoder l'œsophage, sur lequel il est placé : c'est ce que le vulgaire appelle le morceau d'Adam, dans l'opinion où il est que le morceau de la pomme défenduë luy demeura au gosier, & y fit cette grosseur.

Le larinx est de differente grandeur, suivant les âges; les jeunes l'ont étroit, d'où vient que leur voix est aiguë; ceux qui sont plus avancez en âge l'ont ample; c'est pourquoy ils ont la voix plus forte. Les hommes l'ont plus gros que les femmes, ils ont aussi la voix plus grave qu'elles: S'il paroît moins aux femmes qu'aux hommes, c'est que les glandes qui sont placées au bas du larinx aux femmes sont plus grosses que celles des hommes; ce qui leur rend le col plus rond, & la gorge plus pleine. Il se meut dans le moment de la deglutition; car dans le tems que l'œsophage s'abbaisse pour recevoir l'aliment, ou la boisson, le larinx s'éleve pour le comprimer, & en faciliter la descente. Grandeur du larinx.

Nous trouvons cinq sortes de parties qui entrent dans la composition du larinx, sçavoir des cartilages, des muscles, des membranes, des vaisseaux & des glandes. Nous allons les examiner les unes aprés les autres. Composition du larinx.

Ses cartilages sont cinq, ils forment tout son corps; ils se dessechent & s'endurcissent à mesure qu'on vieillit; ce qui a fait croire quelquefois qu'il étoit osseux. Cinq cartilages au larinx.

1 Le Tiroide.

Le premier des cartilages se nomme tiroide,

ou ſcutiforme, à cauſe qu'il a la figure d'un bouclier; il eſt cave en dedans, & convexe & boſſu en dehors; mais plus aux hommes qu'aux femmes. Il a une ligne qui le ſepare dans ſon milieu; d'où vient que quelques-uns en ont fait deux, quoyqu'on ne le trouve double que fort rarement. Il eſt quarré, & ſes quatre angles ont chacun une production; les deux productions d'en-haut ſont les plus longues, elles ſe joignent aux côtez de l'os hyoïde par le moyen d'un ligament; & par les deux d'en-bas, il eſt uni au cartilage cricoïde.

K Le Cricoïde. Le ſecond des cartilages eſt le cricoïde, ou annulaire, ainſi appellé, parce qu'il eſt rond comme un anneau, & qu'il environne tout le larinx: Il eſt étroit par devant, & large & épais par derriere; il ſert de baſe à tous les autres cartilages, & eſt comme enchaſſé dans le tiroïde; c'eſt par ſon moyen que les autres cartilages ſont joints à la trachée artere, c'eſt pourquoy il eſt immobile.

L L'Aritenoïde. Le troiſiéme des cartilages eſt l'aritenoïde, qui eſt ainſi appellé, parce qu'il reſſemble au bec d'une aiguere; il eſt placé dans le tiroïde, & eſt ſoûtenu par l'annulaire: Il forme la partie poſterieure du larinx.

M La Glotte. Le quatriéme des cartilages eſt la glotte, ou languette; quelques-uns le confondent avec l'aritenoïde; mais lorſqu'on le dépoüille de ſa membrane, l'on voit qu'il en eſt ſeparé; c'eſt luy qui fait la partie poſterieure & ſuperieure du larinx, qui eſt l'endroit où il eſt le plus étroit; c'eſt luy qui ſuivant qu'il ſe reſſerre ou qu'il ſe dilate, forme la voix ou plus gresle, ou plus grosse. Il y a à côté de la glotte une cavité formée des membranes qui lient les cartilages; & s'il arrive par hazard qu'en riant ou en parlant, il tombe quelque petite partie de l'aliment dans cette cavité, l'on tousse jusqu'à ce que ce qui y étoit tombé, en soit sorti.

N L'Epiglote.

Le cinquiéme des cartilages est l'epiglote, ainsi appellé parce qu'il sert de couvercle à la glotte, qui est la fente & l'ouverture du larinx: il a la figure d'une feüille de lierre; sa substance est plus molle que celle des autres cartilages, afin qu'il puisse se baisser & se relever commodement; il est attaché à la partie concave & superieure du tiroïde. L'orifice du larinx est toûjours ouvert pour la respiration, si ce n'est que l'epiglote le ferme; elle est abbaissée par la pesanteur de l'aliment, afin que rien ne tombe dans la trachée artere; mais aussi-tôt que l'aliment est passé pour aller dans l'œsophage, l'epiglote se releve par une action de ressort qui luy est naturelle, pour laisser entrer l'air dans la trachée artere: Elle se rebaisse tout autant de fois que nous avalons quelque chose par un mouvement pareil à celuy de ces petites trapes qui sont aux comptoirs des Marchands, que la pesanteur de l'argent fait baisser; mais qui se relevent aussi-tôt qu'il est passé.

Quatorze muscles au larinx.

Le larinx a plusieurs muscles qui servent à mouvoir ses cartilages selon nôtre volonté, attendu que son mouvement est volontaire, & que nous formons la voix, quand il nous plaît: Ses muscles sont quatorze, sept de chaque côté, qui le dilatent & le resserrent dans le besoin. De ces quatorze muscles il y en a quatre communs, & dix propres; les communs sont ceux qui ne prennent pas leur origine au larinx, mais qui s'y viennent inserer: & les propres au contraire y ont leur origine & leur insertion.

O O Sternotiroïdiens. Les deux premiers des communs sont les sternotiroïdiens, ou bronchiques; ils prennent leur origine de la partie superieure & inferieure du premier os du sternum; ils montent le long des cartilages de la trachée artere, & se vont inserer à la partie laterale du tiroïde; ils tirent le larinx en bas.

P P Hyotiroïdiens. Les deux autres communs sont les hyotiroïdiens, ils naissent de la partie anterieure de l'os hyoïde, & s'inserent à la partie externe & inferieure du tiroïde: Ils servent à relever le larinx, en resserrant le haut & en dilatant le bas du tiroïde.

Q Q Cricotiroïdiens. La premiere paire des propres est située à la partie anterieure & laterale du larinx: Ces muscles se nomment cricotiroïdiens anterieurs, parce qu'ils prennent leur origine de la partie laterale & anterieure du cricoïde, & vont s'inserer à la partie inferieure de l'aisle du tiroïde.

Les quatre autres paires de muscles appartiennent à l'aritenoïde, deux servent à le dilater, & deux à le fermer.

R R Cricoaritenoïdiens posterieurs. La premiere paire des ouvreurs sont le cricoaritenoïdiens posterieurs, qui prennent leur origine de la partie posterieure & inferieure du du cartilage cricoïde, & s'inserent à la partie superieure & posterieure de l'aritenoïde.

La seconde paire des ouvreurs sont les cricoaritenoïdiens lateraux ; ils prennent leur origine du bord de la partie laterale & superieure du cricoïde, & s'inserent à la partie laterale & superieure de l'aritenoïde. — SS Cricoaritenoidiens.

La premiere paire des fermeurs sont les petits aritenoïdiens, nommez ariaritenoïdiens, à cause qu'ils prennent leur origine de la partie posterieure & inferieure de l'aritenoïde, & s'inserent obliquement au même cartilage pour le resserrer. — Ariaritenoïdiens.

La seconde paire des fermeurs sont les tiroaritenoïdiens ; ils prennent leur origine de la partie concave & interne du tiroïde, & s'inserent à la partie anterieure de l'aritenoïde. — Tiroaritenoïdiens.

Le larinx a deux membranes, l'une exterieure, qui est la continuité de celle qui couvre exterieurement la trachée artere ; & l'autre interieure, qui est la même qui tapisse toute la bouche, & qui en descendant revest interieurement le pharinx, le larinx, & la trachée artere. — Les membranes du larinx.

Il a deux branches de nerfs qui luy viennent des recurrens, on les nomme ainsi, parce qu'ils remontent sur leur pas aprés estre descendus jusqu'à la grosse artere, qu'ils embrassent d'un côté, & l'artere axillaire de l'autre ; ces nerfs finissent dans les muscles du larinx pour les faire mouvoir, & pour servir à la voix ; ce qui est si vray, que si l'on lie ou que l'on coupe ces nerfs à quelque animal, il perd la voix sur le champ ; il reçoit des arteres du plus grand rameau de la carotide, & ses vénes vont se rendre dans les jugulaires externes. — Vaisseaux du larinx.

Quatre glandes au larinx.

Quatre grosses glandes servent à humecter le larinx, deux situées au dessus, & deux au dessous.

Les deux superieures sont appellées tonsiles; leur substance est spongieuse ; elles sont placées à chaque côté de la luette, proche la racine de la langue; elles sont revestuës de la tunique commune de la bouche ; elles ont des nerfs de la quatriéme paire; des arteres des carotides; & des vénes qui vont aux jugulaires. Il se fait souvent dans ces glandes des abscés qui se meurissent aisément, à cause de la chaleur de la bouche.

L'usage des amygdales ou tonsiles.

Les amygdales filtrent le sang qui leur est porté par les rameaux des carotides; elles en separent les serositez, & les déchargent dans le fond de la bouche pour humecter le larinx, de peur qu'il ne soit trop desseché par l'air qui y passe continuellement : le larinx étant toûjours ouvert, il coule quelque partie de ces serositez dans la trachée artere.

TT Les glandes tiroïdes.

Les deux glandes inferieures sont appellées tiroïdes, elles sont situées au dessous du larinx, à côté du cartilage annulaire, & du premier anneau de la trachée artere, une de chaque côté; elles ont la figure d'une petite poire; leur couleur est un peu plus rouge, & leur substance plus solide, plus visqueuse, & tirant plus sur la chair des muscles que les autres glandes : Elles ont des nerfs des recurrens; des arteres des carotides; des vénes qui vont aux jugulaires; & des limphatiques qui se rendent au canal thorachique.

Ces glandes ſeparent une humidité viſqueuſe qui ſert à enduire le larinx, pour faciliter les mouvemens de ſes cartilages ; à adoucir l'acrimonie de l'humeur ſalivale, & à rendre la voix plus douce

Uſage des glandes tiroïdes.

L'uſage du larinx eſt de former la voix; ce qui ſe fait par une ſuite frequente des battemens de l'air que nous pouſſons pour exprimer nos penſées. Il y a trois ſortes de parties qui y contribuent differemment, ſçavoir les poûmons, la trachée artere, & la bouche. Le poûmon pouſſe l'air qui ſort ſans bruit par la bouche & par le nez, ſans autre effet que la ſimple reſpiration, ou les ſoûpirs, pourvû qu'il trouve les conduits libres & ouverts: Mais quand la fente qui eſt au haut du larinx, comme celle qui eſt aux flutes, s'étreſſit, & s'oppoſe à la ſortie de l'air, alors l'air qui la repouſſe pour paſſer, & l'effort que fait la glotte pour rétreſſir ce paſſage, cauſent ce tremblement, & ces ſecouſſes preſſées qui forment les ſons. Ce bruit eſt plus ou moins fort, ſelon la violence avec laquelle l'air eſt pouſſé ; & il eſt plus ou moins aigu, ſelon que les battemens ſont plus ou moins preſſez ; cet effet dépend de la ſtructure du larinx, que chaque perſonne modifie pour prendre differens tons par le moyen des muſcles qui le reſſerrent ou qui le dilatent ſelon nôtre volonté. La netteté de la voix & les autres agréemens dépendent de la diſpoſition du larinx, ou de la glotte qui eſt à ſon ouverture ; mais la configuration de la bouche, & les mouvemens de la langue & des lévres produiſent la diverſité qui rend la voix articulée &

Uſages du larinx.

distincte par la prononciation des lettres, des silabes, & des paroles dont le discours est composé.

Le larinx est fait comme un tuyau d'orgues. Si vous examinez une orgue, vous verrez qu'elle imite admirablement bien l'industrie, dont la nature s'est servie pour former la voix. Les soufflets, comme les poûmons, poussent l'air dans les tuyaux; la structure de ces tuyaux est pareille à celle de la trachée artere; & enfin l'adresse & les mouvemens des doigts de l'Organiste produisent cette diversité de tons qui rendent une harmonie parfaite; de même que la disposition de la bouche avec les mouvemens de la langue & des lévres articulent les mots qui forment un discours.

2. Le pharinx. Derriere le larinx il y a une cavité fort ample, que l'on nomme pharinx, qui n'est autre chose que l'orifice de l'œsophage fort dilaté, c'est ce que d'autres appellent la gueule; il est fait comme un entonnoir. Voyez-le à la dixiéme planche, chiffre 2. où sont aussi les muscles suivans.

Situation du pharinx. Il est situé au fond de la bouche pour recevoir ce qui doit estre avalé : Il a les mêmes membranes que l'œsophage & la bouche; il a des nerfs de la paire vague; des arteres des carotides; & ses vénes vont aux jugulaires; Et comme sa principale action est la deglutition; il a sept muscles qui luy font faire ses mouvemens de dilatation & de contraction.

Sept muscles au larinx.

3 3 L'œsophagien. Le premier de ces muscles est l'œsophagien, ou pharingotiroïdien; il prend son origine de la partie laterale du cartilage tiroïde; & passant par derriere le pharinx, il vient s'inserer à l'autre côté du même cartilage: Ce muscle n'a point

de compagnon ; il sert à pousser l'aliment en bas, en resserrant le pharinx, comme un sphincter ; il y en a qui l'appellent le deglutiteur.

4 4 Cephalopharingiens.

Les six autres muscles servent à dilater le pharinx, en le tenant tendu comme un voile ; les deux premiers le tirent en haut, ce sont les cephalopharingiens ; ils prennent leur origine de l'articulation de la teste avec la premiere vertebre, & viennent en descendant s'attacher à la partie superieure du pharinx, pour le tirer en haut & en arriere.

5 5 Pterigopharingiens.

Deux autres le tirent encore en haut, mais vers les côtez, que l'on appelle pterigopharingiens ; ils prennent leur origine des apophises pterigoïdes de l'os sphenoïde, & s'inserent à la partie superieure du pharinx, & non pas à sa partie laterale.

6 6 Stilopharingiens.

Les deux autres se tirent vers les côtez, que l'on appelle stilopharingiens ; ils prennent leur origine des apophises stiloïdes, & se vont inserer aux parties laterales du pharinx.

Usages du pharinx.

L'usage du pharinx est de recevoir l'aliment par sa partie la plus ample, & de l'introduire par celle qui est la plus étroite dans l'œsophage, qui le conduit dans le ventricule ; ce qui se fait lorsque les six muscles que je vous ay montrez, ont dilaté le pharinx, & qu'il a reçû l'aliment qui y est tombé de la bouche par la compression de la langue contre le palais ; alors le muscle œsophagien se resserrant, fait relever le larinx, & abbaisser le pharinx, qui embrasse l'aliment de toutes parts, & l'oblige de descendre par l'œsophage dans le ventricule.

7 L'œsophage.

L'œsophage est un canal qui du pharinx porte le boire & le manger au ventricule ; il commence où finit le pharinx, & finit à l'orifice superieur de l'estomac, étant aussi long qu'il y a d'espace entre l'une & l'autre de ces parties : Sa figure est ronde, ce qui fait qu'il conduit mieux l'aliment, & qu'il ne blesse pas les parties qu'il touche.

Situation de l'œsophage.

Il est situé sous la trachée artere, & sous les poûmons ; il est couché sur les vertebres du col, & du dos & sur deux glandes vers la quatriéme vertebre du dos, où il se range un peu à droite, y étant poussé par la grosse artere, puis il se recourbe un peu à gauche à la neuviéme vertebre, & ayant enfin percé le diaphragme, environ à l'endroit de la onziéme vertebre du dos, il se termine à l'orifice superieur du ventricule.

Trois membranes à l'œsophage.

Il est composé de trois membranes, ce qui fait qu'il se peut dilater aisément lors qu'on avale quelque os, ou quelque morceau mal mâché : De ces trois membranes il y en a une commune & deux propres ; la commune, qui est l'exterieure, est une continuité de celle qui couvre le ventricule, elle luy vient du peritoine.

La commune.

La premiere des propres.

La premiere des propres, qui est celle du milieu, est charnuë, épaisse & molle, comme si elle étoit un muscle ; elle a des fibres rondes & obliques, par le moyen desquelles se font les mouvemens de l'œsophage.

La seconde des propres.

La seconde des propres est nerveuse & continuë à celle de la bouche & des lévres, ce qui fait que les lévres tremblent lors qu'on est sur le point de vomir : Elles a des fibres longues & droites ;

droites ; elle est semblable à celle du ventricule, étant parsemée d'une infinité de glandules qui separent une humeur acide qu'elles versent dans l'œsophage ; cette humeur tombant dans le fond de l'estomac, y cause le sentiment de la faim.

Vaisseaux de l'œsophage.

L'œsophage reçoit des nerfs de la paire vague ; deux sortes d'arteres y apportent le sang, l'une d'en haut, qui vient du tronc de l'aorte ; & l'autre d'en bas, qui lui est envoyée de la cœliaque : Elle a aussi deux sortes de vénes, l'une superieure, qui va à l'azigos ; & l'autre inferieure, qui se termine à la coronaire stomachique.

Glandes attachées à l'œsophage.

Si les glandes qui sont à la partie posterieure de l'œsophage ne lui servoient que de coussin, comme on le disoit autrefois, pour empêcher qu'il ne fût blessé par la dureté des vertebres, la nature lui en auroit mis dans toute sa longueur ; mais elles ont bien un autre usage, puisqu'elles servent à separer une humeur visqueuse qui enduit sa cavité & l'humecte, afin de faciliter la descente des alimens, en rendant le conduit plus glissant.

Action de l'œsophage.

L'action de l'œsophage est animale, & non pas naturelle, puisqu'elle se fait par le moyen des muscles, & que la deglutition dépend de nôtre volonté.

Usage de l'œsophage.

Son usage est de servir de canal pour porter le boire & le manger dans l'estomac ; son mouvement est vermiculaire, comme celui des intestins : Il se fait par les fibres obliques & circulaires de sa membrane charnuë ; lorsque ce mouvement se fait de haut en bas, on l'appelle peristaltique ; mais lorsqu'il se fait de bas en haut ; on l'appelle antiperistaltique.

L'œsophage est le siege du baaillement.

M. Duncan remarque que la membrane nerveuse de l'œsophage est le siege du baaillement, qui ne manque jamais d'arriver , quand quelque irritation determine les esprits à y venir en grande abondance. La cause de cette irritation est une humidité incommode qui arrose la membrane interieure de l'œsophage ; cette humidité vient ou des glandes dont la membrane interne est parsemée , ou des vapeurs acides qui s'élevent de l'estomac comme d'un pot boüillant, & qui se condensent contre les parois de l'œsophage, comme contre un couvercle ; alors les fibres nerveuses de la membrane interne en étant irritées, le gonflent & nous font baailler, en dilatant l'œsophage ; la bouche est obligée de suivre ce mouvement , parce qu'elle est tapissée de la même membrane.

Le nerf vague.

Tous les nerfs que je vous ay fait voir, & qui se distribuent à toutes les parties du bas ventre & de la poitrine, ne viennent pas de la moëlle de l'épine , comme ceux qui vont aux muscles, mais de la paire vague qui sort directement du cerveau ; parce que les visceres qui sont renfermez dans ces cavitez ont besoin d'un suc animal plus subtil , que celui qui fait les mouvemens des bras & des jambes. Je vous démontreray demain son origine, qui est à la base du cerveau, & aujourd'huy vous allez voir la distribution qui s'en fait aussi-tôt que ce nerf en est sorti.

Nous la comptons pour la

Il faut vous avertir que cette paire de nerfs que vous trouvez décrite dans les Auteurs sous le nom de la sixiéme paire, (parce qu'ils ne nous en ont marqué que sept, (est selon nous, la neuviéme, parce que nous y en remarquons douze : Je vais vous faire la démonstration du nerf du côté droit; aprés je feray celle du côté gauche, & ce à cause de quelques differences qu'il y a entre l'un & l'autre.

neuviéme paire.

On appelle ce nerf le vague, parce qu'il pourvoit deçà & delà à plusieurs parties, & même à toutes celles qui sont enfermées dans la poitrine, & dans le bas ventre, ausquels il donne des rameaux; il est revêtu de membranes fortes, parce qu'il fait un long chemin, marchant toûjours attaché aux parties voisines. Il sort par le trou de l'occiput conjointement avec la véne jugulaire interne : Il jette proche de sa sortie des branches aux muscles qui sont à la nuque du col; & plus bas il envoye transversalement des rejettons à la membrane & aux muscles internes du larinx, & à ceux de l'os hyoïde & de la gorge; & puis descendant entre la carotide & la jugulaire, au côté de la trachée artere, il se divise sur le gosier en deux rameaux, dont l'un est externe, & l'autre interne.

Pourquoi appellé vague.

Le rameau externe incontinent aprés la division, donne des branches aux muscles attachez au sternum & à la clavicule; il fait ensuite le recurrent qui descend & vient embrasser l'artere axillaire, comme une corde fait une poulie, & remonte en haut jusqu'aux muscles externes du larinx, à qui il donne plusieurs rameaux; & c'est là où il finit.

Son rameau externe.

Ce rameau externe continuë son chemin

obliquement ſous le goſier, & en paſſant il produit des rameaux pour la tunique des poûmons, la plévre, le pericarde & le cœur; il fait enſuite un nerf appéllé ſtomachique droit, qui ſe joint avec le gauche ſous l'œſophage, & qui ayant paſſé le diaphragme, change de côté, & s'en va finir à l'orifice gauche du ventricule.

Son rameau interne.

Le rameau interne eſt appellé intercoſtal, parce qu'il donne une branche aux racines de châque côte; puis paſſant par le diaphragme avec la grande artere, il diſtribuë des nerfs à tout le ventre inferieur par trois rameaux, dont le premier en donne à l'epiploon, au côté droit du fond de l'eſtomac, au colon, à la tunique du foye, & à la veſſicule de fiel; Le ſecond va au rein droit, d'où viennent les vomiſſemens dans les douleurs nephretiques; & le troiſiéme, qui eſt le plus grand de tous, va au meſentere, aux inteſtins, & à la veſſie où il finit.

Le vague du côté gauche.

Le vague gauche ſe diviſe, comme le droit, en rameau externe & interne, l'un & l'autre font la même diſtribution que le droit, à trois circonſtances prés; la premiere, que le recurrent deſcend plus bas que le droit; car il vient embraſſer le tronc de la groſſe artere, & puis il remonte aux muſcles gauches du larinx; la ſeconde eſt que le ſtomachique gauche va au côté droit de l'orifice ſuperieur de l'eſtomac, de maniere qu'avec le ſtomachique droit, qui va au côté gauche, il embraſſe cet orifice comme un rets dont le reſte va au pilore; & la troiſiéme circonſtance eſt, qu'une partie du rameau interne gauche va à la ratte, au lieu que celle du côté droit va au foye, & souvent ces deux rameaux internes envoyent des rejettons à la matrice.

Aprés vous avoir fait voir les quatre gros vaisseaux qui sont attachez à la base du cœur, & vous avoir démontré la distribution des deux plus petits, qui sont l'artere & la véne des poûmons; il est juste que je vous fasse voir presentement celle des deux plus gros, qui sont la grosse artere, & la véne cave.

L'aorte & sa distribution.

L'aorte est la mere de toutes les autres arteres, elle n'est pas plûtôt sortie du ventricule gauche du cœur par un orifice fort ample, qu'elle produit l'artere coronaire, qui est quelquefois double, & qui va distribuer du sang par tout le cœur pour sa nourriture; ensuite étant sortie du pericarde, elle se divise en deux gros troncs, dont l'un qui est le moindre, monte aux clavicules, & l'autre qui est le plus gros descend en bas; le premier a soin de nourrir toutes les parties qui sont au dessus du cœur; & le second toutes celles qui sont au dessous.

L'aorte ascendante.

Le tronc superieur, que l'on appelle artere ascendante se divise bien-tôt en deux autres troncs, qui sont nommez soûclaviers, parce qu'ils sont placez sous les clavicules, l'un va droite, & l'autre à gauche; le droit produit cinq arteres considerables; la premiere est l'intercostale superieure qui se distribuë dans les quatre espaces des côtes superieures; les secondes sont les carotides, qui sortent toutes deux de la soûclaviere droite. Elles se divisent chacune en externe & en interne. L'externe nourrit les parties du visage, & l'interne entre par le trou qui lui est particulier à la selle du sphenoïde, où perçant la dure-mere, elle se joint à la base du cerveau avec la cervicale, pour se distibuer ensemble par toute la substance du cerveau : la troisiéme est la cervicale qui monte par les trous qui sont aux apophises transverses des vertebres du col, & qui étant entrée dans le crane, perce la dure-mere ; & s'unissant avec sa compagne, va se joindre aux carotides pour se répandre toutes diversement dans la pie & la dure-mere, & delà dans les ventricules superieurs où elles font le plexus choroïde. La quatriéme est la mammaire, qui passe à la partie interne du sternum, & envoye une infinité de branches aux mammelles : Et la cinquiéme est la musculaire, qui se distribuë aux muscles posterieurs du col.

Distribution de l'artere soûclaviere.

L'artere sousclaviere continuant son chemin distribuë encore cinq autres arteres, avant qu'elle change de nom ; la premiere est la scapulaire interne ; la seconde, la scapulaire externe ; la troisiéme, la thorachique superieure ; la quatriéme, la thorachique inferieure ; & la cinquiéme l'humerale. Ces arteres se distribuent toutes aux parties qui leur sont les plus voisines ; le reste de ce tronc étant parvenu à l'aisselle, change de nom & s'appelle axillaire ; il se répand par tout le bras : nous en verrons la distribution, en vous démontrant cette partie.

La distribution de l'artere soûclaviere gauche est semblable à celle de la droite, excepté qu'elle ne produit point de carotide, qui de ce côté-là vient du tronc.

Le tronc inferieur de la grosse artere, qu'on appelle descendante, avant que de sortir de la poitrine produit les intercostales inferieures, qui se répandent dans les espaces des huit côtes inferieures, & dans les muscles voisins; elle jette encore l'artere phrenique qui se distribuë au diaphragme & au pericarde; elle perce ensuite le diaphragme, où nous en demeurerons, vous ayant fait voir à la page 220. de quelle maniere se fait la distribution de cette artere dans le bas ventre.

L'aorte descendante.

Voila toutes les arteres qui se rencontrent dans le thorax; il s'agit à present de vous faire voir toutes les vénes qui s'y trouvent, dont le nombre n'est pas moindre que celui des arteres.

L'on trouve aux aisselles deux troncs de vénes que l'on appelle en ces endroits axillaires; elles reçoivent le sang qui leur est apporté des bras: Il y a cinq vénes qui se joignent à chacune de ces axillaires: la premiere est une musculaire qui vient du muscle deltoïde; la seconde est la thorachique inferieure; la troisiéme, la thorachique superieure; la quatriéme, la scapulaire externe; & la cinquiéme, la scapulaire interne: Ces deux troncs ensuite s'avancent sous les clavicules, où ils se nomment soûclaviers, ausquels se terminent huit vénes qui viennent de la teste. Les deux premieres sont les musculaires superieures, qui viennent de la peau & des muscles posterieurs du col; les deux secondes sont les jugulaires externes qui reçoivent le sang de toute la face, & des parties externes de la teste. Les

La vêne axillaire, & les vénes qu'elle reçoit.

troisiémes sont les jugulaires internes, qui sortent du crane & apportent des sinus de la dure-mere tout le sang superflu du cerveau : Les quatriémes & dernieres sont les cervicales, qui descendent par les trous des apophises transverses des vertebres du col, ausquelles se joignent les branches des muscles voisins ; elles viennent finir aux deux troncs soûclaviers, qui s'unissant ensemble font un tres-gros tronc, que l'on appelle la véne cave.

La vêne soûclaviere, & les autres qui la joignent.

Les vénes soûclavieres se joignant ensemble reçoivent quatre vénes : La premiere est la mammaire, qui vient des mammelles ; la seconde la mediastine, qui vient du mediastin ; la troisiéme l'intercostale superieure, qui vient des quatre espaces des quatre costes superieures ; & la quatriéme est l'azigos, ou sans paire, ainsi nommée, parce qu'elle n'a point de compagne ; elle reçoit seule seize rameaux, sçavoir huit qui lui viennent des huit espaces des huit costes inferieures du côté droit, & autant du gauche.

La véne caue fait l'office d'une riviere.

De la même maniere que les ruisseaux apportent l'eau dans une riviere, de même ces vénes apportent le sang dans la cave. Il y a un gros tronc qui vient des parties inferieures se joindre à cette véne proche du cœur ; ce tronc est celui de la véne cave, que nous appellons ascendante, à cause de sa fonction, & non pas descendante, comme on le vouloit autrefois : Aussi-tôt qu'elle a percé le diaphragme en montant, elle reçoit deux vénes, qui sont les phreniques ; & plus haut deux autres, qui sont les coronaires ; & ensuite elle se termine au cœur, aussi bien que la véne cave descendante, où elles versent toutes deux dans le ventricule droit le sang qu'elles rapportent de toutes les parties du corps. Je ne vous parle point ici de la distribution de cette véne au dessous du diaphragme, l'ayant suffisamment démontrée à la page 221. en parlant des vaisseaux du bas ventre.

La fagouë est une glande conglomerée, un peu plus molle que le pancreas, située à la partie superieure du thorax sous les clavicules, à l'endroit où la grosse artere se divise en rameaux soûclaviers; on la nomme thimus, parce qu'elle ressemble à la feüille de thim; c'est elle que l'on trouve si délicate dans les ragoûts, & que l'on mange sous le nom de ris de veau. La fagouë.

Elle reçoit des nerfs de la paire vague, & des arteres des carotides; elle a une véne particuliere appellée thimique, qui va se rendre dans les jugulaires; elle a aussi quelques vaisseaux limphatiques, qui vont se décharger dans la véne soûclaviere: On remarque qu'elle a dans sa partie moyenne une cavité qui est pleine de lymphe. Vaisseaux de la fagouë.

Cette glande est grosse dans les personnes qui sont d'un temperament humide; elle est plus grande dans les enfans que dans les adultes, à cause qu'elle se desseiche dans ceux-ci à mesure qu'ils avancent en âge; ce qui me fait croire qu'elle n'est pas faite pour servir de petit coussin à la division des gros vaisseaux, pour les défendre contre la dureté des vertebres, comme l'ont remarqué presque tous les Auteurs: si elle eût eu cet usage, elle auroit augmenté avec Grosseur de la fagouë.

l'âge, & à proportion que les vaisseaux qu'elle devoit soûtenir, auroient grossi.

Veritable usage de la fagouë.

Si nous nous en tenions aux sentimens des Anciens, nous ne ferions jamais aucun progrés dans l'Anatomie; c'est pourquoy j'ose dire, dans l'incertitude où on a esté jusqu'à present sur l'usage de cette glande, qu'elle sert au fœus à separer une humeur chileuse & lactée, pour la verser ensuite dans la véne soûclaviere; & que cette humeur dans l'enfant qui est encore enfermé dans la matrice, tient lieu du chile qui est apporté par le canal thorachique dans la soûclaviere aussi-tôt qu'il est né; & comme cette glande ne sert qu'au fœtus, je la mets au nombre des vaisseaux umbilicaux, & du trou Botal, qui n'ont plus d'usage quand l'enfant est une fois sorti de la matrice.

Observations qui confirment cet usage.

Quoyque cette opinion soit nouvelle, elle ne doit pas estre rejettée, parce que tout semble la confirmer; la grosseur de cette glande, qui diminuë à mesure que l'âge augmente; la cavité qu'on y trouve; les vaisseaux qu'elle reçoit; la communication qu'elle a avec la soûclaviere; & la necessité qu'il y a que quelque liqueur soit mêlangée avec le sang avant qu'il entre dans le cœur du fœtus pour le détremper, comme font la limphe & le chile, qui y sont portez par le canal thorachique, le détrempent aux adultes, nous persuadent assez qu'elle a l'usage que je viens de vous dire.

V
Le canal thorachique.

Je finis, Messieurs, la Démonstration d'aujourd'huy par celle d'une partie que vous ne trouverez point décrite dans les Anciens: c'est le canal thorachique, qui a esté découvert de nos jours; on l'appelle thorachique, parce qu'il monte tout le long du thorax: Il est aussi nommé canal de Pequet, du nom du Medecin qui l'a découvert le premier.

C'est un petit conduit qui commence aux reservoirs du chile qui sont entre les deux racines du diaphragme. Il monte le long des vertebres du dos, entre les côtes & la plévre, & étant parvenu à la septiéme ou huitiéme vertebre, il s'incline vers le côté gauche de la poitrine, & va, comme je l'ay déja dit, aboutir par deux ou trois rameaux à la véne soûclaviere gauche.

Descri-ption de ce canal.

Ce canal n'est composé que d'une membrane assez mince, qui est fortifié par la plévre, qui la couvre pendant tout le chemin qu'il fait par la poitrine; il n'est pas plus gros qu'une petite plume d'oye; il a des valvules d'espace en espace, qui servent d'échelons au chile pour monter, & qui empêchent qu'il ne puisse tomber en bas, & retourner sur ses pas: Il reçoit de toutes parts des vaisseaux lymphatiques qui luy apportent sans cesse la limphe qu'il dégorge avec le chile dans la soûclaviere.

Il n'est composé que d'une membrane.

X.
Ce canal entre dans la véne soûclaviere.

Au côté gauche de l'ouverture que le canal thorachique fait dans la véne soûclaviere pour y entrer, il y a une valvule qui empêche que le chile ne soit porté vers le bras, & qui le détermine à prendre le chemin de la véne cave, où il va conjointement avec le sang pour estre versé dans le ventricule droit du cœur. On pourroit encore croire que cette valvule s'abbaissant sur le trou du canal par où passe le chile, empêche que le ſang paſſant dans la ſoûclaviere, ne tombe dans la cavité de ce canal.

Moyens de trouver le canal thorachique.

Le canal thorachique n'eſt point aiſé à trouver; c'eſt pourquoy il ne faut pas s'étonner s'il a eſté ſi long-tems inconnu. Pour le découvrir, il faut faire une petite inciſion à la plévre au côté droit des vertebres du dos, & ſeparer la graiſſe qui eſt deſſous la plévre. On le trouve fort petit quand il eſt vuide, & ſe rompt facilement, ſi l'on n'y prend garde. Mais pour le bien voir, il faut ouvrir un chien quatre heures aprés l'avoir bien fait manger, & faire à la partie ſuperieure de ce canal une ligature qui arrête le cours du chile; alors on le verra fort bien, & ſuffiſamment gros pour porter tout le chile & toute la limphe dans la ſoûclaviere.

Uſages du canal thorachique.

L'uſage du canal thorachique eſt de ſervir de conduit au chile & à limphe, & de les porter des reſervoirs dans la véne ſoûclaviere, où il décharge ſans ceſſe quelqu'une de ces liqueurs dans la maſſe du ſang, pour la détremper & la rendre plus liquide qu'elle n'eſt, lors qu'elle revient des parties où le plus ſubtil a eſté employé pour leur nourriture; ce qui étoit neceſſaire pour rendre le ſang ſuſceptible des impreſſions qu'il devoit recevoir en paſſant par les ventricules du cœur.

Experience qui fait voir que le chile va droit au cœur par ce canal.

C'eſt un fait conſtant que le chile eſt porté au cœur par le canal thorachique; Si vous ouvrez un chien vivant dans le tems que la diſtribution s'en fait, vos yeux en ſeront les témoins; & ceux qui croiront que cette diſtribution ne ſe fait pas dans l'homme comme dans les animaux, n'ont pour s'en convaincre qu'à ouvrir le ventricule droit du cœur d'un homme mort, à nettoyer avec une éponge tout le ſang qui y ſera, & à ſeringuer enſuite du lait dans le canal thorachique ; ce qui ſe fait en introduiſant le bout de la ſeringue dans le canal qu'il faut lier ſur le bout de cette ſeringue ; alors ils verront tomber le lait par la véne cave dans le ventricule droit. Cette experience que j'ay faite pluſieurs fois, démontre manifeſtement qu'il eſt vray que dans l'homme, auſſi bien que dans les animaux, tout le chile eſt porté par le canal thorachique dans le cœur.

Voila, Meſſieurs, quelles ſont les parties renfermées dans le ventre moyen ; elles nous ont à la verité occupez l'eſpace de deux Démonſtrations ; mais on ne peut y employer moins de tems, particulierement lorſqu'on veut faire une recherche auſſi exacte que celle que nous avons faite de leur ſtructure & de leurs fonctions : nous commencerons demain à examiner avec la même application les parties contenuës dans le ventre ſuperieur, qui eſt la teſte.

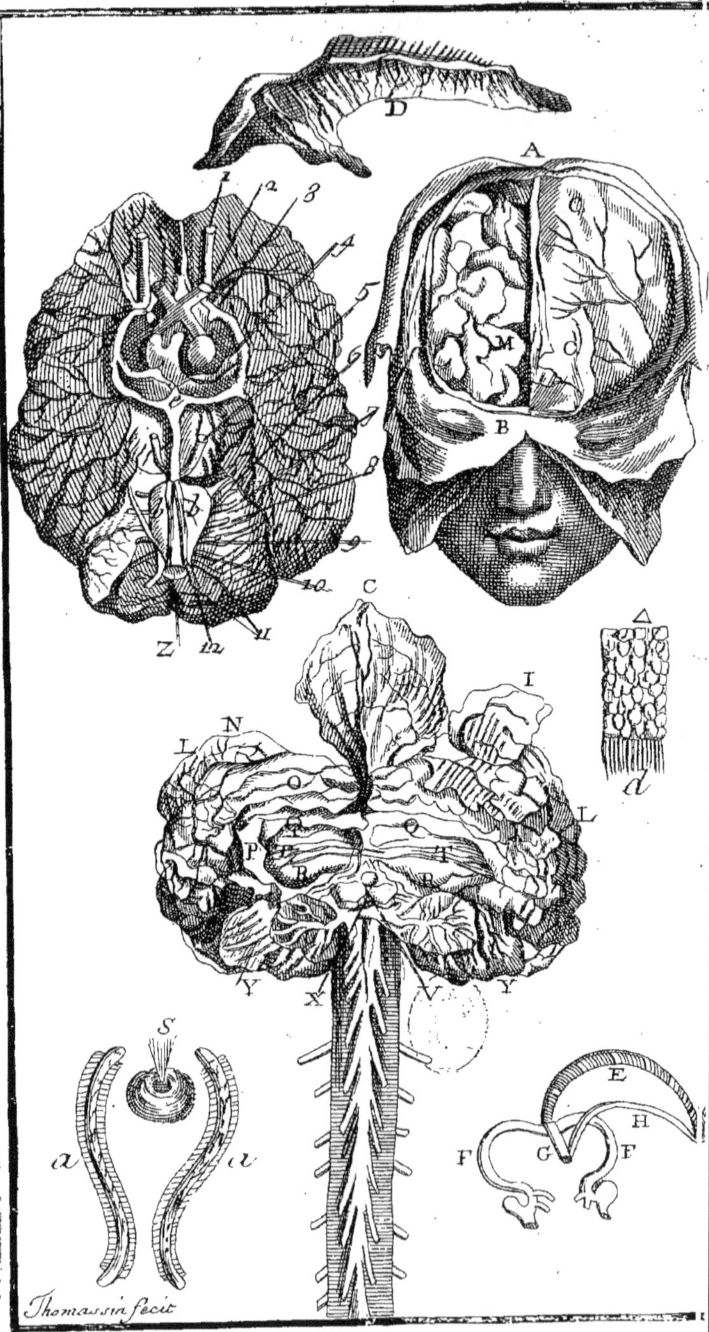
D
A
1
2
3
4
5
6
7
8
9
10
11
12
Z
M
C
B
C
I
N
L
O
L
P
T
R
Y
X
V
Y
S
a
a
E
H
F
G
F
d
Thomassin fecit

SEPTIE'ME DEMONSTRATION.

Du Cerveau, & de ses parties.

I vous avez admiré jusqu'ici, Messieurs, dans les Démonstrations que j'ay faites du bas ventre, & de la poitrine, la structure des parties qui y sont renfermées ; j'espere que vous serez encore bien plus surpris en voyant celle de la téte & du cerveau, que j'ay à vous démontrer aujourd'huy : Je ne m'amuseray point à vous parler de l'ame, ni à refuter les differens sentimens que les Philosophes ont sur sa nature, parce que cela nous meneroit trop loin ; les uns ayant crû que c'étoit une harmonie de toutes les parties du corps ; les autres un air tres-subtil ; d'autres une vertu divine ; d'autres un estre détaché du corps & capable de subsister par soy-même ; & d'autres au contraire ont dit, que c'étoit une qualité ou quelque chose d'inseparablement attaché au corps ; de maniere que cette diversité d'opinions nous feroit douter de son essence, plûtôt qu'elle ne l'établiroit, si la Foi ne nous apprenoit d'ailleurs, qu'elle est une étincelle de la Divinité. Mais je vous entretiendray du cerveau, qui eſt la partie la plus noble & la plus éminente du corps, où elle habite principalement, où elle exerce ſes plus nobles fonctions, & d'où elle envoye, comme de ſon trône, ſes ordres ſouverains à toutes les autres parties du corps; C'eſt ce viſcere ſi precieux & ſi neceſſaire que je vais vous démontrer, aprés que je vous auray fait voir les parties qui l'environnent.

A
La Tête.

La tête eſt toute cette cavité qui eſt compriſe depuis le vertex juſqu'à la premiere vertebre du col.

Figure de la tête.

Sa figure naturelle eſt longue & oblongue, ayant deux éminences, l'une pardevant, & l'autre par derriere; elle eſt un peu applatie par les côtez; toutes les autres figures en ſont vicieuſes; & troublent ſouvent le cerveau dans ſes fonctions.

Grandeur de la tête.

La grandeur de la tête de l'homme ſurpaſſe celle des autres animaux à proportion de ſon corps, parce que ſon cerveau eſt beaucoup plus grand: celle qui eſt d'une grandeur mediocre paſſe pour la mieux conformée; cependant s'il y avoit à choiſir d'une groſſe tête ou d'une petite, la groſſe ſeroit preferée, pourvû que les autres parties y correſpondiſſent.

Situation de la tête.

La tête eſt ſituée au lieu le plus élevé du corps, afin que le cerveau qui doit envoyer un ſuc animal à toutes les parties par le moyen des nerfs, le puiſſe faire commodement de haut en bas, parce qu'étant d'une ſubſtance peu ſolide, & nullement capable de forte impulſion, il luy auroit eſté impoſſible de le faire autrement; en quoy il differe du cœur, qui pouſſe ſans peine le

Raiſon de cette ſituation.

le sang arteriel jusqu'au sommet de la tête, parce qu'il est au contraire d'une substance solide & ferme, & qu'il a des fibres tres-fortes.

La raison que les Galenistes, & plusieurs autres Anatomistes, même des Modernes, rendent de cette situation est tres-méchante, lorsqu'ils disent que c'est afin que les yeux, qui sont comme les sentinelles de l'ame, soient au lieu le plus élevé du corps, & que le cerveau fust placé auprés d'eux, parce qu'ils n'en pouvoient estre éloignez, à cause de la mollesse de leurs nerfs: Voilà un beau raisonnement! comme si la tête & le cerveau n'étoient faits que pour les yeux.

Deux parties à la tête.

On considere deux parties à la tête, une couverte de cheveux, que l'on appelle le crane; & l'autre sans cheveux, que l'on nomme la face: Toutes les parties dont le crane & la face sont composées sont en assez grand nombre pour nous occuper pendant deux Demonstrations. Je vous feray voir dans celle d'aujourd'huy les parties qui sont contenuës dans le crane; & dans la suivante celles qui sont comprises dans la face.

Division du crane.

La partie de la tête dont nous entreprenons aujourd'huy la Démonstration, se divise en cinq parties, dont trois sont au milieu, & deux aux côtez: La premiere est le devant de la tête, appellé *sinciput*. La seconde est le sommet de la tête, que l'on nomme *vertex*. La troisiéme est le derriere de la tête, qu'on appelle *occiput*. Celles des côtez s'appellent les *tempes*, parce que l'on pretend que ce sont ces endroits qui marquent les tems & les âges, à cause que les cheveux y blanchiſſent plûtôt qu'ailleurs.

Diviſion de la tête.

La tête en general ſe diviſe en parties contenantes, & en parties contenuës; les premieres ſont de deux ſortes, communes & propres: les communes ſont les mêmes qu'aux autres parties, excepté qu'on y ajoûte les cheveux: les propres ſont le pericrane, le perioſte, le crane, la dure-mere, & la pie-mere. Les internes ou contenuës ſont le cerveau & le cervelet.

Les cheveux.

La premiere des parties contenantes ſont les cheveux, qui ſont des corps longs & déliez, froids & ſecs. L'on veut qu'ils ne meritent pas le nom de parties, parce qu'ils n'ont point une vie commune avec le tout, & qu'ils peuvent en eſtre retranchez ſans luy porter aucun préjudice. L'on dit qu'ils ne ſont que des excremens formez des vapeurs fuligineuſes du ſang, qui pouſſées par la chaleur vers la ſuperficie du corps, ſe condenſent en paſſant par les pores de la peau.

Trois choſes forment les cheveux.

L'on remarque qu'il y a trois choſes qui concourent à la formation des cheveux & des poils, qui ne different entre-eux que dans la longueur; c'eſt pourquoy ils ſont compris ſous le même genre. La premiere eſt la matiere; la ſeconde la chaleur; & la troiſiéme le lieu convenable. La matiere des cheveux & des poils ſont les vapeurs fuligineuſes & excremènteuſes, craſſes & terreſtres, & qui ſont un peu viſqueuſes. La chaleur eſt neceſſaire pour former de cette matiere des poils & des cheveux; mais il faut qu'elle ſoit moderée; car lorſqu'elle eſt trop violente, elle brûle les racines, & les fait tomber, ou les empêche de croître, ce que nous obſervons aux Ethiopiens ; lorſqu'elle eſt trop foible, elle ne pouſſe pas aſſez les excremens à la ſuperficie, & ne deſſeche pas ſuffiſamment la matiere pour en former des poils. Il faut outre cela un lieu convenable comme la peau qui eſt poreuſe par tout, afin que le poil puiſſe en ſortir. Auſſi voyons-nous dans chaque pore un poil, excepté à la paulme de la main, & à la plante du pied, où ils ne peuvent venir, à cauſe que les pores de ces parties ſont trop ſerrez : mais il y a des endroits de la peau, où ils croiſſent plus aux uns qu'aux autres ; ce qui dépend de ce qui ſe trouve ſous elle. Par exemple, au ſinciput les cheveux ne croiſſent pas tant qu'à l'occiput, parce qu'il n'y a pas tant d'humiditez, ni de graiſſe qu'à l'occiput : C'eſt auſſi la raiſon pourquoy le devant de la tête ſe dégarni de cheveux, & devient plûtôt chauve qu'aucune autre partie de la tête.

Grandeur des cheveux.

La grandeur des cheveux n'eſt pas égale en toutes ſortes de perſonnes ; il y en a qui les ont fort longs, & d'autres fort courts ; ce qui dépend du ſuc propre à les nourrir, qui ſe trouve plus ou moins abondant aux uns qu'aux autres : Les uns les ont gros, & les autres fins & déliez, ſelon que les pores par où ils ſont ſortis ſont plus ou moins larges. Il y en a qui les ont droits, les autres friſez ; ce qui provient de la conformation des pores de la peau ; lors qu'ils ſont droits, les cheveux le ſont auſſi ; mais quand ils ſont courbes ou obliques, les cheveux qui en ſortent ſont friſez : L'on remarque que ceux qui ſont d'un temperament humide, ont le poil plus doux; & que ceux au contraire qui sont plus secs, l'ont plus dure.

Figure des cheveux.

La figure des cheveux nous paroît ronde; mais le microscope nous fait voir qu'il y en a de triangulaires & de quarrez, aussi bien que de ronds; ils empruntent leur figure de la configuration des pores par où ils ont passé. Les cheveux se peuvent separer en deux ou trois parties; ce qui se voit à leurs extremitez, lorsqu'ils se fourchent: Le Microscope nous décrouvre encore qu'ils sont creux, comme de petits tuyaux; ce qui est confirmé par une maladie appellée *plica*, à laquelle les Polonois sont sujets, & dans laquelle il sort du sang par l'extremité des cheveux.

Couleur des cheveux.

La couleur des cheveux est differente, suivant les païs, les temperamens, les âges & la qualité de l'humeur qui les nourrit. Ceux qni habitent les païs chauds, comme les Maures, les ont noirs, rudes & frisez. Ceux qui demeurent dans les païs temperez, les ont de differentes couleurs, & souvent basanez & cendrez. Ceux qui sont dans les païs froids, comme les Danois, les ont blonds, mols & droits : les temperamens changent aussi la couleur des cheveux; car l'humeur dominante leur donne la teinture; c'est pourquoy les pituiteux, les ont blonds; les bilieux, roux; & les mélancoliques, noirs. La couleur des cheveux dépend encore de l'âge, on void tous les jours que ceux qui ont esté d'une couleur dans la jeunesse, deviennent d'une autre dans un autre tems; & que quelque diversité que l'on remarque dans la couleur des cheveux, soit qu'elle soit causée ou par les païs, ou par les temperamens, ou par les âges, la vieillesse ordinairement change toutes ces couleurs en une qui est blanche; ce qui arrive alors aux vieillards par le peu d'humeur qui leur reste.

Division des poils.

Les poils sont de deux sortes, ou ils naissent avec l'enfant, comme ceux de la tête, des sourcils & des paupieres; ou ils viennent aprés que l'enfant est né, comme ceux du menton, des aisselles & du penil. Ces derniers ne viennent aprés la naissance que dans le tems environ que la semence commence à venir aux garçons, & les purgations aux filles. Il ne vient point de ces poils au menton des filles, parce que les menstruës en évacuent la matiere.

Usages des cheveux.

Les usages des cheveux sont de couvrir la tête, de la défendre des injures exterieures, de luy servir d'ornement, & de rendre l'homme venerable.

Structure du cuir chevelu.

Il y a peu de difference entre les tegumens communs de la tête & ceux du reste du corps; l'épiderme y est un peu plus épais, aussi bien que la peau dans laquelle tous les cheveux sont plantez bien avant. L'on y trouve aussi une infinité de glandules qui ont chacune un petit conduit qui aboutit à chaque pore; c'est de là que viennent les sueurs, qui sont souvent abondantes en cette partie, & qui se dessechant aussitôt qu'elles sont sorties, font la crasse de la tête: ce sont ces mêmes glandules qui forment encore les loupes qui viennent si souvent à la tête, lors qu'elles sont engorgées & tumefiées; la peau n'a pas le sentiment si vif à la tête qu'aux autres parties, ce qui est facile à remarquer en se peignant. On attribuoit autrefois le mouvement du front & de l'occiput, au pannicule charnu, parce qu'on le croyoit plus épais à la tête qu'ailleurs, mais on se trompoit, puisqu'il est semblable à celuy de tout le corps; & si l'on meut quelquefois la peau de la tête; c'est par le moyen des muscles frontaux & occipitaux, comme je vous le feray voir demain.

B Le pericrane.

Le pericrane est la premiere des parties contenantes propres; c'est une membrane d'un sentiment tres-exquis, déliée, solide & molle, qui environne le crane de toutes parts; c'est pourquoy elle est appellée pericrane; l'on veut qu'elle prenne son origine de la dure mere, & qu'elle ne soit qu'une continuité de ses fibres, qui sortant par les sutures se dilatent & couvrent le crane: Cette opinion n'est pas vraye, quoyqu'elle paroisse vray-semblable, puisque c'est une membrane tout-à-fait separée de la dure-mere, qui a son principe dans la semence, comme toutes les autres; & qui revest exterieurement le crane, excepté à l'endroit des muscles crotaphites, par dessus lesquels elle passe pour aller s'attacher à l'apophise Zigomatique.

Vaisseaux du pericrane.

Le pericrane reçoit des nerfs de la septiéme paire du cerveau, & de la seconde paire du col, ce qui le rend si sensible & si douloureux dans les playes de tête: Il a des arteres qui luy viennent des carotides; & ses vénes vont se rendre dans les jugulaires.

Le perioste est une membrane nerveuse fort déliée & fort sensible, qui est sous le pericrane, & qui couvre immediatement le crane & tous les autres os, excepté les dents; la plûpart des Auteurs ont confondu cette membrane avec le pericrane, & n'en faisoient qu'une des deux: Elle est tellement adherante au crane, que l'on a de la peine à l'en separer; elle a les mêmes vaisseaux & le même usage que le pericrane.

Le perioste.

Je ne m'arrêteray point à vous parler ici du crane, nous l'avons suffisamment examiné dans l'Osteologie; je vous feray seulement observer que pour bien voir toutes les parties du cerveau, il faut le scier le plus bas que l'on peut, & qu'il faut le lever doucement, de peur de déchirer la dure-mere, qui y est attachée aux endroits des sutures.

Maniere de bien scier le crane.

La premiere chose que je vous prie de remarquer aprés avoir levé le crane, c'est une infinité de petites ouvertures qui sont à la dure-mere aux endroits des sutures, & d'où on voit sortir de nouveau sang à mesure qu'on l'essuye: Ce qui fait voir qu'il y a des vaisseaux qui vont de la dure-mere au crane, & qui entrent par les sutures dans le diploé: Ces filamens sont de petites arteres qui portent le sang dans la partie moyenne du crane pour sa nourriture; & des vénules qui reportent le superflu de ce sang dans les sinus de la dure-mere.

Plusieurs vaisseaux qui vont de la dure-mere au crane.

Les membranes qui sont enfermées dans le crane sont la dure-mere & la pie-mere: on leur a donné ce nom de mere, parce que l'on pretendoit qu'elles étoient les meres de toutes les

Deux membranes dans le crane.

membranes du corps ; on a ajoûté ce mot de dure à l'externe, à cause de sa force & de son épaisseur ; & celuy de pie à l'interne, à cause de sa délicatesse.

CCC
La dure-mere.

La premiere des deux que l'on voit, est la dure-mere, qui revest interieurement tout le crane, à qui elle rend le même office que la plévre à la poitrine, & le peritoine au bas ventre: Cette membrane est épaisse & solide; elle enveloppe toute la masse du cerveau, laissant neanmoins une distance entre elle & le cerveau, afin que les vaisseaux qui rampent dans sa duplicature ne soient point pressez ; que le cours du sang ne soit point interrompu ; & qu'elle puisse se mouvoir facilement.

Figure & connexion de la dure-mere.

Elle a la même figure & la même grandeur que le cerveau, ne pouvant estre ni plus grande, ni plus petite ; elle est fort adherante à la base du cerveau, & suspenduë au crane par ces petits vaisseaux qui vont aux sutures, & que je vous ay démontrez ; Elle est attachée à la pie-mere par les nerfs, & par les arteres, & enfin elle s'accommode aux cavitez du crane, n'y ayant pas une fosse qu'elle ne tapisse.

Mouvement de la dure-mere.

Le mouvement de la dure-mere est si manifeste que l'on ne peut pas en douter ; on le voit aux personnes que l'on trépane, aprés que la piece de l'os est levée ; & on le sent aux enfans nouveau nez à la fontaine de la tête, qui est un endroit qui s'ossifie le dernier. Il ne faut point chercher la cause de ces mouvemens dans la substance du cerveau, qui est trop molle; mais dans le grand nombre des arteres dont elle est parfemée, lesquelles luy donnent un mouvement continuel de diastole & de sistole, qui répond à celuy du cœur & des arteres.

Cette membrane est double comme les autres tuniques; sa partie exterieure, je veux dire celle qui regarde le crane, est plus rude, plus ridée, & moins sensible que l'interne, ce qui l'empêche d'estre blessée par la dureté des os qu'elle touche; L'interieure, qui est du côté de la piemere, est blanche, luisante, polie, & enduite d'une humeur aqueuse: Elle est doüée d'un sentiment tres-exquis, d'où vient qu'étant picotée par quelque humeur acre, elle cause des convulsions & des douleurs fâcheuses. La dure-mere est double.

La dure-mere ne separe pas seulement le cerveau d'avec le cervelet, mais elle se replie au sommet de la tête, & le separe encore en partie droite & en partie gauche: C'est en cet endroit qu'elle ressemble à une faulx, parce que ce redoublement est large du côté de l'occiput, & s'étressit peu à peu en allant vers le devant de la tête, où il s'attache par sa pointe à une apophise qu'on appelle *crista galli*: c'est ce redoublement qu'on appelle la faulx. Le cerveau est separé en deux par la dure-mere. D La faulx.

Les quatre sinus que quelques-us appellent les ventricules de la dure-mere, sont encore formez par la dilatation de cette membrane. Quatre sinus à la dure-mere.

Le premier, qui est le plus grand & le plus long de tous, est appellé longitudinal; il va du devant au derriere de la tête; il commence à la racine du nez, & faisant le même chemin que la suture sagittalle, il va finir à l'endroit de la pointe de la suture lambdoïde. E Le longitudinal.

F F
Les deux lateraux.

Le ſecond & le troiſiéme ſont nommez lateraux, parce qu'ils vont aux côtez du cervelet : Ils commencent où finit le premier, & vont ſous la ſuture lamdoïde, l'un à droite & l'autre à gauche finir à la baſe du crane, où commencent les vénes jugulaires internes.

G
Le preſſoir.

Le quatriéme, que l'on appelle preſſoir, eſt plus petit & plus court que les autres ; il commence à la glande pineale, à laquelle il eſt adherant, & vient entre le grand & le petit cerveau finir au conçours des trois premiers. On met ordinairement quatre ſondes dans les cavitez de ces quatre ſinus, pour faire voir les ouvertures de toutes les vénes qui viennent aboutir dans leurs cavitez.

Trois autres ſinus.

Outre ces quatre ſinus, on en a trouvé encore trois autres qui ſont fort apparens, quoyqu'ils ſoient plus petits que les precedens. Le premier eſt placé le long de la partie inferieure de la faulx, & va aboutir au quatriéme. Les deux autres ſont placez entre le grand & le petit cerveau, & vont ſe rendre dans les lateraux, dont ils ne ſont gueres éloignez que de la largeur d'un poûce ou environ.

H
Le ſinus inferieur.

Uſages des ſinus.

L'uſage des ſinus eſt de recevoir tout le ſang qui n'a pû eſtre employé dans le cerveau ; ce ſang eſt apporté de toutes les parties par pluſieurs vénes qui ſont autant de ruiſſeaux qui ſe viennent décharger dans ces quatre rivieres, d'où il eſt enſuite conduit & verſé dans les vénes jugulaires, qui le reportent au cœur, afin de circuler derechef.

Quelques-uns pretendent que l'uſage de ces

ſinus ſoit de former comme un bain-marie, dont la chaleur douce & humide ſert à la diſtillation des eſprits dans la ſubſtance cendrée du cerveau.

Vvillis a découvert dans ces ſinus de petites fibres qui les traverſent ; il croit que ces fibres ſont comme de petites cordes, qui en ſe dilatant retardent le cours du ſang, & qui en ſe reſſerrant le font couler plus viſte.

La dure-mere ſert à enveloper le grand & le petit cerveau ; à empêcher qu'ils ne ſoient offenſez par la dureté de l'os ; à diviſer le cerveau en deux parties ; & à le ſeparer d'avec le cervelet, qui eſt le petit cerveau. Uſage de la dure-mere.

Ayant levé la dure-mere, l'on découvre la pie-mere, qui eſt une membrane tres-fine & tres-déliée qu'on a peine à ſeparer de la ſubſtance du cerveau, dans les plis & replis de laquelle elle s'enfonce & deſcend juſques dans les anfractuoſitez les plus profondes, où elle conduit les vénes & les arteres ; ce qui fait qu'elle eſt beaucoup plus grande que la dure-mere. I La pie-mere.

Elle eſt parſemée d'un grand nombre d'arteres qui viennent des carotides & des cervicales ; & d'autant de vénes qui forment pluſieurs labirinthes, & qui vont ſe décharger dans les ſinus. Vvillis remarque qu'elle eſt remplie de quantité de petites glandes qui ſervent à ſeparer une liqueur aqueuſe qui humecte ces deux membranes : L'on pretend que cette pie-mere eſt fort ſenſible, & que c'eſt dans cette membrane que les douleurs de tête ont leur ſiege principal. Vaiſſeaux de la pie-mere.

Usage de la pie-mere.

L'usage de la pie-mere est d'enveloper immediatement le cerveau jusques dans ses circonvolutions, & de conduire tous les vaisseaux qui entrent dans sa substance, ou qui en sortent.

LL
Le cerveau.

Les meninges étant levées, on voit une grosse masse que l'on divise en partie anterieure, qui est proprement le cerveau, & en posterieure, qui est le cervelet. Ils sont tous deux separez l'un de l'autre par la reduplication de la dure-mere, qui outre cela sépare, comme je l'ay déja dit, le cerveau en partie droite & en partie gauche.

Situation du cerveau,

Le cerveau est situé au lieu le plus élevé du corps, non pas à cause de sa noblesse seulement, comme quelques-uns l'ont pretendu; mais pour la commodité des fonctions animales dont il est le principal organe. Il est enfermé de toutes parts dans le crane, comme dans une boëte osseuse, afin que rien ne puisse nuire à sa substance qui est molle.

Grandeur du cerveau.

Le cerveau de l'homme est non seulement plus grand que celuy d'un bœuf; mais il l'est encore plus que celuy d'un élephant, j'entends à proportion de tout son corps: la raison qu'on apporte de sa grandeur si considerable dans l'homme, c'est qu'étant le principe des fonctions de l'ame, ses actions en sont d'autant plus parfaites qu'il est grand

Figure du cerveau.

La figure du cerveau est semblable à celle du crane, c'est à dire qu'elle est ronde & oblongue, ayant comme luy une éminence pardevant, & une par derriere, & étant applati par les côtez.

M
Circonvolutions

On voit à la surface exterieure du cerveau plusieurs anfractuositez & circonvolutions, ſemblables à celles des inteſtins greſles ; elles ſervent à introduire les vaiſſeaux dans le cerveau par le moyen de la pie-mere, qui deſcend juſqu'au fond de ces ſillons, qui ſont autant de pores par où la matiere des eſprits entre dans le cerveau ; de ſorte que ceux qui ont plus de ces anfractuoſitez, doivent former beaucoup plus d'eſprits, & par conſequent eſtre plus vifs & plus capables de concevoir facilement toutes choſes que ceux qui en ont moins.

du cerveau.

Mouvement du cerveau.

Le cerveau a un mouvement de diaſtole & de ſiſtole, de même que le cœur : quand il ſe dilate, il reçoit l'eſprit vital des arteres ; & lors qu'il ſe reſſerre, il pouſſe l'eſprit animal dans les nerfs.

Uſages du cerveau.

Les uſages du cerveau ſont d'eſtre l'organe principal des fonctions de l'ame, & de filtrer l'eſprit animal conjointement avec le ſuc nerveux qu'il diſtribuë à toutes les parties du corps par le moyen des nerfs.

Trois ſubſtances au cerveau.

Le cerveau eſt composé de trois ſubſtances differentes ; la premiere eſt la ſubſtance corticale, autrement dite corps cendré ; la ſeconde eſt la moëlleuſe, ou corps medullaire ; & la troiſiéme eſt la ſubſtance calleuſe, ou corps calleux.

En quoy different ces trois ſubſtances.

Il faut obſerver que ces trois ſubſtances ne different pas ſeulement en couleur, mais encore en conſiſtance : par exemple, la ſubſtance corticale eſt griſâtre & fort molle ; la moëlleuſe eſt blanchâtre & moins molle ; & la calleuſe eſt tout-à-fait blanche & aſſez ferme : cette obſervation eſt neceſſaire pour les conſequences que nous en tirerons cy-aprés.

N Le corps cendré.

Le corps cendré est ainsi appellé, parce qu'il est grisâtre comme de la cendre ; on le nomme aussi substance corticale, à cause qu'il est comme l'écorce du cerveau qu'il environne de toutes parts : cette substance n'est autre chose que l'assemblage d'une infinité de petites glandes rangées les unes auprés des autres.

Δ Les glandules qui font la partie corticale du cerveau.

Il faut vous faire remarquer ici que la substance corticale a ses parties plus écartées, & ses pores plus ouverts que les autres substances du cerveau ; & que quand on y seringue quelque liqueur par les arteres, elle ne penetre que dans la partie corticale, & ne passe point dans la substance medullaire.

D Les tuyaux qui font le corps medullaire.

Ces glandes ont chacune un tuyau particulier, par lequel coule l'esprit animal qu'elles ont filtré du sang qui y est porté par les arteres carotides & vertebrales. Vvillis pretend qu'elles servent aussi à en filtrer le suc nerveux, qui est une liqueur huileuse & tres-subtile qui sert de vehicule aux esprits animaux, & avec le sang de nourriture aux parties ; ce que l'on peut observer aux bras & aux jambes paralitiques, qui ne recevant plus de ce suc deviennent maigres.

O Le corps medullaire.

Le corps medullaire est ainsi appellé, parce qu'il est d'une substance molle comme de la moëlle : elle l'est cependant moins que le corps cendré. Il est situé directement sous le cendré, de sorte que la pie-mere ne le touche point. Tous les tuyaux qui partent des glandes, qui composent la partie cendrée, forment tous ensemble en se réunissant, ce corps ou cette substance medullaire.

Le corps calleux est ainsi appellé, parce qu'il est d'une substance plus ferme & plus solide que les deux autres ; c'est à proprement parler un assemblage de la substance medullaire & une approche des petits tuyaux qui la forment ; sa couleur est tout-à-fait blanche : Il est situé sous le medullaire, auquel il est continu. On n'y voit point d'arteres, ni de vénes, du moins qui soient apparentes, quoyqu'il en ait effectivement ; puisque quand on coupe quelque partie de ce corps, l'on voit de petites goutes de sang pointiller en plusieurs endroits.

P
Le corps calleux.

En coupant cette partie, que l'on nomme le corps calleux, on découvre deux grandes cavitez, que l'on appelle les ventricules superieurs, ou anterieurs ; d'autres les appellent lateraux, parce qu'il y en a un au côté droit, & l'autre au côté gauche : ils ont tous deux la même grandeur & la même figure ; leur situation & leurs usages sont aussi les mêmes.

QQ
Les ventricules superieurs.

Leur figure, si vous les considerez en particulier est pareille à celle d'un croissant : c'est peut-estre ce qui a fait croire à quelques Anciens que la Lune dominoit beaucoup sur le cerveau : mais si vous les examinez tous deux ensemble, ils ont la figure d'un fer à moulin : Leur pointe, qui est vers la racine du nez où ils commencent, est tres-étroite, mais ils s'élargissent peu à peu, & forment chacun une grande cavité vers leur fin ; ce qui fait qu'ils sont plus amples vers la partie inferieure du cerveau, que vers la superieure : ce sont les deux plus grands ventricules du cerveau.

Figure de ces ventricules.

Leur situation. Leur veritable situation est dans la partie moyenne du cerveau ; car ils sont également distans de l'os coronal que de l'occipital, & à peu prés autant de la base du crane que du sommet de la tête.

Le septû lucidum. Ces deux ventricules sont separez l'un de l'autre par une cloison mitoyenne, que l'on nomme pour cet effet septum medium, ou septum lucidum, à cause qu'elle est transparente ; il y en a qui ont crû que cette separation étoit une membrane, mais elle est faite d'une portion tres-deliée de la substance calleuse enfermée entre deux membranes, lesquelles sont des continuitez de la pie-mere, qui tapisse interieurement ces deux ventricules : L'on voit dans le milieu de ce *septum lucidum* une petite cavité : ce qui a fait dire à quelques-uns qu'il étoit le siege de l'ame.

R R Les corps cannelez. Les corps cannelez sont deux éminences considerables, qui sont d'une couleur plus brune que le reste : il y en a une à chaque ventricule. On les appelle corps cannelez, parce qu'on pretend qu'il y a une infinité de cannelures en forme de vis qui y font beaucoup de sillons ; c'est dans ces parties que Vvillis a établi le siege de l'ame, étant persuadé que les cannelures sont faites par les impressions des objets que l'ame reçoit.

S L'entonnoir. Il y a dans la partie moyenne de ces ventricules une cavité ronde en forme de bassin, qui descend à la base du cerveau, en se terminant en pointe, & qui va finir sur la glande pituitaire, qui est dans la scelle de l'os sphenoïde ; c'est cette cavité que l'on appelle l'entonnoir ; elle est formée

formée de la pie-mere. Elle est toûjours pleine de pituite, qu'elle décharge dans la glande pituitaire.

Comme les deux usages que l'on donne à ces ventricules sont fort differens & fort opposez, je vous les rapporteray l'un aprés l'autre, afin que vous puissiez juger lequel des deux est le veritable.

Usages de ces ventricules selon les Anciens.

Le premier est des Anciens, qui pretendoient que l'esprit animal y étoit perfectionné, & que de même que le cœur avoit des ventricules, dans lesquels les esprits vitaux se subtilisoient ; de même aussi le cerveau en avoit pour la perfection des esprits animaux ; qu'ils en étoient les reservoirs ; & que de ces cavitez ils étoient envoyez par les nerfs à toutes les parties du corps, comme les esprits vitaux y sont envoyez par les arteres.

Leurs usages selon les modernes.

Le second est des modernes, qui soûtiennent au contraire que l'esprit animal n'y est point formé : la raison qu'ils en apportent est, qu'il est trop subtil pour ne pas s'échaper par le trou qui répond à l'apophise *crista galli*, ou par les arcades de la voûte qui va au troisiéme ventricule : D'ailleurs les serositez dont ces ventricules se trouvent ordinairement remplis ; la situation de l'entonnoir qui est dans leur milieu, & qui leur sert comme d'égoût ; & celle de la glande pituitaire, qui se trouve encore directement au dessous pour en recevoir les serositez, font connoître qu'ils sont plûtôt les reservoirs des humiditez superfluës du cerveau, que le lieu de la naissance des esprits animaux.

TT Le plexus choroïd. Ce qu'il y a de rougeâtre dans l'un & l'autre de ces ventricules est une partie du lacis choroïde; mais comme sa plus grande partie occupe le troisiéme ventricule, je ne vous le feray voir qu'aprés avoir levé la voûte triangulaire qui le forme.

Le corps voûté. Le corps voûté, qu'on nomme ainsi à cause qu'il ressemble à une voûte, est une partie blanchâtre où se joignent les ventricules; il est porté sur trois colomnes, dont la premiere le soûtient par devant, & les deux autres par derriere; tellement que le dessous represente un triangle: Il rend le même office au troisiéme ventricule que font les voûtes aux édifices; car il porte & soûtient la lourde masse du cerveau, de peur qu'elle ne s'affaisse trop sur cette partie; le bord qui est plus mince que le reste s'appelle la corniche de la voûte.

V Le troisiéme ventricule. Aprés avoir levé les deux piliers posterieurs de la voûte, & les avoir renversé sur le devant du cerveau, vous découvrez le troisiéme ventricule, dont toute la cavité nous paroît remplie du lacis choroïde.

Structure du plexus choroïde. Le plexus ou lacis choroïde est un tissu qui est fait d'une infinité d'arteres fort déliées, qui viennent des carotides; & de vénules qui vont se rendre dans le quatriéme sinus de la dure-mere: Il est aussi composé de quantité de vaisseaux lymphatiques, & de beaucoup de glandes fort petites, qui seroient imperceptibles sans le secours du Microscope; d'où vient que Stenon croit qu'il se fait là une filtration d'une partie de la serosité qui coule dans les ventricules.

Ce lacis est si artistement fait que l'on a sujet de croire qu'il a des usages considerables, c'est pourquoy plusieurs se sont efforcé de les découvrir ; en voici deux qu'on lui attribuë, l'un de servir comme de Bain-Marie, dont la chaleur douce conserve le mouvement des esprits dans le corps calleux qui est immediatement au dessus de luy, & qui autrement seroit trop froid, n'ayant que tres-peu de vaisseaux qui le réchauffent ; & l'autre que la chaleur de ce lacis entretient la liquidité de la serosité dans ces ventricules qui la pourroient épaissir par leur froideur, s'ils n'étoient échauffez par ce grand nombre de vaisseaux ; ce qui empêche que ces humeurs ne croupissent, & ne fassent des obstructions dans l'entonnoir.

Usages du plexus choroïde.

La glande pineale est ainsi appellée, à cause qu'elle a la figure d'une pomme de pin ; elle est posée à l'entrée du canal qui va du troisiéme ventricule au quatriéme : Elle est composée d'une substance dure, jaunâtre, & couverte d'une membrane déliée. Sa grosseur n'excede pas celle d'un petit poix ; cependant j'ay trouvé une petite pierre dedans ; & Silvius rapporte qu'il y a fort souvent trouvé de petits grains de sable ; & une fois entr'autres une petite pierre ronde qui occupoit plus de la moitié de cette glande : Elle est attachée de chaque côté à la partie posterieure du lacis choroïde par un petit cordon. Quelques-uns veulent que ce petit cordon soit un nerf qui accompagne le nerf pathetique, qui va au muscle des yeux.

X La glande pineale.

O a donné des usages bien differens à cette

Usages de la glande pineale.

glande. Monsieur Descartes prétend qu'elle est le siege de l'ame; je ne m'amuseray point ici à refuter son opinion, qui l'a esté, ce me semble, assez par Monsieur Duncan dans le Traité qu'il a fait des Actions animales, où il dit, aprés Aristote, que l'ame n'est point bornée dans pas une partie, & qu'elle est par tout où elle agit, à la maniere des esprits; ainsi il est ridicule de la mettre dans le cœur comme Empedocle; dans la ratte ou dans l'estomac comme Vanhelmont; ou dans le cerveau comme la plûpart des Philosophes, qui sont encore partagez quand il s'agit sçavoir si elle occupe tout le cerveau, ou seulement quelqu'une de ses parties.

D'autres ajoûtent que plus on a cette glande petite, plus on a l'esprit vif, parce qu'un petit corps est plus aisé à rémüer qu'un gros; & qu'étant le tamis par où passe l'esprit animal, les pores étant fort étroits, il n'en passe que le plus subtil: Il en est de même, disent-ils, des trous d'un tamis avec lequel on sasse la farine, plus ils sont petits & plus elle est fine; c'est pourquoy on voit que l'homme qui a les autres parties du cerveau plus grandes que les bêtes, à proportion du reste de son corps, a la glande pineale plus petite.

L'usage de la glande pineale est de separer & de filtrer, comme les autres glandes, quelque liqueur pour la verser dans les ventricules du cerveau.

Le troisiéme ventricule.

Pour découuvrir toutes les parties qui forment le troisiéme ventricule, il faut lever le lacis choroïde, lequel étant rejetté vers la partie posterieure où il est attaché au quatriéme sinus de la dure-mere, fait voir le fond de ce ventricule, qui n'est autre chose que l'aboutissement des deux ventricules superieurs qui s'y terminent par leur partie inferieure. On l'appelle aussi ventricule moyen, tant parce qu'il est situé entre les deux superieurs, & le quatriéme, que parce qu'il occupe le centre du cerveau, étant également éloigné de l'os frontal que de l'occipital.

Il est appellé aussi ventricule moyen.

Ce ventricule a deux conduits, l'un anterieur, par lequel il a communication avec la glande pittuitaire, dans laquelle il décharge par ce moyen les excremens du cerveau; & l'autre posterieur, qui va au quatriéme ventricule.

Conduits de ce ventricule.

En dilatant doucement ce ventricule l'on apperçoit quatre éminences, deux superieures & plus grandes, qu'on appelle protuberances orbiculaires; & deux autres inferieures & plus petites, nommées Epiphises des protuberances orbiculaires: ces quatre éminences sont presque d'une même grosseur, qui n'est pas considerable dans les hommes, mais elles se distinguent mieux dans les bêtes.

Plusieurs parties qui se trouvent dans ce ventricule.

Les parties qui se rencontrent dans ce ventricule sont connuës sous d'autres noms, que l'on leur a donnez à cause de la ressemblance que l'on a pretendu qu'elles avoient avec les parties honteuses: On a nommé la glande pineale *virga*; l'ouverture du conduit qui va à l'entonnoir, *vulva*; l'entrée qui va au quatriéme ventricule, *anus*; les protuberances orbiculaires, *nates*; & les Epiphises des protuberances orbiculaires, *testes*.

Differens noms de ces parties.

Une apophise vermiforme.

Dans le fond du conduit qui va au quatriéme ventricule vers sa partie posterieure, l'on voit une éminence faite comme de plusieurs pieces, avec des lignes transversales ; on l'appelle apophise vermiforme, à cause de la ressemblance qu'elle a avec un gros ver à soye ; c'est elle qui ferme & ouvre ce passage selon qu'elle s'allonge ou se racourcit : Elle est située dans le cervelet, dont je vais vous faire la Démonstration.

Y Y Le cervelet.

Le cervelet est un corps moëlleux & anfractueux que nous trouvons sous le cerveau dans la partie inferieure & posterieure de la tête ; il est conjoint & continu au cerveau par en bas ; mais par en haut il en est separé par la reduplication de la dure-mere.

Composition du cervelet.

Duncan remarque qu'il est formé par deux branches, qui partant des côtez du tronc de la moëlle allongée, font une espece de berceau en se rencontrant au milieu, & laissent entre-deux une cavité que l'on appelle le quatriéme ventricule, dont je vous parleray ci-aprés.

Figure & grandeur du cervelet.

La figure du cervelet est plus large que longue ; il represente une boule large & plate ; il est six fois plus petit, & sa substance est plus dure & plus solide que celle du cerveau ; on a coûtume de l'ouvrir tant pour faire voir sa substance interne, que pour démontrer le quatriéme ventricule qu'il enferme tout entier.

Substance du cervelet.

La substance du cervelet dans les hommes est grise & traversée d'une autre substance blanche, qui est semblable à celle du cervelet des bêtes ; aussi les actions vitales & naturelles qui en dépendent, se font de la même maniere dans les hommes que dans les animaux, au lieu qu'il y a une difference considerable entre le cerveau de l'homme & celuy de la bête, parce que les fonctions sont tres-differentes dans l'un & dans l'autre.

Quatre apophises au cervelet.

Vvillis remarque quatre sortes d'apophises qui aboutissent au cervelet ; premierement deux laterales ; en second lieu une moyenne ; puis deux piramidales ; & enfin deux annulaires.

Apophises laterales.

Les apophises laterales sont couchées le long de la moëlle allongée sur les bords ; elles servent à entretenir le commerce du cerveau avec le cervelet, en conduisant les ondulations des esprits de l'un à l'autre.

Apophise moyenne.

L'apophise moyenne sert à joindre les laterales ; elle communique aux nerfs pathetiques qui en tirent leur origine, les ondulations que les passions impriment aux esprits, & qui passent du cerveau au cervelet par les apophises laterales ; ces ondulations d'esprits étant portées aux muscles des yeux, leur font faire certains mouvemens qui sont propres à signifier la passion qui les a causées ; ce sont les nerfs de la quatriéme paire, qui portent ordinairement ces ondulations aux yeux ; c'est à cause de cela qu'on les a nommez pathetiques.

Apophises piramidales.

Les apophises piramidales sont ainsi nommées à cause de leur figure ; elles sont le reservoir des esprits qui doivent couler dans la neuviéme paire de nerfs, qui sont les vagues, lesquels ne faisant que des mouvemens continuels, comme sont ceux du cœur, des poûmons, du diaphragme, & des intestins, ont besoin de la grande quantité d'esprits qui sont gardez dans ces apophises.

Apophises annulaires.

Les apophises annulaires sont ainsi appellées; parce qu'étans placées à côté de la moëlle allongée, elles l'embrassent comme un anneau; elles servent de reservoir aux esprits qui doivent estre distribuez par la cinquiéme, sixiéme, & septiéme paire de nerfs qui en sortent immediament.

Comme je viens de vous expliquer, en parlant de la composition du cervelet, de quelle maniere étoit formé le quatriéme ventricule qu'il renferme, je n'ay maintenant qu'à vous dire ce que c'est.

Le quatriéme ventricule.

Le quatriéme ventricule est une cavité plus petite que les trois autres, qui est située dans le cervelet, & qui se termine du côté de l'épine, en façon de plume à écrire; d'où vient qu'on a nommé son extremité *calamus*; Il est environné par devant & par derriere des apophises vermiformes, qui sont deux; l'une anterieure, placée au commencement de ce ventricule, laquelle en s'allongeant ou se racourcissant en ferme l'entrée, ou la tient ouverte; & l'autre posterieure, qui est couchée sur la moëlle de l'épine, à l'extremité de cette cavité.

Le pont de Varole.

Le pont de Varole est le dessus d'un conduit qui se trouve dans ce ventricule, lequel va à l'entonnoir pour y porter les excremens pituiteux.

Ceux qui ont crû que les esprits animaux étoient formez dans les ventricules du cerveau, ont appellé celui-ci le noble, parce qu'ils s'imaginoient que c'étoit luy qui leur donnoit la derniere perfection, & qu'il en faisoit la distribution à toutes les parties du corps par le moyen de la moëlle de l'épine.

Aprés avoir examiné tout ce que le cerveau contient en luy-même, il nous faut voir ce qui sort de luy : nous trouverons outre la moëlle de l'épine douze paires de nerfs qui partent de sa pase ; je vais vous les démontrer les uns aprés les autres. Douze paires de nerfs sortent de la base du cerveau.

La premiere des douze paires de nerfs est appellée olfactoire, elle sert à l'odorat : elle naît de l'extremité anterieure de la moëlle allongée, ou de ses deux premieres éminences qui portent le nom de corps cannelez. 1 L'olfactoire.

Deux productions appellées mammillaires se joignent à ces nerfs ; elles sont situées à la partie anterieure du cerveau, auprés de l'os cribleux ; elles sont blanches, molles, larges & longues ; elles sont petites à l'homme, & grandes aux chiens, & aux autres animaux qui ont l'odorat exquis. Deux productions mammillaires.

Vvillis remarque que ces nerfs sont toûjours pleins d'eau, pour empêcher qu'ils ne soient blessez par une odeur trop forte & trop violente ; comme on voit par la même raison qu'il y a une humeur dans les yeux, de crainte que les nerfs optiques ne soient blessez par le rencontre d'un objet trop igné. Pourquoi pleins d'eau.

Les nerfs qui font la seconde paire, sont les optiques ; ce sont les plus gros & les plus mols de tous ; ils naissent de ces deux éminences qui se trouvent dans les ventricules superieurs entre 2 Les nerfs optiques.

les corps cannelez & les *nates*, & qu'on appelle pour cette raison couches optiques, ou le lit des nerfs optiques. Avant que d'arriver aux yeux ils s'unissent de telle sorte à moitié chemin, environ proche la selle sphenoïde, que l'un ne peut en aucune maniere estre separé de l'autre : ils se divisent ensuite & vont se rendre au centre de l'œil, chacun de leur côté par les trous qui sont au fond de l'orbite.

Substance des nerfs optiques. Leur substance interne, qui est molle, se durcit à mesure qu'elle s'éloigne du cerveau ; & étant parvenuë au corps de l'œil, se dilate & fait la tunique reticulaire qui embrasse les humeurs ; c'est d'où vient la grande simpathie qu'il y a entre les yeux & le cerveau.

L'entonnoir & les deux arteres carotides. Proche ces deux nerfs il y a trois conduits ; celuy du milieu est l'extremité de l'entonnoir, qui finit dans la glande pituitaire ; & les deux lateraux sont les arteres carotides, qui par deux trous qui sont aux côtez de la selle du sphenoïde entrent dans le crane ; on est obligé de les couper, pour continuer la Démonstration des nerfs.

3 Les moteurs des yeux. Ceux de la troisiéme paire sont les moteurs des yeux ; ils sont plus petits & plus durs que les precedens ; ils naissent de la base de la moëlle allongée ; ils sont continus dans leur origine ; de sorte qu'ils semblent ne faire qu'un cordon ; d'où vient qu'on ne sçauroit tourner un œil d'un côté, que l'autre ne suive necessairement son mouvement. Ils sortent du crane par un trou qui est plus bas que celuy des optiques, & se divisent en plusieurs rameaux qui vont aux muscles des

yeux & des paupieres, & qui se perdent dans les membranes; ils envoyent même quelquefois un petit rameau au muscle crotaphite.

Les nerfs de la quatriéme paire sont les pathetiques, ainsi appellez, parce qu'ils marquent dans les yeux les differentes passions de l'ame; ils sont fort petits, & naissent de la partie superieure de la moëlle allongée derriere les protuberances orbiculaires; ils sortent par des trous qui leur sont communs avec les optiques; & donnent des rameaux aux yeux: il y a quelques branches qui se répandent jusqu'aux lévres. 4 Les pathetiques.

La cinquiéme paire est destinée pour le goût, elle naît des deux côtez de l'éminence annulaire derriere les pathetiques: Elle a des fibres molles qui se répandent dans la tunique de la langue; mais avant que de s'y rendre, elle produit plusieurs scions, dont les uns vont aux muscles du front, des tempes, & de la face; & les autres à la tunique des narines, & aux racines des dents, qui n'ont de sentiment que par ce moyen. 5 Les gustatifs.

La sixiéme paire sert encore au goût; elle naît auprés de la precedente, de la partie inferieure de l'éminence annulaire: Elle sort du crane par le même trou que la troisiéme & la quatriéme paire, & va presque toute se perdre dans le palais. 6 Les autres gustatifs.

La septiéme paire prend son origine de la base de l'éminence annulaire; elle sort par le même trou que la troisiéme & la quatriéme paire, & ne va pas seulement se perdre dans les muscles du pharinx, du larinx & du col; mais elle envoye 7 Les deux qui vont vers le devant du col.

encore des rameaux aux parties exterieures de la poitrine.

8 Les auditifs. Ceux de la huitiéme paire sont les auditifs, qui naissent du même endroit que les precedens : Ils entrent dans la cavité des os petreux où ils se divisent chacun en deux rameaux ; le plus grand se dilatant fait le tambour, où il se perd presque tout, excepté un rameau qu'il envoye à l'oreille exterieure ; ce qui fait que la plûpart des animaux dressent les oreilles quand ils entendent du bruit ; & le plus petit ayant envoyé quelque rameau à la paupiere superieure, descend au pharinx par le trou qui est entre les apophises stiloïdes & mastoïdes ; il donne en passant des branches aux narines & aux jouës ; mais la plus grande partie se distribuë aux gencives, à la langue, & au larinx ; d'où vient que ceux qui sont sourds, entendent quelquefois quand on leur parle dans la bouche ; & que ceux à qui l'on touche le tambour avec un cure-oreille, toussent aussi-tôt.

9 Les vagues. Les nerfs de la neuviéme paire sont les vagues ; ils sont ainsi appellez, parce qu'ils vont à toutes les parties de la poitrine & du bas ventre ; ils naissent de l'extremité de la moëlle allongée au delà du cervelet, & étant sortis du crane, ils se divisent en trois rameaux, qui sont les intercostaux, les recurrens, & les stomachiques qui vont à la poitrine & au ventre inferieur.

10 La paire spinale. La dixiéme paire est la spinale, ainsi nommée, parce qu'elle vient de la moëlle de l'épine ; elle en prend son origine vers la sixiéme ou septiéme vertebre du col, & montant tout du long elle

vient sortir par les mêmes trous que les vagues; elle les accompagne dans leur distribution sans se confondre avec eux, & va se perdre dans les organes de la voix.

11. Ceux de la langue. La onziéme paire est celle de la langue, parce qu'elle va quasi toute se perdre dans sa base; elle est la plus dure de toutes; elle prend son origine proche la moëlle de l'épine: En sortant du crane elle se divise en deux rameaux, dont le plus gros va à tous les muscles de la langue pour leur mouvement, & le moindre aux muscles du larinx.

12. Les occipitaux. Enfin ceux de la douziéme & derniere paire sont les occipitaux; ils peuvent estre considerez ou comme les derniers de la tête, ou comme les premiers du col, parce qu'ils sortent entre le crane & la premiere vertebre, & se perdent entierement dans les muscles de la tête & du col.

Duncan remarque que bien que tous les nerfs partent du cerveau, on peut neanmoins dire qu'il n'en a aucun, puisque pas-un ne s'y insere, & qu'ainsi sa propre substance est privée du sentiment qu'il donne à tout le corps.

La medulle spinale. Il faut couper la moëlle de l'épine afin de retourner le cerveau, & afin qu'aprés avoir vû tout ce qu'il y a dans sa partie superieure, & dans son corps, nous puissions examiner ce qu'il y a de particulier dans sa base.

Le cerveau retourné. Le cerveau n'est pas moins curieux à voir par sa base que par ses autres parties: il fait six grosses éminences qui entrent dans les six grandes fosses qui sont au crane; les quatre premieres & anterieures sont faites du cerveau; il y en a deux qui occupent les cavitez de l'os frontal, & deux autres celles des os petreux; les deux dernieres & posterieures sont formées par le cervelet, & sont situées dans les cavitez de l'os occipital.

a a Deux arteres carotides. Il y a quatre vaisseaux qui sont les quatre arteres qui portent le sang dans tout le cerveau; les deux anterieurs sont les arteres carotides, & les posterieurs sont les cervicales; les premieres

b b Deux arteres cervicales. entrent aux côtez de la glande pituitaire, & les autres proche de la medulle spinale: aussi tôt qu'elles sont entrées elles se joignent ensemble, de sorte que de ces quatre arteres il s'en forme un gros tronc à la base du cerveau, d'où il part une infinité d'arteres qui se répandent par toute sa substance.

C Union de ces quatre arteres. L'union de ces arteres sert à faire un mélange du sang arteriel, qui est apporté par ces quatre vaisseaux, avant qu'il soit distribué au cerveau, & à en arrêter l'impetuosité, parce qu'il seroit monté avec trop de précipitation par tout le cerveau; ce qui auroit nuit à la filtration des esprits; à cause que les parties qui la font, sont si molles & si tendres, qu'elles ne peuvent souffrir aucune violence; & qu'un mouvement trop précipité y auroit causé des apoplexies de sang, qui ne laissent pas d'arriver quelquefois, malgré les précautions que la nature a prises pour les éviter.

La moëlle de l'épine, ainsi appellée, parce qu'elle est emboëtée dans le tuyau de l'épine du dos, n'est qu'une production ou allongement du cerveau; C'est d'elle que sortent tous les nerfs, sans en excepter même les optiques.

On la diviſe en deux, dont l'une eſt contenuë dans le cerveau, que l'on appelle moëlle allongée; & l'autre eſt enfermée dans les vertebres, que l'on nomme medulle ſpinale. La premiere commence à la partie anterieure du cerveau, où les nerfs optiques prennent leur origine, & va finir au grand trou occipital, où commence celle de l'épine, qui ſe continuant par les cavitez des vertebres va finir à l'extremité de l'os ſacrum. Z La moëlle allongée.

La ſubſtance de la moëlle allongée eſt plus dure que celle du cerveau; elle eſt formée par quatre racines dont les deux plus grandes ſortent du cerveau, & les deux moindres du cervelet: ces parties s'uniſſant enſuite en forment deux qui ſont ſeparées par la pie-mere; c'eſt ce qui fait qu'un côté peut eſtre paralitique ſans que l'autre le ſoit. Conſiſtence de la moëlle allongée.

La moëlle de l'épine eſt encore plus ſolide que la moëlle allongée, étant comme un gros cordon de fibres nerveuſes qui ſe diſtribuent dans toutes les parties du corps, & qui leur donnent un ſentiment exquis, & un mouvement vigoureux. Elle eſt enveloppée de trois tuniques; la premiere vient des ligamens qui ſont à l'endroit auquel l'os occipital eſt joint avec la premiere vertebre; la ſeconde vient de la dure-mere; & la troiſiéme de la pie-mere. Subſtance de la moëlle de l'épine.

La figure de la moëlle ſpinale eſt ronde & oblongue: il y en a qui pretendent qu'elle commence à ſe diviſer en une infinité de petites cordes vers la ſixiéme ou ſeptiéme vertebre du thorax, afin de mieux reſiſter aux frequens mouve- Figure de la moëlle de l'épine.

mens de l'épine qui se font en cet endroit ; cependant elle n'est pas plus divisée là qu'ailleurs.

Usage de la moëlle allongée & spinale.

L'usage de la moëlle allongée, aussi bien que de la spinale, est de donner naissance à tous les nerfs ; car des quarante-deux paires de nerfs qui vont par toute la machine, il y en a douze qui prennent leur origine de la moëlle allongée ; & trente de la spinale, qui sortent le long de son chemin par soixante trous, qui sont entre chaque vertebre ; vous les verrez dans leur lieu.

L'on sçait que le cerveau est le principal organe de l'ame, & qu'elle se sert de luy pour exercer ses fonctions ; mais on ne sçait point ce qu'elle est, ni où elle reside particulierement. Ce que l'Anatomie nous apprend à son égard, c'est que le cerveau est composé d'une infinité de petites glandes & de petits tuyaux ; que ces petites glandes sont figurées & disposées de telle maniere qu'elles ne peuvent se dispenser de filtrer une liqueur qui ne peut estre que tres-subtile ; & qu'il y a autant de millions de petits tuyaux ou fibres creuses qui formant des nerfs, distribuent cette liqueur subtile par tout le corps.

Le cerveau separe le suc animal.

La connoissance de ces choses nous fait tirer deux consequences infaillibles ; l'une que ces parties ne sont pas capables d'agir par elles-mêmes ; & l'autre qu'il faut necessairement qu'il y ait quelque chose d'immateriel qui mette en mouvement tous les ressorts de la machine, & c'est ce qu'on appelle l'ame.

Plusieurs Auteurs se sont efforcez de nous donner

donner quelque idée de l'ame, & pour cet effet ils ont voulu nous la faire connoître par l'imagination, la raison, & la memoire, qu'ils nomment des facultez princesses, parce qu'ils pretendent que toutes les autres, comme la sensitive, la motive, & beaucoup d'autres dépendent de ces premieres: Ils placent l'imagination dans la partie anterieure du cerveau; la raison dans la moyenne; & la memoire dans la posterieure: Ils authorisent ces situations, en disant que quand nous voulons penser ou imaginer quelque chose, nous mettons nôtre main sur le front, laquelle appuyant la partie anterieure du cerveau, fait que nous imaginons plus promptement ce que nous cherchons; ils disent, en faveur de la raison, que puisque c'est elle qui decide souverainement de toutes choses, il étoit juste qu'elle occupât le milieu du cerveau comme la place d'honneur; & enfin que la memoire est placée dans le cervelet, parce qu'ayant une substance plus dure, il conserve mieux ce qui y est une fois imprimé; & ils remarquent qu'on se gratte le derriere de la tête, quand on veut se souvenir de quelque chose. Sentiment des Ancien.

Je croy que cette opinion est plûtôt fondée sur l'apparence que sur la verité; mais celle des modernes me paroît plus vray-semblable: ils placent le sens commun dans la partie inferieure du cerveau, qui est faite des corps canelez; l'imagination dans la partie moyenne, qui est la substance medullaire; & la memoire dans la superieure, qui est la substance corticale. Sentiment des modernes.

Quoyque je vous aye rapporté les raisons dont

les Anciens se servent pour appuyer leur sentiment, je ne prétens pas pour cela vous rapporter celles des Modernes, parce qu'elles ont leur difficultez, & qu'elles me paroissent non seulement trop physiques, mais même tres-abstraites. On les peut voir toutes dans Duncan, qui en a traité fort amplement, & dans tous les autres Anatomistes modernes, qui les ont rapportées comme d'eux-mêmes, aprés les avoir pillées dans ses écrits.

Le rets admirable.

Le rets admirable, ou lacis retiforme est décrit par Galien, qui l'ayant trouvé dans plusieurs animaux qu'il a dissequez, a crû qu'il étoit aussi dans l'homme : Tous les Anatomistes qui l'ont crû incapable de se méprendre, l'ont suivy aveuglement ; mais les Modernes qui n'ont voulu en croire que leurs yeux, l'ont cherché sans l'avoir jamais pû trouver, parce qu'effectivement l'homme n'en a point ; il est bien vray qu'aux côtez de la glande pituitaire, où ils disent qu'il est, on observe que les arteres carotides y font une double flexion en forme de ∽, avant que de percer la dure-mere.

Usages du rets admirable.

Les Anciens se sont encore trompez sur les usages qu'ils ont donnez au rets admirable ; (car ils luy en ont attribué plusieurs qu'il n'a pas, & que je ne vous rapporteray point, afin d'abreger,) & ont obmis le veritable, qui est d'arrêter l'impetuosité du sang qui est porté du cœur dans le cerveau par les arteres carotides.

Les animaux qui ont la tête au niveau de la poitrine, & qui souvent l'ont plus basse en mangeant, ou en paissant, avoient besoin de ce rets, qui empêchât le sang d'estre poussé avec trop de vîtesse dans le cerveau, parce qu'il les auroit suffoqué ; mais l'homme qui a par sa figure droite la tête au dessus de la poitrine, n'est pas exposé à cet inconvenient ; c'est pourquoy la nature ne luy en a pas donné ; elle a seulement fait faire cette flexion que je viens de vous marquer aux deux arteres carotides, non pas pour empêcher le sang d'entrer dans le cerveau, mais pour faire retarder son cours, de crainte qu'il n'y fust porté avec trop de précipitation.

S La glande pituitaire.

Il est difficile de bien voir la glande pituitaire, à moins qu'on ne l'oste de sa place, comme je viens de faire ; elle est de la grosseur d'un tres-gros poix ; elle est située dans la selle de l'os sphenoïde, au dessous de l'entonnoir.

Substance de la glande pituitaire.

Sa substance est plus dure que celle des autres glandes ; elle est revêtuë d'une membrane qui vient de la pie-mere ; elle est convexe en sa partie inferieure, & cave en sa superieure, qui est l'endroit par où l'extremité de l'entonnoir entre dans sa cavité, que l'on trouve toûjours enduite de quelque mucosité.

Usage de la glande pituitaire.

L'usage de la glande pituitaire est de recevoir les serositez qui coulent des ventricules du cerveau dans sa cavité par l'entonnoir ; & de les verser peu à peu dans le palais par deux petits canaux.

Voilà, Messieurs, toutes les parties qui sont renfermées dans le crane, il ne me reste plus presentement qu'à vous faire voir celles de la face, que je reserve pour la Démonstration de demain, dans laquelle j'espere finir tout ce qui regarde la tête.

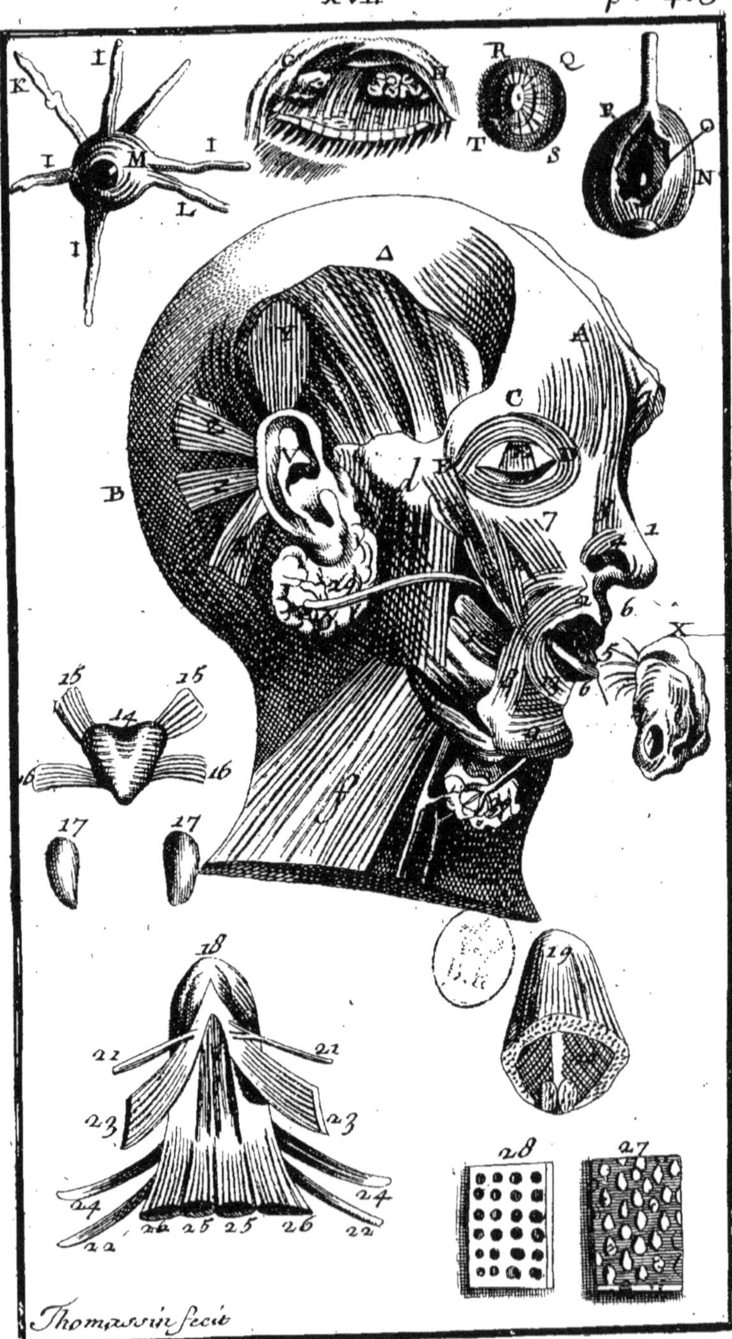
I
K
I
M
I
L
I
R
Q
T
S
P
O
N
Δ
A
C
B
V
7
1
6
X
5
15
15
14
16
16
17
17
18
19
21
21
23
23
24
24
22
26
25
25
26
22
28
27
Thomassin fecit

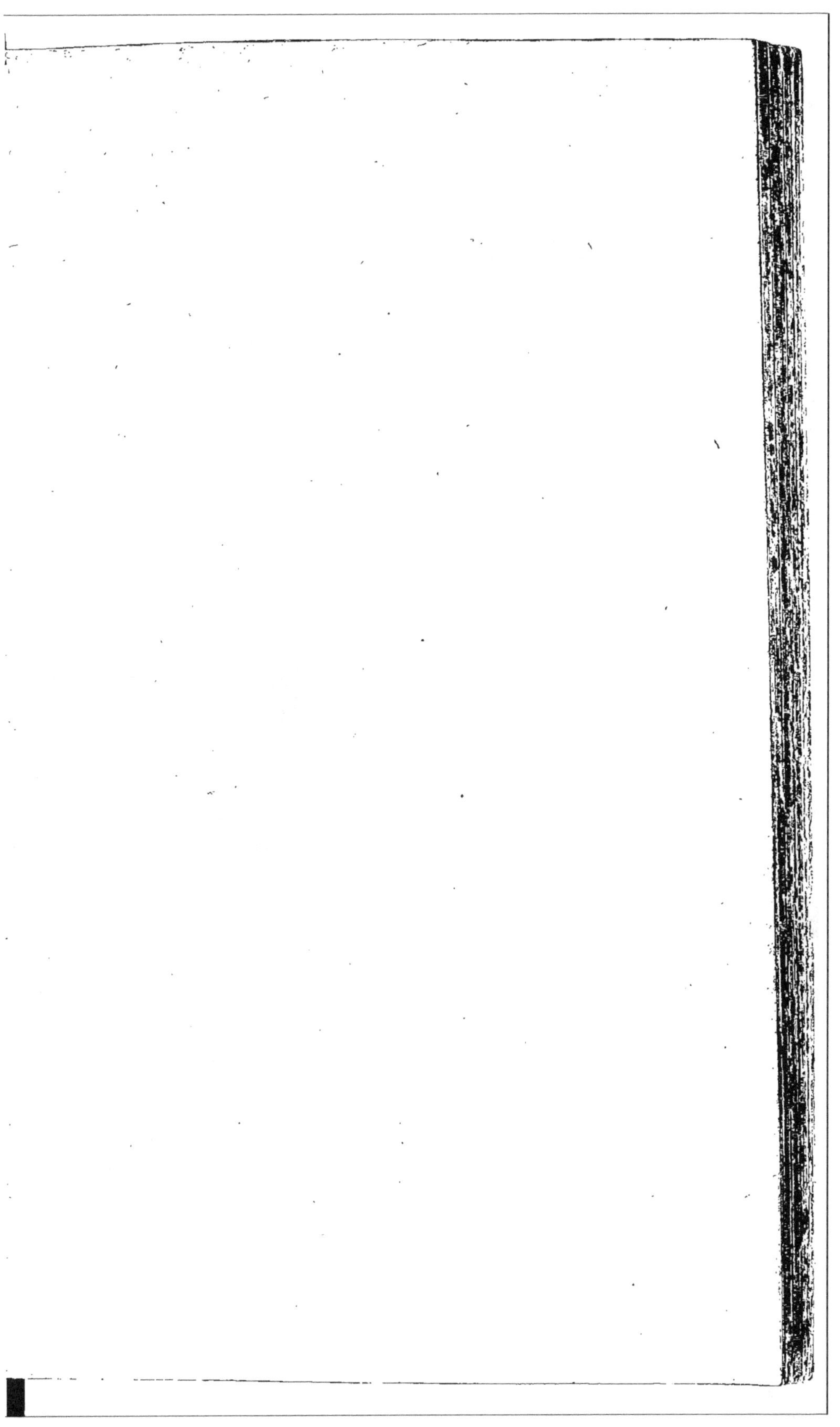

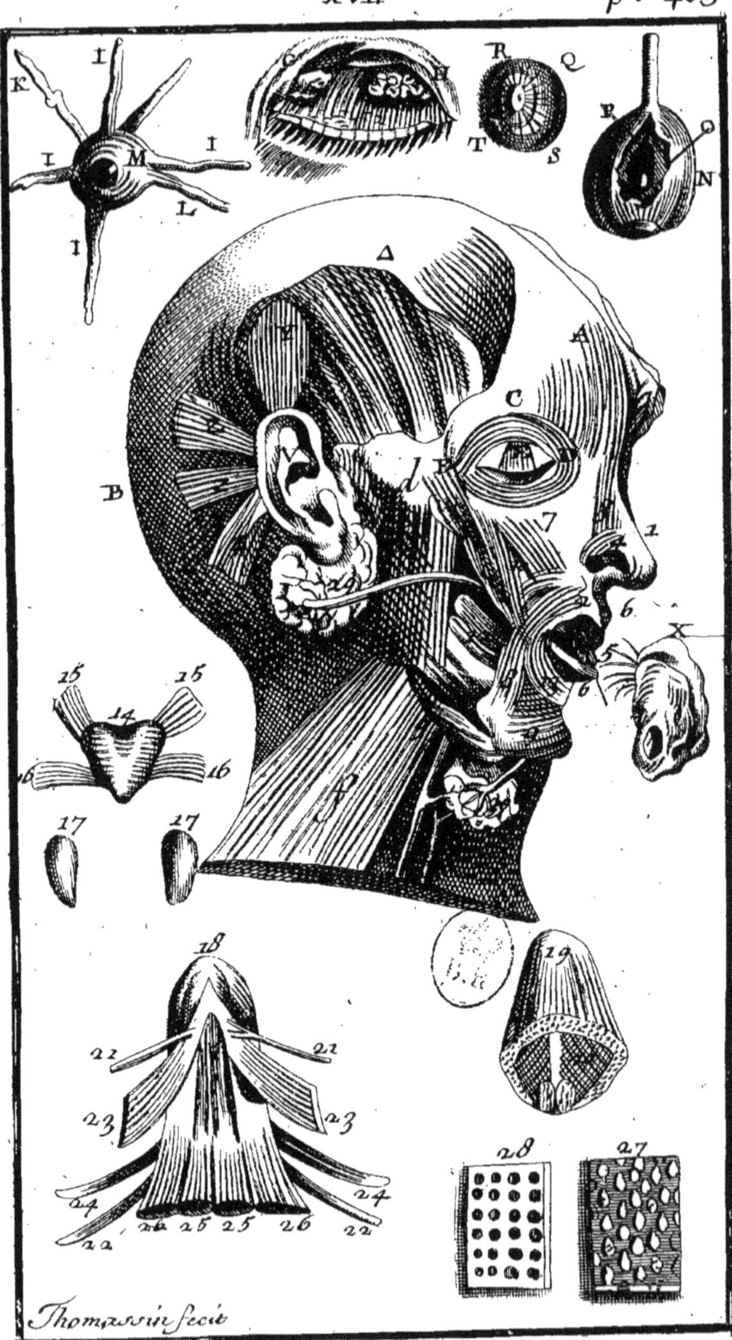
K
I
M
L
R
Q
T
S
P
O
N
A
C
B
X
15
14
16
17
18
19
21
22
23
24
25
26
27
28
Thomassin fecit

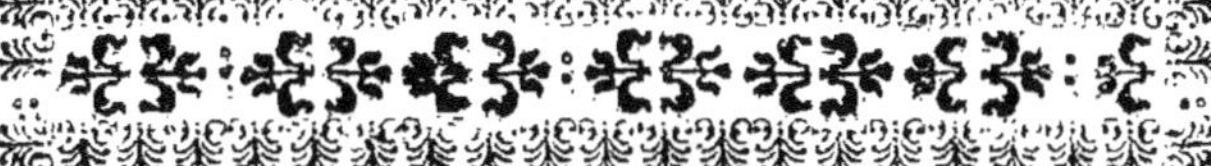

HUITIÉME DEMONSTRATION.

De la Face, & des organes des cinq sens.

LA Face, que j'entreprends de vous faire voir aujourd'huy, Messieurs, est de toutes les parties de l'Homme celle qui merite le plus d'éloges; c'est elle où sont imprimez les veritables caracteres de la Divinité, & qui étant l'image de l'ame, represente au dehors toutes les passions qui regnent au dedans; je laisse aux Panegyristes à luy donner les loüanges qui luy sont deuës, voulant me renfermer seulement dans le devoir d'un Anatomiste, qui est de vous faire connoître seulement les parties qui la composent; & peut-estre que ce moyen n'est pas moins propre pour vous convaincre de son excellence, que si j'emptuntois le secours de l'éloquence pour vous faire quelque discours à son avantage; puisque je n'ay qu'à vous montrer les organes des sens qu'elle contient, pour vous faire demeurer d'accord qu'elle est au dessus de tous les éloges que je pourrois luy donner.

La Face est l'image de l'ame.

C'est par le moyen des cinq sens, qui sont la veuë, l'ouïe, l'odorat, le goût, & le toucher,

Pourquoi les cinq sens sont

placez à la Face. que le cerveau eſt averti de tout ce qui ſe paſſe au dehors ; c'eſt pourquoy ils ſont tous placez à la face comme à la partie la plus voiſine du cerveau ; car de même que les Miniſtres d'un Prince ſont toûjours prêts de ſa perſonne, pour l'avertir plus promptement de ce qui vient à leur connoiſſance, & pour veiller conjointement avec luy aux affaires de l'Etat ; de même auſſi ces ſens étant comme les premiers miniſtres du cerveau, devoient en eſtre proche pour l'avertir de ce qui eſt bon, afin qn'il le cherchât ; & de ce qui eſt mauvais, afin qu'il l'évitât.

Quatre de ces ſens ſont encore à examiner. Les parties qui ſervent d'organes aux cinq ſens ſont l'œil, l'oreille, le nez, la langue, & la peau; A l'égard de la peau, qui eſt l'organe de l'attouchement, je vous l'ay fait voir dans la premiere Démonſtration de cette Anatomie; de ſorte qu'il ne me reſte plus à vous démontrer que les quatre autres ; c'eſt ce que je vay faire aujourd'huy en commençant par les parties de la face.

Diviſion de la Face. La face ou le viſage ſe diviſe en deux parties, dont l'une eſt ſuperieure, que l'on appelle le front ; & l'autre inferieure, laquelle comprend toutes les parties qui ſont depuis les ſourcils juſqu'au menton.

Le Front. Le front eſt ainſi nommé du mot Latin *fero*, qui ſignifie porter, parce qu'il porte devant luy les marques de l'eſprit ; de ſorte que ceux qui ont le front petit, ont ordinairement peu d'eſprit; & au contraire ceux qui l'ont grand, en ont beaucoup ; à cauſe que le cerveau n'étant pas preſſé par un petit front, peut faire ſes fonctions commodement ; & que l'eſprit animal qu'il ſepare, peut se mouvoir avec liberté.

Le front est borné en haut par l'endroit où finissent les cheveux; en bas par les sourcils; & aux côtez par les tempes.

Les mouvemens du front se font par le moyen de deux muscles, que l'on appelle frontaux; ils prennent leur origine de la partie superieure de la tête, proche le vertex, & descendant par des fibres droites, ils viennent s'inserer à la peau du front proche les sourcils; lorsqu'ils agissent, ils tirent la peau du front en haut, & la font mouvoir avec eux, parce qu'ils y sont fort adherens. Ils sont un peu separez l'un de l'autre dans le milieu du front; ce qui fait que la peau se ride & se fronce en cet endroit; en sorte que les sourcils s'entre-touchent quelquefois, quand on est saisi de crainte ou d'admiration.

A Les muscles frontaux.

Deux autres muscles, que l'on nomme occipitaux, prennent leur origine du même endroit que les precedens; mais ils font un chemin tout opposé, allant de devant en derriere s'inserer à la partie inferieure de la peau de l'occiput, qu'ils tirent en haut, lorsqu'ils agissent. Ces muscles sont plats & minces, & n'ont pas leur mouvement si manifeste que celuy des frontaux.

B Les muscles occipitaux.

La face se divise comme la poitrine & le bas ventre, en parties contenantes & en contenuës; les contenantes sont communes ou propres; les communes sont les cinq tegumens, qui sont les mémes qu'au reste du corps; & les propres sont les muscles & les os; les parties contenuës sont les organes des quatre sens, sçavoir de la veuë, de l'ouïe, de l'odorat, & du goût; car pour

Division de la face en parties contenantes & en contenuës.

celuy du toucher, il est répandu par-tout le corps.

La peau de la face.

La peau de la face est semblable à celle des autres parties, excepté qu'elle est percée en quatre endroits, aux yeux, aux oreilles, au nez, & à la bouche; elle est unie & déliée aux enfans & aux femmes; mais aux hommes elle se couvre de poils vers le menton, lorsqu'ils ont atteint l'âge de puberté; de sorte que si les femmes ont pour leur partage une peau fine & blanche, & des traits délicats & reguliers, on peut dire que celle des hommes est dédommagée de ce petit avantage par une majesté & une fierté qui le mettent au dessus de la mollesse des femmes.

C
L'œil.

Je ne dis point ici ce que c'est que l'œil, parce qu'il n'y a personne qui ne le sçache, & qui ne soit persuadé que c'est la plus belle partie de l'homme, & la plus digne d'admiration.

L'œil est situé au dessus du front dans une caverne toute osseuse, que l'on nomme l'orbite.

Raisons de sa situation.

Entre les Anatomistes qui ont cherché la raison pourquoy il estoit placé dans le lieu le plus élevé du corps, les uns ont dit que c'étoit, afin de découvrir de plus loin ce qui nous est plus avantageux ou nuisible; parce qu'il est comme une sentinelle qui veille sans cesse pour nôtre conservation; & d'autres ont pretendu que c'étoit, afin de communiquer plus promptement au cerveau l'impression des objets qui le frapent.

Figure de l'œil.

La figure de l'œil, si l'on regarde seulement son globe, est ronde; mais si l'on le considere enveloppé de ses muscles, elle est oblongue &

piramidale, ayant sa base en dehors, & sa pointe en dedans.

Grandeur de l'œil.

La grandeur de l'œil est differente & inégale en differentes personnes, mais telle quelle soit, elle est toûjours suffisante pour la reception des objets; un gros œil à fleur de tête est à la verité le plus beau; mais il n'est pas si bon que le petit, ni que celui qui est enfoncé, parce qu'il n'apperçoit pas si subtilement, & qu'il est plus sujet a estre offensé par les fluxions & les injures de dehors.

Pourquoy deux yeux.

L'homme a deux yeux pour la necessité de leur action, qui n'auroit pas esté si bien faite avec un seul: Il y a peu de distance entre-eux, afin que l'esprit visuel puisse facilement se communiquer à l'un & à l'autre.

Couleur des yeux.

Il n'y a que l'homme entre tous les animaux qui ait les yeux de diverses couleurs, étant tantôt gris, tantôt noirs, & tantôt bleus, & cette diversité dépend des differentes couleurs qui paroissent dans l'iris,

Les yeux sont aisément offensez par des causes ou trop chaudes, ou trop froides; & ce qui leur convient le mieux, est un air temperé, & tout ce qui est moderément chaud.

L'œil est l'organe de la veuë.

Tout le monde sçait que les yeux sont les veritables organes de la veuë, & que c'est par leur moyen que l'on apperçoit, & que l'on découvre toutes choses; mais la difficulté est de sçavoir comment cela se fait: c'est ce que je n'expliqueray point ici, voulant vous faire voir presentement toutes les parties qui les composent.

Division de l'œil.

Les yeux se divisent en parties externes & en

internes ; les premieres sont celles qui les défendent & les couvrent, comme les sourcils & les paupieres ; & les autres sont celles qui sont enfermées dans l'orbite, & qui composent le globe de l'œil.

Les sourcils.

Les sourcils sont appellez par les Latins *supercilia*, à cause qu'ils sont au dessus des cils. Ce sont des poils arrangez obliquement, & en forme de croissant, dont la pointe qui est proche le nez, s'appelle la tête des sourcils, & celle qui va vers les tempes, la queuë : ils sont deux, un au dessus de chaque œil. C'est chez eux que les Anciens ont pretendu que le faste & l'orgueil étoient placez.

Composition des sourcils.

Il y a quatre sortes de parties qui entrent dans la composition des sourcils : premierement une peau épaisse & dure ; elle est épaisse pour en former l'éminence, & dure afin que les poils y tiennent mieux : secondement, des parties musculeuses, qui sont les extremitez des muscles frontaux qui servent à les lever : en troisiéme lieu, des poils à qui l'on donne pour usage de détourner les sueurs qui coulent de la tête & du front, afin qu'ils n'entrent pas dans les yeux ; & enfin la graisse qui sert de nourriture à ces poils, lesquels croissent quelquefois tellement, qu'on est obligé de les couper, de peur qu'ils n'incommodent les yeux.

Usages des sourcils.

On remarque que les éminences que font les sourcils, servent à rabattre la trop grande clarté ; & que quand elles ne suffisent pas, on est souvent obligé de baisser les sourcils, & de mettre la main au dessus des yeux, pour diminuer l'excés d'une trop grande lumiere.

Les yeux seroient mal défendus, s'ils ne l'étoient que par les sourcils, & s'ils n'avoient outre cela des paupieres pour les couvrir. Elles sont deux, l'une superieure qui se meut dans l'homme, & même si vîte, que l'on compare toute sorte de mouvement prompt à un clin d'œil; & l'autre inferieure, qui est immobile, ou du moins qui a un mouvement fort petit. Je dis dans l'homme, parce que dans les oiseaux au contraire, c'est l'inferieure qui se meut, & non pas la superieure. D Les paupieres.

Les paupieres sont couvertes exterieurement par la peau, qui est en cet endroit mince & lâche, pour pouvoir s'étendre ou se froncer dans leurs mouvemens; elles sont revêtuës par leur partie interne d'une tunique qui est fort déliée, afin de ne pas offenser le corps de l'œil qu'elle touche; cette tunique est une continuité du pericrane. Composition des paupieres.

Les muscles qui font mouvoir la paupiere superieure sont deux, l'un s'appelle le releveur, & l'autre l'abbaisseur. Les muscles des paupieres.

Le releveur prend son origine du fond de l'orbite au dessus du trou par où sort le nerf optique, & vient s'attacher par une large aponévrose au bord de la paupiere superieure; en se racourcissant il la tire en haut, & par ce moyen découvre l'œil. E Le releveur.

Le fermeur ou abbaisseur prend son origine au grand angle de l'œil, & passant par dessus la paupiere superieure va s'inserer au petit angle; lorsqu'il agit il tire la paupiere supieure en bas F Le femur.

& couvre l'œil ; & afin qu'il fust fermé plus exactement, une partie de ce muſcle paſſe par la paupiere inferieure, & va finir au petit angle ; de ſorte que les deux parties de ce muſcle ferment parfaitement bien l'œil.

Les angles des yeux.

Les angles ou coins des yeux ſont les endroits où la paupiere de deſſus s'aſſemble avec celle de deſſous : ils ſont deux, l'un auprés du nez, nommé le grand angle ou l'interne ; & l'autre vers les tempes, appellé le petit angle ou l'externe.

G La glande lacrimale.

La glande lacrimale eſt ſituée au deſſus de l'œil proche le petit angle ; elle peut paſſer pour conglomerée, parce qu'elle eſt comme diviſée en pluſieurs petits lobes.

Elle a des arteres qui viennent des carotides ; des vénes qui ſe déchargent dans les jugulaires ; des nerfs qui viennent de la cinquiéme & ſixiéme paire ; & des vaiſſeaux excretoires qui percent la tunique interieure des paupieres prés les cils. Cette glande filtre une ſeroſité viſqueuſe, qu'elle verſe entre le corps de l'œil & les paupieres, pour en faciliter les mouvemens.

Quelques Anatomiſtes ajoûtent une ſeconde glande lacrimale, ſituée au grand angle de l'œil, mais ils ſe trompent ; car il n'y en a point dans l'homme, & ils prennent cette petite éminence en maniere de caroncule que l'on voit au grand coin de l'œil, pour une glande lacrimale: Ce n'eſt cependant autre choſe que la réunion de la membrane interieure des paupieres.

H Points lacrimaux.

Il y a aux côtez de cette éminence deux petits trous, que l'on nomme points lacrimaux, qui ſont les ouvertures d'un petit ſac membraneux qu'ils appellent ſac lacrimal ; ce ſac eſt proprement l'entrée du canal par où paſſe la liqueur qui vient de la glande lacrimale pour ſe décharger dans la cavité du nez : c'eſt l'ulceration de ce ſac qui cauſe la fiſtule lacrimale, & qui empêche le paſſage des larmes dans le nez.

Deux cartilages aux paupieres.

Les cartilages qui terminent les paupieres, reçoivent le nom de tarſe & de peigne ; ils ſont minces & déliez, ce qui les rend plus legers : leur figure eſt demi-circulaire ; ils ſont deux, celui de la paupiere ſuperieure eſt plus long que celui de l'inferieure. Ils ſervent également à fermer l'œil.

Les cils.

Les cartilages ont dans leur bord pluſieurs petits trous d'où ſortent les poils des paupieres, qu'on appelle des cils ; ce ſont de petits poils courbez en arc ; ils gardent toûjours la même grandeur qu'ils avoient dans la naiſſance ; ils ſervent à redreſſer la veuë, & à empêcher que les choſes legeres ne tombent dans l'œil.

Pluſieurs petits points aux bords des paupieres.

Outre ces trous dans leſquels ſont plantez les cils, il y a une autre rangée de petits pores au bord de chaque paupiere, d'où ſort une petite humeur gluante, qui ſert à humecter les cartilages, & à les rendre plus ſouples & plus obeïſſans dans leurs mouvemens ; quand cette humeur a de l'acrimonie, elle fait de petits ulceres au bord des paupieres ; ce qui leur cauſe une rougeur qui dure tant que ces ulceres ſubſiſtent.

Les parties qui font le corps de l'œil.

L'ordre que j'ay toûjours obſervé dans le cours de ces Démonſtrations, demande qu'aprés vous avoir fait voir les parties externes de l'œil, je vous en démontre preſentement les parties internes : Le globe de l'œil est composé de graisse, de muscles, de vaisseaux, de membranes, & d'humeurs.

La graisse.

Il y a beaucoup de graisse dans la cavité de l'orbite, le corps de l'œil en est environné de même que s'il étoit dans du coton ; elle le défend du froid, & contre la dureté des os. Cette graisse sert encore à enduire les muscles, afin de rendre leurs mouvemens plus faciles ; car l'œil qui est dans un mouvement continuel s'échaufferoit & se desseicheroit, s'il n'étoit oint par la graisse qui le couvre de toutes parts.

Six muscles aux yeux.

Les yeux font tous leurs mouvemens par le moyen de six muscles, quatre droits, & deux obliques.

IIII. Quatre muscles droits.

Le premier des droits est appellé le releveur, ou le superbe, il leve l'œil en haut, & fait regarder le Ciel : le second est l'abaisseur, ou l'humble, il tire l'œil en bas, & fait regarder la terre : le troisiéme est l'adducteur ou beuveur, parce qu'il ameine l'œil vers le nez, & fait regarder dans le verre en bûvant : & le quatriéme est l'abducteur ou dédaigneur, parce qu'il retire l'œil vers le petit angle, & fait regarder par dessus l'épaule.

Ces quatre muscles naissent de la circonference du trou de l'orbite, par où sort le nerf optique ; ils vont se terminer chacun par un tendon large & délié à la cornée ; par exemple, le superbe vient de la partie superieure de ce trou, & est attaché par son autre extremité à la partie superieure de la cornée : l'humble vient de la partie inferieure de ce trou, & s'insere à

inferieure de la cornée : le bûveur vient de la partie laterale du trou de l'orbite, & est attaché à la cornée proche le grand angle ; & enfin le dédaigneur est situé à l'opposite du bûveur, & fait aussi une action toute opposée, puisqu'il tire l'œil du côté du petit angle. Quand ces muscles agissent tous quatre ensemble, ils tirent l'œil au fond de l'orbite.

Le premier des muscles obliques, qui est le cinquiéme de l'œil, est appellé le grand oblique; il est plus gresle que les precedens, & son tendon est plus long que celuy des autres muscles. Il prend son origine de la partie interieure de l'orbite, & monte le long de l'os à la partie superieure du grand angle, où son tendon passe par un petit cartilage annulaire fait en forme de poulie, que l'on appelle troclée, & va aboutir ensuite avec le petit oblique vers le petit angle, quelques-uns l'on nommé trocleateur.

K Le grand oblique.

Le second des obliques, qui est le dernier de l'œil, est appellé le petit oblique; il sort de la partie inferieure & exterieure de l'orbite, au dessus de l'union des deux os de la mâchoire superieure, & va s'inserer vers le petit angle à la partie inferieure de la cornée; il tire l'œil obliquement vers le nez.

L Le petit oblique.

Ces deux muscles obliques sont encore nommez circulaires, ou amoureux, parce qu'ils font mouvoir les yeux obliquement & en rond : Ce sont les mouvemens ordinaires des yeux des Amans, lorsqu'ils regardent leur Maîtresse.

Quand les muscles des yeux n'ont pas pris l'habitude d'agir ensemble, comme il arrive souvent

Ce qui rend bigle ou louche.

aux enfans, ils les rendent bigles & louches.

Vaisseaux des yeux.

Les vaisseaux des yeux sont de trois sortes, des nerfs, des arteres, & des vénes ; les nerfs qui y viennent sont de cinq sortes : le premier est l'optique qui entre par la partie posterieure, & vient se rendre à la cornée : le second est le moteur, qui se va perdre dans les muscles : le troisiéme est le pathetique, qui se distribuë dans toutes les parties de l'œil : le quatriéme est quelque rameau de la cinquiéme paire qui va aux glandes ; & le cinquiéme est quelque branche de la septiéme paire, qui se distribuë aux paupieres. Il ne faut pas s'étonner si les yeux ont un sentiment si vif, puisqu'ils ont une si grande quantité de nerfs.

Ils ont leurs arteres, des carotides ; & leurs vénes vont se rendre dans les jugulaires.

Il faut tirer l'œil de l'orbite.

On a accoûtumé de prendre un œil de bœuf à cause qu'il est gros, ou de tirer l'œil du sujet que l'on a, hors de l'orbite, afin de mieux démontrer les membranes & les humeurs, qui sont les deux parties qui restent encore à vous faire voir ; mais je trouve plus à propos de démontrer celuy de l'homme, quoyqu'il soit petit, parce que c'est luy que vous devez connoître préferablement à tout autre.

Six membranes aux yeux.

Les membranes de l'œil sont six, quatre communes & deux propres ; les communes sont le conjonctive, la cornée, l'uvée, & la retine ; & les propres sont la vitrée qui enferme l'humeur vitrée ; & l'arachnoïde qui contient le cristallin.

M
La conjonctive.

La conjonctive est ainsi appellée, parce qu'elle joint ensemble toutes les parties de l'œil : c'est elle que l'on nomme encore le blanc de l'œil, à cause

cause de sa couleur ; c'est une membrane qui est faite des extremitez du pericrane, ce qui attache & affermit l'œil dans sa cavité ; elle ne couvre gueres que la moitié du bulbe de l'œil : d'ailleurs étant troüée dans le milieu, elle laisse toute la prunelle circulairement découverte ; elle est polie & déliée, & d'un sentiment exquis ; ce que l'on ne remarque que trop quand quelque ordure est entrée dans l'œil.

Lorsque les arterioles & les vénules dont elle est toute parsemée sont plus remplies de sang qu'à l'ordinaire, elles causent cette maladie appellée Ophthalmie.

La seconde tunique est la cornée ainsi nommée, parce qu'elle est claire & dure comme de la corne ; elle naît de la partie de la dure-mere, qui envelope le nerf optique, & passant par dessous la conjonctive, elle paroît dans l'ouverture qu'elle laisse au devant de l'œil, & s'y éleve par une petite éminence qui excede la ligne circulaire ; cette membrane est transparente dans sa partie anterieure, ce qui la fait appeller cornée en cet endroit ; mais elle est épaisse & opaque dans le fond, où la conjonctive la couvre ; c'est pourquoy on nomme cette partie la selerotide, c'est à dire dure. Il y a des Auteurs qui en font deux membranes, quoy qu'elle ne puisse passer que pour une seule, étant la même continuité. N La cornée.

Nous avons dit que les paupieres servoient à ouvrir & à fermer l'œil, nous pouvons encore ajoûter à cet usage des paupieres, celuy de nettoyer ce qui pourroit s'amasser sur ses tuniques;

& principalement de polir la cornée par leur mouvement.

O L'uvée. La troisiéme tunique est l'uvée, ainsi appellée parce qu'elle ressemble à un grain de raisin noir; elle est aussi nommée choroïde, à cause qu'elle est faite comme le chorion : elle prend son origine de la pie-mere, qui envelope le nerf optique : C'est elle qui fait le trou de la prunelle qui paroît au milieu d'un cercle, qui, à cause de ses couleurs, est appellé Iris; elle est attachée par derriere au nerf optique, à la tunique reticulaire, & à la cornée jusqu'à l'iris; mais par devant elle est libre, de maniere qu'elle peut se dilater & s'ouvrir dans un lieu sombre, & se resserrer dans un lieu fort éclairé; ce mouvement de la tunique uvée est sensible dans nos yeux, mais beaucoup plus encore dans ceux des chats.

P La retine. La quatriéme est la retine, ou reticulaire, ainsi appellée, parce qu'elle est tenduë en forme de rets derriere les humeurs : Elle est faite de la dilatation des fibres du nerf optique; c'est dans cette tunique que se fait l'impression des objets, parce qu'il n'y a qu'elle de toutes les tuniques de l'œil, qui n'est pas transparente.

Q La vitrée. La cinquiéme, qui est la premiere des propres, est la vitrée, ainsi appellée à cause qu'elle renferme une humeur vitrée; elle répand par toute la substance de cette humeur de petits filets qui empêchent qu'elle ne s'écoule : Cette tunique est fort délicate, & lorsqu'elle est rompuë, l'humeur se fond & se tourne toute en eau.

La ſixiéme & ſeconde des propres eſt l'arachnoïde, ainſi nommée, parce qu'elle eſt déliée comme une toile d'araignée; elle eſt auſſi appellée criſtalloïde, à cauſe qu'elle envelope immediatement l'humeur criſtalline; Elle eſt diaphane, afin que les images des objets y paroiſſent, comme dans un miroir. R L'arachnoïde.

Les humeurs de l'œil ſont enfermées dans ces ſix tuniques que vous venez de voir; elles ſont trois, ſçavoir l'aqueuſe, la vitrée, & la criſtalline. Trois humeurs aux yeux.

L'humeur aqueuſe eſt ainſi nommée, parce qu'elle eſt fluide comme de l'eau; elle eſt placée à la partie anterieure de l'œil qu'elle remplit; elle fait avancer la cornée un peu hors de l'orbite, pour recevoir les rayons qui viennent directement & obliquement; elle eſt rare & liquide pour faire la refraction des rayons, & pour y laiſſer nager l'uvée qui ſe doit dilater & reſſerrer. Cette humeur couvre la criſtalline par devant, & environne la vitrée de toutes parts; elle ſe repare aiſément, lorſqu'elle eſt conſumée par quelque maladie, ou évacuée par quelque bleſſure. L'aqueuſe.

Elle ſert à empêcher que les parties de l'œil ne tombent dans une trop grande ſechereſſe, & que les ſplendeurs trop vives & trop abondantes ne bleſſent les parties de l'œil.

L'humeur vitrée eſt ainſi appellée, parce qu'elle reſſemble à du verre fondu; elle remplit la partie poſterieure de l'œil, étant ſituée derriere la criſtalline; C'eſt elle qui donne la figure ſpherique à l'œil, & qui tient la retine dans une S La vitrée.

proportion requise pour recevoir l'impression des objets ; elle est d'une consistence plus solide que l'aqueuse, & plus rare que la cristalline, pour faire la refraction des rayons : elle est en plus grande abondance que l'aqueuse.

T La cristaline. L'humeur cristalline est ainsi nommée, parce qu'elle est solide & transparente, comme du cristal ; d'autres luy donnent le nom de glaciale, à cause qu'elle ressemble assez bien à de la glace ; elle est placée entre l'aqueuse & la vitrée vis-à-vis de la prunelle : elle n'occupe pas tout-à-fait le centre de l'œil ; car elle est plus en-devant afin de mieux voir. C'est la plus petite des trois humeurs ; elle est mediocrement dure, afin que les images s'y puissent attacher ; elle n'est pas exactement ronde, mais aplatie par devant, pour mieux recevoir les especes des objets ; & un peu convexe par derriere, pour ne point changer de place dans les mouvemens de l'œil : Elle est plongée dans l'humeur vitrée, où elle est affermie par le ligament ciliaire : C'est cette humeur qui est le principal organe de la veuë ; & si l'on met l'humeur cristalline sur du papier qui soit écrit, elle en fera voir les lettres plus grandes, de même que si on les regardoit avec des lunettes.

Usages des tuniques & des humeurs. La disposition naturelle des tuniques & des humeurs de l'œil nous en apprend les usages ; celuy des tuniques est de contenir les humeurs, & celuy des humeurs de rompre les rayons plus ou moins, à proportion de leur consistence, afin que par ces refractions differentes, les rayons partant de l'objet aillent directement se terminer au point, que l'optique demande pour les representer.

Le ſens le plus noble & le plus excellent aprés la veuë, eſt celui de l'ouïe, tant par la délicateſſe avec laquelle il ſe fait, que par la ſtructure admirable des parties qui le compoſent; c'eſt auſſi la raiſon pourquoy nous allons examiner les parties qui luy ſervent d'organes, avant que de voir celles de l'odorat & du goût.

V. L'oreille.

L'oreille ſe diviſe en externe & en interne; l'externe eſt cette partie que vous voyez au dehors; & l'interne eſt faite de pluſieurs particules & cavitez renfermées dans les os petreux.

Diviſion de l'oreille.

L'oreille externe eſt toute cartilagineuſe, ſa figure eſt demi-circulaire, & aſſez ſemblable à un van, étant convexe par dehors, & cave par dedans: elle a pluſieurs anfractuoſitez qui en rendent l'Echo plus raiſonnant.

L'oreille externe, ſeparée & renverſée.

Elle ſe diviſe en deux parties, dont l'une eſt ſuperieure, & l'autre inferieure: la premiere, qui eſt la plus large, ſe nomme l'aîle; & la ſeconde, qui eſt étroite, molle & pendante, s'appelle le lobe de l'oreille: c'eſt cet endroit que les Dames font percer pour y attacher des perles ou des diamans.

Les parties de l'oreille externe.

Le circuit exterieur de l'oreille ſe nomme *helix*; l'interieur qui luy eſt oppoſé, *anthelix*; la cavité qui eſt entre ces deux circuits ſe nomme la *naſſelle*; c'eſt la plus grande cavité de l'oreille externe; celle qui eſt au commencement du meat auditoire, où il s'amaſſe des ordures jaunes & ameres, s'appelle *la Ruche*; & enfin cette éminence, qui eſt proche les tempes, a le nom d'*hircus*.

Les differés noms des parties de l'oreille externe.

L'oreille externe eſt compoſée de peau, de

Composition de l'oreille externe.

cartilage, de ligament, de nerfs, d'arteres, de vénes, & de muſcles. La peau qui la couvre eſt fort déliée & adherente au cartilage par le moyen d'une membrane nerveuſe qui la rend ſenſible; le cartilage eſt continu, n'étant pas diviſé à l'homme comme aux animaux; le ligament qui attache l'oreille ſur l'os petreux autour du meat auditoire eſt fort, & vient du pericrane; les nerfs ſortent de la ſeconde paire des vertebres du col; les arteres viennent des carotides; & les vénes vont aux jugulaires.

Muſcles de l'oreille externe.

Quoyque l'oreille n'ait point de mouvement manifeſte, neanmoins on luy donne quatre muſcles; ſçavoir un ſuperieur, & trois poſterieurs. Le premier prend ſon origine du muſcle frontal dont il fait une partie, & va ſe terminer à l'oreille qu'il tire en haut; & les trois autres ne font qu'une maſſe de chair, qui prend ſon origine de l'os occipital, & de l'apophiſe mammillaire, & va ſe terminer par derriere à la racine de l'oreille: la raiſon pour laquelle on diviſe cette chair en trois muſcles, c'eſt à cauſe qu'elle a differentes ſortes de fibres; elle tire l'oreille en derriere & en bas.

Y Le ſuperieur.

Z Z Z Les poſterieurs.

Uſages de l'oreille externe.

L'uſage de l'oreille externe eſt de recevoir les ſons & de les introduire dans le conduit de l'oreille interne; de ſorte qu'elle n'eſt pas le principal organe de l'ouïe, mais elle contribuë beaucoup à ſa perfection; car ceux qui ont les oreilles coupées entendent confuſément, & ſont obligez de former avec leur mains une cavité autour de l'oreille, ou de ſe ſervir d'un cornet dont le bout entre dans la cavité interne de l'oreille, pour y recevoir l'air agité : On remarque aussi que ceux qui les ont avancées en dehors, entendent mieux que ceux qui les ont applaties ; & que les cercles & inégalitez appellées *helix* & *anthelix* servent à moderer la violence de l'air, avant qu'il entre dans le conduit de l'oreille.

Glandes de l'oreille.

Au dessous des oreilles il y a de grosses glandes conglomerées, appellées parotides ; on vouloit autrefois qu'elles ne fussent que des émonctoires du cerveau ; mais on a découvert leur veritable usage, qui est de separer la salive, comme je vous le montreray tantôt.

L'oreille interne.

L'oreille interne est composée de plusieurs parties, sçavoir de quatre conduits principaux, trois membranes, trois osselets, une espece de fil ou corde, deux muscles, & des nerfs.

Le conduit tortueux.

Le premier conduit est celuy qui a son entrée au fond de l'oreille externe. Il y a dans la peau qui le tapisse de petites glandes qui expriment une humeur jaune, que l'on est obligé de curer de tems en tems, parce que s'y amassant en quantité, & s'y dessechant, elle pourroit le boucher : Ce conduit est tortueux, oblique & étroit, ce qui empêche que la masse de l'air agité ne porte sa violence directement contre la membrane qui le termine ; ainsi il reçoit d'une maniere plus pure les sons portez par les parties les plus subtiles de l'air.

Ce son même est fortifié par la longueur de ce canal, qui seroit trop court s'il étoit droit ; d'ailleurs étant rond, cette espece d'agitation qui fait le son est mieux conservée, que si elle rencontroit des angles capables de la briser, & de luy faire changer sa détermination.

La situation de ce conduit, dont l'embouchure est plus basse que son fond, fait que ce qui y entre, en peut retomber naturellement.

Le tambour. L'extremité interieure de ce conduit est terminée par une petite peau mince, seiche, transparente & tenduë comme un tambour, d'où vient qu'on luy a donné le nom de *merinx*, timpan, ou tambour; c'est cette peau qui separe l'oreille externe d'avec l'interieure.

La quaisse du tambour. Derriere cette membrane il y a une seconde cavité que l'on appelle la quaisse du tambour; elle a trois ou quatre lignes de profondeur, & cinq ou six de largeur: elle est remplie d'une espece d'air naturel, qui par l'agitation de cette membrane reçoit les impressions & les mouvemens de l'air qui est au dehors; cette cavité est tapissée en dedans d'une membrane adherente à l'os, de maniere pourtant qu'on l'en peut separer facilement: elle est transparente & claire comme celle du tambour; ce qui fait croire qu'elle en est une continuité.

Les trois osselets. Il y a dans cette cavité trois petits os que leur figure a fait nommer le marteau, l'enclume, & & l'êtrier. Je vous en ay fait la Démonstration dans l'Osteologie; ils sont attachez au timpan par une corde fort déliée, qui leur communique les agitations qu'elle reçoit du tambour.

Il y a un petit muscle dans cette cavité. Le muscle qui remuë ces osselets est placé dans la quaisse du tambour; il est adherent à sa partie superieure, & presque logé tout entier dans un creux; il produit un tendon assez court qui s'attache à l'apophise, que le manche du marteau approche de sa tête.

L'action de ce muscle est en tirant le manche du marteau en dedans, de tendre la membrane du tambour, laquelle se relâche ensuite, lors que le muscle cesse de tirer, parce que les osselets articulez comme ils sont, & attachez ensemble par des ligamens, font une espece de ressort, qui avec celuy du tambour, tient lieu d'antagoniste au muscle.

Usage de la corde du tambour.

Les Anatomistes ne s'accordent pas sur l'usage de la petite corde qui est couchée sur la membrane du tambour; les uns veulent qu'elle serve à donner quelque son à cette membrane, comme fait celle qu'on met sur la peau des tambours: & les autres pretendent que cette corde n'est autre chose qu'une branche de la portion dure du nerf de l'ouïe, qui se distribuë à l'oreille interne.

L'aqueduc.

On trouve un conduit long & étroit, qui passe obliquement de cette cavité jusques dans le palais; on luy a donné le nom d'aqueduc: c'est un canal en partie cartilagineux, & en partie membraneux; il se termine dans la bouche par une ouverture assez grande à côté de la luëtte, & proche les trous qui vont aux narines; la communication du palais à cette cavité est sensible, en ce que ceux qui prennent du tabac en fumée, le rendent quelquefois par les oreilles; & que ceux qui sont sourds, entendent quand on leur parle dans la bouche.

On vouloit que cette aqueduc eût une valvule qui empêchât le retour des humeurs qu'on croyoit s'écouler par le palais; mais il y a plus d'apparence que cette valvule faiſant un office tout contraire, empêche la ſortie de l'air contenu dans cette cavité, puiſque cet air n'y eſt produit & entretenu que par celuy que nous inſpirons; qu'il y eſt porté du palais comme la fumée du tabac, & le ſon de la parole; & qu'il n'en peut revenir par l'obſtacle que cette valvule y apporte.

Les deux fenêtres rondes & ovales.

Il y a deux ouvertures qui ſont comme deux petites feneſtres, dont l'une eſt ronde & l'autre ovale; celle-ci eſt plus grande que l'autre; c'eſt par ces deux ouvertures que les impreſſions de l'air paſſent dans la cavité qui ſuit.

Le Labyrinthe.

La troiſiéme cavité dont ces deux feneſtres font l'entrée, eſt compoſée de pluſieurs conduits qui la font appeller labyrinthe, à cauſe des tours & détours qui y ſont: On a donné des noms differens aux canaux qui s'y trouvent.

On appelle le commencement de cette cavité, veſtibule: c'eſt une cavité de l'os petreux, qui eſt derriere la feneſtre ovale, & qui eſt tapiſſée d'une membrane parſemée de vaiſſeaux: ſa figure approche de la ſpherique. Il en part trois canaux demy-circulaires, qui y retournent par un autre endroit; ils embraſſent tous trois la voûte du veſtibule, l'un s'appelle horiſontal, & les deux autres verticaux. Le ſon paſſe par le labyrinthe, pour arriver à la quatriéme cavité.

La coquille.

La derniere cavité eſt appellée la coquille, le limaçon, ou la trompe, à cauſe de ſa figure. Le conduit qui entre dans cette cavité eſt étroit. Il monte en ligne ſpirale, & va en diminuant & en s'étreſſiſſant à meſure qu'il monte. Il a dans le milieu une eſpece de noyau comme il s'en voit dans les coquilles de limaçons ; ce noyau eſt cave dans ſon milieu, faiſant comme un canal pour donner paſſage aux filets du nerf auditif : Il ſort de ce noyau une lame oſſeuſe & fort mince, qui tournant en ligne ſpirale comme le conduit, le partage tout du long comme en deux ; en ſorte que cette lame n'étant attachée qu'au noyau, elle ne fait point le conduit double, & n'empêche point que la partie qui eſt au deſſus, n'ait communication avec celle qui eſt au deſſous. On appelle cette lame, membrane ſpirale, parce qu'elle eſt mince & flexible comme une membrane.

Diviſion du nerf auditif.

Le nerf de la huitiéme paire, qui eſt l'auditif, ſe diviſe en deux parties, dont l'une eſt dure, & l'autre molle ; la dure aprés eſtre ſortie de l'oreille, ſe diviſe en trois branches, dont la ſuperieure va au front, aux paupieres, & aux muſcles du front ; la moyenne va à la jouë, au nez, & aux lévres ; & l'inferieure à la langue, au larinx, & aux muſcles de l'os hyoïde. La partie molle du nerf auditif demeure & ſe perd toute dans cette derniere cavité, où elle fait le même office que le nerf optique dans l'œil.

Commẽt ſe fait l'ouïe.

Avant que de finir la deſcription de l'oreille, il faut vous dire en deux mots comment ſe fait l'ouïe : L'air exterieur étant agité par des ſecouſſes tres-promptes, entre dans le premier conduit & va fraper le timpan ; cette membrane ainſi agitée, ébranle la petite corde qui eſt derriere & les trois petits os qui y ſont attachez ; & fait paſſer dans l'air interieur l'eſpece de mouvement qu'il a receu de dehors ; cet air se subtilisant ensuite dans les détours du labyrinthe, & en entrant dans cette coquille spirale, il se communique au nerf qui le porte au sens commun ; si bien que ces differentes modifications de l'air font former à nôtre ame cette sensation, qu'on appelle son : car ouïr n'est pas faire quelque chose, mais seulement recevoir dans les nerfs qui vont à l'oreille, l'impression de l'air agité.

I Le nez. Le troisiéme sens que j'ay à vous démontrer, est celui de l'odorat, qui a pour organe le nez ; je le diviseray comme l'œil & l'oreille, en nez externe, & en interne.

Parties du nez externe. Le nez externe est tout ce que vous voyez au dehors, on le distingue en plusieurs parties qui ont chacune leur nom : la superieure qui est entre les deux yeux se nomme la racine du nez ; celle de dessous, qui est osseuse & immobile s'appelle le dos du nez ; la partie la plus pointuë qui est plus bas, se nomme l'épine ; & l'extremité qui est cartilagineuse & mobile est appellée le petit globe du nez ; les parties laterales se nomment les aîles ; & la charnuë qui avance au milieu, & qui separe les deux narines, s'appelle la colomne du nez.

Situation du nez. Le nez est dans un lieu éminent pour recevoir les odeurs qui montent toûjours en haut : Il est placé dans le milieu du visage, parce qu'il est unique ; & il est unique parce qu'un seul suffit pour son action : la raison pour laquelle il est au dessus de la bouche, c'est qu'étant l'endroit par où l'homme prend sa nourriture, la bonne ou mauvaiſe odeur des alimens le détermine à les prendre ou à les rejetter.

Figure & grandeur du nez.

Je ne puis pas vous preſcrire au juſte la figure & la grandeur du nez, parce que les uns l'ont grand, & les autres petit; il vaut mieux l'avoir grand & aquilin, qu'écraſé & camus; car outre qu'un grand nez ne gâte jamais un viſage, c'eſt que les narines bien ouvertes ſont preferables aux petites, & à celles qui ſont ſerrées, non ſeulement pour la beauté, mais encore pour la commodité de la reſpiration.

Compoſition du nez.

Le nez eſt compoſé de peau, de muſcles, de cartilages, d'os, de vaiſſeaux, de cavitez, & de tuniques; Nous avons trop parlé des os du nez dans nôtre Oſteologie pour les repeter ici.

La peau du nez.

La peau du nez eſt déliée & fine, elle eſt ſans graiſſe, de peur qu'il ne devienne trop gros; ce defaut de graiſſe eſt cauſe auſſi qu'il eſt fort expoſé au froid qui le rend d'un rouge brun, ou violet, principalement en Hyver; cette peau eſt adherente aux muſcles des aîles du nez; elle eſt fongueuſe en ſa partie, qu'on nomme la colomne, où elle ſe replie pour la couvrir & faire les bords des narines.

Sept muſcles au nez.

La peau étant levée, l'on découvre les muſcles du nez, qui ſont au nombre de ſept, ſçavoir un commun & ſix propres; de ces derniers, il y en a quatre qui le dilatent, & deux qui le reſſerrent; tous ces muſcles ſont fort petits, parce que les mouvemens du nez ne ſont pas conſiderables; il ne falloit pas auſſi qu'ils le fuſſent étant obligé d'eſtre toûjours ouvert pour la facilité de la reſpiration.

L'orbiculaire. Le muſcle commun eſt une portion du muſcle orbiculaire des lévres ; il abaiſſe le nez en bas, lors qu'il approche la lévre ſuperieure de l'inferieure.

Les piramidaux. Les deux premiers des propres ſont piramidaux, ou triangulaires. Ils viennent de la ſuture du front, & s'inſerent par une fin large aux aîles du nez qu'ils dilatent.

Les petits dilatateurs. Les deux autres reſſemblent à une feüille de mirthe, on les appelle dilatateurs, à cauſe qu'ils ſervent à la dilatation du nez : Ils naiſſent de l'os du nez proche l'aîle, & ſe vont terminer à la rondité de la même aîle.

Les constricteurs & internes. Les deux derniers ſont internes & cachez ſous la tunique qui revêt les narines ; ils ſont petits & membraneux ; ils naiſſent de la partie interne de l'os du nez, & s'inſerent à l'aîle interne de la narine pour la reſſerrer.

Vous remarquerez que les quatre dilatateurs ſont placez exterieurement, & que les deux conſtricteurs le ſont interieurement.

Cinq cartilages au nez. Au deſſous de ces muſcles il y a cinq cartilages qui forment la partie inferieure du nez ; car la ſuperieure, à laquelle ces cartilages ſont unis, eſt oſſeuſe. Les deux ſuperieurs ſont adherens aux deux os du nez ; ils ſont larges par en haut, mais ils s'étreſſiſſent & s'amolliſſent à meſure qu'ils deſcendent en bas ; les deux autres, qui ſont ceux qui forment les aîles du nez, ſont attachez aux extremitez de ceux-ci par des ligamens membraneux ; & le cinquiéme eſt placé dans le milieu ; c'eſt celuy qui fait l'entre-deux des narines.

Les vaisseaux du nez sont des nerfs, des arteres, & des vénes; les nerfs principaux viennent de la cinquiéme paire; qui est la premiere & la plus grosse de ceux du goût; ce qui cause une grande simpathie entre le goût & l'odorat, & qui fait que le defaut de l'un accompagne souvent l'autre: Il reçoit encore quelques branches de celuy des yeux, qui va à la tunique du nez; d'où vient que l'odeur des choses qui ont de l'acrimonie fait sortir des larmes: les arteres luy viennent des carotides; & les vénes vont se rendres dans les jugulaires.

Vaisseaux du nez.

Les deux ouvertures que l'on voit à la base du nez sont les narines, qui sont les commencemencemens des deux cavitez, par où l'air entre & sort continuellement. Chacune de ces cavitez se divise ensuite en deux autres, dont l'une monte en haut vers l'os spongieux, & l'autre va au dessus du palais se rendre dans le fond de la bouche & de la gorge; c'est par là que le breuvage sort quelquefois par les narines, & que le tabac pris en poudre par le nez tombe dans la bouche.

Les narines.

On a découvert deux autres conduits qui viennent des narines se rendre dans la bouche; ils ont leur commencement dans le fond de chaque narine, & passant par dessus le palais, ils la percent au dessous des dents incisives superieures, où ils finissent.

Toute la capacité interieure des narines est tapissée d'une tunique assez épaisse, qui est percée de plusieurs petits trous à l'endroit de l'os cribleux; c'est une continuation de la duremere, d'où on veut qu'il sorte des fibres par ces

Tunique du nez.

trous, lesquelles se dilatant ensuite forment non seulement cette tunique, mais encore celles de la bouche, de la langue & du larinx. Il naît dans la partie inferieure de cette tunique des poils qui sont ceux que vous voyez à l'entrée du nez, dont on auroit de la peine à dire les usages.

Usages du nez.

Il n'y a gueres de parties qui ayent plus d'usages que le nez, nous luy en voyons quatre ou cinq que l'on ne peut pas luy contester : le premier est de conduire jusqu'au cerveau l'air qui y est necessaire pour la formation des esprits animaux ; le second de donner passage à l'air qui entre & sort sans cesse des poûmons ; ce qui est d'une si grande importance à l'homme, qu'il meurt aussi-tôt que l'air ne peut plus y entrer. Le troisiéme, de porter les odeurs aux productions mammillaires, ce qui fait l'odorat. Le quatriéme, de servir d'égoût au cerveau par où les excremens coulent & sortent comme par un canal : & le cinquiéme, de contribuer à la beauté.

Le nez interne.

Le nez interne est rempli de plusieurs lames cartilagineuses separées les unes des autres : chaque lame se partage en plusieurs autres, qui sont presque toutes roulées en ligne spirale ; les extremitez de ces lames aboutissent à la racine du nez ; & les trous dont l'os cribleux est percé, ne sont que les intervalles qui les separent.

Usages des cavitez du nez.

Ces lames sont particulierement destinées à soûtenir la tunique interieure du nez, laquelle étant l'organe immediat de l'odorat, a de même que les autres organes des sens une tres-longue étenduë ; ce qui fait que cette tunique est plissée dans les petites cavitez du nez en plusieurs en-

droits.

droits, afin d'employer toute sa longueur dans un petit espace ; & qu'elle est roulée tout autour de ces lames, dont elle couvre exactement la superficie.

Quoyque cette tunique soit d'un sentiment tres-exquis, étant parsemée d'un nombre infini de rayes, qui sont autant de branches de nerfs ; cependant les parties des corps odorans sont si délicates, qu'elles ne pourroient ébranler l'organe que foiblement, si la nature n'y avoit pourvû par la grande étenduë qu'elle a donnée à cette tunique ; ce qui donne lieu à un tres-grand nombre de petits corps de la fraper en même tems en plusieurs endroits ; & de rendre par ce moyen leur impression plus forte & plus vive.

Raison de l'étenduë de cette tunique.

L'air qui passe par le nez pour entrer dans la poitrine, chariant ces petits atomes, il est certain que s'il n'y avoit eu autant de détours & de sinuositez formées par les intervales de ces petites lames, la plus grande partie de ces petits corps auroit passé immediatement avec l'air dans la poitrine, sans causer aucun ébranlement dans l'organe.

Autre raison de son étenduë.

C'est encore pour cela que cette tunique est garnie de plusieurs petites glandes, qui ont des tuyaux qui s'ouvrent au dedans du nez, & qui l'humectent d'une humeur épaisse & gluante, qui sert à arrêter les exhalaisons seches des corps odorans.

Elle est garnie de glandes.

On ne peut pas douter que la longueur & le développement de cette tunique ne servent aussi à la délicatesse de l'odorat ; puisque l'on voit que plus les animaux ont de ces lames, plus ils ont

Ce qui fait la delicatesse de l'odorat.

le nez fin ; qu'entre tous les animaux le nez des chiens de chasse en est plus garni que celuy de tous les autres ; & que l'homme en a moins qu'aucun autre animal.

Mecanique admirable du nez interne.

Ce qui donne la perfection à cette mecanique industrieuse du nez interne, ce sont les productions mammillaires qui accompagnent le nerf olfactoire que vous vîtes hier. Je vous ay fait remarquer qu'elles s'avancent jusques dessus les cavitez qui sont à l'os etmoïde, & qu'elles sont pleines d'une humidité dont elles déchargent le cerveau. C'est cette humidité qui sert à arrêter les corpuscules qui sont portez avec l'air.

Commét se fait l'odorat.

Ce qu'il faut encore remarquer ici, c'est que les nerfs olfactoires jettent par les trous de l'os etmoïde plusieurs petites branches, comme des tuyaux qui se perdent dans la tunique interieure du nez ; si bien que par la connoissance des parties du nez, il est aisé de venir à celle de l'odorat, qui en est une suite necessaire ; & voicy en trois mots comment il se fait.

Les petits atomes qui s'exhalent d'un corps odorant sont portez avec l'air dans le nez, où frapant sa membrane interieure, ils ébranlent les petits tuyaux des nerfs olfactoires ; la matiere subtile, dont ils sont remplis, participe d'abord à cet ébranlement, qui s'étend en un moment par le moyen de la continuité, jusqu'aux éminences canelées, où ces nerfs prennent leur origine, & où nôtre ame, qui connoît les differentes ondulations que chaque objet est capable de produire dans les esprits, juge que c'est l'impreſſion d'un corps odorant, d'où naît la ſenſation qu'on appelle odeur ; de ſorte que flairer, n'eſt pas faire quelque choſe, mais ſeulement ſouffrir ſur les nerfs de l'odorat, l'impreſſion que les corps odoriferans font par le moyen des fumées qui en exhalent.

Le goût.

Nous avons encore un quatriéme ſens à examiner, c'eſt celuy du goût, qui n'eſt pas moins curieux que les autres, puiſqu'il eſt fait de la même main que ceux que vous venez de voir.

5 La bouche.

C'eſt la bouche qui eſt l'organe dont l'ame ſe ſert pour goûter ; par le mot de bouche, je n'entends pas ſeulement cette ouverture que vous connoiſſez tous, mais toutes les parties renfermées dans ſa cavité ; c'eſt pourquoy je la diviſeray comme les yeux, les oreilles & le nez, en parties externes & internes.

66 Les lévres.

Les parties que nous voyons au dehors ſont lévres qui ſont deux, l'une ſuperieure, & l'autre inferieure ; elles ſont compoſées d'une chair fongueuſe, & couvertes d'une tunique fort déliée, qui eſt continuë avec celle de la bouche. Avant que de voir les muſcles qui les font mouvoir, examinons les parties externes qui les environnent.

Les jouës.

L'élevation ronde qui eſt au deſſous des yeux entre le nez & l'oreille, s'appelle la pomette ; cet endroit eſt ordinairement vermeil ; & parce qu'il rougit davantage dans la honte, on le nomme le ſiege de la pudeur ; le deſſous de cet endroit, qui eſt lâche, s'appelle la jouë, ou *bucca*, parce qu'il s'enfle en ſonnant de la trompette ;

le dessus de la lévre superieure s'appelle la moustache ; la fente qui est entre les deux lévres, s'appelle la bouche ; les deux extremitez de la fente se nomment les coins de la bouche ; les parties avancées des lévres s'appellent *prolabia* ; le dessous de la lévre inferieure le menton ; & la partie charnuë sous le menton, *buccula*, ou petite gorge.

Quelques Auteurs ont donné deux muscles aux jouës, sçavoir le peaucier & le buccinateur ; mais nous ne leur en donnons point, car nous mettons le premier au nombre de ceux de la mâchoire inferieure, & le second nous le donnons aux lévres.

Treize muscles aux lévres.

Les muscles des lévres sont treize, huit propres & cinq communs ; des propres, il y en a quatre pour la lévre inferieure, & quatre pour la superieure : & des communs, il y en a deux à chaque lévre ; si bien que six muscles d'un côté, & autant de l'autre, font avec l'impair le nombre de treize muscles, qui servent aux mouvemens des lévres.

7 L'incisif.

Le premier des propres qui appartient à la lévre superieure est l'incisif, ainsi nommé, parce qu'il prend son origine de l'os de la machoire superieure à l'endroit des dents incisives ; Il va s'inserer à la lévre superieure qu'il tire en haut.

8 Le triangulaire.

Le second est le triangulaire, qui est l'antagoniste de celui-ci : il prend son origine de la partie laterale & externe de la base de l'os de la mâchoire inferieure, & va s'inserer proche l'angle de la bouche, à la lévre superieure qu'il abaisse.

Le troisiéme appartient à la lévre inferieure ;

c'est le *montanus*, ou quarré; il prend son origine de la partie anterieure & inferieure du menton, & de la racine des dents incisives de la mâchoire inferieure, & va s'inserer au bord de la lévre inferieure, qu'il tire en bas. 9 Le montanus.

Le quatriéme est son antagoniste, on l'appelle le canin, parce qu'il prend son origine de l'os de la mâchoire superieure au dessus de la dent canine, & va s'inserer à la lévre inferieure proche l'angle de la bouche, pour tirer cette lévre en haut. 10 Le canin

Le cinquiéme & premier des communs est le zigomatique, ainsi nommé, parce qu'il prend son origine du zigoma, & va s'inserer au coin de la bouche pour la tirer vers les oreilles; on le nomme aussi le rieur, parce que c'est luy qui agit dans le tems du ris. 11 Le zigomatique.

Le sixiéme & second des communs est le buccinateur ou trompeteur, ainsi nommé, parce que c'est luy qui s'enfle & fait la jouë grosse en soufflant ou sonnant de la trompette. Il prend son origine des racines des dents molaires de l'une & de l'autre mâchoire, & va s'inserer à la circonference des lévres. 12 Le Buccinateur.

Le dernier, qui est le treiziéme & impair est l'orbiculaire; c'est cette chair qui environne les deux lévres comme un sphincter: il ferme la bouche en les approchant l'une de l'autre; c'est luy aussi qui fait faire la mouë, lorsqu'on avance les lévres en dehors. 13 L'orbiculaire.

Les lévres ont plusieurs glandes que l'on sent aisément avec le bout de la langue, parce qu'elles sont sous la tunique qui tapisse la bouche; ces Glandes des lévres. 14

glandes ont des arterioles & des vénules; elles ſeparent des ſeroſitez qu'elles verſent dans la bouche par pluſieurs petits tuyaux qu'elles ont; ces ſeroſitez humectent la langue, & aident à la diſſolution des alimens.

La bouche doit eſtre petite.

La bouche contribuë beaucoup à la beauté, lorſqu'elle eſt bien faite, & que les lévres ſont vermeilles; la plus petite bouche eſt la plus belle, à la difference des yeux, dont les plus grands ſont toûjours les plus beaux.

Parties renfermées dãs la bouche.

Les parties renfermées dans la bouche ſont, les gencives, les dents, le palais, la luette, les amigdales, & la langue; je vay vous les faire voir toutes, excepté les dents, dont j'ay ſuffiſamment parlé dans l'Oſteologie.

Les gencives.

Les gencives ſont faites d'une chair dure & ſolide, qui occupe les eſpaces qui ſont entre les cellules oſſeuſes, dans leſquelles les dents ſont plantées; lorſqu'il en manque quelqu'une, cette chair remplit ſa place, & ſe durciſſant, ſert à rompre & à briſer les viandes, principalement quand il y en a beaucoup qui manquent, comme aux vieilles perſonnes: à ceux qui ont des dents gâtées, il arrive aux gencives de petits abcés que l'on eſt obligé d'ouvrir avec la pointe de la lancette: les gencives ſervent à affermir les dents dans leurs alveoles; elles tiennent fortement aux dents: c'eſt pourquoy lorſqu'on veut en arracher quelqu'une, il faut la déchauſſer, c'eſt à dire ſeparer la gencive qui y eſt attachée, de peur de la déchirer, & d'en emporter une partie avec la dent.

Le palais.

Le palais eſt la partie ſuperieure de la bouche;

il est un peu concave, ce qui le fait appeller le ciel, ou la voûte de la bouche ; il est formé par l'os sphenoïde & par un autre petit os que l'on nomme l'os du palais : Il est revêtu comme le dedans des joues & la bouche d'une tunique épaisse, qui est une continuité de la dure-mere : cette membrane à l'endroit du palais est pleine de canelures, ou rugositez formées par les plis qu'elle fait, ayant plus de longueur que n'en a le palais.

Ces rugositez ont leur usage, car cette membrane contribue au goût, aussi bien que la tunique de la langue, ayant l'une & l'autre des corps papillaires, que l'on démontre bien mieux dans la tunique de la langue que dans celle-ci.

La substance de cette tunique est toute parsemée de glandes conglomerées, qui se continuent jusqu'aux tonsiles, ou amigdales. Ces glandes separent une serosité qu'elles déchargent dans la bouche par une infinité de petits tuyaux qui la percent comme un crible. La tunique du palais pleine de glandes.

14 La luette a quatre muscles.

La luette, que l'on nomme aussi gargareon, n'est autre chose que le redoublement de la tunique du palais ; elle est suspendue dans la bouche, au fond du palais, au milieu des deux amigdales, & tout auprés du conduit qui vient du nez : On donne à la luette quatre muscles pour faire ses mouvemens.

15 Deux peristaphilins externes.

Les deux premiers sont les peristaphilins externes ; ils naissent de la mâchoire superieure au dessous de la derniere dent molaire, & s'inserent par un tendon gresle, aux côtez de la luette.

16 *Deux peristaphilins internes.* Les deux autres sont les peristaphilins internes ; ils prennent leur origine de l'aîle interieure de l'apophise pterigoïde, où il y a un petit cartilage mobile qui sert à son mouvement ; ils montent le long de l'aîle de l'apophise pterigoïde, & s'inserent à la luëtte ; ces quatre muscles qui sont tres-petits, & plûtôt fibres musculeuses que muscles veritables, font avancer & reculer la luëtte, lors qu'on avale les alimens.

Ligamens de la luette. La luëtte a deux ligamens en forme d'aîles, qui l'attachent par les côtez ; elle se gonfle & s'enflâme souvent, & quand elle est abbreuvée de quelque pituite, elle s'allonge quelquefois tellement, que l'on est obligé d'en couper l'extremité.

Usages de la luette. Les usages de la luëtte sont deux ; le premier est de temperer l'air, avant qu'il entre dans les poûmons, parce qu'il frape d'abord contre cette partie ; & le second, d'empêcher que ce que l'on prend par la bouche, ne sorte par le nez.

17 *Les glandes amigdales.* Aux côtez de la luëtte, entre le larinx & les muscles de l'os hyoïde, il y a deux glandes conglomerées que je vous ay montrées en faisant voir le larinx ; on les appelle tonsiles ou amigdales, parce qu'elles ressemblent à des amandes pelées : elles ont toutes sortes de vaisseaux ; elles separent & filtrent les serositez qui servent à humecter la langue, le larinx, & l'œsophage.

18 *La langue.* La langue est la derniere partie qui nous reste à examiner dans la bouche ; elle est ainsi appellée du verbe Latin *lingere*, qui signifie lécher : les Anciens ont reconnu son excellence, quand ils l'ont nommée l'instrument de la raison, le

truchement & l'interprete des pensées & de la volonté; on peut dire aussi que les Anatomistes d'aujourd'huy ne l'ont pas moins admirée que les Anciens, aprés qu'ils ont découvert sa veritable structure, qui est tout-à-fait surprenante, par le nombre infini de corps papillaires dont elle est composée.

Elle est située dans la bouche sous la voûte du palais; sa figure est de maniere qu'elle peut balayer toutes les parties de la bouche; car d'une base large elle se termine presque en pointe. Situation & figure de la langue.

Elle est d'une grandeur mediocre & proportionnée à celle de la bouche. Quand elle est trop courte, elle ne peut s'allonger; lorsqu'elle est trop grosse, elle fait begayer, & si elle est molle & humide, comme aux enfans, on ne peut pas bien articuler les paroles. Grandeur de la langue.

Plusieurs sortes de parties entrent dans la composition de la langue; sçavoir des membranes, des chairs, des vaisseaux, des glandes, des ligamens, & des muscles. Composition de la langue.

La langue est recouverte d'une membrane assez forte, qui luy est commune avec la bouche & le palais; c'est une continuité de la dure-mere; elle est poreuse, afin que la saveur puisse toucher aux petites extremitez des nerfs qui s'y répandent. Sous cette membrane il y a une substance visqueuse mediocrement épaisse, & percée comme un crible; elle est blanche du côté qu'elle touche à cette membrane exterieure, & noire de l'autre côté. 19 Tunique de la langue.

La chair de la langue est particuliere, il ne s'en trouve point de semblable dans le reste du corps; 20 Chair de la langue.

elle eſt toute fibreuſe, & plûtôt muſculeuſe que glanduleuſe; elle eſt entourée de fibres en droite ligne, qui de ſa baſe s'étendent juſqu'à ſa pointe, & qui la retirent en dedans & la racourciſſent.

Elle a dans ſon milieu differentes ſortes de fibres, les unes ſont droites, les autres obliques & tranſverſes, & d'autres ſont en forme de tiſſu de nattes, qui deſcendent de haut en bas; C'eſt par le moyen de toutes ces fibres que la langue ſe meut, & qu'elle tourne dans la bouche comme une anguille. Ces fibres ſont entre-meſlées de graiſſe & de petites glandes vers ſa baſe: ce qui la rend ſouple, & qui fait que les langues des animaux ſont délicates & de bon goût.

Vaiſſeaux de la langue. La langue a beaucoup de nerfs qui luy viennent de la cinquiéme & de l'onziéme paire; ils ſe perdent preſque tous dans ſa ſubſtance, &

21. 21. Nerfs de la langue. principalement dans ſes tuniques: Ses arteres ſont des branches des carotides; & ſes vénes vont

22. 22. Autres nerfs de la langue. ſe rendre dans les jugulaires; on les nomme ranules: ce ſont elles que l'on ouvre avec ſuccés dans les ſquinancies: elles ſont placées aux deux côtez du filet.

Glandes de la langue. L'on trouve quatre groſſes glandes à la langue, deux que l'on nomme hypoglotides ſituées proche les vénes ranulaires; & deux autres appellées ſublinguales, placées aux deux côtez de la langue. Elles filtrent toutes quatre une ſeroſité, comme une eſpece de ſalive qu'elles déchargent par de petits rameaux dans la bouche vers les gencives.

Ligamens de la langue. L'on voit deux ligamens à la langue, un qui l'attache par ſa baſe à l'os hyoïde, & l'autre plus large, qui s'insere à sa partie moyenne & inferieure : ce dernier est appellé le frein de la langue. On en trouve souvent aux enfans qui naissent un troisiéme qui est surnumeraire, & qui les empêche de taiter, parce qu'il s'étend quelquefois jusqu'au bout de la langue ; alors on le coupe avec la pointe des ciseaux.

Quoyque la langue soit toute d'une substance fibreuse & musculeuse, comme vous avez vû, & qu'elle puisse par ce moyen se tourner de tous côtez dans la bouche ; neanmoins elle a des muscles pour ses grands mouvemens, comme lorsqu'elle sort hors de la bouche, ou qu'elle y rentre. Ils sont huit, quatre de châque côté. Huit muscles à la langue.

Le premier est le genioglosse, il prend son origine de la partie inferieure du menton, & va s'inserer à la partie anterieure & inferieure de la langue; c'est luy qui la tire hors de la bouche. 23. 23. Deux genioglosses.

Le second est le stiloglosse, il prend son origine de l'apophise stiloïde, & va s'inserer à la partie laterale & superieure de la langue ; il la leve en haut. 24. 24. Deux stiloglosses.

Le troisiéme est le basiglosse, qui prend son origine de la partie superieure de la base de l'os hyoïde, & s'insere à la racine de la langue ; il la tire vers le fond de la bouche. 25. 25. Deux basiglosses.

Le quatriéme est le ceratoglosse ; il prend son origine de la partie superieure de la corne de l'os hyoïde, & va s'inserer aux côtez de la langue ; il le tire à côté & en arriere. Quand ces quatre muscles, & les quatre autres de l'autre côté, agissent successivement, ils luy font faire des mouvemens en rond. 26. 26. Deux ceratoglosses.

Séparation de la langue. L'on obſerve que la langue eſt diviſée en deux par une ligne blanche, que l'on appelle mediane; ce qui fait qu'un côté devient paralitique, ſans que l'autre le ſoit, parce que les nerfs qui y viennent ne paſſent point d'un côté à l'autre, non plus que les autres vaiſſeaux.

Uſages de la langue. L'on donne quatre uſages à la langue; le premier, d'aider à la maſtication, en tournant les morceaux dans la bouche, afin qu'ils ſoient bien mâchez: le ſecond, de ſervir à la déglutition en preſſant l'aliment contre le palais, & l'obligeant par ce moyen d'entrer dans l'œſophage: le troiſiéme, de ſervir conjointement avec les lévres à l'articulation de la voix, parce que ce ſont leurs mouvemens qui forment des paroles de l'air qui ſort des poûmons par la trachée-artere; & le quatriéme, d'eſtre le principal organe du goût.

27 Le corps papillaire de la langue. Je vous ay fait voir la membrane qui reveſt la langue, & la ſubſtance viſqueuſe qui eſt au deſſous: outre ces deux parties, il y a encore ſous elles une tunique qu'on appelle corps papillaire;

28. Subſtance viſqueuſe. elle eſt toute remplie des nerfs de la cinquiéme & de l'onziéme paire: de cette tunique ou corps papillaire ſortent des papilles nerveuſes qui penetrent la ſubſtance viſqueuſe, pour venir ſe terminer ſur la ſurface de la langue: C'eſt par le moyen de ces ſortes de papilles que la langue apperçoit les differentes qualitez des ſaveurs.

Si vous voulez vous donner la peine de faire cuire des langues d'animaux, vous verrez une infinité de ces petites éminences qui ſortent de la membrane de la langue; ce ſont comme des petiles pointes semblables à celles des peignes des Cardeurs.

Cette mécanique nous fait connoître que le goût consiste dans les trémoussemens que les sels des alimens causent aux esprits de la langue, en frapant les nerfs qui les contiennent ; & que le sentiment de saveur est causé par ces trémoussemens : si bien que les sels de tout ce qui touche la langue venant à fraper ces éminences papillaires, y causent des ondulations, qui se communiquent dans le même moment aux esprits contenus dans les nerfs, qui les portent aux corps canelez, avec lesquels ils sont continus, & qui les representent à l'ame telles qu'ils les ont receuës ; & ainsi goûter, n'est pas faire quelque chose, mais seulemet recevoir sur ces corps papillaires, qui sont faits des extremitez des nerfs de la langue, les impressions que les corps savoureux, (qui ne sont proprement que les sels des alimens,) font sur ces éminences nerveuses.

Comment se fait le goût.

Puisque je vous ay promis de vous faire voir dans cette Anatomie toutes les nouvelles découvertes, je vais vous montrer les vaisseaux salivaires, par lesquels je finiray la Démonstration d'aujourd'huy.

Les vaisseaux salivaires.

Les vaisseaux salivaires sont quatre, deux superieurs qui ont leur commencement dans les glandes parotides ; & deux inferieurs, qui naissent des maxillaires : Ils viennent tous se terminer dans la bouche.

Ils sont quatre.

Les parotides sont des glandes conglomerées fort grosses ; elles sont placées derriere les

29 Deux viennent

des parotides, oreilles, & rempliſſent tout cet eſpace qui eſt entre l'angle poſterieur de la mâchoire inferieure, & l'apophiſe maſtoïde ; elles ont des arteres qui viennent des carotides, & qui entrent dans leur ſubſtance ; & des vénes qui en partent, pour aller dans les jugulaires ; de ce ſang qui paſſe par leur ſubſtance, il s'en ſepare une liqueur appellée la ſalive, laquelle eſt receuë par deux vaiſſeaux nommez ſalivaires, qui ſont formez de pluſieurs petits rameaux qui ſe réuniſſent enſemble au ſortir de ces glandes, & qui vont le long des jouës les percer dans le milieu, pour entrer dans la bouche où ils finiſſent.

30 Deux viennent des maxillaires. Les glandes maxillaires ſont ainſi appellées, parce qu'elles ſont ſituées ſous la mâchoire inferieure, entre le larinx & l'os hyoïde ; ces glandes qui ſont conglomerées ont des arteres, des vénes, & des vaiſſeaux ſalivaires, qui ſont formez de pluſieurs rameaux réunis enſemble ſous le digaſtrique : la ſalive ayant eſté filtrée par ces glandes eſt receuë par ces vaiſſeaux ſalivaires, qui la vont décharger dans la bouche. Ils y entrent ſous la pointe de la langue, aux côtez du frein, vers les dents inciſives d'embas.

Uſage des glandes & des vaiſſeaux ſalivaires. L'uſage de ces quatre groſſes glandes eſt de travailler ſans ceſſe à la ſeparation de la ſalive, & de la verſer par les quatre vaiſſeaux ſalivaires dans la bouche, pour y eſtre le premier diſſolvant des alimens, comme je vous l'ay déja fait remarquer à la page 174. en parlant de leur digeſtion.

La ſituation naturelle de ces glandes eſt extremement commode pour leur action. A l'égard des parotides elles ſont dans une cavité preſque toute osseuse; outre cela l'angle de la mâchoire inferieure qui les presse dans le tems de la mastication, oblige la salive de sortir de ces glandes, & de se décharger dans la bouche. Les maxillaires à la verité ne sont pas pressées par une partie osseuse; mais elles le sont par les muscles digastriques, qui étant les abbaisseurs de la mâchoire inferieure, se grossissent toutes les fois qu'elle s'ouvre, & par la tumeur qu'ils font dans leur corps, expriment la salive qui est dans ces glandes, & l'obligent de prendre le chemin de la bouche.

Ainsi ces quatre glandes sont placées de maniere que les mouvemens de la mâchoire en font sortir la salive pour aller dans la bouche; ce que nous experimentons même en parlant, & en baaillant, quoyque les mouvemens de la mâchoire soient moindres qu'en mâchant; je dis, en baaillant, car ces glandes étant comprimées fortement par la grande dilatation de la bouche, la salive en sort quelquefois avec tant d'impetuosité, qu'elle en est jettée bien loin hors de la bouche.

Voilà, Messieurs, tout ce que j'avois à vous dire sur les organes des quatre sens que je viens de vous démontrer; je me suis contenté de dissequer & de déveloper tous les ressors & les particules qui les composent; & vous avez vû, comme moy, que toutes les actions qui en resultent, sont une suite necessaire de la disposition naturelle de ces parties.

NEUVIE'ME

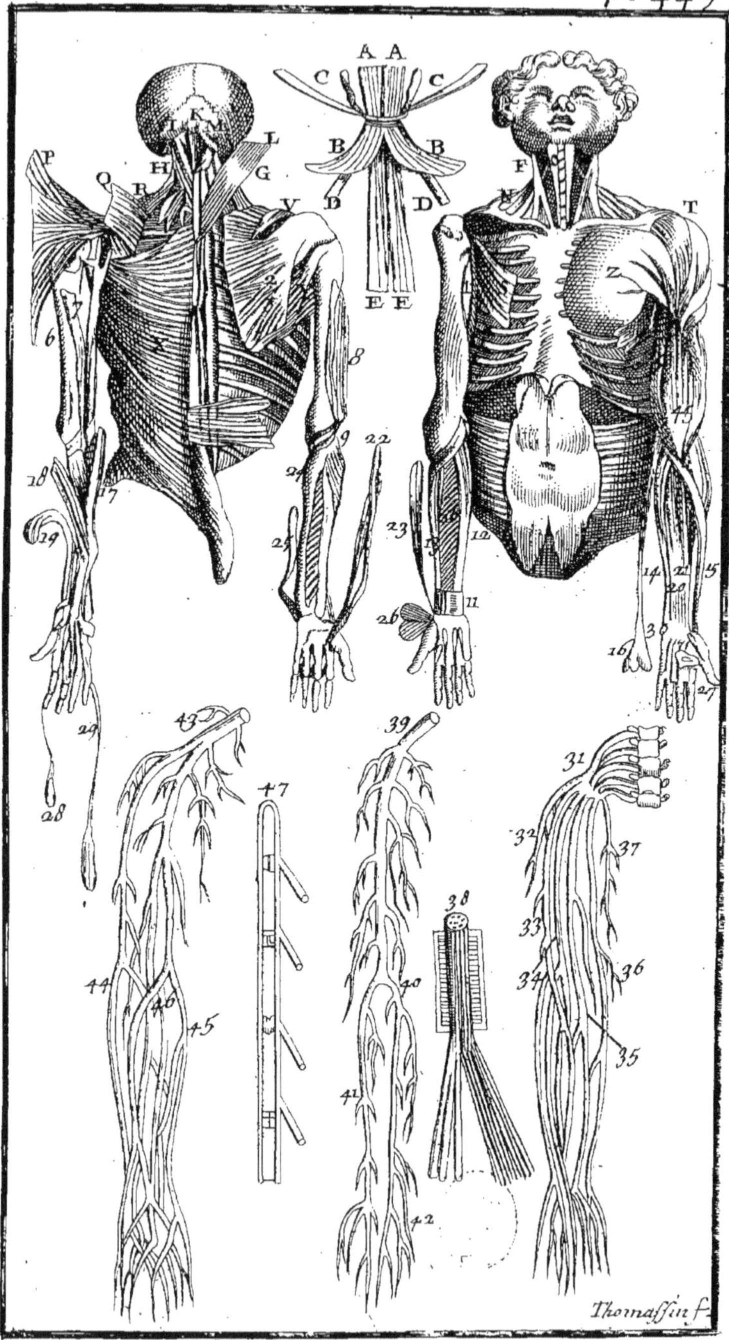
Thomassin f.

NEUVIE'ME DEMONSTRATION.

Des Parties qui composent les extremitez superieures.

IL faut vous ressouvenir, Messieurs, que nous avons divisé le corps humain au tronc, & aux extremitez; Jusqu'icy nous avons démontré assez amplement toutes les parties qui entrent dans la composition du tronc; il ne s'agit plus maintenant que de vous faire voir les extremitez. Je vous en feray deux Démonstrations, parce que le nombre des parties qui les composent est si grand, que je ne puis vous les faire voir toutes dans une seule leçon.

Je vous ay dit au commencement de cette Anatomie que ces extremitez sont quatre, sçavoir deux superieures, que l'on nomme les bras, & deux inferieures, qui sont les jambes. Vous verrez aujourd'huy les superieures, & demain les inferieures.

Si j'ay differé jusqu'à present à vous entretenir des generalitez des muscles, & de leurs mouvemens, c'est parce que j'ay crû que c'étoit ici le lieu le plus convenable pour vous en instruire, puiſqu'il ne s'agit preſque que des muſcles dans cette Démonſtration, & dans la ſuivante.

Ethymologie de la Myologie.

La Myologie eſt une ſcience qui traite des muſcles en particulier. Ce mot ſe tire de deux dictions Grecques, de μῦς, qui ſignifie *rat*, & de λόγος qui ſignifie *diſcours*; car les Anciens pretendoient que les muſcles approchoient aſſez bien de la figure d'un rat à qui on auroit coupé les pattes.

Neceſſité au Chirurgien de ſçavoir la Myologie.

Toutes les inciſions que le Chirurgien fait ſur le corps humain doivent eſtre faites ſelon la rectitude des fibres des muſcles; or comment pourroit-il executer ce que ſon Art demande, s'il ignoroit la ſituation & la ſtructure des muſcles? C'eſt donc cette partie de l'Anatomie qu'il doit ſçavoir préferablement aux autres; car autrement il ſeroit tous les jours dans le hazard d'eſtropier ceux ſur leſquels il opere.

Définition des muſcles.

Le muſcle eſt défini une partie diſſimilaire & organique, qui eſt un tiſſu de fibres mouvantes enveloppées d'une tunique où entrent des nerfs & des arteres, & d'où ſortent des vénes: Ou bien ſi nous conſiderons le muſcle dans ſes actions, nous dirons qu'il eſt le principal organe du mouvement volontaire.

Il y a des muſcles par tout le corps.

L'on trouve des muſcles par toutes les parties du corps, parce qu'il n'y en a pas-une qui ne faſſe quelque mouvement: le plus grand nombre eſt placé aux bras & aux jambes, à cauſe de la diverſité des mouvemens qu'ils ſont obligez de faire, ces parties étant comme des valets & des porteurs, qui ſont pour obeïr & faire le travail le plus rude.

La plûpart des muſcles different en figure; en effet l'on n'en trouve preſque pas deux de ſemblables ; il y en a de ronds , de quarrez, de triangulaires & de circulaires: il y en a beaucoup même qui ont leur dénomination des figures avec leſquelles ils ont du rapport.

Ils different en figure.

Leur grandeur priſe ſelon les trois dimenſions generales, longueur, largeur, & profondeur, eſt encore fort inégale; car il y en a de longs & de courts, de larges & d'étroits, d'épais & de minces. Les parties qui ſont petites, & qui n'avoient à faire que des mouvemens legers & faciles, n'ont auſſi euës que de tres-petits muſcles; celles qui en devoient faire de forts, en ont de tres-grands: Enfin l'on remarque que la grandeur des muſcles eſt proportionnée à celle des parties qu'ils font mouvoir.

Il y en a de pluſieurs grādeurs.

Vous avez toûjours ouïs dire que l'on diviſoit les parties du corps humain en deux, en ſpermatiques, & en ſanguines ; que les premieres étoient formées par la ſemence, & les autres par le ſang menſtruel ; & que la chair des muſcles étoit du nombre de celles qui étoient faites par le ſang de la mere. Cette opinon repugne à nôtre principe ; nous pretendons que toutes les parties du corps ſont d'une même nature, & qu'elles ſont ſpermatiques, ayant toutes leur commencement dans la ſemence dont elles ſont formées, & que le ſang qui y eſt porté ne ſert que pour leur nourriture & leur accroiſſement ; de ſorte que ce qu'on appelloit chair muſculeuſe eſt partie ſpermatique, comme toutes les autres ; & ſi elle vous paroît plus rouge que la tête, ou la queuë

Le muſcle eſt partie ſpermatique comme les autres.

du muſcle, c'eſt que les fibres étans plus dilatées, les particules du ſang qu'elle reçoit continuellement pour faire les mouvemens s'arrêtent dans ces eſpaces, & y font cette rougeur qu'on y apperçoit. Si vous lavez un muſcle dans pluſieurs eaux aprés l'avoir dépoüillé de ſa tunique, les eaux dans leſquelles vous le laverez deviendront rouges, & le milieu du muſcle auſſi blanc que les extremitez ; toute la difference que vous trouverez entre le corps du muſcle & les tendons, aprés que les particules du ſang embarraſſées dans ſes fibres ſeront diſſoutes & entraînées par l'eau, ſera que les fibres des tendons vous paroîtront plus ſerrées, & celles du corps du muſcle plus dilatées.

Diviſion du muſcle.

Pour bien examiner comment eſt fait un muſcle, il le faut diviſer en ſes parties : on en fait de deux ſortes, les unes ſont appellées ſimilaires, & les autres diſſimilaires.

En parties ſimilaires.

Il faut vous ſouvenir qu'une partie ſimilaire eſt celle qui ne ſe peut diviſer qu'en parties ſemblables, & de même nature. De ces ſortes de parties nous en trouvons ſix qui entrent dans la compoſition du muſcle : la premiere eſt le ligament qui ſort de l'os, & ſert à y attacher le muſcle : la ſeconde, le nerf qui vient du cerveau, & luy diſtribuë l'eſprit animal : la troiſiéme, ſont les fibres qui en font toute la ſubſtance : la quatriéme, l'artere qui luy apporte le ſang pour ſa nourriture : la cinquiéme, la véne qui raporte le reſte de ce même ſang : & la ſixiéme, la tunique qui l'enveloppe de toutes parts. Elle eſt faite des fibres nerveuſes & ligamenteuſes.

Nous avons dit encore qu'une partie dissimilaire étoit celle qui ne se pouvoit diviser qu'en parties de differente nature ; le muscle en renferme trois, qui sont, la tête, le ventre, & la queuë du muscle.

Et en parties dissimilaires.

Ce que l'on appelle la tête du muscle est l'endroit où il prend son origine, & où entre un ligament qui l'attache fortement à la partie d'où il sort ; ce ligament n'est pas si dur que l'os, ni si moû que le muscle ; si bien qu'étant d'une substance entre l'un & l'autre, il sert de moyen pour les unir ensemble : la plûpart des Auteurs veulent que la tête du muscle soit son extremité, vers laquelle le nerf s'insere ; ce qui se rencontre souvent veritable.

La tête du muscle.

Le ventre du muscle est la partie moyenne d'iceluy, qui en est toûjours la principale & la plus grande ; c'est cette partie qui se gonfle & se dilate dans la contraction du muscle, comme je vous feray voir en vous parlant de la maniere dont il fait ses divers mouvemens.

Le ventre du muscle.

La queuë du muscle est son extremité, par laquelle il s'attache à la partie qu'il fait remuer : lorsqu'elle est étroite & ronde elle se nomme tendon, & quand elle est large & plate elle s'appelle aponevrose, qui veut dire un nerf dilaté.

La queuë du muscle.

Le tendon est ainsi appellé, parce qu'il est tendu comme la corde d'un arc : c'est un corps continu qui est fait des fibres du ligament & du nerf unis ensemble : ces fibres passent par le ventre du muscle, & se joignans font une corde forte qui le joint à la partie qu'il fait mouvoir. Il y a

Le tendon.

des tendons qui sont plus gros les uns que les autres, & de toutes sortes de figures. Le tendon est toûjours placé vers la fin du muscle ; il y fait le même office que le ligament en son commencement : il est de couleur blanche comme de l'argent, si bien qu'aprés l'humeur cristalline, c'est la plus belle partie qui soit au corps.

Cinq autres differences des muscles.

Outre les differences des muscles qui se tirent de leur situation, de leur figure, & de leur grandeur, (que je vous ay montré,) il y a encore cinq choses par lesquelles ils different les uns des autres, qui sont leurs parties, leur origine, l'arrangement de leurs fibres, leurs trous, & leur action.

En leurs parties.

Premierement nous voyons que les uns n'ont qu'une tête, d'autres en ont deux ou trois, comme le biceps ou triceps ; ceux-ci n'ont qu'un ventre, ceux-là en ont deux, comme les digastriques : Les uns ne finissent que par un tendon, & d'autres par plusieurs, comme les fléchisseurs & les extenseurs des doigts. Il y a plusieurs muscles qui finissent par un tendon commun, comme les jumeaux & le solaire. Il y a encore des muscles qui prennent leur nom des parties sur lesquelles ils sont couchez, comme les crotaphites, les pectoraux, les iliaques, & plusieurs autres.

En leur origine.

La seconde difference se tire de leur origine & insertion, parce que les uns naissent des os, les autres des cartilages, & d'autres des membranes. Les uns finissent aux os, comme ceux des extremitez ; d'autres à la peau, comme les palmaires ; & d'autres aux parties, comme ceux de la langue ; de plus les uns prennent leur origine d'une partie & s'inſerent à pluſieurs, comme les ſacrez & les demi épineux ; & enfin d'autres tirent leur origine de pluſieurs parties, & finiſſent par une ſeule inſertion, comme les maſtoïdiens & les deltoïdes.

La troiſiéme ſe prend de l'arrangement de de leurs fibres, en ce que les uns les ont droites, qui vont de la tête à la queuë ; les autres les ont obliques & tranſverſes, & d'autres circulaires ; & de plus il y a beaucoup de muſcles qui n'ont qu'une ſorte de fibres, comme les extenſeurs, & les fléchiſſeurs du carpe ; & d'autres en ont de deux & de trois ſortes, comme les trapezet. En leur ſituation.

La quatriéme ſe tire de leurs trous ; il y a des muſcles qui ne ſont point percez, d'autres le ſont ; de ceux qui ont des trous, les uns n'en ont qu'un, comme les ſtilohyoidiens ; d'autres en ont deux, comme ceux de l'abdomen ; d'autres trois, comme le diaphragme ; & d'autres quatre, comme les ſublimes, par où paſſent les tendons du profond. En leurs trous.

La cinquiéme difference ſe prend de leur action & uſage, qui eſt, comme vous ſçavez, le mouvement volontaire ; ainſi il y a autant de difference dans les muſcles qu'il y a de varieté dans leurs mouvemens, que l'on reduit à trois ſortes : premierement, nous voyons que chaque muſcle a un autre muſcle oppoſé, qui fait une action contraire ; un fléchiſſeur a un extenſeur ; un levateur a un abbaiſſeur. Ainſi il y a de deux ſortes de muſcles, de congenerez & En leur action.

d'antagoniſtes ; on nomme congenerez ceux qui conſpirent à une même fin, comme deux fléchiſſeurs, ou deux levateurs : on appelle antagoniſtes ceux qui font des mouvemens contraires, comme l'extenſeur des doigts eſt l'antagoniſte des fléchiſſeurs. Quand l'un de deux muſcles antagoniſtes eſt coupé, l'autre devient inutile & n'a plus d'action ; mais ce n'eſt pas de même des congenerez, où l'un peut ſuppléer au defaut de l'autre, parce qu'ils font une même action : Secondement, ou les muſcles ſe meuvent d'eux-même comme les ſphincters, ou ils meuvent d'autres parties ; de ces derniers les uns font mouvoir de groſſes parties, & ont de forts tendons, comme ceux qui remuent les bras & les jambes ; & les autres n'ont que de petits tendons, comme ceux des yeux ; & d'autres n'en ont point du tout, comme ceux de la langue. En troiſiéme lieu, il y a pluſieurs des muſcles à qui on a impoſé des noms ſelon leur action, ou leur mouvement ; c'eſt pourquoy ils ſont appellez abbaiſſeurs ou levateurs, adducteurs ou abducteurs, pronateurs ou ſupinateurs, & ainſi de quelques autres.

Les mouvemens du muſcle.

Le muſcle a deux ſortes de mouvemens, celui de contraction, & celui d'extenſion. Par le premier il s'accourcit, par le ſecond il s'allonge, d'où s'enſuivent tous les divers mouvemens que nous voyons au corps. On y en ajoûte un troiſiéme, qu'on appelle mouvement tonique, qui ſe fait lorſque pluſieurs muſcles agiſſent de concert, & tiennent une partie ferme & bandée ſans la mouvoir aucunement : Ce qui arrive quand les quatre muſcles droits de l'œil le tiennent ſans branler, & le font regarder fixement en un même endroit, ou quand l'homme ſe tient debout ; quoy qu'il ne ſe meuve pas actuellement, neanmoins les muſcles qui le tiennent dans cette poſture droite ne laiſſent pourtant pas d'agir.

Il y a des mouvemens ſimples & de compoſez.

Les mouvemens ſont ſimples ou compoſez ; ceux qui ſe font en haut, en bas, en devant, en derriere, à droite & à gauche, ſont appellez ſimples, parce qu'il n'y a qu'une ſorte de muſcle qui les faſſe ; mais lorſque pluſieurs agiſſent enſemble & ſucceſſivement, on les nomme compoſez, comme quand nous mouvons les bras en rond.

Le muſcle ſe gonfle en agiſſant.

L'on remarque que quand le muſcle agit il ſe gonfle, parce qu'il ſe racourcit, & que la groſſeur qu'il fait par ce gonflement eſt toûjours dans ſon ventre, & qu'elle paroît en dehors, excepté aux muſcles de l'Epigaſtre, à cauſe qu'ils n'ont point d'os pour les appuyer.

Le muſcle remuë toûjours la partie la moins ſolide.

Il faut obſerver que le muſcle prend toûjours ſon origine à une partie plus ferme que celle où il va s'inſerer, & que la partie qu'il doit remuer eſt toûjours celle où il va finir ; d'où il s'enſuit que lors qu'il ſe contracte, il devient plus court, & par conſequent une des deux parties attachées à ſes deux extremitez doit ſe mouvoir, qui eſt toûjours celle où il va s'inſerer.

Quatre ſortes de parties dans le muſcle contribuent au

Il eſt encore à remarquer que dans le muſcle, comme dans les autres organes parfaits, toutes les parties qui entrent dans ſa compoſition ne concourent pas dans un même degré à ſa fin ; il y en a quatre principales qui ſervent au mouve-

Mouvement.

ment. La premiere est la partie qui fait l'action par elle-même, qui sont les fibres mouvantes : La seconde est celle sans qui l'action ne se feroit pas, qui est le nerf. La troisiéme, sont celles par qui l'action se fait mieux & plus fermement, qui sont le tendon & le ligament : Et la quatriéme, sont celles qui conservent l'action, qui sont les arteres, les vénes, les membranes, & la graisse.

Il est difficile de sçavoir ce qui fait mouvoir les muscles.

Enfin nous convenons que les muscles servent à mouvoir toutes les parties de nôtre corps quand il nous plaît ; mais on a de la peine à concevoir comment cela se fait. On ne doit pas s'en étonner, puisque cette matiere a exercé deux des plus habiles Anatomistes de nos jours, sans qu'ils ayent pû encore s'accorder. Neanmoins il ne faut pas que cela nous arrête, & cette matiere, quoyque difficile, n'est pas impossible à penetrer. Je vais tâcher de vous en donner une legere idée, suivant la Mécanique.

C'est le suc animal versé dans le muscle qui le fait se gonfler.

La veuë d'un muscle nous apprend qu'il peut se mouvoir, & qu'il est toûjours en état de le faire ; mais il faut quelque cause qui le mette en mouvement. Il est certain que cette cause vient du cerveau, puis qu'aussi-tôt que la volonté a déterminé de fléchir le carpe, dans le même tems les muscles obeïssent, & le carpe est fléchi ; & voici comment : Le sang qui est versé sans discontinuation dans le corps du muscle par l'artere, est toûjours prest de se rarefier pour gonfler le muscle, mais il ne le peut de luy-même. C'est par le mélange du suc animal, qui est porté par le nerf dans le muſcle que ſe fait cette rarefaction, qui écartant les fibres les unes des autres les racourcit; & de là s'enſuit le mouvement de la partie qui eſt attachée à la queuë du muſcle.

Commẽt le ſuc animal y eſt verſé.

Cet écoulement du ſuc animal dans les muſcles ne ſe fait que quand nous voulons; c'eſt ce qui rend leur mouvement volontaire. Si la volonté veut qu'un bras ſoit en repos, il y demeure: ſi elle veut qu'un pied ſe meuve, il le fait en même tems: Il ne faut pas croire que le ſuc animal ſoit porté du cerveau dans les muſcles, dans le tems qu'il veut qu'ils ſe meuvent. Le mouvement ſuit de ſi prés la volonté, qu'il ne pourroit pas en faire le chemin en un inſtant: Mais les nerfs ſont autant de canaux pleins du ſuc animal, toûjours preſts de le verſer par leurs extremitez dans les muſcles où ils vont aboutir; & lorſque la volonté détermine de mouvoir quelque muſcle, il ſe fait une petite compreſſion des fibres du cerveau ſur l'extremité du nerf; cette compreſſion pouſſe le ſuc animal dont il eſt rempli, & l'oblige à ſortir par l'autre bout du nerf, qui ſe termine dans le muſcle, où ſe mêlant avec le ſang qu'il y trouve toûjours, il s'y fait une ébullition, d'où s'enſuit le gonflement.

Comparaiſon qui donne une idée comment cela ſe fait.

Je me ſers d'une comparaiſon pour vous faire concevoir cette opinion; le reſervoir d'où vient l'eau qui fait joüer les fontaines. eſt toûjours placé au lieu le plus éminent du jardin; pluſieurs conduits en partent qui vont à toutes les fontaines. Lorſque le Fontenier en veut faire joüer quelqu'une il ouvre le robinet de son conduit ; & sur le champ on la voit jallir, bien qu'elle soit quelquefois à cinq cens pas du reservoir. Le cerveau fait l'office du reservoir, les nerfs en sont les conduits, les fontaines sont comme les muscles, & le Fontenier represente la volonté, qui met quand il luy plaît tous les muscles en mouvement.

Observations qui confirment cette opinion.

Si nous observons ce qui arrive dans les mouvemens, tout confirmera l'opinion que j'avance : Quand une personne est en repos, elle n'a pas si chaud que lors qu'elle travaille, ou qu'elle marche, parce que le mouvement étant entretenu par plusieurs effervescences réïterées, il augmente la chaleur & la circulation du sang avec bien plus d'activité que dans le repos ; & si aprés une course vous mettez la main sur le cœur de celui qui a couru, vous le sentez battre plus vîte qu'à l'ordinaire, parce que le sang ayant passé avec précipitation par les muscles, & les ayant gonflé souvent par le mélange du suc animal, il se porte au cœur plus promptement que de coûtume.

Le suc animal circule comme le sang.

Bien que nous ayons comparé le cerveau à un reservoir, cependant il ne faut pas croire qu'il puisse contenir autant de suc animal qu'il en faut pour entretenir les mouvemens d'un voyageur, qni marche à pied pendant toute la journée, ou d'un Forgeron qui travaille incessamment : Celuy qui a produit les premiers mouvemens, aprés s'estre mêlé avec le sang, repasse dans le cerveau par la circulation, là il se separe du sang pour estre employé derechef à de nouveaux mouvemens; ce qui nous apprend que le ſuc animal circule de même que le ſang, & que par conſequent la diſſipation qui s'en fait par le travail, eſt reparé par les alimens qne nous prenons; c'eſt pourquoy ceux qui ſont employez à des ouvrages rudes & penibles, ont beſoin de manger plus ſouvent & en plus grande quantité que les autres.

Faut exáminer les muſcles en particulier.

Voilà, Meſſieurs, les generalitez des muſcles expliquées, commençons à preſent à les examiner chacun en leur particulier; Avant que de vous faire voir ceux du bras que nous nous ſommes propoſez pour le principal ſujet de la Démonſtration d'aujourd'huy, je vais vous décrire ceux de la mâchoire inferieure, de l'os hyoïde, de la tête, & du col, afin de ne rien oublier.

Six muſcles à la mâchoire de chaque côté. Faut les voir dans la dix-ſeptiéme planche.

La mâchoire inferieure fait ſes mouvemens par le moyen de douze muſcles, ſix de chaque côtez, dont il y en a quatre qui la ferment, & deux qui l'ouvrent.

Le crotaphite.

Le premier des fermeurs eſt le crotaphite, ou temporal; il prend ſon origine de la partie laterale & inferieure de l'os coronal, de la partie moyenne & inferieure de l'os parietal, & de la ſuperieure de l'os petreux; & paſſant par deſſous l'apophiſe zigomatique, va s'inſerer par un tendon court, fort & nerveux à l'apophiſe coronoïde de la mâchoire inferieure. Ce muſcle reçoit des nerfs de la troiſiéme & cinquiéme paire; ce qui fait que ſes bleſſures ſont ſouvent mortelles, à cauſe des convulſions qu'elles cauſent. Ses arteres luy viennent des carotides, & ſes vénes ſe déchargent dans les jugulaires. Les fibres de ce muſcle vont de la circonference au centre, & c'eſt une des raiſons pourquoy l'on doit éviter d'y faire des inciſions & des ouvertures. L'on remarque que ce muſcle a trois choſes particulieres qui le fortifient dans ſon action. La premiere, qu'étant couché immediatement ſur les os du crane, il eſt recouvert du pericrane. La ſeconde, qu'il paſſe ſous le zigoma, qui ſemble n'eſtre fait que pour luy ſervir de deffenſe : Et la troiſiéme, que ſon tendon eſt garni par deſſus & par deſſous d'une chair, qui, comme un couſſin, empêche qu'il ne ſoit bleſſé.

Le pterigoïdien. Le ſecond eſt le pterigoïdien exterieur ; il prend ſon origine de l'apophiſe pterigoïde, & s'inſere dans l'eſpace qui eſt entre le condile & le coroné de la mâchoire inferieure ; on l'appelle le caché, parce qu'il eſt difficile à faire voir, à moins que l'on ne caſſe l'os de la mâchoire.

D Le maſſeter. Le troiſiéme eſt le maſſeter, qui a deux origines, dont l'une vient de l'os de la pomette, & l'autre de la partie inferieure du zigoma, & deux inſertions ; l'une va à l'angle exterieur de la mâchoire, & l'autre à la partie moyenne ; ſi bien que les fibres de ce muſcle s'entre-croiſent en forme d'un X, parce que ceux qui viennent de la pomette, vont à l'angle de la mâchoire, & ceux du zigoma vont à la partie moyenne de la mâchoire.

Le pterigoïdien interne. Le quatriéme eſt le pterigoïdien interieur, il naît de l'apophiſe pterigoïde, partie interne, & ſe vient inſerer à la partie interne de l'angle de la mâchoire inferieure ; il faut remarquer que de ces quatre muſcles, deux ſont attachez à l'apophiſe coronoïde, le crotaphite en dehors, & le prerigoïdien externe en dedans; & deux à l'angle de la mâchoire, le maſſeter exterieurement, & celui-ci interieurement. Tous quatre enſemble font la maſtication en approchant la mâchoire inferieure de la ſuperieure, & les ſerrant fortement l'une contre l'autre.

F Le peaucier.

Le cinquiéme & premier des ouvreurs eſt le peaucier, ainſi nommé, parce qu'il eſt mince comme la peau. Il prend ſon origine de la partie ſuperieure du ſternum, de la clavicule, & de l'acromion, & va s'inſerer à la partie externe de la baſe de l'os de la mâchoire inferieure. Il y en a qui confondent ce muſcle avec le pannicule charneux.

G Le digaſtrique.

Le ſixiéme & dernier des ouvreurs eſt le digaſtrique ou biventer, ainſi nommé parce qu'il a deux ventres à ſes deux extremitez, & un tendon dans ſon milieu; il prend ſon origine d'une fiſſure qui eſt entre l'os occipital & l'apophiſe maſtoïde, & paſſant ſon tendon par un trou qui eſt au muſcle ſtiloïdien, il va s'inſerer à la partie inferieure & interne du menton. Si ce muſcle avoit eu ſon ventre dans ſon milieu, comme les autres, en ſe gonflant il auroit preſſé le pharinx, qui eſt le paſſage de l'aliment; mais ayant ſes ventres à ſes extremitez, le gonflement s'y fait lors qu'il agit; & ainſi la cavité du pharinx n'étant point preſſée, les alimens peuvent y paſſer librement.

Deux muſcles ſuffiſent pour l'abaiſſer.

Il faut obſerver que la mâchoire n'a que deux muſcles pour l'abaiſſer, parce que par ſon propre poids elle ſe baiſſe aſſez; mais que pour la fermer elle en a six gros, parce qu'il falloit plus de force pour la lever en haut, & pour broyer & mâcher les viandes ; ce qu'elle fait commodement par le moyen de ces muscles : Et lors que la mâchoire se porte un peu en devant, ou vers les côtez ; ce sont les fibres entre-croisées du masseter qui luy font faire ces mouvemens.

Cinq muscles à l'os hyoïde de chaque côté.

L'os hyoïde n'est point articulé avec aucun autre os, il est seulement attaché par dix muscles qui font cette espece d'articulation, que l'on nomme sisarcose ; ces muscles le tiennent dans sa situation, de même que dix cordes attachées au mât d'un navire empêchent qu'il ne tombe d'un côté ou d'un autre. De ces dix muscles il y en a cinq de chaque côté.

A A Le genihyoïdien.

Le premier est le genihyoïdien ; il prend son origine de la partie inferieure & interne du menton, & va s'inserer à la partie superieure de la base de l'os hyoïde, qu'il tire en haut.

B B Le milohyoïdien.

Le second est le milohyoïdien ; il prend son origine de la partie interne de la côte de la mâchoire inferieure, environ les dents molaires, & va s'inserer à la partie laterale de la base de l'os hyoïde, qu'il tire en haut & à côté.

C C Le stilohyoïdien.

Le troisiéme est le stilohyoïdien ; il prend son origine de l'extremité de l'apophise stiloïde, & va s'inserer à la corne de l'os hyoide ; ce qui a fait que quelques-uns l'ont appellé stiloceratohyoïdien ; ce muscle est percé pour laisser passer le digastrique : il tire l'os hyoïde vers le côté.

D D Le coracohyoïdien.

Le quatriéme est le coracohyoïdien ; il prend son origine de l'apophise coracoïde de l'omoplate, te, & vient s'inserer à la partie inferieure & laterale de la base de l'os hyoïde, qu'il tire en bas vers le côté : on le nomme aussi digastrique, parce qu'il a deux ventres à ses deux extremitez, & un tendon dans son milieu, qui est l'endroit où il touche les vaisseaux, qui sont l'artere carotide & la véne jugulaire interne ; si son ventre eût esté dans sa partie moyenne, il eut nuit par son gonflement au mouvement du sang, qui se fait dans ces vaisseaux ; ce qui nous montre que la nature n'a pas esté moins ingenieuse dans la structure des muscles, que dans celle des autres parties.

Le cinquiéme est le sternohyoïdien, il prend son origine de la partie interne du premier os du sternum, & qui montant le long de la trachée artere, va s'inserer à la base de l'os hyoïde, qu'il tire en bas. Vous remarquerez que ces muscles, avec ceux de l'autre côté, font faire les mouvemens de l'os hyoïde, qui sont de s'abaisser & se hausser dans le tems de la déglutition pour la faciliter, & que les stilohyoïdiens en ont un de particulier, qui est en tirant les cornes de l'os hyoïde vers leur principe, de rendre la capacité du pharinx plus ample, puisque, comme je vous ay dit dans l'Osteologie, le principal usage de l'os hyoïde, qui est fait en croissant, est de former la capacité du pharinx.

E E Le sternohyoïdien.

La tête fait tous ses mouvemens par le moyen de quatorze muscles, sept de chaque côté, dont il y en a un qui l'abaisse, quatre qui la relevent, & deux qui la meuvent demi-circulairement.

La tête a quatorze muscles.

F Le sternoclino-mastoïdien. Le premier est l'abaisseur, c'est le sternoclino-mastoidien ; il prend son origine de la partie superieure & laterale du premier os du sternum, & de la moyenne de la clavicule ; il va montant obliquement s'inserer à la partie superieure de l'apophise mastoïde. C'est luy qui fait baisser la tête sur la poitrine en la fléchissant, & qui fait faire le signe de la tête, qui veut autant dire que oüy, quand nous consentons à quelque chose.

G Le splenique. Le second, qui est le premier de ceux qui le relevent, est le splenique, ainsi nommé, parce parce qu'il a la figure de la ratte ; il prend son origine des sommitez des apophises épineuses des cinq vertebres superieures du dos, & des trois inferieures du col, & va s'inserer en montant un peu obliquement à la partie posterieure & laterale de l'occiput.

H Le complexus. Le troisiéme est le complexus, ainsi appellé, parce qu'il a plusieurs sortes de fibres ; il prend son origine des apophises transverses des mêmes vertebres que le splenique, & va s'inserer en se portant obliquement à la partie posterieure & moyenne de l'occiput. Ce muscle & le precedent s'entre-croisent comme une Croix de saint André.

I Le grand droit. Le quatriéme est le grand droit, ainsi appellé, non pas à cause de sa grandeur qui est fort mediocre, mais par comparaison à celuy qui le suit, qui est encore plus petit que luy ; il prend son origine de l'extremité de l'apophise épineuse de la seconde vertebre du col, & va s'inserer à l'occiput.

Le cinquiéme est le petit droit ; il prend son origine de la petite éminence qui est à la partie posterieure de la premiere vertebre du col, & va s'inserer à l'occiput. Ce muscle est situé sous le precedent ; l'un & l'autre sont nommez droits, parce que leurs fibres vont directement de leur origine à leur insertion : Il faut remarquer qu'il y a quatre muscles de chaque côtez qui relevent la tête, & qu'il n'y en a qu'un qui l'abaisse, parce que les vertebres du col qui servent de pivot à la tête ne sont pas tout-à-fait au milieu, & le poids étant plus en devant, un seul muscle suffit pour la baisser, lorsque quatre ont assez de peine à la relever ; ce que nous experimentons par la pente naturelle que l'on a de baisser la tête, & que l'on est obligé de recommander souvent aux enfans, de tenir la tête droite pour la bonne grace.

K Le petit droit.

Le sixiéme, qui est le premier de ceux qui meuvent la tête demi-circulairement, est le grand oblique, qu'on met au nombre de ceux de la tête, quoy qu'il n'y ait pas son origine ni son insertion. Il prend son origine de l'épine de la seconde vertebre du col, & va s'inserer obliquement à l'apophise transverse de la premiere.

L Le grand oblique.

Le septiéme & dernier de la tête est le petit oblique ; il prend son origine de l'occiput, contre l'opinion commune, qui veut que son origine soit où est son insertion ; il va s'inserer obliquement à l'apophise transverse de la premiere vertebre au même endroit où s'insere le precedent. Les deux muscles obliques du même côté, en tirant cette apophise transverse, font faire à la

M Le petit oblique.

tête le mouvement demi-circulaire, parce que les mouvemens de la tête ne se font pas sur la premiere vertebre, mais sur la seconde qui a une éminence odontoide, autour de laquelle la premiere vertebre tourne comme une rouë autour d'un aissieu : Ce sont ces muscles qui font faire ce mouvement de la tête, qui veut dire non, quand nous refusons quelque chose sans parler, en remuant la tête à droite & à gauche.

Le col a huit muscles. Le col se meut en deux manieres, il se fléchit; & il s'étend, & ce par le moyen de huit muscles, quatre de chaque côté, dont il y en a deux fléchisseurs, & deux extenseurs.

N Le scalene. Le premier des fléchisseurs est le scalene, ainsi appellé, parce qu'il ressemble à un triangle scalene; il a deux origines qui étant éloignées l'une de l'autre, laissent un espace entr'elles par où passent les vaisseaux; l'une vient de la partie superieure de la premiere côte, & l'autre de la clavicule; il va s'inserer aux extremitez des apophises transverses des trois & quatre vertebres superieures du col qu'il fait fléchir en le tirant en devant & en bas.

O Le long. Le second des fléchisseurs est le droit, ou le long; il prend son origine de la partie laterale du corps des quatre vertebres superieures du dos, & va s'inserer au corps des vertebres superieures du col, & quelquefois à l'occiput; il fléchit le col conjointement avec le scalene.

L'épineux. Le troisiéme, qui est le premier des extenseurs, est l'épineux, ainsi nommé, parce qu'il prend son origine des apophises épineuses des quatre & cinq vertebres superieures du dos, &

qu'il va s'inſerer à toutes les apophiſes épineuſes des ſix vertebres inferieures du col qu'il étend.

Le quatriéme & ſecond des extenſeurs eſt le transverſe, ainſi appellé, parce qu'il prend ſon origine des apophiſes tranſverſes des cinq vertebres ſuperieures du dos, & qu'il va s'inſerer à l'extremité des apophiſes tranſverſes des trois & quatre vertebres ſuperieures du col pour les étendre. Vous remarquerez que quand tous ces muſcles agiſſent enſemble, ils tiennent le col ferme & droit, & que quand un extenſeur & un fléchiſſeur agiſſent comme le ſcalene & le tranſverſe du même côté, ils font pancher la tête ſur une épaule. Le tranſverſe.

Il y a dans les eſpaces des muſcles qui occupent le col, pluſieurs petites glandes que l'on appelle jugulaires, à cauſe qu'elles accompagnent les vaiſſeaux du même nom : Elles ſont de differentes figures, les unes plus groſſes, les autres moins; elles ſont attachées les unes aux autres par des membranes & des vaiſſeaux, & leur ſubſtance eſt ſemblable à celle des maxillaires. On en trouve juſqu'au nombre de quatorze ; elles ſeparent une liqueur qui humecte tous ces muſcles pour rendre leurs mouvemens plus ſouples; C'eſt l'obſtruction de ces glandes qui cauſent les écroüelles. Les glandes jugulaires.

L'omoplate ſe meut en haut, en bas, par devant & par derriere par le moyen de quatre muſcles propres, & de deux communs, qui ſont le tres-large & le profond, qui quoy que deſtinez pour le bras, s'attachent en paſſant, & luy L'omoplate a quatre muſcles.

aident en quelque façon à se mouvoir.

P Le trapeze. Le premier est le trapeze, ou capuchon, parce qu'il ressemble au froc d'un Moine ; il prend son origine de la partie posterieure de l'occiput des épines des six vertebres inferieures du col, & des neuf superieures du dos, & va s'inserer à toute l'épine de l'omoplate, & à la partie externe de la clavicule qui touche l'acromion ; & dautant qu'il a diverses origines, & plusieurs sortes de fibres, il fait des mouvemens differens ; par les fibres qui descendent de l'occiput, l'omoplate est levé en haut ; par celles qui viennent des épines du col, il est tiré en arriere ; & par celles qui sont attachées aux apophises épineuses du dos, il est mené en bas.

Q Le rhomboïde. Le second est le rhomboïde ainsi nommé, parce qu'il a la figure d'une losange, ou d'un turbot ; il est situé sous le trapeze ; il prend son origine des apophises épineuses des trois vertebres inferieures du col, & des trois superieures du dos, & va s'inserer à toute la base de l'omoplate, qu'il tire en arriere.

R Le releveur propre. Le troisiéme est le releveur propre ; il prend son origine des apophises transverses des quatre vertebres superieures du col par des principes differens, qui se réunissans vont s'inserer à l'angle superieur de l'omoplate, qu'il tire en haut.

S Le petit pectoral. Le quatriéme est le petit pectoral, situé sous le grand pectoral ; il prend son origine par digitation de la deux, trois & quatriéme côte superieure du thorax, & va s'inserer à l'apophise coracoïde de l'omoplate, qu'il tire en devant.

Cette extremité ſuperieure que je vais vous démontrer, ſe diviſe en trois, en bras, en avant-bras, & en main; le bras eſt tout ce qui eſt entre l'épaule & le coude; l'avant-bras commence au coude & finit au poignet; & la main comprend tout ce qui eſt depuis le poignet jusqu'aux bouts des doigts; pluſieurs muſcles font mouvoir ces parties, il faut les examiner.

Diviſion de l'extremité ſuperieure.

Le bras fait cinq ſortes de mouvemens, par le moyen de neuf muſcles; il eſt levé en haut par deux muſcles, qui ſont le deltoïde & le ſus-épineux; deux l'abaiſſent, qui ſont le tres-large, & le grand rond; deux le tirent en devant, qui ſont le grand pectoral & le coracoïdien; deux le retirent en arriere, qui ſont le ſous-épineux & le petit rond; & enfin il eſt approché des côtes par le ſou-ſcapulaire.

Le bras a neuf muſcles.

Le premier de tous ces muſcles eſt le deltoïde, ainſi nommé, parce qu'il reſſemble à la lettre Grecque Δ, ou autrement triangulaire humeral; il prend ſon origine de la moitié de la clavicule, de l'acromion, & de toute l'épine de l'omoplate, & s'étreſſiſſant peu à peu va s'inſerer par un fort tendon quaſi au milieu du bras, qu'il leve en haut; la diverſité des fibres qui ſe trouvent dans ce muſcle a fait croire qu'il étoit composé de douze muſcles ſimples.

T
Le deltoïde.

Le ſecond eſt le ſus-épineux, ainſi nommé, parce qu'il emplit toute la cavité qui eſt au deſſus de l'épine de l'omoplate; il prend ſon origine de la partie externe de la baſe de l'omoplate, depuis ſon angle ſuperieur juſqu'à ſon épine, & ſe va inſerer au deſſous du col de l'os du bras,

V
Le ſus-épineux.

qu'il ceint avec un large tendon, & qu'il levé en haut.

X Le tres-large. Le troiſiéme eſt le *latiſſimus*, ainſi appellé, parce qu'il eſt tres-large, ou *ſcalptor ani*, à cauſe qu'il porte la main à l'anus; il couvre preſque tout le dos de ſon côté, & prend ſon origine des trois & quatre vertebres inferieures du dos, de toutes celles des lombes, de l'épine de l'os ſacrum, de la partie poſterieure de la lévre de l'os des iles, & de la partie externe des fauſſes côtes inferieures; il s'attache à l'angle inferieur de l'omoplate, & ſe va inſerer à la partie ſuperieure & interne de l'humerus, qu'il tire en bas de pluſieurs manieres par ſes differentes fibres.

Y Le grand rond. Le quatriéme eſt le grand rond, ainſi nommé pour le diſtinguer d'un autre qui eſt rond, & plus petit; il prend ſon origine de la partie externe de l'angle inferieur de l'omoplate, & va s'inſerer avec le latiſſimus à la partie ſuperieure & interne de l'humerus, un peu au deſſous de ſa tête, qu'il tire en bas.

Z Le grand pectoral. Le cinquiéme eſt le grand pectoral, ainſi nommé, parce qu'il eſt placé à la partie anterieure de la poitrine; il prend ſon origine de la moitié de la clavicule du côté qu'elle regarde le ſternum, & de la partie laterale & moyenne du ſternum, & couvrant une partie du thorax va s'inſerer par un tendon court & fort à la partie ſuperieure & anterieure de l'humerus, quatre doigts au deſſous de ſa tête; il tire le bras en devant, & c'eſt luy qui fait appliquer un ſouflet.

Le ſixiéme eſt le coracoïdien, ainſi appellé, 1 Le coracoïdien.
parce qu'il prend ſon origine de l'apophiſe coracoïde de l'omoplate ; il va s'inſerer à la partie moyenne & interne de l'humerus ; leur principe eſt court & nerveux, ſon ventre oblong & percé pour laiſſer paſſer les nerfs qui vont aux muſcles du coude, & ſon tendon robuſte ; il tire avec le pectoral le bras en devant.

Le ſeptiéme eſt le ſous-épineux, ainſi nommé, 2 Le ſous-épineux.
parce qu'il occupe la cavité qui eſt au deſſous de l'épine de l'omoplate ; il prend ſon origine de la partie externe de la baſe de l'omoplate depuis ſon angle inferieur juſqu'à ſon épine, & va s'inſerer en paſſant entre l'épine & le petit rond, à la partie poſterieure & ſuperieure de l'humerus, qu'il tire en arriere.

Le huitiéme eſt le petit rond, ainſi appellé, 3 Le petit rond.
parce qu'il eſt rond & plus petit que l'autre rond, que je vous ay montré ; il prend ſon origine de la côte inferieure de l'omoplate, proche ſon angle inferieur, & va s'inſerer comme le precedent, à la partie poſterieure & ſuperieure de l'humerus, pour la tirer en arriere.

Le neuviéme & dernier des muſcles du bras eſt le ſouſcapulaire, ainſi appellé, parce qu'il eſt ſitué tout entier ſous l'omoplate, occupant la cavité qui eſt entre luy & les côtes ; il prend ſon origine de la lévre interne de la baſe de l'omoplate, & va s'inſerer à la partie interne & ſuperieure de l'humerus, qu'il fait ſerrer contre les côtes ; c'eſt luy qui ſert aux Ecoliers à porter leur porte-feüilles. Le ſouſcapulaire.

Tous ces muſcles font faire au bras ces cinq

ſortes de mouvemens dont je vous ay parlé; il y en a encore un ſixiéme en rond, qui ſe fait par les huit premiers muſcles, lorſqu'ils agiſſent alternativement.

Diviſion de l'avant-bras.

L'avant-bras ſe diviſe en deux, au coude & au rayon; ils ont leurs mouvemens ſeparez, & & par conſequent des muſcles particuliers pour les faire.

Le coude à ſix muſcles.

Le coude n'a que deux ſortes de mouvemens, celuy de flexion, & celuy d'extenſion; il fait le premier par le moyen de deux muſcles, qui ſont le biceps & le brachial interne; & le ſecond par le moyen de quatre, qui ſont le long, le court, le brachial externe, & l'anconeus.

4 Le biceps.

Le premier eſt le biceps, ainſi nommé, parce qu'il a deux têtes, dont l'une prend ſon origine de l'extremité de l'apophiſe coracoïde, & l'autre de la partie ſuperieure du bord cartilagineux de la cavité glenoïde de l'omoplate, qui paſſant par une ſinuoſité en la partie anterieure & ſuperieure de l'humerus, va un peu au deſſous du col ſe joindre avec ſon autre tête; il ne fait alors qu'un ventre, qui deſcendant le long de la partie anterieure du bras, & ne faiſant qu'un tendon, va s'inſerer à une tuberoſité qui eſt à la partie ſuperieure & interne du radius pour fléchir le bras.

5 Le brachial interne.

Le ſecond eſt le brachial interne, ainſi nommé; parce qu'il occupe la partie interne du bras; il eſt caché ſous le biceps, & prend ſon origine de la partie anterieure & ſuperieure de l'humerus, & va s'inſerer à la partie ſuperieure & interne du cubitus, pour fléchir l'avant-bras conjointement avec le biceps.

Le troiſiéme, qui eſt le premier des extenſeurs, eſt le long, ainſi nommé, parce qu'il eſt le plus long des quatre : il prend ſon origine de la côte ſuperieure de l'omoplate proche ſon col, & en deſcendant par la partie poſterieure du bras, va s'inſerer à l'olecrane par une forte aponevroſe, qui luy eſt commune avec les deux ſuivans. 6 Le long.

Le quatriéme eſt le court, ainſi appellé, parce qu'il eſt plus court que le precedent ; il prend ſon origine de la partie poſterieure & ſuperieure de l'humerus, & va s'inſerer à l'olecrane comme le precedent. 7 Le court.

Le cinquiéme eſt le brachial externe, ainſi nommé, parce qu'il occupe la partie externe du bras ; c'eſt cette maſſe de chair qui prend ſon origine de la partie poſterieure de l'humerus, & va s'inſerer à l'olecrane par la même aponevroſe que les deux prrecedens. 8 Le brachial externe.

Le ſixiéme eſt l'anconeus, ainſi nommé, parce qu'il eſt ſitué derriere le plis du coude, que les Grecs appellent *ancon*, & nous l'olecrane ; il eſt le plus petit de tous, & prend ſon origine de la partie inferieure du condile externe de l'humerus, & va s'inſerer en deſcendant entre le cubitus & le radius, par un tendon noüeux, à la partie poſterieure & laterale du coude, trois ou quatre doigts au deſſous de l'olecrane ; il aide aux precedens à faire l'extenſion de l'avant-bras. 9 L'anconeus.

Le rayon fait deux ſortes de mouvemens, l'un que l'on nomme de pronation, l'autre de ſupination ; le premier ſe fait quand la paume Le rayon a quatre muſcles.

de la main regarde en bas, & le second quand elle regarde en haut; deux muscles font la pronation, qui sont le rond & le quarré; deux autres font la supination, qui sont le long & le court.

10 Le rond. Le premier des pronateurs est le rond, ainsi nommé à cause de sa figure ronde; il prend son origine de l'apophise interne de l'humerus par un principe fort & charnu, & va se terminer obliquement par un tendon membraneux à la partie externe & plusque moyenne du radius.

11 Le quarré. Le second est le quarré, ainsi nommé à cause de sa figure quadrangulaire; il prend son origine de la partie inferieure & quasi externe du cubitus, & s'insere à la partie inferieure & externe du radius. Ce muscle est placé proche le poignet sous les autres: il finit par un tendon aussi large que son principe, & conjointement avec le rond; il fait faire un mouvement demi-circulaire au radius.

12 Le long. Le premier des supinateurs est le long, ainsi nommé, parce qu'il est plus long que son compagnon; il prend son origine trois ou quatre doigts au dessus de l'apophise exterieure de l'humerus, & couché sur le radius il va s'inserer à la partie interne de son apophise inferieure.

13 Le court. Le second est le court, que l'on appelle ainsi pour le distinguer de son compagnon, qui est plus long; il prend son origine de la partie inferieure du condile inferieur & externe de l'humerus, & tournant autour du rayon va de derriere en devant s'inserer en sa partie superieure & an-

terieure; Ce muſcle avec le long fait tourner le rayon; de ſorte que la paûme de la main regarde en haut, ce qui fait la ſupination.

Diviſion de la main.

La main proprement dite eſt la troiſiéme partie de l'extremité ſuperieure; elle commence à l'articulation du poignet, & finit aux extremitez des doigts; la partie interne ſe nomme la paûme de la main, & ſon externe le dos de la main; elle ſe diviſe en trois, en poignet ou carpe, en avant-poignet ou metacarpe, & aux doigts.

Cinq doigts à la main.

Les doigts ſont pluſieurs, afin que l'apprehenſion, qui eſt l'action de la main, ſe faſſe mieux; Ils ſont de differentes groſſeur & longueur; ce qui contribuë encore à la perfection de ſon action: Ils ſont cinq, le poûce, l'index, celuy du milieu, l'annulaire; & l'auriculaire: ils ont pluſieurs muſcles auſſi bien que le carpe; nous allons les voir.

Le carpe a ſix muſcles.

Le carpe fait deux mouvemens, l'un de flexion, l'autre d'extenſion, par le moyen de ſix muſcles, dont trois ſervent à le fléchir, & trois à l'étendre. Avant que de vous les démontrer, faut examiner le ligament, que l'on appelle annulaire, parce qu'il ceint & entoure le poignet comme un anneau; ce ligament eſt tres-fort; car outre qu'il ſert à joindre les deux os de l'avant-bras proche le poignet, il tient enſemble comme un bracelet tous les tendons des muſcles, & les empêche de ſortir de leur place dans leurs actions.

14 Le cubital interne.

Le premier des fléchiſſeurs eſt le cubital interieur; on le nomme cubital, parce qu'il eſt placé le long de l'os cubitus, & interieur, parce qu'il est au dedans du bras; il prend son origine du condile inferieur & interne de l'humerus, & couché le long de la partie inferieure de l'os du coude passe par dessous le ligament annulaire, & va s'inserer par un gros tendon au petit os du carpe, qui est situé sur les autres.

15 Le radial interne. Le second est le radial interieur, ainsi appellé, parce qu'il est situé le long de l'os radius, & interieur, parce qu'il est au dedans du bras; il prend son origine du condile inferieur & interne de l'humerus, & se couchant le long du radius va s'inserer au premier os du carpe, qui soûtient le poûce: Il passe aussi sous le ligament annulaire.

16 Le palmaire. Le troisiéme est le palmaire, ainsi nommé, parce qu'il va finir à la paûme de la main; on met ce muscle au nombre des fléchisseurs du carpe, quoy qu'il y en ait qui le donnent particulierement à la paûme de la main; il prend son origine du condile inferieur & interne de l'humerus, & passant seul par dessus le ligament annulaire, va s'inserer à la peau de la paûme de la main.

17 Le cubital externe. Le premier des extenseurs est le cubital exterieur, ainsi nommé, parce qu'il est placé le long de l'os cubitus & exterieurement; il prend son origine de la partie posterieure du coude, passe sous le ligament annulaire, & va s'inserer à la partie superieure & externe de l'os du metacarpe, qui soûtient le petit doigt.

18 Le long. Le second est le long, ainsi nommé, parce qu'il est plus long que celuy qui suit; il prend son origine du tranchant de la partie inferieure

de l'humerus, & s'étendant exterieurement le long du rayon, va passer sous le ligament annulaire, & s'inserer à l'os du carpe, qui soûtient le doigt index.

19 Le court.

Le troisiéme est le court, ainsi appellé, parce qu'il l'est plus que le precedent; il prend son origine de la partie plus inferieure du même tranchant, & étant couché le long du rayon va passer sous le ligament annulaire, & se terminer à l'os du carpe, qui soûtient le doigt du milieu. Plusieurs ne font qu'un muscle de ces deux derniers, ils l'appellent radial exterieur; & d'autres le nomment bicornis, à cause de ses deux insertions; mais ayant deux origines & deux insertions, & se pouvant separer dans leurs corps, nous avons eu raison de les distinguer.

Une masse de chair au dedans de la main.

L'on trouve outre ces muscles à la racine de la main, au dessous du mont de la Lune, une certaine chair musculeuse de figure quarrée; elle prend son origine du tenar, & va s'inserer au huitiéme os du carpe; elle paroît comme si c'étoient deux ou trois muscles; on veut qu'elle serve à rendre le dedans de la main concave, & former ainsi ce qu'on appelle le gobelet de Diogene, en amenant l'éminence charnuë, qui est sous le petit doigt vers le tenar.

Les doigts ont vingt-trois muscles.

Les doigts font plusieurs mouvemens, qui sont de flexion, d'extension, d'abduction, & d'adduction par le moyen de vingt-trois muscles, dont il y en a treize communs, & dix propres: les communs sont ceux qui servent à tous les doigts, qui sont le sublime, le profond, l'extenseur commun, les quatre lumbricaux, & les six interosseux ; les propres sont ceux qui sont particuliers à quelques doigts, dont il y en a cinq pour le poûce, trois pour l'indice, & les deux autres pour le petit doigt.

20 Le sublime. Le premier des fléchisseurs est le sublime, ainsi nommé, parce qu'il est placé au dessus de celuy qui suit ; il prend son origine de la partie interne du condile inferieur & interne de l'humerus ; il se divise en quatre tendons, lesquels passent par dessous le ligament annulaire, & vont s'inserer à la seconde phalange des os des quatre doigts, aprés s'estre attachez en passant à ceux de la premiere, pour aider à la fléchir : ces tendons ont à leurs extremitez chacun une petite fente par où passent les tendons du profond.

21 Le profond. Le second est le profond, ainsi appellé, parce qu'il est placé plus profondement dans le bras que les autres : il est situé sous le sublime, il prend son origine de la partie superieure & interne du coude, & du rayon ; il se divise en quatre tendons, qui vont passer sous le ligament annulaire, & par les fentes des tendons du sublime, pour s'inserer à la troisiéme phalange des os des doigts, que le sublime & luy fléchissent ensemble.

Observation sur ces deux muscles. Il faut remarquer que les tendons de ces deux muscles sont tres-forts, parce que ce sont eux qui font la veritable action de la main, qui est l'apprehension. Que les tendons du premier sont troüez pour donner passage à ceux du second, afin que la flexion des doigts se fasse circulairement, & avec plus de fermeté ; que les tendons sont font renfermées chacun dans un long fourreau fort & membraneux, qui empêche qu'ils ne se jettent à droit & à gauche, & qu'ils ne s'élevent contre la paûme de la main dans leurs mouvemens : & enfin que dans ce fourreau il y a une humeur grasse & huileuse qui les humecte dans leurs mouvemens continuels.

Le troisiéme est le grand extenseur commun, ainsi nommé, parce qu'il est le plus grand, & qu'il étend les quatre doigts ; il prend son origine de la partie posterieure du condile externe & inferieur de l'humerus, il se divise devant que d'arriver au poignet en quatre tendons plats & comme membraneux, qui passant sous le ligament annulaire vont à la deuxiéme & troisiéme phalange des doigts, qu'ils redressent & étendent ; Il faut observer que les tendons de ce muscle sont plats, afin qu'ils paroissent moins sur le dos de la main par où ils passent ; ce qui auroit esté difforme s'ils eussent esté ronds, & qu'il n'y a qu'un extenseur contre deux fléchisseurs, parce que la force de la main consiste dans la flexion. 22 L'extenseur commun.

Les quatriéme, cinquiéme, sixiéme, & septiéme muscles des doigts sont les quatre lumbricaux, ou vermiculaires, ainsi appellez, parce qu'ils ressemblent à des vers de terre : Ils sont placez dans la paûme de la main, & prennent leur origine des tendons du profond & du ligament annulaire, puis portez vers la partie interne des doigts, s'inserent à leur seconde articulation, pour l'adduction. Vous remarquerez que le mouvement d'adduction est celuy qui Les quatre lumbricaux.

mene les doigts vers le poûce, & que celuy d'abduction est lorsque les doigts s'en éloignent.

Les trois interosseux internes.

Les huitiéme, neuviéme, & dixiéme muscles sont les trois interosseux internes, ainsi nommez, parce qu'ils occupent interieurement, (qui est du côté de la paûme de la main) les trois espaces qui sont entre les quatre os du metacarpe; ils prennent leur origine de la partie superieure des interstices des os du metacarpe; puis mêlant leurs tendons avec ceux des lumbricaux, vont s'inserer à la partie laterale des os des doigts, qu'ils amenent du côté du poûce, & ainsi en font l'adduction.

Les trois interosseux externes.

Les onziéme, douziéme, & treiziéme muscles communs des doigts sont les trois interosseux externes, ainsi appellez, parce qu'ils sont placez exterieurement, qui est du côté du dos de la main; ils prennent leur origine des mêmes interstices des os du metacarpe, & vont s'inserer à la derniere articulation des os des doigts, qu'ils éloignent du poûce, & ainsi ils en font l'abduction.

Le poûce a six muscles.

Le poûce fait ses mouvemens par des muscles particuliers qu'il a: ils sont cinq, un qui le fléchit, deux qui l'étendent, un qui l'éloigne des autres doigts, & un qui l'en approche.

23 Le fléchisseur propre.

Le premier de ces muscles est le fléchisseur propre du pouce; il prend son origine de la partie superieure & interne du rayon, & passant sous le ligament annulaire, & sous le tenar, va s'inserer au premier & au second os de ce doigt, qu'il fléchit.

Le second, qui est le premier des extenseurs s'appelle le long, parce qu'il l'est plus que celuy qui suit ; il prend son origine de la partie superieure & exterieure de l'os du coude, il monte par dessus le rayon, & vient s'inserer par un tendon fourchu au second os du poûce, qu'il étend. 24 Le long.

Le troisiéme, qui est le second des extenseurs, est le court ; il est ainsi appellé pour le distinguer du precedent, qui est plus long ; ils ont tous deux la même origine, & passant aussi sous le ligament annulaire, il va s'inserer au troisiéme os du poûce, qu'il étend avec le precedent. 25 Le court.

Le quatriéme est le tenar, c'est luy qui forme le mont de Venus ; il prend son origine du premier os du carpe & du ligament annulaire, & va s'inserer à la deuxiéme articulation du poûce, qu'il éloigne des autres doigts. 26 Le tenar.

Le cinquiéme est l'antitenar ; il prend son origine de l'os du metacarpe, qui soûtient le doigt du milieu, & va s'inserer au premier os du poûce, c'est luy qui l'approche des autres doigts. 27 L'antitenar.

Le doigt indice fait trois sortes de mouvemens par le moyen de trois muscles ; l'un sert à l'étendre, l'autre à l'approcher du poûce ; & le troisiéme à l'en éloigner. Le doigt indice a trois muscles.

Le premier est l'indicateur, ainsi appellé, parce qu'il nous sert à indiquer quelqu'un ; il prend son origine de la partie moyenne & posterieure de l'os du coude, & va s'inserer par un double tendon à la deuxiéme phalange de l'index, & au tendon du grand extenseur, pour, conjointe- 28 L'indicateur.

ment avec luy, servir à l'étendre.

L'adducteur de l'index.

Le second est l'adducteur de l'index ; il prend son origine de la partie anterieure du premier os du poûce, & se va inserer au premier os du doigt indice, qu'il approche du poûce.

L'abducteur.

Le troisiéme est l'abducteur de l'index ; il prend son origine de la partie externe & moyenne de l'os du coude, & passant sous le ligament annulaire, il va s'inserer à la partie laterale & externe des os du doigt indice, qu'il tire en dehors vers les trois autres doigts.

Le petit doigt a deux muscles.

Le petit doigt a deux muscles qui luy font faire les mouvemens d'extension & d'abduction ; sçavoir, un qui sert à l'étendre, & un qui l'éloigne des autres.

29 L'extenseur propre.

Le premier est son extenseur propre ; il prend son origine de la partie inferieure du condile externe de l'humerus, & couché entre les os du coude & du rayon, passe par dessous le ligament annulaire, & s'insere par un tendon double à la seconde articulation du petit doigt ; ce muscle aide à l'extenseur commun à faire l'extension du petit doigt.

30 L'hypotenar.

Le second des muscles du petit doigt, qui est le dernier de ceux du bras, est appellé hypotenar ; il prend son origine du petit os du carpe, qui est situé sur les autres, & va s'inserer exterieurement au premier os du petit doigt, qu'il éloigne des autres.

Faut examiner les vaisseaux du bras.

Voilà, Messieurs, tous les muscles que j'avois à vous montrer aujourd'huy : ce sont tous ceux qui se rencontrent dans l'extremité superieure ; Et afin de rendre cette Anatomie parfaite, je vais à present vous faire voir les nerfs, les arteres & les vénes qui se trouvent dans le bras.

La Démonstration du cerveau vous a apprit que tous les nerfs qui se distribuent par tout le corps, partent de sa base; ils sortent d'une partie que nous avons divisez en deux, en moëlle prolongée, & en moëlle de l'épine: la premiere fournit douze paires de nerfs que vous avez vûs; & la seconde trente paires, que j'ay encore à vous démontrer.

Trente paires de nerfs sortent de la moëlle de l'épine.

Des trente paires de nerfs qui partent de la moëlle de l'épine, il y en a sept qui sortent du col, douze du dos, cinq des lombes, & six de l'os sacrum. Je ne vous feray voir aujourd'huy que ceux du col, & demain vous verrez ceux du dos, des lombes, & de l'os sacrum.

Sept paires sortent du col.

La premiere paire des nerfs du col sort entre l'occiput & la premiere vertebre dont le rameau posterieur va se perdre dans les petits muscles de l'occiput, & l'anterieur dans les muscles du col qui sont couchez sous l'œsophage; Il faut remarquer que cette paire, aussi bien que celle qui suit, ne sortent pas par les parties laterales des vertebres, mais par les anterieures & posterieures, à cause que les articulations de ces deux premieres vertebres ne sont pas semblables à celles des autres.

La premiere.

La seconde paire sort entre la premiere & la seconde vertebre du col par devant & par derriere; celuy de devant se perd dans la peau de la face, & celuy de derriere dans les muscles de la tête, qui s'attachent à la seconde vertebre.

La seconde.

La troisiéme.

La troisiéme paire sort entre la seconde & la troisiéme vertebre, & ainsi de toutes les autres consecutivement : aussi-tôt qu'elle est sortie, elle se divise en deux rameaux ; celuy de devant va aux muscles fléchisseurs du col, & celuy de derriere aux extenseurs.

La quatriéme.

La quatriéme se divise comme la precedente, aprés sa sortie, en deux rameaux ; le plus petit va aux muscles posterieurs du col, & le plus gros aux muscles de l'omoplate du bras & au diaphragme.

La cinquiéme.

La cinquiéme se divise aussi en deux rameaux, le plus petit va aux muscles posterieurs du col, & le plus gros aux muscles de l'omoplate du bras, & au diaphragme.

La sixiéme.

La sixiéme se divise de même que les precedentes en un petit rameau qui se perd dans la nuque du col, & un gros qui va au creux de l'épaule, au bras, & au diaphragme.

La septiéme.

La septiéme & derniere paire des nerfs du col, n'est gueres differente des trois dernieres ; son moindre rameau va aux muscles posterieurs, & son plus gros dans le bras, & jusques au diaphragme.

31 Six nerfs qui vont aux bras.

Vous voyez par cette distribution des quatre dernieres paires de nerfs du col, qu'elles envoyent des branches au diaphragme, qui y sont conduites & appuyées par le mediastin, ce qui fait la grande simpatie qu'il a avec le cerveau. Vous remarquerez encore que les plus gros rameaux des quatre paires inferieures du col se joignent aux deux superieures du dos, & qu'ils font ensemble six nerfs, qui vont se répandre par tout le bras jusques aux extremitez des doigts ; il s'agit de vous les démontrer.

Le premier, qui est le superieur & le plus petit, se perd tout dans le muscle deltoïde, & dans la peau du bras. 32 Le premier nerf des bras.

Le second, qui est plus gros, passe par le milieu du bras, jette des rameaux dans le biceps, & dans le supinateur ; & étant parvenu au coude se divise en trois rameaux, dont le premier va au poûce par la partie exterieure du bras ; le second descend obliquement vers le poignet ; le troisiéme accompagnant la basilique va se perdre dans la peau du coude & dans la main. 33 Le second nerf des bras.

Le troisiéme se joint sous le biceps au second, aprés avoir donné des branches aux muscles brachiaux, & va ensuite en donner aux fléchisseurs des doigts, & de petits rameaux aux poûce, & aux doigts indice & du milieu. 34 Le troisiéme nerf des bras.

Le quatriéme est le plus gros de tous, il accompagne l'artere & la véne basilique en descendant profondement dans les bras ; il envoye des scions aux muscles externes du coude, & à la peau du dedans du bras ; & étant parvenu au coude, il se divise en deux rameaux, dont l'un se traîne le long du radius, & l'autre du cubitus ; le premier fait cinq branches, dont deux vont au pouce, deux au doigt indice, & la cinquiéme au doigt du milieu ; le second ayant donné des rameaux dans les extenseurs des doigts, va se perdre dans le carpe. 35 Le quatriéme nerf des bras.

Le cinquiéme se joint au quatriéme, & descendant le long de la partie interieure du bras, distribuë des rameaux au coude ; ce qui fait que 36 Le cinquiéme nerf du bras.

s'appuyant ſur quelqu'un de ces rameaux, le bras s'engourdit ; il ſe diviſe enſuite en deux branches, dont l'une va aux muſcles fléchiſſeurs des doigts, & au poignet, le reſte ſe perd aux mêmes endroits que le precedent ; l'autre va le long de la partie interieure & laterale du bras faire cinq rameaux, dont deux vont au petit doigt, deux à l'annulaire, & le cinquiéme au doigt du milieu.

37 Le ſixiéme nerf du bras.

Le ſixiéme & le dernier des nerfs du bras eſt preſque tout cutané ; il deſcend le long de la partie interne du bras, accompagnant la baſilique, & va ſe perdre dans la peau du coude & de l'avant-bras, & dans la membrane commune des muſcles.

Cette diſtribution diverſifie quelquefois.

Cette diſtribution des nerfs du bras que je viens de vous faire voir eſt celle qui ſe rencontre le plus ſouvent ; il ne faut pas vous étonner ſi quelquefois vous y trouvez du changement dans quelque ramification ; cela arrive auſſi bien dans les arteres & dans les vénes, que dans les nerfs, où il ſe trouve de la diverſité dans le nombre de leurs branches, auſſi bien que dans leur

38 Un nerf diſſequé.

groſſeur. Vous avez vûs les nerfs du bras, voyons-en à preſent les arteres & les vénes.

39 L'artere axillaire.

Vous vous ſouviendrez que la groſſe artere aſcendante ſe diviſe en deux autres, que l'on appelle ſoûclavieres ; qu'enſuite l'une allant à droite & l'autre à gauche, & paſſant par la fente qui eſt entre les deux têtes des muſcles ſcalenes, elles continuent leur chemin vers le bras, où étant parvenuës elles changent de nom, & prennent celuy d'axillaire, à cauſe qu'elles paſſent par les aiſſelles.

Cette artere axillaire produit un rameau, qui passant par dessous la tête de l'os du bras, va se perdre entre les muscles longs & courts, qui étendent l'avant-bras ; ce tronc continuant à descendre le long de la partie interieure du bras, distribuë en passant des rameaux au biceps & au brachial interne & externe, & au dessus du pli du coude il jette une branche qui s'en va à la partie interieure & inferieure du bras se perdre dedans & derriere iceluy. Les rameaux qu'elle produit dans le bras.

40 Division de cette artere.

Ce tronc d'artere ayant atteint le pli du coude se divise en deux rameaux, dont l'un est exterieur, & l'autre interieur.

41 Le rameau externe.

Le rameau exterieur coule le long du rayon, & jette une branche qui remonte & se perd entre le long supinateur & le brachial interne, puis en descendant il donne des rameaux aux fléchisseurs du carpe & des doigts ; & étant parvenu au poignet, il produit un rameau qui va à l'origine du tenar ; c'est cette artere que l'on touche au poignet quand on tâte le poulx : enfin ayant passé sous le tendon de l'extenseur du poûce, il jette des rameaux qui vont à la partie exterieure de la main, & va finir par deux scions qui vont l'un au poûce, & l'autre à l'index.

42 Le rameau interne.

Le rameau interieur descend le long du coude au poignet ; c'est luy qui a accoûtumé d'accompagner la véne basilique ; il jette des branches qui se distribuent dans les muscles de l'avant-bras, & va se terminer par trois scions qui se répandent, l'un dans le doigt du milieu, l'autre dans l'annulaire, & le troisiéme dans le petit doigt.

43 Vénes du bras. Les vénes ne sont pas comme les arteres, qui portent le sang du centre à la circonference; mais elles le reportent de toutes les parties au cœur; c'est pourquoy elles se doivent examiner d'une maniere toute opposée, & conforme à leur action; Nous avons conduits les arteres depuis le cœur jusqu'aux bouts des doigts, & il nous faut conduire les vénes depuis les extremitez des doigts jusqu'au cœur, parce qu'elles sont comme les racines d'un arbre, qui reçoivent par leurs plus petites chevelures la seve pour la porter dans de plus grosses racines, de là dans de tres-grosses, & enfin dans le trone de l'arbre.

Ramifications des vénes. Nous trouvons dans les cinq doigts plusieurs ramifications de vénes qui en sortent, & qui se joignans à d'autres branches qui sont tant dans la partie interieure de la main, que dans l'exterieure, & qui toutes ensemble passant par le poignet vont former trois vénes considerables qui sont dans l'avant-bras, l'une est la cephalique, l'autre la basilique, & la troisiéme la mediane.

44 La cephalique. La cephalique est ainsi nommée, parce qu'étant placée dans la partie la plus superieure du bras, elle est plus proche de la tête; elle commence par de petits rameaux qui forment une véne que l'on appelle salvatelle, qui est entre le petit doigt & l'annulaire, & que l'on ouvroit autrefois pour les douleurs de tête, & dans les Fiévres aiguës. Cette véne passant par le poignet monte le long du radius partie externe du bras, & recevant en chemin, au

dessus du pli du coude, un gros rameau qui vient de la mediane, elle va le long du bras se terminer à une grosse véne, qui est l'axillaire.

La basilique est ainsi nommée, parce qu'elle est principalement située sur une partie qui est comme la base du bras : Toutes les vénules qui viennent des cinq doigts à la main, se réunissent avec les branches d'autres vénes qu'elles rencontrent dans la main, & toutes ensemble font trois grosses branches qui constituent la basilique; l'une de ces branches est plus superficielle, qui est celle que l'on a coûtume d'ouvrir dans la saignée du bras; l'autre est plus profonde faite de deux rameaux, dont l'un vient de la partie interieure de la main, & l'autre de l'exterieure : La troisiéme est la véne appellée cubitane, parce qu'elle est la plus belle & la plus proche de l'os du coude : ces trois branches en montant vers le bras reçoivent une véne de la mediane, & se vont rendre sous le tendon du muscle pectoral à la véne axillaire. Les Anciens appelloient la véne basilique droite *Jecorale*, & la gauche *Splenique*, parce qu'ils croyoient que le voisinage de ces visceres les feroit simpatiser avec eux; mais la découverte de la circulation a détruit ces sortes d'opinions. 45 La basilique.

La mediane est ainsi nommée, parce qu'elle occupe le milieu du bras, étant placée entre ces deux vénes que je viens de vous montrer; deux branches de vénes qui viennent l'une d'entre le poûce & l'index, que quelques-uns ont 46 La mediane.

nommée la cephalique du poûce, & l'autre d'entre le doigt du milieu & l'annulaire, se joignent, & font une grosse véne, qui montant le long du milieu du bras va jusqu'aux plis du coude, où elle se divise en deux branches, qui font la figure d'un Y Grec, dont l'une va finir à la cephalique, & l'autre à la basilique ; si bien que l'opinion commune ne se trouve pas veritable, qui tenoit que la mediane étoit faite de l'union des branches de la cephalique & de la basilique : Mais il est certain que l'une & l'autre de ces deux vénes se grossissent en recevant chacune une branche de la mediane.

La véne axillaire.

De ces trois vénes que vous avez veuës, il n'y en a que deux qui montent dans le bras, qui sont la cephalique & la basilique, la mediane se confondant avec elles. La jonction de ces deux vénes en fait une tres-grosse, que l'on nomme axillaire, à l'endroit où elle passe par l'aisselle, pour aller prendre le nom de soûclaviere ; & enfin le nom de véne cave à la partie la plus grosse, qui est l'endroit où elle entre dans le cœur.

47 Une grosse véne ouverte pour voir les valvules.

Avertissement aux Chirurgiens pour la saignée.

Je finis, Messieurs, cette Démonstration en avertissant les Chirurgiens de bien examiner les parties qui sont voisines des vénes des bras, afin de ne pas piquer en saignant ni l'artere qui fait le même chemin que la véne basilique, ni le tendon du muscle biceps, qui est le dessous de la mediane ; car de l'ouverture de l'artere, ou de la piquûre du tendon, il s'ensuit des accidens fâcheux, qui perdent de reputation un Chirurgien ; ce qui eſt le malheur de la Profeſſion, les plus habiles étant ſouvent fort embarraſſez, lorſqu'ils ont à ſaigner de ces bras difficiles, où il faut aller chercher profondement des vénes ; c'eſt pourquoy un Chirurgien doit ſe précautionner contre ces accidens, en évitant de ſaigner dans ces endroits perilleux, & haſardant plûtôt de manquer, que de vouloir, à quelque prix que ce ſoit, avoir du ſang.

XIX p. 495

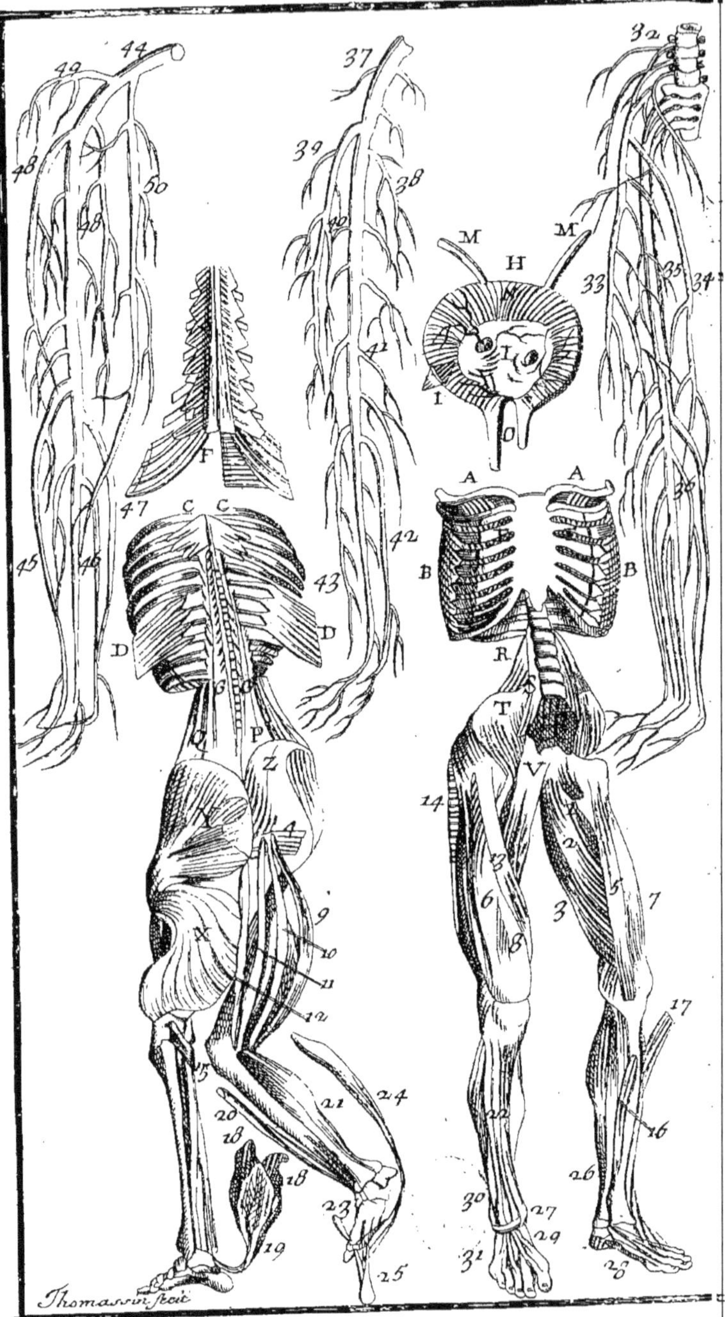

DIXIE'ME ET DERNIERE DEMONSTRATION.

Des Parties qui composent les extremitez inferieures.

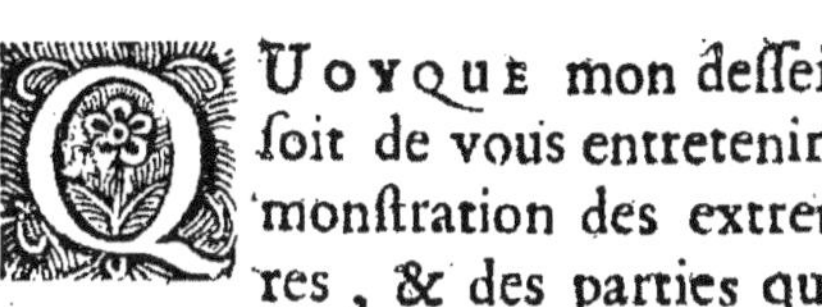

QUOYQUE mon dessein, Messieurs, soit de vous entretenir dans cette Démonstration des extremitez inferieures, & des parties qui entrent dans leur composition ; je ne laisseray pourtant pas de vous parler encore des muscles de la poitrine & des lombes ; & j'observe en cela le même ordre que j'ay tenu dans la Démonstration d'hier, où je vous fis voir non seulement les extremitez superieures, mais encore les muscles de la mâchoire, de l'os hyoïde, de la tête, & du col.

Vous ayant fait connoître ailleurs les deux mouvemens differens de la poitrine, qui sont de dilatation & de contraction, je me contenteray de vous expliquer ici ses muscles, & ceux des lombes,

Les muscles de la poitrine sont au nombre de cinquante-sept, dont il y en a trente qui la dilatent, quinze de chaque côtez, qui sont le soûclavier, le grand dentelé, les deux dentelez posterieurs, & onze interosseux externes ; & vingt-six

La poitrine a cinquante-sept muscles.

qui la resserrent, treize de chaque côtez; qui sont le triangulaire, le sacrolombaire, & onze interosseux internes : le cinquante-septiéme est le diaphragme, qui est commun à l'un & à l'autre de ces mouvemens.

A A Le soûclavier.

Le premier de tous ces muscles est le soûclavier, ainsi nommé, parce qu'il est sous la clavicule; c'est luy qui occupe l'espace qui est entre la clavicule & la premiere côte : Il prend son origine de la partie interne & inferieure de la clavicule, & va s'inserer à la partie superieure de la premiere côte, qu'il tire en haut & en dehors.

B B Le grand dentelé.

Le second est le grand dentelé, ainsi nommé, parce qu'il est large, & qu'il a sept ou huit dentelures semblables à celles d'une scie; il prend son origine de la base interieure de l'omoplate, & va s'inserer par digitation aux cinq vrayes côtes inferieures, & aux deux fausses côtes superieures. Ce muscle est fort charnu, ses dentelures entrent dans celles de l'oblique externe de l'epigastre, & lorsqu'il agit, il tire les côtes en dehors, & par consequent dilate la poitrine.

C C Le dentelé posterieur & superieur.

Le troisiéme est le dentelé posterieur & superieur; il prend son origine par une large aponevrose des apophises épineuses des trois vertebres inferieures du col, & de la premiere de celles du dos; là étant caché sous le rhomboïde, il va s'inserer obliquement par quatre pointes aux quatre côtes superieures qu'il tire en dehors & en arriere.

Le

Le quatriéme est le dentelé posterieur & inferieur, il prend son origine par une aponevrose des apophises épineuses des trois vertebres inferieures du dos, & de la premiere de celles des lombes, & va s'inserer par quatre pointes fenduës par digitation, aux quatre côtes inferieures qu'il tire en bas & en dehors ; ce muscle aussi bien que le precedent est large & plat, & est placé sous le latissimus. DD Le dentelé posterieur & inferieur.

Les onze intercostaux externes sont ainsi appellez, parce qu'ils occupent les onze espaces qui sont entre les douze côtes ; & externes, parce qu'ils sont situez exterieurement ; ils prennent leur origine de la partie inferieure & exterieure de chaque côte superieure, & vont s'inserer obliquement de derriere en devant à la partie superieure & exterieure de chaque côte inferieure ; si bien que chacun de ces muscles tirant la côte inferieure en arriere & en dehors, aide à la dilatation de la poitrine, qui, avec les quatre que je vous ay montré, font le nombre de quinze dilatateurs de chaque côté. EE Les intercostaux externes.

Le premier de ceux qui resserrent le thorax est le triangulaire, ainsi appellé, parce qu'il a trois angles ; il est situé au dedans de la poitrine, occupant la partie interieure du sternum ; Il prend son origine de la partie inferieure du sternum par une base assez large, & montant en haut va s'inserer aux cartilages des côtes superieures jusqu'à la deuxiéme ; si bien que les tirant en bas, qui est vers son principe, il resserre & étressit la poitrine. F Le triangulaire.

Le second est le sacrolombaire, ainsi nommé,

GG Le sacro-lombaire.

parce qu'il prend son origine de la partie posterieure de l'os sacrum, & des épines des vertebres des lombes ; il est nerveux par dehors, & charnu par dedans ; & montant en haut, il va s'inserer à la partie posterieure des côtes proche leurs racines, leur donnant à chacune deux tendons, dont l'un s'attache exterieurement, & l'autre interieurement ; de sorte que tous ces tendons tirant les côtes, ils les approchent l'une de l'autre, & ainsi resserrent la poitrine.

Les intercostaux internes.

Les onze intercostaux internes sont ainsi nommez par la même raison que les externes, dont ils ne different qu'en situation ; Ils prennent leur origine du haut de chaque côte inferieure, & montant obliquement de derriere en devant, vont s'inserer à la lévre inferieure & interieure de chaque côte superieure ; si bien que les fibres de ces muscles s'entre-coupent en forme de Croix Bourguignonne avec celles des intercostaux externes. L'on remarque qu'ils remplissent les espaces qui sont entre les cartilages des bouts des côtes ; ce que ne font pas les externes. Ces muscles, avec les deux derniers que vous avez vûs, resserrent la poitrine, & font le nombre de treize de chaque côté.

Ces muscles dilatent & resserrent la poitrine.

L'usage de tous ces muscles est de dilater & resserrer la poitrine ; ce qui se fait de cette maniere, lorsque le diaphragme se baisse, & que les muscles dilatateurs de la poitrine agissent ; l'air exterieur qui la touche étant poussé, est obligé de prendre une autre place, qu'il trouve aisément dans les poûmons qui le reçoivent & le dilatent sans peine, à cause que la capacité de la poitrine eſt augmentée à proportion de l'action des muſcles: Il en reſſort enſuite par la contraction que les muſcles antagoniſtes à ceux-ci font de la poitrine, qui oblige ce même air d'en reſſortir; car la même neceſſité qui a contraint l'air d'entrer dans les poûmons par l'extenſion de la poitrine, le force d'en ſortir par ſa contraction; ce que nous appellons reſpiration, n'étant autre choſe que ces mouvemens réïterez qui durent tout autant que la vie, parce qu'ils commencent au moment que nous voyons le jour, & ne finiſſent qu'au dernier ſoûpir.

Les muſcles de l'abdomen aident à la reſpiration.

Pluſieurs Auteurs ont mis les muſcles de l'abdomen au nombre de ceux de la reſpiration, c'eſt pourquoy ils en comptoient juſques à ſoixante & cinq; nous convenons avec eux qu'ils y ſervent, & je vous ay dit dans la premiere Démonſtration, en vous les faiſant voir, qu'ils agiſſoient dans une violente toux, dans les grands cris, & dans une forte expiration; mais ils ne doivent pas eſtre compris dans le nombre de ceux de la reſpiration, puis qu'elle n'eſt pas leur principale action.

Deux ſortes de reſpira-

L'on fait de deux ſortes de reſpiration, l'une que l'on appelle libre, l'autre qu'on nomme contrainte; l'on veut que la reſpiration libre ne ſe faſſe que par le mouvement du diaphragme, & qu'elle ſoit preſque inſenſible; & l'on pretend que la reſpiration contrainte ſoit celle qui ſe fait par le moyen des cinquante-ſix muſcles de la poitrine. Vous avez vûs les muſcles qui font cette derniere, voyons à preſent le diaphragme, que l'on regarde comme l'organe principal de la respiration libre.

Pourquoi on a differé la Démonstration du diaphragme.

C'est la coûtume de faire voir le diaphragme en faisant la Démonstration de la poitrine ; mais deux raisons m'ont fait changer cet ordre ; la premiere, c'est que le diaphragme étant un des principaux muscles de la respiration, j'ay crû devoir attendre à vous le montrer dans le tems que je vous ferois voir les autres ; la seconde, c'est que dans la Démonstration de la poitrine, les parties qui y sont contenuës cachent presque tout le diaphragme ; & ainsi si j'ay differé de vous en parler, ce n'est qu'afin que vous le vissiez tout entier & separé des parties qui l'environnent.

II. Le diaphragme.

Le diaphragme, que quelques-uns appellent *septum transversum*, parce qu'il separe transversallement, comme un mur mitoyen, la capacité de la poitrine d'avec celle du bas ventre, est une partie musculeuse distinguée de tous les autres muscles du corps, par sa situation, par sa figure, & par son action : C'est cette partie charnuë que vous voyez attachée circulairement à toutes les extremitez des cartilages des fausses côtes.

Figure du diaphragme.

La figure du diaphragme est ronde, & ressemble assez bien à une raquette dont le manche, (ou à une raye dont la queuë) represente la pointe par laquelle il est attaché à la premiere vertebre des lombes. Sa grandeur est proportionnée à celle du thorax, & sa situation est entre la poitrine & le bas ventre, directement sous le cartilage xiphoïde, auquel il est attaché, & où il fait comme une voûte mouvante entre les deux ventres.

Deux membranes tapissent le diaphragme; l'une est une continuité de la plévre, qui le couvre par sa partie superieure; & l'autre est une continuité du peritoine, qui le revêt par sa partie inferieure qui regarde le ventre.

Deux membranes au diaphragme. I L'inferieure.

Il a trois ouvertures considerables, l'une à droit par où la véne cave monte pour aller au cœur; l'autre à gauche, par où descend l'œsophage; & la troisiéme est une grande fente qui est entre ses deux origines vers les vertebres des lombes, par où descend la grosse artere: Il y en a encore quelques petites par où passent le canal thorachique, & les nerfs qui vont aux parties contenuës dans le ventre.

L Trous du diaphragme.

Le diaphragme reçoit deux sortes de nerfs; les uns luy viennent de la paire vague, & les autres des espaces qui sont entre les quatre vertebres inferieures du col; les uns & les autres passant par la cavité du thorax, & soûtenus du mediastin, vont se terminer par trois ou quatre branches dans toute sa substance. Il reçoit encore deux arteres que l'on nomme phreniques, qui sortent du tronc de la grosse artere: Il a aussi deux vénes du même nom qui vont se rendre dans le tronc de la véne cave.

M M Vaisseaux du diaphragme.

La substance du diaphragme est charnuë dans sa circonference, & membraneuse dans son milieu, où paroît ce qu'on appelle le centre nerveux, qui ne resiste pas seulement aux coups dont il est frapé par la pointe du cœur, mais aussi à la pesanteur du foye qu'il tient

Substance du diaphragme.

suspendu, parce qu'il l'est luy-même par le mediastin, qui est attaché à la partie superieure de la poitrine.

Le diaphragme est composé de deux muscles.

Tous les anciens Anatomistes mettoient le principe du diaphragme dans son cercle nerveux, & sa fin dans sa circonference ; d'autres, comme du Laurens & Riolan, ont pretendus que son origine étoit aux vertebres du dos & des lombes, & à toute sa circonference, & sa fin dans son centre : Mais les Anatomistes modernes ont fait voir que le diaphragme étoit composé de deux muscles, qu'ils distinguent en superieur & en inferieur.

N Le superieur.

Le superieur est de figure circulaire ; il est attaché à toutes les extremitez des fausses côtes, où commence son origine, & à sa fin il forme un tendon plat en aponévrose, que l'on a toûjours pris pour la partie nerveuse du diaphragme.

O L'inferieur.

L'inferieur prend son origine par deux productions, dont l'une plus longue (qui est celle du côté droit) vient des trois vertebres superieures des lombes, & l'autre plus courte & plus petite, qui est la gauche, part des deux vertebres du dos, & va se terminer dans l'aponévrose du muscle superieur, qui fait la division des deux muscles : Ils disent qu'il reçoit des arteres particulieres qui luy viennent les lombaires, & qu'il a des vénes qui vont dans l'adipeuse.

Usages du diaphragme.

L'on donne trois usages au diaphragme : le premier, de separer la cavité de la poitrine de celle du bas ventre ; le second, de servir en comprimant les visceres du bas ventre, non seulement à la distribution du chyle, & au cours de toutes les humeurs, mais encore à l'expulſion des excremens ; & le troiſiéme, d'aider à la reſpiration libre, en s'étendant lorſque l'on reprend ſon haleine, & en ſe reſſerrant dans l'expiration ; car ce ſont les muſcles du thorax qui ſervent à la reſpiration forcée, comme nous l'avons déja dit.

Le mouvement du diaphragme eſt appellé mixte, parce qu'il eſt en partie mécanique, & en partie volontaire. Il eſt mécanique, à cauſe qu'il ſe fait le plus ſouvent ſans que nous y penſions ; & il eſt volontaire, puiſque nous l'arrêtons quand il nous plaît. Il eſt mécanique, à cauſe du nerf qu'il reçoit de l'intercoſtal, qui tire ſon origine du cervelet ; & il eſt volontaire par le moyen des nerfs qu'il reçoit de l'épine, car le cervelet preſide aux mouvemens mécaniques, & le cerveau & la moëlle de l'épine ſervent aux mouvemens volontaires.

Mouvement du diaphragme.

L'on remarque que les mouvemens du diaphragme ſont aſſez ſemblables à ceux du cœur ; que l'un & l'autre commencent à ſe mouvoir dés le premier moment de la vie, & qu'ils ſont composez tous deux de deux muſcles chacun ; que c'eſt la contraction de leurs fibres charnuës qui fait ſortir le ſang des ventricules du cœur, & l'air des poûmons ; & que c'eſt le relâchement de ces mêmes fibres qui laiſſe entrer le ſang dans le cœur, & l'air dans les poûmons : de ſorte que nous ſommes obligez de convenir que les poûmons ne ſont que les inſtrumens paſſifs de la reſpiration, qui recevant l'air par leur dilatation, rafraîchiſſent par ce moyen le ſang qui paſſe

Le diaphragme eſt l'organe de la reſpiration libre.

par leur ſubſtance, & aident ainſi à la circulation ; & que le diaphragme en eſt l'inſtrument actif par ſes mouvemens continuels, qui ſont d'une telle importance pour la vie, qu'elle finit avec la reſpiration auſſi-tôt qu'il eſt bleſſé ; cela s'entend par ſa partie nerveuſe, car les bleſſures de la charnuë ne ſont pas abſolument mortelles.

Le diaphragme eſt un des organes de la voix.

L'on regarde encore le diaphragme comme un des organes de la voix & du chant, puiſque c'eſt luy qui preſſant les poûmons, en fait ſortir l'air dont nous formons les paroles & les ſons, & que les ſecouſſes réïterées dont il frape les poûmons ſont la cauſe de ſes fredonnemens qui font la beauté du chant. Enfin l'on obſerve qu'il ne fait pas un mouvement, que la poitrine & le bas ventre n'en tirent également des utilitez, & que tout ce qui nuit à ces mouvemens, nous empêche de reſpirer ; ce qui arrive quand l'eſtomac eſt trop plein d'alimens, ou les inteſtins trop tendus.

Autres utilitez du diaphragme.

A tous les avantages que l'homme reçoit du diaphragme, l'on ajoûte encore qu'il eſt l'organe du hocquet & de l'éternuëment, du ris & des pleurs ; ayant des nerfs qui ont une étroite liaiſon avec ceux qui vont aux muſcles, auteurs de ces differens mouvemens.

Le diaphragme finit par une expiration.

L'explication de ces phenomenes nous meneroit trop loin ; il ſuffit ſeulement que vous ſçachiez, pour concevoir de quelle importance eſt le diaphragme, que pour vivre l'homme eſt dans une neceſſité indiſpenſable de reſpirer, & que par conſequent les mouvemens de cette partie luy ſont abſolument neceſſaires. Souvenez-vous donc que ces mouvemens commencent par une inſpiration, & finiſſent par une expiration dans le dernier moment de la vie; Ce que nous reconnoiſſons par la ſituation où nous trouvons le diaphragme dans ceux qui viennent d'expirer. Il eſt toûjours retiré en haut comme pour pouſſer le dernier ſoûpir, en obligeant le poûmon par ſon preſſement, de chaſſer le dernier air qu'il a reçû.

Le dos & les lombes ont ſix muſcles qui leur ſont communs, pour les étendre, les fléchir, & les ployer vers les côtes; leſquels on attribuë plûtôt aux lombes qu'au dos, quoy qu'il y en ait quatre qui montent & qui s'attachent à toutes les vertebres du dos: Entre ces ſix muſcles, quatre font l'extenſion, & deux la flexion. Les lombes ont trois muſcles.

Le premier des extenſeurs eſt le ſacré, ainſi nommé, parce qu'il prend ſon origine de la partie poſterieure de l'os ſacrum; il naît auſſi de l'extremité poſterieure & ſuperieure des os des iles; il va s'inſerer aux épines des vertebres du dos qu'il tire en arriere. P Le ſacré.

Le ſecond des extenſeurs eſt le demi-épineux, ainſi nommé, parce que la moitié de ce muſcle prend ſon origine des épines de l'os ſacrum; & l'autre moitié des épines des vertebres des lombes; & montant en haut va s'inſerer un peu obliquement à toutes les apophiſes tranſverſes des vertebres du dos juſques au col, & les tire toutes en arriere. Ce muſcle eſt ſitué entre le ſacré & le ſacrolombaire, qui eſt un de ceux de la poitrine: ces trois muſcles ne ſemblent faire qu'un Q Le demi-épineux.

corps, & on a de la peine à les ſeparer; ils forment cette maſſe de chair qui occupe tout le dos depuis l'os ſacrum juſqu'au col. Il falloit qu'ils fuſſent forts pour contre-balancer la peſanteur des parties anterieures, & neanmoins malgré la force qu'ils ont, on voit que l'homme a encore de la diſpoſition à tomber en devant & ſur le nez. Ce ſont ces mêmes muſcles qui donnent le bon air aux femmes en les faiſant tenir bien droites; & lorſque ces muſcles ne font pas bien leur action, ou par foibleſſe, ou par quelque méchante habitude, l'on devient voûté, & quelquefois boſſu.

R Le triangulaire. Le fléchiſſeur des lombes eſt le triangulaire, ainſi nommé par ſa figure à trois angles, dont il y en a deux à ſa baſe, où il prend ſon origine à la partie poſterieure de la côte de l'os des iles, & de la partie laterale & interne de l'os ſacrum; & l'autre angle eſt à ſa pointe où eſt ſon inſertion à la derniere des fauſſes côtes, & à toutes les apophiſes tranſverſes des vertebres des lombes; Ce muſcle avec ſon congenere fléchit l'épine en devant. Il faut remarquer que cette flexion ne ſe fait point en angle aigu, comme aux jointures, mais qu'elle eſt circulaire, afin que la moëlle de l'épine ne ſoit point comprimée: Il y en a qui veulent que la flexion de l'épine ne ſe puiſſe faire qu'en devant, parce que ſi elle ſe faiſoit en derriere, la véne cave & la groſſe artere coureroient riſque de ſe rompre. Les voltigeurs neanmoins & les danſeurs de corde qui font mil contorſions du corps, nous font voir que l'épine peut ſe ployer de toutes manieres par l'habitude qu'ils s'en sont faite dans leur enfance.

Il faut remarquer que les extenseurs des lombes se pourroient diviser, aussi bien que le sacrolombaire, en autant de muscles qu'ils ont d'insertions ; & c'est la raison pourquoy quelques-uns qui leur en trouvoient douze à chacun, en ont faits trente-six muscles : mais ne voulans pas multiplier les estres sans necessité, nous en demeurerons au nombre que je vous ay marqué.

Division de ces muscles en douze petits.

Toute cette extremité inferieure qui est depuis les os des iles jusqu'aux bouts des doigts du pied, porte le nom de pied; les autres la nomment la jambe, ou le grand pied. On la divise comme la main, en trois parties ; en superieure, appellée la cuisse ; en moyenne, nommée la jambe ; & en inferieure, qui retient le nom de pied, ou de petit pied.

Division de l'extremité inferieure.

La cuisse.

La cuisse est une partie fort grasse, longue & ronde, qui commence par sa partie superieure à l'endroit où elle est articulée avec l'os des iles, & finit par son inferieure à la jonction qu'elle a avec les os de la jambe. Le devant du haut de la cuisse se nomme l'ayne, le côté de dehors la hanche, & le derriere la fesse. On distingue à sa partie moyenne quatre parties differentes, qui sont le devant, le derriere, le dessous, & le dehors de la cuisse ; le devant de la partie inferieure se nomme le genoüil, & le derriere le jarret ; vous voyez qu'elle est plus grosse par sa partie superieure, qui va toûjours en diminuant à mesure qu'elle s'approche du genoüil.

La jambe.

La jambe, quoyque plus petite que la cuisse,

est composée de deux os ; elle commence au genoüil, & finit à l'articulation qu'elle a avec le pied ; elle est moins garnie de chair par devant que par derriere ; ce qui fait que nous ressentons tant de douleur quand nous nous heurtons à cet endroit. On nomme le derriere le gras, ou le mollet de la jambe, lequel contribuë beaucoup à la rendre bien faite. Au bas de la jambe en dedans & en dehors sont deux éminences que l'on nomme les malleoles, ou chevilles du pied.

Le pied.

Le pied proprement pris est tout ce qui est depuis les malleoles jusqu'aux bouts des doigts; le dessus se nomme le coude du pied, & le dessous la plante du pied; il se divise en trois parties, en tarse, en metatarse, & en doigts. La premiere est un assemblage de sept os joints fortement ensemble, dont le plus gros fait une éminence posterieure, que l'on nomme le talon; la seconde est faite de cinq os gresles & longs arrangez à côté les uns des autres : ils soûtiennent chacun un des doigts: & la troisiéme, ce sont les doigts, que l'on appelle au pied orteils; ils sont de differente grosseur & longueur : le premier est appellé le gros orteil ; & comme ils vont toûjours en diminuant, le dernier est le plus petit de tous.

Les muscles de ces parties sont gros & forts.

Plusieurs muscles contribuent à faire les mouvemens de ces trois parties. Ils sont forts, parce qu'il falloit qu'ils fussent proportionnez à leur action : Examinons-les tous les uns aprés les autres.

La cuisse a quinze muscles.

La cuisse fait cinq mouvemens differens par le moyen de quinze muscles : le premier de ces mouvemens est celuy de flexion lequel se fait par trois muscles, qui sont le psoas, l'iliaque, & le pectineus : le second mouvement est celuy d'extension par les trois fessiers ; le troisiéme celuy d'adduction par les trois triceps : le quatriéme celuy d'abduction par le piramidal, le quarré, & les deux gemeaux ; & le cinquiéme celuy de rotation par les deux obturateurs.

Le premier est le *psoas*, ou muscle lombaire, ainsi nommé, parce qu'il est situé au dedans de l'abdomen, à côté du corps des vertebres des lombes. Il prend son origine des apophises tranverses des deux vertebres inferieures du dos, & des superieures des lombes ; & porté par dessus la face interne de l'os ileon, il va s'inserer par un tendon fort & rond au petit trocanter ; c'est ce muscle qui forme cette partie si tendre des alloyaux, qu'on nomme le filet. S Le psoas.

Le second est l'*iliaque*, ainsi nommé, parce qu'il remplit toute la cavité interne de l'os ileon ; il est, comme le precedent, placé dans l'abdomen. Il prend son origine de tout le bord de la cavité interieure de l'os des iles, & se conduisant par le même chemin que le psoas, il va joindre son tendon pour ensuite s'inserer comme luy au petit trocanter. T L'iliaque.

Le troisiéme est le *pectineus*, ainsi nommé, parce qu'il prend son origine de la partie anterieure de l'os pubis appellé *pecten*, & vient s'inserer par devant à l'os de la cuisse, au dessous du petit trocanter : Ces trois muscles tirent la cuisse en devant, & par consequent la font fléchir. V Le pectineus.

X Le grand fessier. Le premier des extenseurs est *le grand fessier*, ainsi nommé, parce qu'il fait la plus grande partie de la fesse ; il prend son origine de la partie laterale de l'os sacrum, & de la partie posterieure & exterieure de la lévre de l'os des iles, & s'attachant au coccix va s'inserer à l'os de la cuisse, quatre doigts au dessous du grand trocanter. Ce muscle est le plus épais de tous ceux du corps.

Y Le moyen fessier. Le second est *le moyen fessier*, ainsi appellé, parce qu'il tient le mileu tant en grosseur qu'en situation, entre le grand que vous avez vûs, & le petit qui suit : Il prend son origine de la partie posterieure de la lévre des os des iles, & va s'inserer trois doigts au dessous du grand trocanter.

Z Le petit fessier. Le troisiéme est *le petit fessier*, ainsi nommé, parce qu'il est le plus petit des trois. Il prend son origine de la partie plus cave & enfoncée de la cavité externe de l'os des iles, & va s'inserer à une petite cavité qui est à la racine du grand trocanter. Ces trois muscles font l'extension de la cuisse en la retirant en arriere, & ils forment les fesses qui sont comme des oreilliers, qui empêchent que nous nous blessions en nous assayant.

1 Le triceps superieur. Le premier des adducteurs est le *triceps superieur* : Il prend son origine de la partie externe & superieure de l'os pubis, & va s'inserer à la partie superieure d'une ligne qui est au dedans de la cuisse.

2 Le triceps moyen. Le second est le *triceps moyen* ; il prend son origine de la partie moyenne de l'os pubis, &

va s'inserer à la partie moyenne de cette ligne, qui est au dedans de l'os de la cuisse.

Le troisiéme est le *triceps inferieur*; il prend son origine non seulement de la partie inferieure de l'os pubis, mais aussi de la partie inferieure de la tuberosité de l'ischion, & va s'inserer à la partie inferieure de la ligne qui est au dedans du femur. Il y en a qui de ces trois muscles n'en font qu'un à trois têtes, qu'ils appellent *triceps*; mais ayant aussi trois insertions, l'on peut le diviser en trois muscles; ce sont eux qui sont les défenseurs du pucelage, en faisant serrer les cuisses l'une contre l'autre. 3 Le triceps inferieur.

Le premier des abducteurs est *le piramidal*, ainsi nommé, parce qu'il a la figure d'une petite piramide; ou *piriforme*, parce qu'il ressemble à une poire: Il prend son origine de la partie superieure & laterale de l'os sacrum, & de la partie laterale de l'os des iles; il va s'inserer en une petite cavité qui est la racine du grand trocanter. Le piramidal.

Le second est *le quarré*, ainsi appellé, parce qu'il a quatre angles; il prend son origine de la partie laterale & externe de la tuberosité de l'ischion, & va s'inserer à la partie posterieure & externe du grand trocanter. 4 Le quarré.

Le troisiéme & le quatriéme sont *les gemeaux*, ainsi nommez, parce qu'ils sont semblables en tout; ils prennent leur origine de deux petites éminences qui sont à la partie posterieure de l'ischion, & se vont inserer à une petite cavité à la racine du grand trocanter: Ces deux muscles sont separez par le tendon de l'obturateur inter- Les gemeaux.

ne : ils font faire conjointement avec le piriforme & le quarré, l'abduction de la cuisse en l'éloignant de l'autre.

L'obturateur interne. Le premier des *obturateurs* est l'interne : il prend son origine de toute la circonference interne du trou ovalaire, qui est à l'os ischion, & son tendon passant au milieu des deux gemeaux, va s'inserer à une petite cavité à la racine du grand trocanter.

L'obturateur externe. Le second est l'externe, il prend son origine de la circonference externe du même trou ovalaire, & se va inserer à côté de la cavité qui est à la racine du grand trocanter : Ces deux muscles font la rotation de la cuisse, en luy faisant faire ce mouvement, qu'on appelle *piroüeter*.

La jambe a onze muscles. La jambe fait quatre sortes de mouvemens : le premier, celuy d'extension par le moyen de quatre muscles, qui sont le droit, le vaste interne, le vaste externe, & le crural : le second, celuy de flexion, par trois muscles qui sont le biceps, le demi-nerveux, & le demi-membraneux : le troisiéme, celuy d'adduction par deux muscles, qui sont le coûturier & le gresle : & le quatriéme, celuy d'abduction par deux autres muscles, qui sont le *fascia lata*, & le *poplité*, ou *jarretier*.

5 Le droit. Le premier des extenseurs est le droit, ainsi nommé, parce qu'il a une figure droite depuis son commencement jusqu'à sa fin : Il prend son origine de la partie anterieure & inferieure de l'os des iles, & descendant par le devant de la cuisse, il envelope par son tendon commun avec les trois suivans, toute la rotule, & va s'inserer à la partie superieure & anterieure du *tibia*.

Le

Le seçond est la vaste interne, ainsi appellé, parce qu'il est cette grosse masse de chair située au dedans de la cuisse ; il prend son origine de la partie interne & superieure du femur, un peu au dessous du petit trocanter, & va s'inserer par un tendon large & commun avec le precedent, à la partie superieure & anterieure du *tibia*. 6 Le vaste interne.

Le troisiéme est le vaste externe, ainsi nommé, parce qu'il est situé au dehors de la cuisse : il prend son origine de la partie superieure & anterieure du femur, & va s'inserer avec les precedens. 7 Le vaste externe.

Le quatriéme est le crural ; c'est cette chair qui est attachée à l'os de la cuisse, comme le brachial l'est à l'os du bras : Il prend son origine de la partie anterieure & superieure du femur, entre les deux trocanters, & revêtant tout l'os de la cuisse, il va s'inserer avec les trois precedens; si bien que ces quatre muscles occupent le devant de la cuisse, & ne faisant ensemble qu'un tendon fort large, qui envelope la rotule, & qui sert de ligament au genoüil, ils vont s'attacher au haut du gros os de la jambe, qu'ils étendent en la tirant en devant. 8 Le crural.

Le premier des fléchisseurs est *le biceps*, ainsi nommé, parce qu'il a deux têtes; il prend son origine par une de ses têtes, qui est la plus longue de la partie inferieure de la tuberosité de l'ischion, & par l'autre de la partie exterieure & moyenne du femur, lesquelles se joignans ensemble ne font qu'un muscle, qui se và inserer à la partie posterieure & superieure de l'épiphise superieure du *peroné*. 9 Le biceps.

10 Le demi-nerveux.

Le second est le *demi-nerveux*, ainsi nommé, parce qu'il n'est pas tout-à-fait charnu, & que sa substance tient de la nature du nerf : Il prend son origine de la tuberosité de l'ischion, & va s'inserer à la partie superieure & posterieure du *tibia*.

11 Le demi-membraneux.

Le troisiéme est *demi-membraneux*, ainsi nommé, parce qu'il tient en quelque façon de la nature des membranes : Il prend son origine de la tuberosité de l'ischion, & va s'inserer à la partie posterieure de l'epiphise superieure du tibia : Ces trois muscles sont situez dans le derriere de la cuisse, & en agissant ils font fiéchir la jambe, qu'ils tirent en arriere.

12 Le long.

Le premier des abducteurs est *le long*, ainsi nommé, parce qu'il est le plus long muscle qui soit au corps ; ou *coûturier*, à cause que c'est luy qui fait ployer la jambe en dedans, de la maniere que font les Coûturiers pour travailler : Il prend son origine de l'épine superieure & anterieure de l'os des isles, & va s'inserer obliquement à la partie interne & superieure du tibia, qu'il tire en dedans.

13 Le gresle.

Le second est *le gresle*, ainsi nommé, parce qu'il est fort menu : Il prend son origine de la partie anterieure & inferieure de l'os pubis, & va s'inserer en descendant par le dedans de la cuisse à la partie superieure & interne de l'os de jambe : Ces deux muscles font l'adduction de la jambe, en la menant en dedans.

14 Le *fascia lata*.

Le premier des abducteurs est *le membraneux*, ou *fascia lata*, ainsi appellé, parce qu'il est fait comme une bande large qui envelope les muscles de la cuiſſe. Il prend ſon origine de la partie externe & laterale de la lévre de l'os des iles, & va s'inſerer par une membrane fort large à la partie ſuperieure & externe du peroné, & il deſcend quelquefois juſques deſſus le pied.

Le ſecond eſt le *poplité*, ou *jarretier*, ainſi 15 Le poplité. nommé, parce qu'il eſt placé ſous le jarret. Il prend ſon origine du condile externe & inferieure du femur, & va s'inſerer obliquement de dehors en dedans à la partie ſuperieure & interieure du tibia: Ce muſcle eſt de figure quarrée, & conjointement avec le membraneux il fait l'abduction de la jambe, en la tirant en dehors.

Le pied n'a que deux mouvemens principaux, Le pied a neuf muſcles. pour leſquels il a neuf muſcles: il fait celuy de flexion par le moyen de deux muſcles, qui ſont le jambier & le peronier anterieur: Il fait celuy d'extenſion par le moyen de ſept muſcles, qui ſont les deux gemeaux, le ſolaire, le plantaire, le jambier poſterieur, & les deux peroniers poſterieurs.

Le premier des fléchiſſeurs eſt *le jambier ante-* 16 Le jambier anterieur. *rieur*, ainſi nommé, parce qu'il eſt placé le long du principal os de la jambe; ce qui le fait appeller par quelques-uns *tibial*. Il prend ſon origine de la partie anterieure & ſuperieure du tibia, & va s'inſerer par deux tendons, qui paſſant ſous le ligament annulaire, dont l'un s'attache au premier os cuneïforme, & l'autre à l'os du metatarſe qui ſoûtient le poûce.

Le ſecond eſt *le peronier anterieur*, ainſi ap- 17 Le peronier anterieur. pellé, parce qu'il accompagne le petit os de la jambe que l'on nomme *peroné* : Il prend son origine de la partie externe & moyenne du peroné, & passant par la fente qui est sous la malleole exterieure, va s'inserer par devant à l'os du metatarse qui soûtient le petit doigt; Ces deux muscles tirant le pied en devant le font fléchir.

18 18 Les gemeaux. Le premier & le second des extenseurs sont les deux gemeaux, ainsi appellez, parce qu'ils sont semblables en tout, & placez à côté l'un de l'autre : Ils prennent leur origine de la partie posterieure des deux condiles inferieurs de l'os de la cuisse, & se vont inserer par un tendon commun avec les deux suivans à la partie posterieure & superieure de l'os du talon; ce sont ces muscles avec le suivant qui forment cette grosseur, que l'on appelle le gras de la jambe.

19 Le solaire. Le troisiéme est *le solaire*, ainsi appellé, parce qu'il ressemble à une sole; il est placé sous les gemeaux, & prend son origine de la partie posterieure & superieure tant du tibia que du peroné, & confondant son tendon avec celuy des gemeaux, il va s'inserer à l'os du talon.

Le plantaire. Le quatriéme est *le plantaire*, ainsi nommé, parce qu'on veut que l'extremité de son tendon s'aille perdre dans la plante du pied. Il est petit & caché entre les gemeaux & le solaire : Il prend son origine du condile externe de l'os de la cuisse, & confondant son tendon, qui est fort gresle, avec celuy des trois precedens, va s'inserer au même endroit; l'on appelle cette corde le tendon d'Achiles, parce que l'on dit qu'il mourut d'une blessure qu'il y avoit receu. Les playes de cette partie ſont fort dangereuſes, & cauſent de fâcheux accidens.

Le cinquiéme eſt le jambier poſterieur; il prend ſon origine de la partie poſterieure de l'os de la jambe, & s'étendant le long d'iceluy, & paſſant par la fente qui eſt à la malleole interne; il va s'inſerer à la partie interne de l'os ſcaphoïde. 20 Le jambier poſterieur.

Le ſixiéme & ſeptiéme ſont les peroniers poſterieurs, nommez *le long* & *le court*; dont le premier prend ſon origine de la partie ſuperieure & quaſi anterieure du peroné, & va s'inſerer à la partie ſuperieure & aucunement exterieure de l'os du metatarſe qui ſoûtient le poûce; & le ſecond prend ſon origine de la partie plus inferieure du même peroné, & va s'inſerer à l'os du metatarſe qui ſoûtient le petit doigt; lorſque ces ſept muſcles agiſſent, ils tirent le pied en arriere, & ainſi ils en font faire l'extenſion. Il ne faut pas vous étonner s'il y a ſept extenſeurs contre deux fléchiſſeurs; c'eſt en quoy la mécanique du pied eſt admirable, parce que ce grand nombre de muſcles qui tirent le pied en arriere, & qui empêchent que l'homme ne tombe en devant, étoit neceſſaire pour contre-balancer le centre de peſanteur qui ſe jette en avant lors qu'il marche, & deux ſuffiſoient pour faire la flexion du pied, qui naturellement ne ſe fléchit que trop en marchant. 21 Les peroniers poſterieurs.

Le pied, outre la flexion & l'extenſion, fait encore les mouvemens d'adduction & d'abduction; mais il n'a point de muſcles particuliers pour les faire: Quand un extenſeur & un flé- Le pied s'éloigne & s'approche de l'autre.

chiſſeur du même côté agiſſent comme le jambier anterieur & poſterieur, le pied ſe porte en dedans, & c'eſt l'adduction; & quand ce ſont deux peroniers, le pied ſe jette en dehors, & c'eſt l'abduction.

Les orteils ont vingt-deux muſcles

Les orteils, qui ſont les doigts du pied, font leurs mouvemens à la faveur de vingt-deux muſcle, dont il y en a ſeize communs, qui ſont deux extenſeurs, deux fléchiſſeurs, & huit interoſſeux: & ſix propres, dont quatre ſont pour le poûce, un pour le ſecond doigt, & le ſixiéme pour le petit doigt.

22 *L'extenſeur commun.*

Le premier des extenſeurs eſt appellé *extenſeur commun*, parce qu'il étend quatre doigts. Il prend ſon origine de la partie ſuperieure & anterieure du tibia, à l'endroit où il ſe joint au peroné; puis deſcendant le long du peroné ſe diviſant en quatre tendons, & paſſant ſous le ligament annulaire, va s'inſerer aux quatres articulations des quatre orteils qu'il étend.

23 *Le pedieux.*

Le ſecond eſt le *pedieux*, ainſi nommé, parce qu'il eſt placé ſur le pied. Il prend ſon origine de la partie inferieure du peroné, & du ligament annulaire, & ſe diviſe en quatre tendons qui s'inſerent à ſa partie externe de la premiere articulation des quatre orteils: Ces deux muſcles agiſſans enſemble leur font faire l'extenſion.

24 *Le ſublime.*

Le premier des fléchiſſeurs eſt *le ſublime*, ainſi nommé, parce qu'il eſt plus exterieur que celuy qui ſuit. Il prend ſon origine de la partie inferieure & interne de l'os du talon: il ſe diviſe en quatre tendons troüez qui vont s'inſerer à la partie superieure des os de la premiere phalange des quatre orteils pour les fléchir ; Ce muscle est placé sous la plante du pied.

Le profond. Le second est *le profond*, ainsi appellé, parce qu'il passe plus profondement que le precedent. Il prend son origine de la partie superieure & posterieure du tibia & du peroné, & porté sous la malleole interne par la sinuosité du calcaneum fait quatre tendons, qui passant par les trous des tendons du sublime vont s'inserer aux os de la derniere phalange des doigts : Ces muscles agissans ensemble fléchissent les quatre plus petits doigts du pied.

Les vermiculaires. Les cinquiéme, sixiéme, septiéme, & huitiéme muscles communs sont les quatre lumbricaux, ainsi nommez, à cause qu'ils ressemblent à des vers de terre : Ils prennent leur origine des tendons du profond, & d'une masse de chair qui est à la plante du pied, & s'unissans par leurs tendons avec ceux des interosseux internes, vont s'inserer à la partie laterale & interne des premiers os des quatre orteils.

Les interosseux internes. Les neuf, dix, onze, & douziéme muscles sont les intercostaux internes ; ce sont eux qui remplissent les quatre espaces internes qui sont entre les cinq os du metatarse : Ils prennent leur origine des os du tarse, & des interstices des os du metacarpe, & se vont inserer avec les lumbricaux à la partie superieure & interne des os de la premiere articulation des quatre doigts qu'ils ameinent vers le poûce.

Les interosseux externes. Les treize, quatorze, quinze, & seiziéme muscles sont les intercostaux externes : Ils prennent leur origine de la partie ſuperieure des interſtices des os du metatarſe, & ſe vont inſerer à la partie laterale & externe des premiers os des doigts qu'ils emmeinent, & ainſi leur font faire l'abduction.

Le gros orteil a quatre muſcles. Le poûce ou le gros orteil fait ſes mouvemens particuliers, qui ſont de flexion, d'extenſion, d'adduction & d'abduction, & ce par le moyen de quatre muſcles qui luy ſont propres.

26 Le fléchiſſeur propre. Le premier eſt ſon fléchiſſeur propre : il prend ſon origine de la partie poſterieure & ſuperieure du peroné, & s'avançant par la malleole interne à la plante du pied, va s'inſerer à l'os de la derniere phalange du poûce qu'il fléchit.

27 L'extenſeur propre. Le ſecond eſt ſon extenſeur propre, & prend ſon origine de la partie anterieure & ſuperieure du peroné, entre le tibia & le peroné, & ſe traînant par deſſus le pied, va s'inſerer à la partie ſuperieure du premier os du poûce pour l'étendre.

28 Le tenar. Le troiſiéme eſt *le tenar* ou *adducteur* : Il prend ſon origine de la partie laterale & interne de l'os du talon, des os ſcaphoïdes & innominez, & couché exterieurement ſur l'os de metatarſe, qui eſt ſous le gros orteil, va s'inſerer à la partie ſuperieure du deuxiéme os du poûce, qu'il ameine en dedans.

29 L'anti-tenar. Le quatriéme eſt l'*anti-tenar*, ou *abducteur* ; Il prend ſon origine de l'os du metatarſe, qui ſoûtient le petit orteil ; & paſſant obliquement ſur les autres os, va s'inſerer par un fort tendon à la partie interne du premier os du poûce, qu'il tire en dehors vers les autres orteils.

Le cinquiéme des propres & l'adducteur de l'indice, est un muscle particulier pour l'orteil, qui tient la place du doigt indice : il prend son origine de la partie interne du premier os du poûce, & s'insere aux rangées du second orteil, qu'il mene vers le poûce. 30 L'adducteur de l'indice.

Le sixiéme & dernier des muscles propres, aussi bien que ceux de tout le corps, est l'hypotenar ou abducteur ; il est particulier pour le petit orteil, & prend son origine de la partie externe de l'os du metatarse, qui soûtient le petit doigt, & va s'inserer à la partie superieure & externe des os du petit doigt qu'il éloigne des autres. 31 L'hypotenar.

Si vous examinez bien la structure du pied, vous connoîtrez que l'homme ne pouvoit avoir un instrument plus commode pour marcher, & pour se tenir droit, ni qui fût plus convenable à toutes les inégalitez, sur lesquelles il falloit qu'il marcha ; cette cavité qui est au milieu de la plante du pied fait qu'il se tient ferme aussi bien en marchant qu'en demeurant debout. La flexion du pied fait qu'il monte aisément les montagnes, & l'extension fait qu'il descend ; l'un & l'autre s'accommodans à la disposition du terrain. La structure du pied.

Je vous ay démontré tous les muscles, & comme ce sont les parties que les Chirurgiens doivent le mieux connoître, je vais, pour aider la memoire des jeunes gens qui s'appliquent à la Chirurgie, en faire le dénombrement, afin qu'ils puissent retenir le nombre certain qu'il y en a, qui est de quatre cens vingt-cinq. Dénombrement des muscles.

Le nombre des muscles 425.

Tous les Auteurs neanmoins ne s'accordent pas sur ce nombre, ceux qui l'augmentent, d'un muscle seul ils en font plusieurs, & ceux qui le diminuent, de plusieurs n'en font qu'un, & par ce moyen chacun d'eux trouve son compte, selon qu'ils divisent les muscles, ou qu'ils les joignent les uns aux autres. Je vous conseille de vous en tenir au nombre que je viens de vous marquer, & que je vous ay fait voir comme le plus parfait, & le plus universellement receu. En voici le calcul.

Du front,	2	Des bras,	18
De l'occiput,	2	Des coudes,	12
Des paupieres,	6	Des rayons,	8
Des yeux,	12	Des carpes,	12
Du nez,	7	Des doigts,	48
Des oreilles externes,	8	De la respiration,	57
Des oreilles internes,	4	Des lombes,	6
Des lévres,	13	De l'abdomen,	10
De la langue,	8	Des testicules,	2
De la luëtte,	4	De la vessie,	1
Du larinx,	14	De la verge,	4
Du pharinx,	7	De l'anus,	4
De l'os hyoïde,	10	Des cuisses,	30
De la mâchoire infer.	12	Des jambes,	22
De la tête,	14	Des pieds,	18
Du col,	8	Des orteils,	44
Des omoplates,	8	Total	425.

Il reste encore à finir l'Angiologie.

Des trois parties que j'ay entrepris de vous faire voir dans cette Anatomie, qui sont la splancnologie, la Miologie, & l'Angiologie, la démonstration que je vous ay faite de tous les visceres contenus dans les trois ventres, vous a suffisamment instruits de la premiere partie : je viens d'achever la seconde par l'examen des muscles de l'extremité inferieure : il s'agit à present de finir la troisiéme, en vous montrant les vaisseaux qui se rencontrent dans cette même extremité.

Des generalitez des vaisseaux.

Vous devez vous estre apperçûs que tout le tems de nos Démonstrations a esté également rempli ; c'est pourquoy je ne vous ay encore rien dit des generalitez des vaisseaux ; & j'ay differé à vous en parler jusqu'aujourd'huy, afin que cette Démonstration, quoyque la derniere, ne fust pas la moindre, & qu'elle renferma, aussi bien que les autres, des particularitez dignes d'estre veuës & entenduës. Il ne me reste donc plus qu'à vous montrer les nerfs, les arteres & les vénes de l'extremité inferieure ; c'est ce que je vais faire, aprés vous avoir dit en peu de mots ce qu'il faut observer en general sur chacun de ces vaisseaux.

Définition des nerfs.

Les nerfs sont les organes du sentiment & du mouvement ; ce sont des corps longs, ronds, & blancs envelopez de deux membranes faites de la dure & de la pie-mere, & composez de plusieurs fibres qui viennent toutes des glandes de la substance corticale du cerveau & du cervelet, & qui étant unies ensemble font la moëllé allongée dans le cerveau, & la moëlle de l'épine dans les vertebres.

Structure des nerfs.

Pour connoître parfaitement la structure des nerfs, il faut y considerer trois choses. Premierement la moëlle, ou la ſubſtance interieure, qui s'étend en forme de filets depuis le corps cortical & le cervelet juſqu'aux extremitez des membres. Secondement, les membranes qui environnent les petits filets, & compoſent les tuyaux dans leſquels ces petits filets ſont renfermez. Et en troiſiéme lieu les eſprits animaux, qui étant portez par les mêmes tuyaux depuis le cervelet & la moëlle de l'épine juſqu'aux muſcles, font que les filets tendus ne peuvent eſtre touchez, ſans que les mouvemens qu'ils reçoivent ne ſoient tranſmis au cerveau; ce qui fait ce que nous appellons ſentiment.

Sçavoir s'il y a des cavitez dans les nerfs.

Ce Phenomene s'éclaircira mieux par la comparaiſon ſuivante: Nos yeux ne nous font point découvrir de cavité dans les nerfs, comme dans les arteres & dans les vénes; & neanmoins il eſt certain qu'il y en a; car de même que dans le tronc d'un arbre nous ne voyons point de conduits apparens par où cette liqueur, qu'on appelle la ſéve, ſoit portée de la racine de l'arbre juſqu'au plus haut de ſes branches, les fibres ligneuſes, que l'écorce entoure, ſervans de canaux à cette ſéve pour la diſtribuer dans tout le corps de l'arbre; il faut concevoir que la même choſe ſe paſſe dans les nerfs: ils ne ſont pas ſeulement compoſez de pluſieurs petits filets, qui prenans leur origine du cerveau, vont ſans interruption juſqu'aux muſcles les plus éloignez: ils ſont auſſi enveloppez de membranes, qui font le même office que l'écorce fait à l'arbre; de plus ces petits filets ſe trouvans renfermez dans des tuyaux pleins d'eſprits & de ſuc animal, qu'ils conduisent dans le corps des muscles, y causent l'enflûre, parce que ces esprits & ce suc animal ne manquent pas de se faire passage par l'impulsion qui se fait dans le cerveau sur l'extremité de ces filets, d'où l'enflure s'ensuit, & par consequent le mouvement.

De la moëlle de l'épine.

Quant à la moëlle de l'épine, elle commence à la sortie du crane, & finit à l'extremité de l'os sacrum: Elle est, dans tout le chemin qu'elle fait, défenduë par toutes les vertebres, qui luy donnent passage par une cavité qu'elles ont dans leur partie moyenne; toutefois il ne faut pas vous imaginer que cette moëlle ait dans toute sa longueur la même grosseur qu'elle a en sortant du crane; car elle diminuë non seulement à mesure qu'elle s'en éloigne, mais aussi à mesure qu'elle distribuë les nerfs qui en sortent à droite & à gauche, depuis son commencement jusqu'à sa fin.

La moëlle de l'épine ressemble à une queuë de cheval.

Ceux qui ont comparé la moëlle de l'épine à une queuë de cheval, disent qu'elle est un faisseau composé d'une infinité de filets qui se continuent dans toute sa longueur; de même que la queuë est un faisseau de plusieurs crins continus d'un bout à l'autre: Et comme la queuë n'est pas si grosse vers sa fin que dans son commencement, parce que tous les crins ne vont pas jusqu'au bout; aussi la moëlle de l'épine diminuë à mesure qu'une partie des filets qui la composent s'échappent, n'allant pas tous jusqu'à son extremité, comme vous le pourrez voir si vous tirez une medulle spinale des vertebres, & que vous la secouïez un peu: Vous conviendrez alors qu'elle ressemble assez bien à la queuë d'un cheval.

Trente paires de nerfs qui en sortent.

Des trente paires de nerfs qui forment la moëlle de l'épine, & qui en sortent par les trous qui sont entre chaque vertebre, nous avons vûs les sept du col; il nous faut à present voir ceux du dos, des lombes, & de l'os sacrum.

Douze paires de nerfs sortent par les vertebres du dos.

Les douze paires de nerfs qui sortent des vertebres du dos sont les plus petites de toutes; aussi ne font-elles pas un grand chemin; car elles ne passent pas la circonference de la poitrine: Elles se divisent chacune en deux rameaux, l'un grand, qui est celuy de devant, & l'autre petit, qui est celuy de derriere. Ceux de devant se distribuent dans chaque espace intercostal aux muscles intercostaux externes & internes, & donnent aussi des rameaux aux muscles de la poitrine, & aux obliques descendans de l'abdomen. Ceux de derriere se recourbent, & vont se perdre dans les muscles qui sont adherens aux vertebres, & dans ceux du dos.

Cinq paires par celles des lombes.

Les cinq paires qui sortent des lombes sont plus grosses que les precedentes; elles se divisent aussi chacune en deux rameaux, l'un anterieur, & l'autre posterieur, lesquels se distribuent en partie dans les muscles des lombes, & de l'hypogastre, & en partie dans ceux de la cuisse: Voici à peu prés leur distribution.

La premiere des lombes.

La premiere paire des nerfs des lombes donne un rameau qui va se perdre dans le diaphragme, & le reste dans les muscles des lombes & de l'abdomen.

La seconde donne un rameau aux vaisseaux spermatiques, & le surplus, qui est la plus grande partie, va aux muscles de la cuisse, & de la langue. La seconde.

La troisiéme donne des rameaux qui se répandent dans les muscles des lombes, & le reste accompagne la saphene, & se perd dans les genoüils & dans la peau qui les couvre. La troisiéme.

La quatriéme est la plus grosse de toutes; elle va aux muscles anterieurs de la cuisse & de la jambe jusqu'au genoüil. La quatriéme.

La cinquiéme passe par le trou de l'os des hanches, elle distribuë des rameaux à la verge, au col de la matrice, & à la vessie; & le surplus va se perdre dans les muscles de la cuisse. La cinquiéme.

L'os sacrum donne issuë à six paires de nerfs; quoy qu'il n'ait que cinq trous de chaque côté, nous y comprenons, pour faire la sixiéme, celle qui sort entre luy & la derniere vertebre des lombes. Souvenez-vous que nous avons compté pour la premiere paire, celle qui sort entre l'occiput & la premiere vertebre: qu'ensuite nous avons compté autant de paires qu'il y a de vertebres au col, au dos, & aux lombes, & qu'ainsi nous comprenons avec l'os sacrum, celle qui sort au dessous de la derniere vertebre des lombes. Six paires de nerfs qui sortent par l'os sacrum.

Des six paires de l'os sacrum, il n'y a que la premiere paire qui sorte par la partie laterale; les cinq autres sortent par devant & par derriere, parce que l'articulation qu'il a par ses parties laterales avec les os des iles, empêche qu'il ne soit percé en ces endroits; en recompense il l'est Commēt ils en sortent.

par devant & par derriere ; on y remarque vingt trous, six anterieurs & six posterieurs ; des uns aussi bien que des autres, il y en a cinq de chaque côté par où sortent autant de nerfs.

La premiere de l'os sacrum.

La premiere paire de l'os sacrum se divise, comme celles des lombes, en deux rameaux ; l'un anterieur & plus grand qui vient en devant ; & l'autre posterieur & plus petit, qui se perd dans les muscles voisins.

La seconde, troisiéme & quatriéme.

La seconde, troisiéme, & quatriéme paire se divisent chacune en deux rameaux, dont les anterieurs & tres-gros descendent dans les cuisses & dans les jambes ; & les posterieurs, qui sont plus petits, se distribuent comme les lombaires dans les parties posterieures les plus voisines.

La cinquiéme & la sixiéme.

La cinquiéme & sixiéme paire sont les plus petites ; elles se divisent comme les precedentes en anterieures & en posterieures, qui vont toutes se perdre dans les muscles de l'anus au col de la vessie, & dans les parties honteuses, tant de l'homme que de la femme.

Derniere paire des nerfs de l'épine.

L'extremité de la moëlle de l'épine finit par un nerf, qui sortant par un trou qui est posterieurement à la fin de l'os sacrum, va se distribuer à la peau qui est entre les fesses, & à l'anus ; mais comme il jette des rameaux qui vont jusques aux muscles de la cuisse, & qui vont à droite & à gauche, on en peut faire une paire en particulier, qui n'augmentera pas le nombre des trente paires de l'épine, parce que nous avons compris la premiere paire qui sort entre l'occiput & la premiere vertebre du col, dans le nombre des

des nerfs du cerveau, dont elle fait la douziéme paire.

Les plus gros rameaux des trois paires inferieures des lombes, & ceux des quatre superieures de l'os sacrum se joignent les uns aux autres en descendant en bas, & forment les nerfs qui vont aux cuisses, aux jambes, & aux pieds, & tous ensemble font quatre branches de nerfs, dont il y en a deux qui ne passent pas les cuisses, une qui va finir dans la jambe, & la quatriéme qui va jusqu'au pied.

Quatre gros nerfs qui vont dans l'extremité inferieure.

33 La premiere branche qui descend aux cuisses est formée de la troisiéme & quatriéme paire des lombes; & passant proche le petit trocanter se distribuë aux muscles & à la peau de la cuisse, & à quelques-uns de ceux qui font mouvoir la jambe, & se perd toute au dessus du genoüil.

La premiere paire des cuisses.

34 La seconde branche sortant du même endroit descend par les aînes de la cuisse; elle accompagne la véne & l'artere crurale, & se distribuë aux muscles de devant, à la peau de la cuisse, & autour du genoüil: elle jette un rameau considerable qui accompagne la saphene jusqu'à la malleole interne où il se perd.

La seconde.

35 La troisiéme branche sort d'entre la quatriéme & la cinquiéme vertebre des lombes, & passant par le trou qui est à la fin de l'os pubis, elle se distribuë aux muscles du haut de la cuisse, aux parties honteuses, & principalement aux muscles qui prennent leur origine de l'os pubis, comme aux triceps, & se perdent dans la peau des aînes.

La troisiéme.

La quatriéme branche, qui est la plus grosse

36 La quatriéme. & la plus longue de toutes, est aussi la plus dure, parce qu'ayant à faire un plus long chemin, il falloit qu'elle pût y resister : Elle est formée des quatre nerfs superieurs de l'os sacrum, qui joints ensemble font un gros nerf, que l'on nomme crural, & qui ayant passé proche la tuberosité de l'ischion, descend tout entier au jarret, où il se fend en deux gros rameaux, dont l'externe va de la partie exterieure du pied aux muscles du peroné, & se refléchissant vers la cheville externe, y finit; & l'interne, qui est le plus gros, descend le long de la jambe aux muscles du pied, & se distribuant à la malleole interne va se perdre dans la plante du pied, & à tous les doigts par deux rameaux qu'il leur donne à chacun. Voilà tous les nerfs expliquez : voyons à present les arteres & les vénes.

Définition d'artere. Vous connoissez assez les arteres pour sçavoir que ce sont des vaisseaux longs, ronds & creux, qui ont leur commencement au ventricule gauche du cœur, où ils reçoivent le sang qu'elles distribuent par toutes les parties du corps.

Les arteres ont quatre tuniques. Tous les Anciens ont crû que les arteres n'étoient composées que de deux tuniques; mais les modernes qui les ont examinez de plus prés, en ont trouvez quatre, dont la premiere est nerveuse & déliée, ayant sa superficie exterieure remplie de plusieurs petits nerfs répandus de tous côtez, & sa superficie interieure tissuë de petites arteres & vénes, dont les extremitez penetrent les autres membranes. La seconde est glanduleuse & adherente à la premiere; elle est parsemée d'une infinité de petites glandes blanchâtres. La troisiéme est musculeuse, étant tissuë de plusieurs fibres annulaires arrangées les unes à côté des autres. La quatriéme est une tunique tres-déliée, dont les fibres sont en droite ligne, coupans les fibres annulaires de la troisiéme à angles droits : ces fibres sont apparentes dans l'aorte proche du cœur.

Usage de leurs quatre tuniques.

Ceux qui nous ont fait remarquer ces quatre differentes tuniques aux arteres, nous disent que ces petites arterioles portent le sang necessaire pour la nourriture de ces tuniques ; que les vénules reprennent le superflu pour le reporter au cœur ; que les glandules separent les serositez de ce même sang ; & enfin que les petits nerfs versent dans les fibres musculeuses de ces tuniques des esprits animaux, qui servent à entretenir le battement continuel des arteres.

Du battement des arteres.

Le battement des arteres, aussi bien que celuy du cœur, consiste dans ces deux mouvemens que nous avons appellez *diastole & sistole*, lesquels étans pareils à ceux du cœur, se font mécaniquement comme les siens, tant par la structure des fibres des arteres, que par le sang même, qui étant poussé avec violence par la contraction des fibres musculeuses du cœur dans l'aorte, dilate les fibres droites & circulaires de ses tuniques, qui par un mouvement de ressort se remettans ensuite dans leur premier état, continuent à pousser le sang vers les extremiez des arteres, à mesure qu'elles le reçoivent du cœur.

Le battement des arteres

On ne peut pas douter que le battement des arteres ne réponde à celuy du cœur ; on en sera convaincu en mettant une main sur la region du

Fait celuy du cœur. cœur, & tâtant le poulx de l'autre à la même personne, parce que l'on sentira que les pulsations de l'un se font en même tems que celles de l'autre : que si l'on découvre une artere à un animal vivant, & que l'on y fasse une ligature, le battement cessera à cette artere au dessous de la ligature, & se continuëra au dessus ; ce qui fera connoître que les arteres ne battent pas par une vertu elastique particuliere qu'elles ayent, mais par l'impulsion du sang que le cœur lance dans leurs cavitez.

Usages des arteres. Les usages des arteres sont si évidens, qu'il ne faut pas un grand raisonnement pour les prouver ; vous voyez qu'elles sont autant de canaux qui ayans reçûs du cœur le sang, le vont porter & répandre par toute la machine pour la faire subsister, & que sans cet esprit de vie qu'elle reçoit sans cesse par un million de petites arteres, elle periroit bien-tôt.

La nature est copiée dans la machine de Marly. La Mécanique dont la nature s'est servie en fabriquant le cœur & les arteres, est si belle, qu'elle a esté le modele de ce qu'il y a de plus surprenant dans les machines que l'homme a inventé. La nature a esté simplement copiée dans le mouvement circulaire du sang, par celuy qui a fait cette grande machine de Marly, avec laquelle il fait monter l'eau de la Seine jusques sur une des plus hautes montagnes voisines. Toutes les circonstances qui se trouvent dans la circulation du sang, se rencontrent dans cette machine, & je vais vous les faire observer en peu de mots.

Preuves que cela est vray. Une grande rouë tourne sans cesse, parce qu'elle est disposée de telle maniere que l'eau la frapant, elle ne peut s'empêcher de tourner, son mouvement pousse cette eau dans un conduit, & l'oblige par ses differentes impulsions d'aller jusqu'au bout non seulement de ce conduit, mais encore de tous ceux qui y aboutissent, & d'en sortir par leurs extremitez pour faire joüer toutes les fontaines de Versailles. Cette rouë represente le cœur : les conduits font l'office des arteres ; les differentes reprises qui poussent l'eau font le même effet que le diastole & le sistole : les Fontaines qui joüent ressemblent aux muscles dans lesquels le sang est versé : les décharges de ces Fontaines, qui raportent dans la Seine l'eau qu'elles ont reçeuës, imitent les vénes qui reçoivent le sang versé dans les parties pour le reporter au cœur ; & enfin cette même eau frapant derechef la rouë, fait que par son mouvement elle la repousse dans les mêmes conduits, pour faire encore le même chemin qu'elle a déja fait ; Tout ceci est la figure du sang reporté qui fait mouvoir le cœur, & qui est par luy renvoyé dans toutes les parties, & ainsi continuellement : ce qui entretient ce mouvement circulaire qui nous fait vivre. Et tout de même que le sang a besoin d'estre réparé par l'aliment, pour remplacer celuy qui s'employe pour la nourriture des parties, de même il faut que la source de la Seine fournisse une nouvelle eau pour suppléer au defaut de celle qui s'est consumée & perduë dans le chemin qu'elle a faite.

Aprés que le tronc de l'artere iliaque est sorti du bas ventre, il change de nom, & s'appelle crural aussi-tôt qu'il est entré dans la cuisse ; 57 De l'artere crurale.

c'eſt cette artere qui porte & diſtribuë le ſang dans toute cette extremité par une infinité de branches qui ſortent de ſon tronc, à meſure qu'elle approche du pied où elle finit. En entrant dans la cuiſſe elle produit trois ou quatre petits rameaux qui n'ont point de nom, leſquels ſe perdent dans la peau & dans les muſcles du haut & du devant de la cuiſſe; mais quatre ou cinq doigts au deſſous de l'ayne, l'artere crurale produit trois groſſes branches.

58 L'artere muſculaire interne. La premiere eſt appellée muſculaire interne, parce qu'elle eſt dans les muſcles interieurs de la cuiſſe; elle jette d'abord quatre branches qui vont, la premiere, poſterieurement dans les muſcles abducteurs de la cuiſſe, dans la tête du triceps, dans celle des biceps, des demi-nerveux & demi-membraneux: la ſeconde, dans le haut du triceps; la troiſiéme & la quatriéme dans le corps du triceps, & dans le greſle. Enſuite le tronc de cette muſculaire ſe diviſe en trois rameaux, dont le premier apres avoir paſſé à la fin du troiſiéme des triceps, ſe perd dans le demi-membraneux; le ſecond paſſe ſous l'os de la cuiſſe, & ſe perd dans le vaſte externe; & le troiſiéme deſcendant en bas jette des rameaux à la fin du troiſiéme des triceps, & ſe perd dans le demi-nerveux, & dans la tête du biceps.

39 La muſculaire externe. La ſeconde eſt la muſculaire externe; elle va à la partie exterieure de la cuiſſe; & paſſant ſous le coûturier & le greſle droit, jette des branches à la fin de l'iliaque dans le vaſte externe, dans le crural, & dans le *faſcia lata*, ou membraneux.

40 Autre muſculaire.

La troiſiéme ſort preſque du même endroit de la crurale que la precedente; elle jette des rameaux dans le crural & dans le vaſte externe, & va ſe perdre dans les membranes, & dans la graiſſe de la cuiſſe.

41 Suite de la diſtribution de l'artere crurale.

A meſure que l'artere crurale deſcend, elle jette pluſieurs petits rameaux qui vont dans les muſcles voiſins, & elle entre plus avant dans le derriere de la cuiſſe; elle paſſe proche les tentons du triceps, & va gagner le jarret, où étant parvenuë, elle jette de petites branches qui vont à l'extremité des muſcles du derriere de la cuiſſe, & ſe perdent dans la graiſſe: Enſuite elle produit ſous le jarret les deux poplitées qui embraſſent le genoüil, l'une par dedans, l'autre par dehors, & plus bas les ſurales, qui vont au commencement des gemeaux, du ſolaire, du plantaire, & du poplité; elles environnent les os de la jambe de tous côtez par pluſieurs petits rameaux qui s'y perdent.

42 La crurale anterieure.

Aprés cela elle ſe diviſe en deux groſſes branches, dont la premiere eſt la crurale anterieure, qui paſſe à travers de la membrane qui joint les os de la jambe; puis continuant ſa route, va donner des rameaux dans le jambier exterieur, & dans les muſcles extenſeurs du poûce & des doigts,

43 La crurale poſterieure.

La ſeconde eſt la crurale poſterieure, elle eſt plus groſſe que l'anterieure; elle ſe diviſe en deux branches, l'une qui eſt la premiere poſterieure, qui ayant diſtribué des branches au ſolaire, au peronier poſterieur, au fléchiſſeur du poûce, monte par la malleole externe, & va ſe perdre au dessus du pied; l'autre, qui est la seconde posterieure, jette en descendant des rameaux au solaire, aux fléchisseurs des doigts, & au jambier posterieur; & de là passant par la cavité de l'éperon, se divise en deux branches, dont l'une passe sous le tenar pour aller au gros orteil, & l'autre entre le muscle court & l'hypotenar sous la plante du pied, & va se distribuer aux quatre autres doigts.

Vénes de l'extremité inferieure.

Il me reste encore à vous faire voir les vénes qui se trouvent dans l'extremité inferieure, c'est ce que je vais faire dans un moment, aprés que je vous auray dit des generalitez des vénes ce que l'on ne peut se dispenser d'en sçavoir.

Définition de véne.

Les vénes sont des conduits membraneux qui reçoivent le sang de toutes les parties du corps, pour le porter au cœur; elles sont composées de quatre membranes differentes: La premiere est un tissu de fibres nerveuses en droite ligne, quoyque disposées irregulierement; elle est lâche & s'étend facilement, n'étant pas attachée aux autres, en sorte que l'air qu'on y introduit la gonfle. La seconde est un tissu de petits vaisseaux en forme de rets, qui fournit l'aliment aux autres tuniques. La troisiéme est toute parsemée de petites glandes qui reçoivent les serositez apportées par les vaisseaux qui composent la seconde tunique: Et la quatriéme est composée d'un arrangement de fibres musculeuses & annulaires, qui en se rétressissant, font cheminer le sang dans leurs cavitez.

Le nombre des vénes est infini.

On ne peut pas vous déterminer le nombre des vénes, il est infini, mais en general il est plus grand que celuy des arteres ; il étoit de la prévoyance de la sage nature que cela fût de la sorte, parce que si le sang n'avoit pas trouvé en sortant des arteres où il est pressé, assez de vaisseaux pour le recevoir, il auroit resté trop long-tems dans les chairs ; par là le mouvement circulaire étant retardé, le sang en auroit reçû de l'alteration, & toute la machine en auroit souffert.

La grosseur des vénes est differente, les deux principaux troncs sont ceux de la véne cave & de la porte. Les crurales & les émulgentes sont un peu moins grosses, & ainsi des autres à proportion qu'elles sont éloignées de leurs troncs, où le nombre augmente à mesure qu'elles diminuent en grosseur. Il y en a que l'on appelle vénes capillaires, parce qu'elles ne sont pas plus grosses que les cheveux ; & même il y en a de si petites qu'elles sont imperceptibles ; elles sont répanduës par toutes les parties du corps : enfin il y en a jusques dans les os même pour y recevoir le sang que les rameaux des arteres y ont portez.

Grosseur des vénes.

Les opinions sont differentes sur l'origine des vénes, la plus receuë étoit qu'elle la tiroient du foye ; mais la plûpart des Modernes disent qu'elles n'en ont point de particuliere, non plus que toutes les autres parties du corps, qui trouvent toutes leur principe dans la semence, dont elles ne font que se développer insensiblement. Ils ajoûtent que si l'on vouloit leur en donner une autre, il y auroit plus d'apparence de la chercher dans toutes les parties du corps, & de croire

Les vénes naissent de toutes les parties du corps.

qu'elles la reçoivent des petits rameaux qui y sont distribuez, & qui pourroient leur servir de principes, comme autant de racines qui vont produire un tronc, & comme autant de ruisseaux qui par leur jonction vont former des rivieres.

Qu'est-ce qu'anastomose.

L'union de deux vaisseaux qui se joignent ensemble par leurs extremitez s'appelle anastomose; il s'en trouve beaucoup de véne à véne, aussi bien que d'artere à artere; mais les anastomoses d'arteres à vénes ne sont que dans l'imagination de ceux qui les ont conçûs, puisque l'on n'en trouve pas une en effet. Les premiers qui ont connus la circulation du sang supposoient que les extremitez des arteres s'abouchoient avec celles des vénes; que les premieres portoient le sang que les autres recevoient, & qu'ainsi le mouvement circulaire se faisoit sans cesse; mais outre que nos yeux nous découvrent le contraire, la raison ne veut pas que cela soit ainsi; car de cette maniere le sang seroit toûjours contenu dans des vaisseaux, & la nourriture ne se pourroit pas faire, puisque pour qu'elle se fasse, il faut qu'il soit extravasé dans les parties, comme effectivement nous voyons qu'il l'est: Et de même qu'un arbre n'en seroit pas mieux quand il auroit ses racines environnées de plusieurs conduits pleins d'eau, de même les parties ne seroient pas nourries, si le sang étoit toûjours dans des vaisseaux; & comme pour rafraîchir l'arbre, il faut que l'eau soit versée dans la terre où ses racines sont répanduës; il faut aussi pour nourrir une partie, que le ſang ſorte de ces conduits, & qu'étant verſé dans la partie, il la touche de toutes parts.

Des valvules en general.

Je vous ay ſouvent parlé des valvules, & je ne vous en ay point encore fait voir, parce que j'attendois à vous montrer celles des vénes de la cuiſſe, qui ſont les plus apparentes de toutes; & pour cet effet j'ay ouvert cette véne tout de ſa longueur, afin que vous en voyïez pluſieurs.

Ce que c'eſt que valvule.

Ces petites membranes que vous voyez dans la cavité de cette véne s'appellent des valvules; elles ſont diſpoſées d'eſpaces en eſpaces, en telle ſorte qu'elles s'ouvrent du côté qui regarde le cœur, & ſe ferment du côté des extremitez; ce qui empêche le retour du ſang, & qui le ſoûtient contre ſon propre poids, de peur qu'il ne tombe en bas.

Subſtance des valvules.

La ſubſtance des valvules eſt membraneuſe, & quoyque déliée elle ne laiſſe pas d'eſtre aſſez forte; leur nombre eſt incertain, & l'on dit qu'il y en a juſques à cent, ou environ: Les arteres n'en ont point; il s'en trouve plus dans les vénes des bras, des mains, des cuiſſes, des jambes & des pieds, que dans celles des autres parties, parce que le ſang venant de plus loin, a plus beſoin de leur ſecours pour gagner la véne cave. Il y en a dans les jugulaires internes qui empêchent que l'animal, ayant la tête baiſſée, ne ſoit ſuffoqué par le retour du ſang dans le cerveau, & il n'y en a point dans les jugulaires externes, ni dans la cervicale, parce qu'elles ne viennent que des parties externes, & non pas du cerveau.

Les valvules ſont faites en forme de croiſ-

Figure des valvules.

ſant, ou de panier de pigeons; elles ſont ordinairement ſimples, quelquefois doubles, triples & quadruples en un même endroit: il faut remarquer que plus leur nombre eſt grand, plus elles ſont petites. Leurs ouvertures ſont alternativement diſpoſées, afin que le ſang qui s'échape & retombe de l'une, puiſſe eſtre arrêté par la ſuivante; ſi bien qu'elles ſont autant d'échelons qui ſervent au ſang pour monter juſques à la véne cave.

Obſervation ſur les valvules.

L'on voit aux vénes exterieures des bras & des jambes, comme de petits nœuds d'eſpaces en eſpaces; ce ſont les endroits où il y a des valvules; les Chirurgiens doivent éviter d'y faire les ponctions dans les ſaignées, parce que la valvule ſe trouvant à l'endroit de la piquûre, empêche le ſang de bien ſortir.

Uſages des valvules.

La ſeule mécanique des valvules devoit ſuffir aux Anciens pour leur faire connoître le cours du ſang dans les vénes, puiſqu'elles luy permettent de retourner de la circonference au centre, & qu'elles l'empêchent d'aller du centre à la circonference: Mais ils étoient tellement prévenus de leur principe, qui étoit que le foye envoyoit, par le moyen des vénes, le ſang nourricier aux parties; que quoy qu'ils y viſſent de l'oppoſition de la part des valvules, ils perſiſtoient dans leur erreur, & diſoient que les difficultez qu'elles y apportoient, n'étoient que pour que le ſang ne deſcendît avec trop de précipitation; mais l'experience nous apprend que cette opinion n'eſt pas veritable.

Je vous ay dit que la nature étoit copiée en

toutes choſes, & que toute l'induſtrie de l'homme n'alloit qu'à l'imiter dans ſes ouvrages. Nous voyons qu'il y a réuſſi ſur le fait des arteres & des vénes. La Nature a fait les arteres tres-fortes, parce que le ſang y eſt forcé & preſſé par les diverſes impulſions du cœur & du nouveau ſang qu'il oblige d'y entrer; elle a fait les vénes plus minces, parce qu'elles ne ſont que des tuyaux pour conduire le ſang au cœur, & qu'étant en plus grand nombre que les arteres, & ne rapportant pas la même quantité de ſang que les arteres en ont portées dans les parties, elles ne ſouffrent aucune violence, & ainſi elles n'ont pas beſoin d'eſtre ſi fortes. L'homme copie toutes ces circonſtances dans les fontaines qu'il fait pour les jardins; les tuyaux qui y conduiſent l'eau du reſervoir ſont tres-forts, parce que l'eau y eſt forcée, & que l'impulſion que fait celle du reſervoir, les feroit crever s'ils n'étoient renforcez; les conduites de décharge ſont foibles, & ſouvent on ſe contente de les faire de grés, parce que ne ſouffrans aucuns efforts, elles ne font ſimplement que conduire l'eau dans quelque ruiſſeau: & ſi le conduit de décharge eſt toûjours plus grand que l'ouverture de l'ajuſtoir, quoy qu'il n'ait pas plus d'eau à recevoir que celle qui y a paſſée, il imite encore en cela la nature, qui a mis pluſieurs vénes pour recevoir le ſang qu'une ſeule artere a verſée, & qui en debite plus elle ſeule que deux vénes n'en peuvent reporter.

La nature eſt copiée ſur la ſtructure des arteres & des vénes.

Il arrive quelquefois que les membranes des vénes ſe dilatent, ce qui fait les varices & ces

Ce qui fait les varices.

petites tumeurs & grosseurs que l'on nomme varicocelles : elles sont causées par des efforts, & principalement aux femmes par des accouchemens violens, parce que dans ce tems-là l'enfant pressant les vénes iliaques, empêche le cours ordinaire du sang ; si bien que ne pouvant marcher, les vénes s'emplissent tellement, que leurs membranes en s'étendant font ces sortes d'incommoditez, que l'on nomme des varices.

44 Vénes de l'extremité inferieure. Dans l'extremité inferieure se trouve une grosse véne que l'on nomme crurale ; elle est formée par six branches d'autres vénes qui s'y viennent inserer, & qui sont comme six vaisseaux dont l'eau vient de plusieurs sources, & qui tous ensemble font un bras de riviere.

45 La sciatique majeure. La premiere est la sciatique majeure, qui commence par dix scions de vénes, dont deux viennent de chaque orteil, & qui font un rameau auquel se joint un autre qui vient d'entre le peroné & le talon ; ces deux rameaux montent par les muscles du gras de la jambe, & n'en font plus qu'un qui va finir à la crurale.

46 La surale. La seconde est la surale, qui est formée par deux branches de vénes, dont l'une est exterieure & faite de la plûpart de celles que vous voyez ramper sur le pied ; l'autre est interieure & produite par des rameaux de vénes qui viennent du gras de la jambe ; ces deux branches en montant se joignent, & font la surale, qui est assez grosse.

47 La poplitique. La troisiéme est la poplitique, elle est formée de differens rameaux unis ensemble ; elle monte

du talon, où elle commence par plusieurs scions, tant de ceux du talon, que d'une partie de ceux du coud de pied ; elle s'enfonce assez avant dans les chairs, & passant par le jarret se va terminer dans la crurale.

La quatriéme est la muscule qui comprend deux branches, sçavoir la muscule externe, qui vient des muscles exterieurs de la cuisse ; & la muscule interne, qui vient des muscles interieurs de la cuisse : ces deux branches vont se rendre à la crurale vis-à-vis l'une de l'autre. 48 La muscule.

La cinquiéme est la sciatique mineure, qui est la plus petite de toutes ; elle est faite de plusieurs ramifications qui viennent de la peau & des muscles qui environnent l'article de la cuisse. 49 La sciatique mineure.

La sixiéme est la saphene, qui est la plus longue & la plus grosse des six : elle commence par quelques rameaux qui viennent du gros orteil, & de dessus le pied ; & montant par la malleole interne le long de la jambe, & par la partie interieure de la cuisse, entre la peau & la membrane charnuë, elle va se rendre environ les glandes de l'ayne dans la crurale : Elle reçoit plusieurs branches dans son chemin, & c'est cette véne que l'on a accoûtumé d'ouvrir dans la saignée du pied. 50 La saphene.

Ces six vénes vont toutes se terminer dans la crurale, pour y porter le sang qu'elles ont recueillies de toute l'extremité inferieure, la crurale montant en haut, & ayant passé l'ayne, va finir à l'iliaque, & y conduit le sang qu'elle a reçû des autres. L'iliaque le porte dans la véne Ces six vénes font la crurale.

cave ; & celle-ci dans le ventricule droit du cœur ; si bien que ces vénes sont comme une longue ruë qui a plusieurs noms , quoyque ce ne soit que la même continuité d'un bout à l'autre.

L'Angiologie traite aussi des vaisseaux limphatiques.

L'Angiologie ne traitoit anciennement que de trois sortes de vaisseaux, qui étoient les nerfs, les arteres, & les vénes ; je vous les ay demontré tous : Mais les Modernes y en ajoûtent de deux sortes, qu'ils ont découverts dans ce siecle ; ce sont les vénes lactées, & les vaisseaux lymphatiques. Je vous ay parlé des vénes lactées dans leur lieu, & je vais vous dire quelque chose des vaisseaux limphatiques.

Structure des vaisseaux limphatiques.

Ce sont de petits canaux à peu prés comme des lactées, faits d'une tunique fort déliée, semblables à de la toile d'araignée, & remplis de valvules qui s'ouvrent comme celles des vénes vers le cœur, & qui se ferment en allant du cœur vers les extremitez.

Pourquoi ainsi appellez.

Ils sont appellez vaisseaux limphatiques sereux, aqueux, ou cristallins, qui sont tous noms synonimes qu'on leur a donnez, à cause que la liqueur qu'ils contiennent est claire, sereuse, & transparente.

Chemin de ces vaisseaux.

Ces vaisseaux n'ont point de reservoir commun ; car les uns vont déposer leur limphe dans les reservoirs, ou dans le canal thorachique, & les autres dans les vénes immediatement. Les uns viennent des visceres, & les autres des glandes qui sont répanduës par tout le corps. Ceux qui viennent des glandes conglobées portent leur limphe dans les vénes ; & ceux qui viennent des glandes conglomerées la portent dans des

cavitez

cavitez particulieres, comme dans les yeux, dans la bouche, dans le duodenum, &c. Il y en a encore d'autres qui viennent des glandes qui sont dans les articles, comme sont ceux des genoüils, lesquels rampans le long de la cuisse, vont se décharger dans les reservoirs du chile.

Leur nombre est infini.

Leur nombre est fort grand; car outre ceux que l'on voit, il y en a une infinité de petits que l'œil ne peut découvrir, leur figure est semblable à celle des autres vaisseaux: ils paroissent noüeux aux endroits où sont leurs valvules, à cause de la diversité de leur division. Leur situation est dans toutes les parties du corps, & principalement proche les articles, & autour du foye, qu'ils ceignent de toutes parts comme une couronne.

Couleur de la limphe.

La limphe que contiennent ces vaisseaux vient des serositez du sang qui se filtrent dans les glandes; elle est ordinairement claire & transparente, mais elle change de couleur à proportion des teintures qu'elle prend du chile, de la bile, & des autres humeurs contenuës dans le sang; elle est insipide d'elle-même; neanmoins on la trouve quelquefois acide, amere, ou salée; elle se fige & se coagule par le mélange des humeurs, & la dissolution des sels, de même que les serositez du sang; & elle a une odeur particuliere quand elle est dessechée.

Il y a quelques Auteurs qui croyent qu'elle vient du suc nerveux qui est porté par les nerfs dans les glandes, & qui y est filtré; il y en a d'autres qui pretendent que la découverte de ces vaisseaux a fait connoître la cause de l'hydropisie; ils disent qu'elle n'est causée que par la rupture de quelques-uns de ces vaisseaux qui distilient leur serosité dans quelque capacité.

Usages de la limphe.

A l'égard des usages de la liqueur limphatique, je croy que l'on en a usé comme on fait à l'égard de quelque remede nouveau, à qui l'on donne plus de vertu qu'à tous ceux qui ont precedez : Car on dit que la limphe sert à détremper le chile & le sang, & ainsi à les rendre plus coulans ; qu'elle sert à la nourriture & à l'accroissement du corps ; qu'elle empêche la trop grande consomption des esprits ; qu'elle dissout les sels ; qu'elle aide à faire les fermentations ; & enfin qu'elle tempere l'acrimonie des acides & de la bile.

Pourquoi je finis par les ongles.

J'imite aujourd'huy Policlete, ce fameux Peintre, qui achevoit toutes les figures qu'il peignoit par les ongles, & qui disoit, que ces derniers coups de pinceau ne luy faisoient pas moins de peine, que tous ceux qu'il avoit donnez auparavant. Je finis comme luy la Démonstration de l'Homme par celle des ongles, & j'avouë en même tems que ces parties, quoyque simples, ne donnent pas moins de peine à ceux qui travaillent à les bien connoître, que toutes les autres parties du reste du corps.

La nature des ongles assez difficile à connoître.

Les ongles sont faciles à démontrer, c'est pourquoy s'ils embarrassent, ce n'est ni dans leur démonstration, ni dans leur dissection ; mais la difficulté est de pouvoir bien déveloper leur nature ; ce qui n'est pas aisé, à cause des differens sentimens dans lesquels nous voyons les Auteurs à leur égard : neanmoins il ne faut pas nous rebuter au bout de la carriere ; au contraire nous devons nous efforcer de nous éclaircir, en penetrant les obscuritez qui nous cachent leur nature ; c'ést ce que nous allons faire succintement, & par où nous finirons ce Cours d'Anatomie.

Définition des ongles.

Les ongles sont des corps durs, ronds, blancs, & diaphanes, situez à l'extremité des doigts. Il y a des Auteurs qui leur contestent le nom de partie, disant qu'ils ne le sont qu'en prenant ce mot *de partie* largement, & de la même maniere qu'on le donne aux cheveux ; mais il semble que c'est leur disputer injustement cette qualité, puisqu'ils sont aussi bien parties que les dents, à qui on n'en a jamais refusé le nom.

Convenance des ongles avec les dents.

Je trouve beaucoup de convenance entre les dents & les ongles ; ces deux parties ont leurs racines par où elles se nourrissent ; elles sont en partie sensibles, & en partie insensibles ; elles croissent toutes deux, & l'on peut limer l'extremité des unes, & couper les bouts des autres, sans ressentir de la douleur ; & enfin elles ont les unes & les autres des usages dont l'homme a de la peine à se passer. Je remarque au contraire de la disconvenance entre les ongles & les poils, puisque nous tirons autant d'utilité en rasant & faisant tomber les poils, que nous en recevons en conservant les ongles ; & l'observation de Paré, qui dit les avoir vû croître à un mort de vingt-cinq ans, ne suffit pas pour les priver du nom de partie.

La matiere des ongles.

Il y en a qui ont voulu que la matiere des ongles fût une humeur excrementeuse, qui venoit des os & des cartilages ; & d'autres qu'ils fussent faits & formez par l'extremité élargie des tendons des muscles qui remuent les doigts, lesquels étant hors de la chair, & exposez à l'air, se desséchent de la maniere que vous voyez; mais mon opinion est que les ongles trouvent leur principe dans la semence, où il y a des particules propres à les former, comme il y en a pour les os & les cartilages, & que l'enfant venant au monde avec des ongles n'avoit pas besoin d'attendre que les os & les cartilages eussent produits des excremens, ni qu'il eût esté à l'air, afin qu'il desséchât & endurcît les extremitez des tendons pour les former.

Figure des ongles.

La figure des ongles est ovalaire, étans plus longs que larges; ils sont plats & un peu courbez par les côtez pour s'accommoder à la figure ronde des doigts. Leur grandeur est differente; ceux des mains sont plus larges que ceux des pieds, excepté celuy du gros orteil, qui est le plus grand & le plus épais de tous. Leur nombre est reglé, l'homme en a vingt, cinq à chaque main, & autant à chaque pied. Leur couleur est difficile à définir; elle n'est pas tout-à-fait blanche, & ils paroissent rouges & livides selon la couleur de la chair qui est au dessous, parce qu'ils sont transparens. Enfin leur substance est mediocrement dure afin de resister, & neanmoins flexible, pour ceder un peu & ne se rompre pas.

Examen des ongles.

On considere deux surfaces aux ongles, l'une externe, & l'autre interne; l'externe est celle qui paroît au dehors, qui est polie & insensible, & laquelle nous pouvons ratisser sans douleur: l'interne est celle qui est attachée à la chair, &

qui a vie & ſentiment ; ces deux ſurfaces ne font point de parties differentes, car elles ne ſe peuvent diviſer étant continuës & produites par une même ſubſtance.

D'viſion des ongles.

On diviſe l'ongle en trois parties ; la premiere eſt appellée la racine, qui ordinairement eſt blanche ; elle eſt attachée à la chair & au tendon ; elle a auſſi un ſentiment fort exquis : La ſeconde eſt celle du milieu, qui eſt vermeille en ceux qui ſe portent bien : La troiſiéme eſt celle qui n'a ni vie ni ſentiment, qui croît toûjours, & qu'on rogne toûjours ſans en reſſentir aucune douleur. Il ne faut pas que les ongles ſoient plus longs ni plus courts que les extremitez des doigts, parce qu'étans trop longs ils ne ſçauroient prendre exactement les petits corps, de même que ceux qui ſont trop courts rendent les extremitez des doigts inutiles à l'apprehenſion ; mais ceux qui égalent les bouts des doigts, font qu'on prend & qu'on tient plus aiſément.

Commét les ongles ſe nourriſſent.

Il eſt certain que les ongles ſe nourriſſent, puiſqu'ils croiſſent à proportion que les doigts groſſiſſent ; ils reçoivent leur nourriture par leur racine ; ce que nous pouvons remarquer tous les jours, lorſqu'il y a une tache ſur un ongle ; nous voyons qu'elle s'éloigne de la racine à meſure que l'ongle croît, & que l'on le coupe ; il ſe nourrit de même que les os & les cartilages par addition de matiere ſur matiere, & ils trouvent des particules dans le ſang propres à leur nourriture, qui leur ſont apportées par les arterioles qui aboutiſſent entre leur partie interne & la chair, à laquelle ils ſont attachez.

Usages des ongles.

L'homme tire plusieurs usages des ongles, ils affermissent l'extremité des doigts; ils luy servent à prendre les corps durs & menus; ils défendent les bouts des doigts, qui étant sensibles, seroient souvent blessez sans les ongles; ils contribuent à l'ornement; enfin outre les utilitez generales que tout le monde reçoit de ces parties, il en est de particulieres que de certains artisans en tirent pour la perfection de leurs ouvrages, & entr'autres le Chirurgien à qui ils sont d'un grand secours dans les Operations les plus délicates.

Les Medecins tirent des indications par le moyen des ongles.

Je ne sçay pas si les Chiromantiens par l'inspection des ongles, qu'ils appellent *Onychomantia*, connoissent le passé & penetrent dans l'avenir comme ils le publient; mais je sçay bien que les habiles Medecins en tirent beaucoup d'indications dans plusieurs maladies, comme dans la Phtisie, l'Hydropisie, le poison & les Fiévres aiguës qui rendent les ongles crochus & livides. Un sçavant Medecin d'Italie en a fait un Traité exprés qui est fort rare.

Nous voici enfin parvenus à la fin de nos Démonstrations Anatomiques; je les ay faites avec le plus d'exactitude que j'ay pû: je seray trop recompensé des peines qu'elles m'ont données, si vous estes contens & satisfaits de mon travail.

FIN.

TABLE DES MATIERES de ce Livre,

Contenant huit Démonstrations OSTEOLOGIQUES,

Dont LA PREMIERE explique

LA II. DE'MONSTRATION contient

LA III. DE'MONSTRATION décrit les Os du Crâne.

LA IV. DE'MONSTRATION fait voir les Os de la Face.

LA V. DEMONSTRATION fait connoître les Os de l'épine.

LA VI. DE'MONSTRATION repreſente les Os de la poitrine & des hanches.

LA VII. DE'MONSTRATION fait la deſcription des Os des mains.

LA VIII. DE'MONSTRATION instruit de la structure des Os des pieds.

DIX DE'MONSTRATIONS Anatomiques,

Dont la premiere explique,

LA II. DE'MONSTRATION découvre les parties qui servent à la chilification.

LA III. DE'MONSTRATION montre les parties qui servent à la purification du sang.

LA IV. DE'MONSTRATION fait voir les parties de l'Homme qui ſervent à la generation.

AUTRE IV. DE'MONSTRATION, qui traite des parties de la Femme deſtinées à la generation.

LA V. DE'MONSTRATION instruit des parties de la poitrine.

LA VI. DE'MONSTRATION fait connoître les organes de la respiration.

LA VII. DÉMONSTRATION represente le cerveau & ses parties.

LA VIII. DÉMONSTRATION fait l'Histoire de la Face, & des organes des cinq sens.

LA IX. DÉMONSTRATION expose la structure des extremitez superieures.

LA X. ET DERNIERE DEMONST. fait voir les extremitez inferieures.

Fin de la Table.

EXTRAIT DU PRIVILEGE du Roy.

PAR Grace & Privilege du Roy, donné à Verſailles le neuviéme Janvier 1690. *Signé* BOUCHER. Il eſt permis au Sieur DIONIS, premier Chirurgien de Madame la Dauphine, de faire imprimer un Livre intitulé, *L'Anatomie de l'Homme, ſuivant la Circulation du ſang, & les dernieres Découvertes, démontrée au Iardin Royal, & accompagnée de Figures gravées ſur ce ſujet*: en tel volume, marge & caractere, & autant de fois que bon luy ſemblera, pendant le tems de dix années conſecutives; à commencer du jour qu'il ſera achevé d'imprimer: Et défenſes ſont faites à tous autres de l'imprimer ſans le conſentement de l'Expoſant, ou de ſes ayans cauſe; à peine de trois mil livres d'amende, confiſcation des Exemplaires contrefaits, & de tous dépens, dommages & intereſts, ainſi qu'il eſt plus au long porté par ledit Privilege.

Ledit Sieur DIONIS a cedé & tranſporté ſon droit de Privilege à LAURENT d'HOURY, ſuivant l'accord fait entr'eux.

Regiſtré ſur le Livre de la Communauté des Imprimeurs & Libraires de Paris, le 28. Fevrier 1690.

Signez P. TRABOUILLET, P. AUBOUIN, J. COIGNARD, Adjoints.

Achevé d'imprimer pour la premiere fois le premier Octobre 1690.

ERRATA.

PAge 30. ligne 12. au corps, *lisez* au carpe
P. 43. lig. 22. à cause de la, *lisez* & à ceux de la
P. 54. lig. 23. ne la fait, *lisez* ne se fait
P. 57. lig. 30. *lisez* à ces os trois sortes
P. 75. lig. 10. étroite, *lisez* droite
P. 77. lig. 28. le mast d'un navire où les cordes, *lisez* la quille d'un navire où les courbes
P. 107. lig. 20. un des trous, *lisez* un des tendons
P. 109. lig. 13. *lisez* les os du carpe
P. 111. lig. 21. *lisez* en grossissant à mesure
P. 115. lig. 17. *lisez* aux quatre autres
P. 119. lig. 7. que toute la tête, *lisez* tout le reste
Aux pages 167. lig. 16. 172. lig. 24. 179. lig. 24. & encore ailleurs, au lieu de, sixiéme paire, *lisez* neuviéme paire
P. 172. lig. 7. qui le formât, *lisez* qui la fermât.
P. 189. lig. 20. & 191. lig. 31. *lisez* véne cave descendante
P. 297. lig. 22. *lisez* diaphragme dans son milieu
P. 473. lig. 4. *lisez* son principe
P. 491. lig. 19. la plus belle, *lisez* la plus basse
P. 519. lig. 24. & lig. 33. intercostaux, *lisez* interosseux
A la même, lig. 31. & se perdent, *lisez* & se perd
P. 530. lig. 21. le sang qu'elles, *lisez* le sang qu'ils

www.ingramcontent.com/pod-product-compliance
Lightning Source LLC
Chambersburg PA
CBHW060823220326
41599CB00017B/2264

* 9 7 8 2 0 1 9 5 3 0 7 9 2 *